现代数学译丛 33

统计与计算反问题

〔芬〕 Jari Kaipio　Erkki Somersalo　著

刘逸侃　徐定华　程　晋　译

科 学 出 版 社

北　京

图字：01-2018-4306 号

内 容 简 介

本书主要介绍了处理反问题 (不适定问题) 的统计方法, 尤其侧重于建模与计算这两大问题. 与经典文献中处理反问题的方法不同, 本书立足于 Bayes 统计学的框架, 将所有变量都视作随机变量, 并把反问题的解以概率密度函数的形式给出. 同时, 对于数学模型本身存在的误差和数值离散导致的额外误差, 本书还创造性地进行了源自建模误差的统计分析.

本书详细讨论了先验模型的构造、测量噪声建模、Bayes 估值以及非静态统计反演方法等, 并引入 Markov 链 Monte Carlo 方法以及最优化方法来探究概率分布. 另外从 Bayes 统计学的角度重新研究了经典正则化方法, 揭示了两者之间的关系. 对于书中得到的结论和涉及的技法, 作者还佐以易懂但深刻的例子帮助读者理解. 本书将统计方法应用到一些较为前沿的问题中, 例如离散误差分析、模型降阶等. 在书中, 这些统计方法还被进一步应用于一系列实际问题中, 包括有限角度断层成像、图像去模糊、电阻抗断层成像、生物磁学反问题等.

本书主要面向应用数学、计算数学、统计学专业的教师、研究生和高年级本科生. 同时, 也适合具有扎实数学功底的工科、物理学和经济学专业的教师和研究生阅读. 此外, 亦可供各相关行业工作者在生产实践中参考.

图书在版编目(CIP)数据

统计与计算反问题/(芬) 亚里・凯拉 (Jari Kaipio), (芬) 埃尔基・索梅尔萨洛 (Erkki Somersalo) 著; 刘逸侃, 徐定华, 程晋译. —北京: 科学出版社, 2018. 8
书名原文: Statistical and Computational Inverse Problems
ISBN 978-7-03-058181-5

Ⅰ. ① 统… Ⅱ. ① 亚… ② 埃… ③ 刘… ④ 徐… ⑤程… Ⅲ. ① 统计方法 Ⅳ. ① C81

中国版本图书馆 CIP 数据核字 (2018) 第 139469 号

责任编辑: 李 欣 / 责任校对: 彭珍珍
责任印制: 张 伟 / 封面设计: 耕者设计

科学出版社 出版
北京东黄城根北街 16 号
邮政编码: 100717
http://www.sciencep.com
北京中石油彩色印刷有限责任公司 印刷
科学出版社发行 各地新华书店经销
*
2018 年 8 月第 一 版 开本: B5 (720 × 1000)
2024 年 2 月第四次印刷 印张: 19 1/2
字数: 393 000
定价: 138.00 元
(如有印装质量问题, 我社负责调换)

中文版序言

当前, 我们步入了一个数学深度发展和应用融合的新时代. 这个时代的科技发展呈现大数据深度应用、人工智能快速发展的崭新特征. 在这个新时代, 数学与统计学、数学与大数据、数学与人工智能等诸多领域深度融合, 孕育新发现、新理论、新方法、新技术!

在数学及相关学科, 反问题的研究快速发展, 成为了应用数学与计算数学的重要领域, 也成为工程技术中识别、控制、设计问题得以解决的核心技术!

反问题研究既可来源于具有确定性数学模型, 也可大量来源于具有随机规律的数学模型. 统计学正突破传统的应用范围向各学科渗透, 特别是反问题研究及应用领域.

本书英文原版成书于 10 年前经典反问题方法发展成熟之时, 最先将 Bayes 统计学的思想引入反问题的研究, 具有超凡的前瞻性. 此后, 越来越多的反问题学者将目光投向统计和随机方法, 本书的基本内容和精神实质依然具有重要的指导意义. 本书起到了 "连接经典和统计反演方法之桥梁" 的作用, 并提供了从统计学观点加深理解传统思想的视角.

相较于国外同行, 我国在统计反问题的研究上起步较晚, 从事该研究的学者还不多, 成果的数量和质量都与国际前沿存在不小的差距. 因此, 翻译、引进本书能填补该方向在国内反问题学界的空白, 对于推动反问题研究及其应用、应用数学的发展都将发挥巨大的作用, 均具有重要的学术价值.

本书以数学建模和数值反演为两翼, 将一系列统计方法应用于一些具有很强现实意义的实际问题中, 其中包括参数识别、图像处理、医学成像等相关学科中的重大课题. 可以预见, 如能将本书中的方法运用到这些领域的生产实践中, 则将对国民经济发展起到关键的作用.

国内外以经典视角研究反问题的书籍浩如烟海. 从计算的角度来看, 这类书籍通常假设测量误差很小, 且描述现象的模型精确已知, 而反问题的解也是确定值. 本书着眼于实际问题, 将观测数据、未知量乃至模型本身都设为随机变量, 并用随机性反映对其数值的可信度; 反问题的解也以概率密度函数的形式给出, 从而能更全面地刻画未知量.

统计学 (尤其是 Bayes 统计学) 的书籍亦不胜枚举, 它们与反问题关系密切却在反问题界鲜为人知. 反之, 诸如偏微分方程反问题和数学建模的内容在统计学界目前尚未成为主流. 本书作为反问题和统计学之桥梁, 向双方介绍了其基本思想, 并结合两者发展出了一套 Bayes 统计反演的数学体系.

本书在理论上深入浅出, 在应用上由浅入深, 以大量的数值算例生动地佐证思想方法, 并阐释方法的实际应用价值. 本书前四章作为第一部分, 介绍了经典正则化、统计与非静态反演方法, 可作为从计算和统计角度研究反问题的入门材料; 后三章构成了本书的第二部分, 以案例分析的形式介绍了统计反演方法在理解经典方法和十几个现实问题中的具体应用.

本书全文翻译初稿由刘逸侃完成, 其后三位译者经过一年多的共同讨论和几度联合修改, 终于在 2017 年 8 月、2018 年 2 月访问东京大学期间定稿. 本书得到了国家基金项目 (批准号: 11331004、11471287、91534113、11871435) 和浙江省一流学科 (A 类) — 数学项目的支持, 在此深表感谢!

刘逸侃
东京大学大学院数理科学研究科
徐定华
浙江理工大学理学院 & 上海财经大学数学学院
程　晋
复旦大学数学科学学院 & 上海财经大学数学学院
2018 年 3 月

前　言

本书面向应用数学专业的研究生, 同时也适合具有扎实数学功底的工科和物理专业学生阅读. 本书前四章可作为重点从计算和统计的方面关注反问题的入门教材. 另外, 第 3 章和第 4 章将讨论统计与非稳态反演方法, 适合已具备经典反演方法知识的学生阅读.

关于经典反问题方面的文献与教科书可谓浩如烟海. 从数值的观点来看, 在这类书籍关注的问题中, 测量误差被视为很小, 误差的性质已能确切获知. 然而在实际问题中, 误差通常不会很小, 且其性质在确定性的意义上也并非确切已知. 例如, 在经典文献中, 误差范数常被设为一已知实数, 而事实上误差范数是个随机变量, 其均值可能是已知的.

此外, 经典文献一般假设描述观测量的算子方程是精确已知的. 但同样, 通常在需要求基于实际测量的计算解时, 我们应考虑到, 数学模型本身也只是对实际现象的近似而已. 再者, 对问题的数值处理需将模型离散化, 这又会引入额外的误差. 于是, 测量值与观测模型的预测值之间的差异就不仅源于"被加到测量值里的噪声". 本书的主要课题之一就是对模拟所产生的误差进行统计分析.

在统计学 (尤其是 Bayes 统计学) 的文献中, 与反问题息息相关的亦不胜枚举. 这类文献在反问题领域鲜为人知, 因此本书的主要目的就在于向该领域引入统计学的概念. 对统计学家而言, 本书包含的新信息 (例如取样方法) 可能很少. 然而, 在偏微分方程以及相关的模拟误差分析等的基础上, 建立实际观测模型可能是有用的.

关于文献引用, 我们在第 1 — 6 章中主要引用了可作深入阅读的书籍, 但并不谈及这些课题的发展史. 第 7 章讨论我们先前的和一些最新的研究课题, 但同样不包含对其应用的评论. 这里我们主要引用原始文献以及包含改进与拓展的资料, 以此阐明统计方法的潜力.

第 5 — 7 章构成了本书的第二部分, 在其关注的问题中, 测量误差、无误差观测以及未知量都被视作模型, 它们本身可能包含不确定性. 举例来说, 一些观测模型基于偏微分方程和边值问题, 但部分边值数据可能本质上是未知的. 这样, 我们就尝试将这些边界数据模拟为随机变量, 既可将它们作为二级未知量来处理, 又可视作不确定性的进一步来源, 并计算其对观测模型与观测模型给出的预测之间差异的影响.

在举例时, 尤其是在第 7 章讨论非平凡问题时, 我们集中于我们早先开展的研究; 但我们也论述一些尚未发表, 或比原始文献更严密的课题.

我们避免在正文中引用文献, 以此来尽量增强本书的可读性. 每章 (除第 1 章) 都附有 "注释与评论" 一节, 其中给出了参考文献与可供深入阅读的材料, 以及对更高等课题的简短评论.

我们在此对我们的同事兼好友 Markku Lehtinen 表示感谢, 他数十年来始终倡导反问题的统计方法的研究, 并引导我们关注这一课题. 本书第 7 章的诸多成果是与我们现在和过去的研究生 (以及其他科学家) 共同完成的, 与他们共事可谓荣幸之至, 在此谨致谢忱. 这里我们仅提述那些通过改进其计算实现或其他方式对本书作出直接贡献的人: Ville Kolehmainen 博士 (7.2 节与 7.9 节), Arto Voutilainen 博士 (7.4 节), Aku Seppänen 先生 (7.5 节与 7.7 节), 以及 Jenni Heino 女士 (7.8 节). 我们也要衷心感谢 Daniela Calvetti 仔细阅读并点评了本书, 同时感谢上述各位阅读了本书的一些部分. 我们将对书中存在的疏漏承担全部责任.

本书的出版得到了芬兰学会与芬兰文理学会的经费支持, 在此表示诚挚谢意. 同时也要感谢 Kuopio 大学反问题课题组以及应用物理学系副主任 Ari Laaksonen 博士, 他在另一作者离开时接手并负责了后者的工作. 还要感谢新西兰 Auckland 大学的 Geoff Nicholls 博士与 Colin Fox 博士, 本书中许多新素材是作者在该校访问时构思的.

Jari Kaipio, Erkki Somersalo
2004 年 6 月于 Helsinki 和 Kuopio

目　录

第 1 章　反问题与对测量的诠释

顾名思义, "反问题" 可以定义为直接问题或正问题的逆. 这种定义显然是空泛的, 除非我们能定义 "正问题" 的概念. 通常, 人们在对所关心的物理量进行间接观测时, 就会遇到反问题. 让我们考虑一个例子: 人们想知道温度. 温度本身是一个在统计物理学里定义的物理量, 尽管它很常用且直观上易于理解, 但它却不能被直接测得. 常见的温度计能够提供气温的信息, 这依赖于以下事实: 在一般条件下, 水银等物质会随着温度的上升很有规律地膨胀. 这里的正向模型就是水银的体积关于温度的函数. 本例中的反问题是平凡的, 以至于一般来说, 根据测得的体积确定温度的问题并不被看成是一个独立的反问题. 而试图测量锅炉中的温度就是一个更具挑战性的反问题. 高温导致传统的温度计无能为力, 这样我们就要采用更先进的手段, 其中一种就是用超声波. 高温使得锅炉内的气体产生湍流, 从而改变其声学性质, 而这又反过来以回声反映出来. 现在的正向模型就包含了将湍流描述为温度和介质中声波传播的函数这一挑战性的问题, 而通过测量声波来确定温度这一相应的反问题则更具挑战性.

自然规律通常可以表述为微分方程系统, 这是 Newton, Leibniz 等留给后人的宝贵遗产. 在给定的点上, 这些方程表现了函数及其导数在该位置对于物理条件的依赖性, 从这个意义上说, 它们是*局部的*. 这些规律的另一典型特征是*因果性*: 后发情况取决于先发条件. 局部性与因果性是正向模型具有的典型特征, 而恰恰相反, 绝大多数反问题是*非局部且/或非因果的*. 在关于锅炉温度测量的例子中, 外部测得的声波取决于整个内部的湍流, 且由于信号速度是有限的, 我们只可能重构测量之前一段时间的温度分布, 即在计算上试图回溯以前的时间.

反问题的非局部性与非因果性很大程度上造成了其不稳定性. 为理解这一点, 考虑物体内的热传导. 初始温度分布的微小变化被时间抹平, 而最终时刻的温度分布几乎不变. 这样正问题就是稳定的, 因为结果几乎不受初始数据变化的影响.

至于非因果性的方面, 如果我们试图通过最终时刻的温度分布来估计初始温度分布, 我们将会发现, 至少在我们测量的精度范围之内, 截然不同的初值条件可能产生同一个终值条件. 一方面, 这一严重的问题要求我们对数据进行仔细分析; 另一方面, 我们必须纳入一切可能在测量之前获得的有关初始数据的信息. 作为本书的主题, *统计反演理论*通过在模型中恰当地纳入所有可以得到的信息来系统地求解反问题.

统计反演理论将反问题改述为通过 Bayes 统计学进行统计推断的问题, 所有的量在 Bayes 统计学中都被模拟为随机变量. 随机性反映了观测者对其数值的不确定性, 它蕴含在这些量的概率分布之中. 从统计反演理论的观点来看, 反问题的解是当所有可用信息都被纳入模型中时所关心的量的概率分布. 这一分布被称为*后验分布*, 它描述了这些量在进行测量之后的可信度.

不同于其他诸多的反问题教材, 本书并不关注分析性结论, 比如反问题解的唯一性或其先验稳定性问题. 但这并不意味着我们没有认识到这些结论的价值; 相反, 在分析除了实际测量外还需要哪些附加信息时, 我们认为唯一性与稳定性结论是十分有帮助的. 事实上, 在统计反演理论中, 设计涵盖所有先验信息的方法就是其中的一个巨大挑战.

反问题的教材中还有另一条路线, 它们强调*不适定问题*的数值解法, 并以正则化技巧为重点. 同样, 它们的观点亦与我们不同. 正则化技巧通常致力于在可用数据的基础上产生所关心的量的一个*合理估计*. 而在统计反演理论中, 反问题的解不是单个的估计, 而是一个能用来产生估计的概率分布. 但它给出的信息比单个估计更多: 它能产生截然不同的估计, 并评估它们的可靠性. 本书中第 2 章讨论了最常用的正则化方法, 这不仅是因为它们本身是很有用的工具, 更因为从 Bayes 统计学的观点诠释和分析这些方法能提供重要的信息. 我们相信, 这将有助于揭示这些方法是建立在何种隐含假设的基础之上的.

1.1　介绍性示例

本节我们通过典型的例子来说明前面讨论过的问题. 第一个例子是关于由反问题非因果性的本质引起的问题.

例 1.1　设有一根导热系数为 1 的单位长度细棒, 其两端温度固定为 0. 根据标准模型, 温度分布 $u(x,t)$ 应满足热方程

$$\frac{\partial^2 u}{\partial x^2} - \frac{\partial u}{\partial t} = 0, \quad 0 < x < 1,\ t > 0,$$

以及边界条件

$$u(0,t) = u(1,t) = 0$$

和给定的初始条件

$$u(x,0) = u_0(x).$$

我们考虑如下的反问题: 给定时刻 $T > 0$ 的温度分布, 则初始温度分布如何?

我们首先将方程的解写成 Fourier 分量的形式:

$$u(x,t) = \sum_{n=1}^{\infty} c_n \,\mathrm{e}^{-(n\pi)^2 t} \sin n\pi x,$$

其中系数 c_n 为初始状态 u_0 的 Fourier 正弦系数, 即

$$u_0(x) = \sum_{n=1}^{\infty} c_n \sin n\pi x.$$

于是, 为确定 u_0, 我们只要利用终值数据解出系数 c_n 即可. 但假如我们有两个初始状态 $u_0^{(j)}$, $j = 1, 2$, 它们之间只相差一个高频成分, 即

$$u_0^{(1)}(x) - u_0^{(2)}(x) = c_N \sin N\pi x,$$

其中 N 很大. 这样, 相应的解在最终时刻就相差

$$u^{(1)}(x, T) - u^{(2)}(x, T) = c_N \,\mathrm{e}^{-(N\pi)^2 T} \sin N\pi x,$$

即由两个初始状态造成的终值数据的差别是指数级的小量; 因此, 任何关于高频成分的信息都将由于测量误差的存在而丧失. ◇

例 1.2 考虑由非均质性引起的时谐声波的散射. 在线性声学的框架内, 声压场 u 应满足波动方程

$$\Delta u + \frac{\omega^2}{c^2} u = 0 \quad 在\ \mathbb{R}^3\ 中, \tag{1.1}$$

其中 $\omega > 0$ 为**时谐依赖的**角频率, $c = c(x)$ 为传播速度. 假设在一个有界集 $D \subset \mathbb{R}^3$ 之外, $c = c_0 =$ 常数, 则改记

$$\frac{\omega^2}{c(x)^2} = k^2(1 + q(x)),$$

其中 $k = \omega / c_0$ 为波数, q 是一个定义为

$$q(x) = \frac{c_0^2}{c(x)^2} - 1$$

的具有紧支集的扰动. 假如我们沿着方向 $\omega \in S^2$ 发射一束平面波 u_0, 则整个场就可分解为

$$u(x) = u_0(x) + u_{\mathrm{sc}}(x) = \mathrm{e}^{\mathrm{i}\, k\omega \cdot x} + u_{\mathrm{sc}}(x),$$

其中散射场 u_{sc} 在无穷远处满足 Sommerfeld 辐射条件

$$\lim_{r \to \infty} r \left(\frac{\partial u_{\mathrm{sc}}}{\partial r} - \mathrm{i}\, k u_{\mathrm{sc}} \right) = 0, \quad r = |x|, \tag{1.2}$$

而场 u 满足 Lippmann-Schwinger 积分方程

$$u(x) = u_0(x) - \frac{k^2}{4\pi} \int_D \frac{\mathrm{e}^{\mathrm{i}\, k|x-y|}}{|x-y|} q(y) u(y) \,\mathrm{d}y. \tag{1.3}$$

将积分核关于 $1/r$ 作 Taylor 级数展开, 可知散射部分具有渐近形式

$$u_{\mathrm{sc}} = \frac{\mathrm{e}^{\mathrm{i}\,kr}}{4\pi r}\left(u_\infty(\widehat{x}) + \mathcal{O}\left(\frac{1}{r}\right)\right), \quad \widehat{x} = \frac{x}{r},$$

其中的函数 u_∞ 称为*远场模式*, 可由下式得到

$$u_\infty(\widehat{x}) = -k^2 \int_D \mathrm{e}^{-\mathrm{i}\,\widehat{x}\cdot y} q(y) u(y)\,\mathrm{d}y. \tag{1.4}$$

正散射问题就是在波速 c 已知的情况下确定声压场 u.

逆散射问题则希望通过不同入射平面波方向的远场模式的信息来确定未知的波速.

我们可以由此发现正问题与反问题的根本区别. 正问题需要求解满足辐射条件 (1.2) 的线性微分方程 (1.1), 或等价地求解 Lippmann-Schwinger 方程 (1.3), 它们都是线性问题. 而反过来说, 由于等式 (1.4) 中的 u 依赖于 q, 反问题却是强非线性的. 对这一问题可解性研究和数值求解需要相当高深的技巧. ◇

1.2 反 演 过 失

本书我们将始终使用*反演过失*① (inverse crime) 这一术语. 反演过失意味着数值方法包含某些特性, 它们能有效地使反问题的不适定性降到实际问题本身具有的不适定性以下, 从而带来不切实际的乐观结果. 反演过失可简洁地概括为*将模型与现实视为同物*, 即研究者相信计算模型是精确的. 在实际中, 反演过失在这些情况下发生:

1. 数值上产生的模拟数据出自用来反演数据的同一个模型;
2. 用同一个离散格式进行数值模拟和反演.

整本书我们都会避免这些明显的反演过失. 此外我们还将说明, 统计反演理论能帮助我们分析模拟误差的影响. 我们将举例说明反演过失在模拟实例中会引起多大的差别, 以及更重要地, 正确模拟统计误差如何能有效地解决与离散化有关的问题.

---

① 据作者所知, 这一概念是由 Rainer Kress 在他的一个反问题的综述报告中引入的.

第 2 章　经典正则化方法

在本章中, 我们回顾在处理不适定反问题时最常使用的一些方法, 这些方法被称为正则化方法. 虽然本书并不侧重于正则化方法的技巧, 但理解这些方法的原理与工作机制仍是很重要的. 后面我们还将从统计学的角度分析这些方法, 这也是本书的主题之一.

2.1　绪论: Fredholm 方程

为了说明正则化的基本思想, 我们考虑一个简单的线性反问题. 依照惯例, 本章中的讨论均建立在 Hilbert 空间之上. 有关一些泛函分析结论的简要回顾可参见本书的附录 A.

设 H_1 与 H_2 为两个可分的有限维或无限维 Hilbert 空间, $A : H_1 \to H_2$ 为一个紧算子. 首先考虑如下问题: 给定 $y \in H_2$, 求满足方程

$$Ax = y \tag{2.1}$$

的解 $x \in H_1$. 我们称该方程为第一类 Fredholm 方程. 因为

1. 方程的解存在, 当且仅当 $y \in \mathrm{Ran}(A)$, 且
2. 方程的解唯一, 当且仅当 $\mathrm{Ker}(A) = \{0\}$,

所以以上两个条件必须同时满足, 才能保证问题具有唯一的解. 而从实际的角度来看, 求出一个有用的解还有第三个障碍. 向量 y 通常代表实测数据, 因此它会带有误差, 即我们得到的并非精确方程 (2.1), 而是近似方程

$$Ax \approx y.$$

众所周知, 即便 A 的逆存在, 它也可能是不连续的, 除非空间 $H_j (j = 1, 2)$ 都是有限维的. 于是, y 带有的微小误差可能会造成 x 的误差任意大.

例 2.1　反卷积问题是一个经典的不适定反问题. 设 $H_1 = H_2 = L^2(\mathbb{R})$, 并定义

$$A : L^2(\mathbb{R}) \to L^2(\mathbb{R}), \quad (Af)(x) = \phi * f(x) = \int_{-\infty}^{\infty} \phi(x - y) f(y)\,\mathrm{d}y,$$

其中 ϕ 为 Gauss 卷积核

$$\phi(x) = \frac{1}{\sqrt{2\pi}}\,\mathrm{e}^{-x^2/2}.$$

算子 A 是单射, 这一点可通过对 Af 作 Fourier 变换得到, 即

$$\mathcal{F}(Af)(\xi) = \int_{-\infty}^{\infty} \mathrm{e}^{-\mathrm{i}\,\xi x} Af(x)\,\mathrm{d}x = \widehat{\phi}(\xi)\widehat{f}(\xi),$$

这里

$$\widehat{\phi}(\xi) = \frac{1}{\sqrt{2\pi}}\,\mathrm{e}^{-\xi^2/2} > 0.$$

因此, 若 $Af=0$, 则有 $\widehat{f}=0$, 从而 $f=0$. 形式上, 方程 $Af=g$ 的解为

$$f(x) = \mathcal{F}^{-1}\left(\widehat{\phi}^{-1}\widehat{g}\right)(x).$$

然而, 上述公式对一般的 $g \in L^2(\mathbb{R})$ 来说定义并不明确 (甚至在适度广义函数空间中亦是如此), 因为 $\widehat{\phi}$ 的逆是指数型增长的. 在 L^2-范数下, g 中任意小的测量误差都可能使 g 不在 $\mathrm{Ran}(A)$ 之中, 这导致积分不收敛, 因而该反演公式实际上几乎毫无用武之地. ◇

下例说明, 即使在有限维 Hilbert 空间的情况下, 实际问题中也可能发生严重的偏差.

例 2.2 设 f 为定义在区间 $[0,\infty)$ 上的实值函数. f 的 Laplace 变换 $\mathcal{L}f$ 定义为积分

$$\mathcal{L}f(s) = \int_0^{\infty} \mathrm{e}^{-st} f(t)\,\mathrm{d}t,$$

只要该积分收敛. 我们考虑如下问题: 给定 Laplace 变换在点 s_j 上的值, 其中 $0 < s_1 < \cdots < s_n < \infty$, 我们希望估计函数 f 的值. 为此, 我们首先用有限和来逼近定义 Laplace 变换的积分, 即

$$\int_0^{\infty} \mathrm{e}^{-s_j t} f(t)\,\mathrm{d}t \approx \sum_{k=1}^{n} w_k\,\mathrm{e}^{-s_j t_k} f(t_k),$$

其中各 w_k 与 t_k 分别为 Gauss 求积公式、Simpson 公式或梯形公式等求积公式中的权重与节点. 令 $x_k = f(t_k)$, $y_j = \mathcal{L}f(s_j)$, $a_{jk} = w_k\,\mathrm{e}^{-s_j t_k}$, 并将 Laplace 变换的数值近似写为 (2.1) 的形式, 其中 A 是一个 $n \times n$ 的方阵, 则这里 $H_1 = H_2 = \mathbb{R}^n$. 在本例中, 我们选取的数据点服从指数分布, 比如

$$\log(s_j) = \left(-1 + \frac{j-1}{20}\right)\log 10, \quad 1 \leqslant j \leqslant 40,$$

由此保证在原点附近的采点较为密集. 我们采用 40 点的 Gauss-Legendre 求积公式, 截断积分区间为 $(0,5)$, 于是 $A \in \mathbb{R}^{40\times 40}$.

设函数 f 为

$$f(t) = \begin{cases} t, & 0 \leqslant t < 1, \\ \dfrac{3}{2} - \dfrac{1}{2}t, & 1 \leqslant t < 3, \\ 0, & t \geqslant 3, \end{cases}$$

则其 Laplace 变换可以显式地解出, 为

$$\mathcal{L}f(s)=\frac{1}{2s^2}(2-3\,\mathrm{e}^{-s}+\mathrm{e}^{-3s}).$$

函数 f 及其 Laplace 变换的图像如图 2.1 所示.

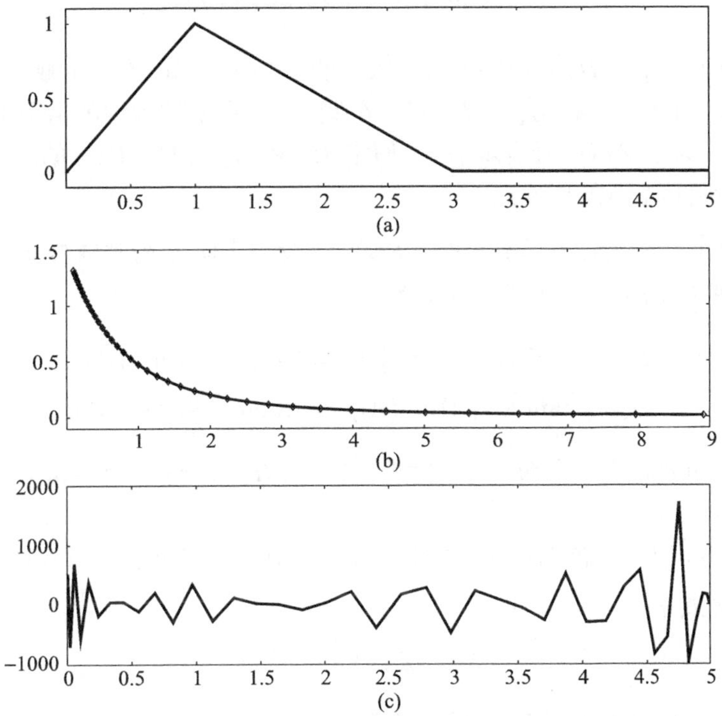

图 2.1 (a) 原始函数, (b) 其 Laplace 变换, (c) 通过求解线性方程组得到的估值

如图 2.1 所示, 即使不带任何误差, 试图通过直接求解方程组 (2.1) 来估计 $x_j=f(t_j)$ 的值也会导致灾难性的后果. 造成这个解表现得很坏的原因在于, 本例中矩阵 A 的条件数

$$\kappa(A)=\|A\|\|A^{-1}\|$$

很大, $\kappa(A)\approx 8.5\times 10^{20}$. 因此, 即使在双精度下的舍入误差在数值上为零, 这同样会对解造成消极影响. ◇

例 2.2 表明, 保证方程 (2.1) 的解存在唯一的条件 1 和条件 2 在实际应用中是远远不够的. 即使是在有限维问题中, 我们也必须进一步要求条件数不能太大. 这一点可以利用 2.2 节讨论的算子的奇异值分解来更准确地描述.

经典的正则化方法正是为了克服上述例子反映出的障碍而设计的. 总而言之, 正则化方法的基本思想并非是试图精确求解方程 (2.1) 本身, 而是设法找到一个相近的唯一可解的问题, 且该问题在下述意义下具有鲁棒性: 数据里的小误差不对该近似解造成严重破坏.

我们将在本章中回顾三类经典方法，它们是: ① 正则化的奇异值截断法, ② Tikhonov 正则化, ③ 正则化的**迭代方法**.

2.2 截断奇异值分解

在本节中, H_1 和 H_2 是有限维或无限维的 Hilbert 空间, 在其上赋有内积 $\langle x, y\rangle_j$, $x, y \in H_j$, $j = 1, 2$, 而 $A : H_1 \to H_2$ 是一个紧算子. 在不致混淆的情况下, 我们略去内积的下标. 为了保持记号直观清晰, 假定 H_1 和 H_2 都是无限维的.

下述命题是本节的出发点.

命题 2.1 令 H_1, H_2 与 A 如上所述, 并设 A^* 为 A 的伴随算子, 那么

1. 空间 H_j, $j = 1, 2$ 可正交分解为

$$H_1 = \mathrm{Ker}(A) \oplus (\mathrm{Ker}(A))^\perp = \mathrm{Ker}(A) \oplus \overline{\mathrm{Ran}(A^*)},$$
$$H_2 = \overline{\mathrm{Ran}(A)} \oplus (\mathrm{Ran}(A))^\perp = \overline{\mathrm{Ran}(A)} \oplus \mathrm{Ker}(A^*).$$

2. 存在两列标准正交向量 $\{v_n\}\subset H_1$, $\{u_n\}\subset H_2$ 及一列正数 $\{\lambda_n\}$, $\lambda_n \searrow 0_+$, 使得

$$\overline{\mathrm{Ran}(A)} = \overline{\mathrm{span}}\{u_n \mid n \in \mathbb{N}\}, \quad (\mathrm{Ker}(A))^\perp = \overline{\mathrm{span}}\{v_n \mid n \in \mathbb{N}\},$$

且算子 A 可表示为

$$Ax = \sum_n \lambda_n \langle x, v_n\rangle u_n.$$

系统 (v_n, u_n, λ_n) 被称为算子 A 的奇异系统.

3. 方程 $Ax = y$ 有解, 当且仅当

$$y = \sum_n \langle y, u_n\rangle u_n, \quad \sum_n \frac{1}{\lambda_n^2} |\langle y, u_n\rangle|^2 < \infty.$$

此时, 方程的解具有形式

$$x = x_0 + \sum_n \frac{1}{\lambda_n} \langle y, u_n\rangle v_n,$$

其中 $x_0 \in \mathrm{Ker}(A)$ 可任意选取.

这些结论的证明以及合适的参考文献简要列于附录 A 中.

算子 A 的奇异系统表示称为 A 的奇异值分解 (singular value decomposition), 简写为 A 的 SVD. 上述命题很好地刻画了在求解方程 $Ax = y$ 时可能遇到的困难. 首先, 用 P 表示 A 的值域的闭包上的正交投影. 根据上述命题, 可知 P 由下式给出:

$$P : H_2 \to \overline{\mathrm{Ran}(A)}, \quad y \mapsto \sum_n \langle y, u_n\rangle u_n. \tag{2.2}$$

因此对任何 $x \in H_1$, 有

$$\|Ax - y\|^2 = \|Ax - Py\|^2 + \|(I-P)y\|^2 \geqslant \|(I-P)y\|^2.$$

这样, 如果 y 在与 A 的值域正交的子空间中有非零分量, 则方程 $Ax = y$ 就不能被精确地满足. 于是, 我们最多只能求解投影方程

$$Ax = PAx = Py. \tag{2.3}$$

通过用另一个方程替代原方程, 这个投影扫除了原方程可解性的最明显的障碍. 然而, 给定一个带噪声的数据向量 y, 一般不能保证分量 $\langle y, u_n\rangle$ 会充分快地趋向于零, 从而保证命题 (2.1) 的可解性条件 3 中的平方和收敛.

用 P_k 表示有限维正交投影

$$P_k : H_2 \to \mathrm{span}\{u_1, \cdots, u_k\}, \quad y \mapsto \sum_{n=1}^{k} \langle y, u_n\rangle u_n. \tag{2.4}$$

由于 P_k 是有限维的, 可知 $P_k y \in \mathrm{Ran}(A)$ 对所有 $k \in \mathbb{N}$ 成立, 且更重要的是, 当 $k \to \infty$ 时, 在 H_2 中有 $P_k y \to Py$. 这样, 我们就不考虑方程 (2.3), 转而考虑投影方程

$$Ax = P_k y, \quad k \in \mathbb{N}, \tag{2.5}$$

该方程总是可解的. 在等式两边关于 u_n 作内积, 就有

$$\lambda_n \langle x, v_n\rangle = \begin{cases} \langle y, u_n\rangle, & 1 \leqslant n \leqslant k, \\ 0, & n > k. \end{cases}$$

于是, 方程 (2.5) 的解即为

$$x_k = x_0 + \sum_{n=1}^{k} \frac{1}{\lambda_n} \langle y, u_n\rangle v_n,$$

这里 $x_0 \in \mathrm{Ker}(A)$. 注意到因为当 k 增加时,

$$\|Ax_k - Py\|^2 = \|(P - P_k)y\|^2 \to 0,$$

所以投影方程的残量可以任意小.

最后, 为消除由 A 可能不是单射而造成所求的解的不明确性, 我们选取 $x_0 = 0$. 这一选择使 x_k 的范数达到最小, 因为由正交性可知

$$\|x_k\|^2 = \|x_0\|^2 + \sum_{n=1}^{k} \frac{1}{\lambda_n^2} |\langle y, u_n\rangle|^2.$$

以上考察引导我们定义如下.

定义 2.2 设 $A: H_1 \to H_2$ 为一个具有奇异系统 (λ_n, v_n, u_n) 的紧算子. 我们称问题 $Ax = y$ 的截断 SVD (TSVD, truncated SVD) 近似为如下问题: 求出 $x \in H_1$, 使得

$$Ax = P_k y, \quad x \perp \mathrm{Ker}(A)$$

对某个 $k \geqslant 1$ 成立.

现在我们就能给出如下结论.

定理 2.3 由定义 2.2 给出的问题有唯一解 x_k, 称为截断 SVD (或 TSVD) 解, 为

$$x_k = \sum_{n=1}^{k} \frac{1}{\lambda_n} \langle y, u_n \rangle v_n.$$

进一步, 该 TSVD 解当 $k \to \infty$ 时满足

$$\|Ax_k - y\|^2 = \|(I-P)y\|^2 + \|(P-P_k)y\|^2 \to \|(I-P)y\|^2,$$

其中的投影 P 和 P_k 分别由公式 (2.2) 和 (2.4) 给出.

在演示数值算例之前, 我们先简要讨论一下有限维情形中的正则化方法. 下面, 令 $A \in \mathbb{R}^{m\times n}$, $A \neq 0$ 为一个定义了线性映射 $\mathbb{R}^n \to \mathbb{R}^m$ 的矩阵, 并考虑矩阵方程

$$Ax = y.$$

附录 A 中表明, 矩阵 A 具有奇异值分解

$$A = U\Lambda V^{\mathrm{T}},$$

其中 $U \in \mathbb{R}^{m\times m}$ 与 $V \in \mathbb{R}^{n\times n}$ 为正交阵, 即

$$U^{\mathrm{T}} = U^{-1}, \quad V^{\mathrm{T}} = V^{-1},$$

而 $\Lambda \in \mathbb{R}^{m\times n}$ 为对角阵, 其对角元为

$$\lambda_1 \geqslant \lambda_2 \geqslant \cdots \geqslant \lambda_{\min(m,n)} \geqslant 0.$$

用 p, $1 \leqslant p \leqslant \min(m,n)$ 表示满足 $\lambda_p > 0$ 的最大下标, 并把 $U = [u_1, u_2, \cdots, u_m]$ 和 $V = [v_1, v_2, \cdots, v_n]$ 看作列向量的阵列. 则矩阵 U 与 V 的正交性等价于向量组 v_j 与 u_j 分别构成 $\mathbb{R}^n$ 与 $\mathbb{R}^m$ 的标准正交基. 这样, 映射 A 的奇异系统就是 $(v_j, u_j, \lambda_j)_{1\leqslant j\leqslant p}$.

我们看到, 若 $p = n$, 则

$$\mathbb{R}^n = \mathrm{span}\{v_1, \cdots, v_n\} = \mathrm{Ran}(A^{\mathrm{T}}),$$

从而 $\mathrm{Ker}(A)=\{0\}$. 若 $p<n$, 则有

$$\mathrm{Ker}(A)=\mathrm{span}\{v_{p+1},\cdots,v_n\}.$$

因此, 任何在 A 的核中的向量 x_0 具有形式

$$x_0=V_0c,\quad V_0=[v_{p+1},\cdots,v_n]\in\mathbb{R}^{n\times(n-p)},$$

这里 $c\in\mathbb{R}^{n-p}$.

在有限维的情形, 我们不必担心命题 2.1 的收敛性条件 3; 于是投影方程 (2.3) 总有解

$$x=x_0+A^\dagger y,$$

其中 x_0 是 A 的核中的任意一个向量. 我们称矩阵 $A^\dagger$ 为 A 的*广义逆*或 *Moore-Penrose 逆*, 它被定义为

$$A^\dagger=V\Lambda^\dagger U^{\mathrm{T}},$$

其中

$$\Lambda^\dagger=\begin{bmatrix}1/\lambda_1 & 0 & & \cdots & & & 0\\ 0 & 1/\lambda_2 & & & & & 0\\ & & \ddots & & & & \\ \vdots & & & 1/\lambda_p & & & \vdots\\ & & & & 0 & & \\ & & & & & \ddots & \\ 0 & 0 & & \cdots & & & 0\end{bmatrix}\in\mathbb{R}^{n\times m}.$$

广义逆的性质将列于 2.5 节中.

当 $x_0=0$ 时, 就将解 $x=A^\dagger y$ 称为问题 $Ax=y$ 的*最小范数解*, 因为

$$\|A^\dagger y\|=\min\{\|x\|\mid\|Ax-y\|=\|(I-P)y\|\},$$

其中 P 是映到 A 的值域上的投影. 于是, 最小范数解就是使残量误差达到最小的解, 且具有最小范数. 注意到我们在这一定义中并未进行截断, 因为我们保留了所有非零奇异值.

在反问题的情况, 最小范数解通常由于 A 是病态矩阵而毫无意义. 最小的正奇异值可能很靠近零, 而最小范数解对向量 y 中的误差很敏感. 因此在实际中, 我们必须选取定义 2.2 中的截断指标 $k<p$. 但问题是如何对截断水平 k 作出一个明智的选择? 这里有一个通常被称为*偏差原理*的经验法则. 假设数据向量 y 是无噪声向量 y_0 的一个带噪声的近似. 虽然我们对 y_0 是未知的, 却可能对噪声水平作一个估计, 即

$$\|y-y_0\|\simeq\varepsilon \tag{2.6}$$

对某个 $\varepsilon > 0$ 成立. 偏差原理可以得出, 我们不能指望近似解产生的残量误差比测量误差更小, 否则是在用解来拟合误差. 该原理导出了如下对截断参数 k 的选取标准: 选择 $k, 1 \leqslant k \leqslant m$ 为满足下式的最大下标:

$$\|y - Ax_k\| = \|y - P_k y\| \leqslant \varepsilon.$$

下例演示了最小范数解以及 TSVD 解的使用.

例 2.3　我们回到例 2.2 中的 Laplace 反演问题. 设 A 为与前面相同的矩阵, 其奇异值的对数图像如图 2.2 所示.

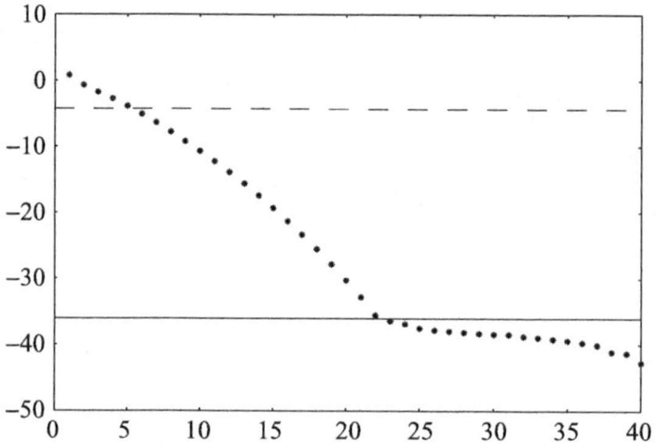

图 2.2　在对数尺度下的离散 Laplace 变换的奇异值, 实线表示机器精度水平

用 ε_0 表示机器精度, 即机器识别为非零的最小浮点数. 在 IEEE 双精度运算中, 这个数是 10^{-16} 量级的. 在图 2.2 中, 我们用水平实线标出了这一数量. 图 2.2 清楚地显示出这个矩阵在数值上是奇异的, 小于 ε_0 的奇异值代表舍入误差, 应被视为零.

首先, 我们考虑只存在舍入误差, 且参与运算的都是精确数据的情形. 此时记 $y = y_0$. 这里, 最小范数解 $x = A^\dagger y_0$ 应当会对 f 的离散值给出一个合理的估计. 而且很显然, 尽管有 22 个奇异值比 ε_0 大, 但大于 ε_0 的最小的几个却与之相当接近.

图 2.3 所示的是我们保留 $p = 20, 21, 22$ 个奇异值来计算 $x = A^\dagger y_0$ 时得到 f 的重构图像.

为了进行比较, 我们外加人为噪声, 即数据向量为

$$y = y_0 + e,$$

其中的噪声向量 e 是服从正态分布的零均值噪声, 其标准差 (standard deviation, STD) σ 取为最大数据分量的 1%, 即 $\sigma = 0.01\|y_0\|_\infty$. 这一数量的对数如图 2.2 中的水平虚线所示, 此时只剩下五个奇异值在 σ 之上.

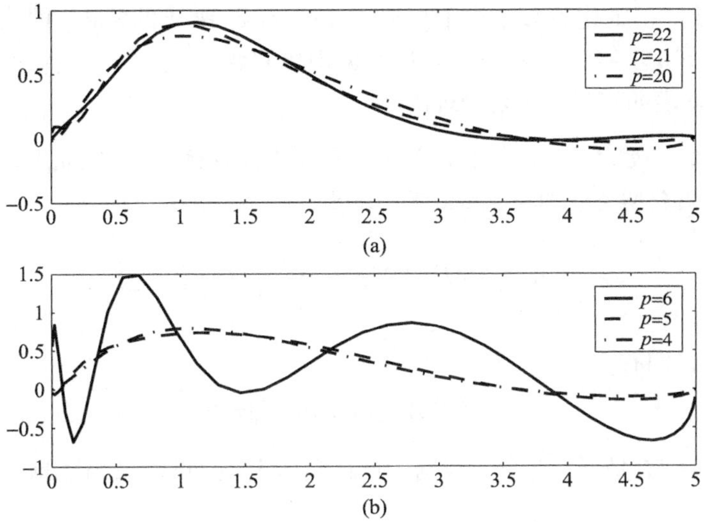

图 2.3　使用奇异值截断作 Laplace 逆变换. (a) 数据里没有人为噪声的情形, (b) 带 1% 加性人为噪声的情形

当给定的是噪声的标准差时, 若不进行深入分析, 如何选取偏差原理中的参数 ε 就不是很清楚了. 在本例中, 权且认为噪声的范数是与 σ 同阶的. 图 2.3 所示的是取 $p=4,5,6$ 来计算 TSVD 解 x_p 时获得的 f 的重构图像. 我们看到, 解在 $p=6$ 时会发生振荡.

这里我们指出, 偏差原理中的噪声水平标准并未考虑到噪声的随机性质. 在本章中, 我们还将更详细地讨论如何选择截断水平.

我们进一步指出, 如图 2.3 所示的单次重构还远不能完整地描述重构的稳定性. 反之, 应该通过对独立生成的数据运行多次重构来分析解的方差. 这一问题将在第 5 章中进行讨论, 那里将从统计的角度重温并分析经典方法. ◇

2.3 Tikhonov 正则化

2.2 节中的讨论表明, 在求解方程 $Ax=y$ 时, 当算子 A 的奇异值快速趋于 0 时会出现问题, 这会导致近似解 x_k 的范数当 $k\to\infty$ 时趋于无穷大. 本节讨论的基本正则化格式的想法就是同时控制残量 $r=Ax-y$ 和近似解 x 的范数. 我们从下述定义开始.

定义 2.4　设 $\delta>0$ 为一给定常数. Tikhonov 正则化解 $x_\delta\in H_1$ 是如下泛函的极小化子:

$$F_\delta(x)=\|Ax-y\|^2+\delta\|x\|^2,$$

只要该极小化子存在. 我们称参数 $\delta>0$ 为正则化参数.

可以看到, 正则化参数本质上扮演着 Lagrange 乘子的角色, 即我们可以想成是对某个 $R>0$ 求解带约束 $\|x\|=R$ 的极小化问题.

下述定理表明定义 2.4 是合理的.

定理 2.5　设 $A: H_1 \to H_2$ 为一个具有奇异系统 (λ_n, v_n, u_n) 的紧算子. 则 Tikhonov 正则化解存在唯一, 且由下式给出:

$$x_\delta = (A^*A+\delta I)^{-1}A^*y = \sum_n \frac{\lambda_n}{\lambda_n^2+\delta}\langle y, u_n\rangle v_n. \tag{2.7}$$

证明　我们有

$$\langle x, (A^*A+\delta I)x\rangle \geqslant \delta\|x\|^2,$$

即算子 $A^*A+\delta I$ 是下有界的. 根据 Riesz 表示定理 (见附录 A), 这一算子的逆存在, 且

$$\|(A^*A+\delta I)^{-1}\| \leqslant \frac{1}{\delta}. \tag{2.8}$$

于是, (2.7) 中的 x_δ 是明确定义的. 进一步, 将方程

$$(A^*A+\delta I)x = A^*y,$$

用 A 的奇异系统来表示, 有

$$\sum_n(\lambda_n^2+\delta)\langle x, v_n\rangle v_n + \delta Px = \sum_n \lambda_n\langle y, u_n\rangle v_n,$$

其中 $P: H_1 \to \mathrm{Ker}(A)$ 为正交投影. 通过对特征空间 $\mathrm{span}\{v_n\}$ 上作投影, 我们发现 $Px=0$ 以及 $(\lambda_n^2+\delta)\langle x, v_n\rangle = \lambda_n\langle y, u_n\rangle$.

为说明 x_δ 极小化二次泛函 F_δ, 令 x 为 H_1 中的任一向量. 将 x 分解为

$$x = x_\delta + z, \quad z = x - x_\delta,$$

并将 $F_\delta(x)$ 中的项按 z 的次数排列, 由 x_δ 的定义得到

$$\begin{aligned}F_\delta(x_\delta+z) &= F_\delta(x_\delta) + 2\langle z, (A^*A+\delta I)x_\delta - A^*y\rangle + \langle z, (A^*A+\delta I)z\rangle \\ &= F_\delta(x_\delta) + \langle z, (A^*A+\delta I)z\rangle.\end{aligned}$$

上式最后一项非负, 当且仅当 $z=0$ 时等于零. 这就证明了定理. □

注解 2.6　当空间 H_j 是有限维的, 且 A 为矩阵时, 可以写为

$$F_\delta(x) = \left\| \begin{bmatrix} A \\ \sqrt{\delta}\, I \end{bmatrix} x - \begin{bmatrix} y \\ 0 \end{bmatrix} \right\|^2.$$

由不等式 (2.8) 可知, 矩阵

$$K_\delta = \begin{bmatrix} A \\ \sqrt{\delta}\, I \end{bmatrix}$$

的奇异值以 $\sqrt{\delta}$ 为下界, 从而泛函 F_δ 的极小化子即为

$$x_\delta = K_\delta^\dagger \begin{bmatrix} y \\ 0 \end{bmatrix}.$$

这个公式在 Tikhonov 正则化方法的数值实现中是特别简便的.

根据测量值 y 的噪声水平选取正则化参数 δ 的值是讨论 Tikhonov 正则化的文献中的一个核心问题. 在现已提出的几种选取 δ 的方法中, 这里我们仅浅论其中一种, 称为 Morozov 偏差原理. 这个原理本质上与针对奇异值截断方法讨论的偏差原理是一致的.

假设我们对数据向量中误差的范数有一个形如 (2.6) 的估计 $\varepsilon > 0$, 则任何满足

$$\|Ax - y\| \leqslant \varepsilon$$

的 $x \in H_1$ 都应该被看成是一个可以接受的近似解. 设 x_δ 由 (2.7) 定义, 而

$$f : \mathbb{R}_+ \to \mathbb{R}_+, \quad f(\delta) = \|Ax_\delta - y\| \tag{2.9}$$

为关于参数 δ 的偏差. Morozov 偏差原理认为, 正则化参数 δ 应该尽可能按如下条件选取:

$$f(\delta) = \|Ax_\delta - y\| = \varepsilon, \tag{2.10}$$

即正则化解不应试图比噪声水平更精确地满足数据.

下述定理给出了能够使用偏差原理的一个条件.

定理 2.7 偏差函数 (2.9) 严格递增, 且

$$\|Py\| \leqslant f(\delta) \leqslant \|y\|, \tag{2.11}$$

其中 $P : H_2 \to \mathrm{Ker}(A^*) = \mathrm{Ran}(A)^\perp$ 为正交投影. 因此, 方程 (2.10) 有唯一解 $\delta = \delta(\varepsilon)$, 当且仅当 $\|Py\| \leqslant \varepsilon \leqslant \|y\|$.

证明 利用向量 x_δ 的奇异系统表示, 有

$$\|Ax_\delta - y\|^2 = \sum_n \left(\frac{\lambda_n^2}{\lambda_n^2 + \delta} - 1\right)^2 \langle y, u_n\rangle^2 + \|Py\|^2 = \sum_n \left(\frac{\delta}{\lambda_n^2 + \delta}\right)^2 \langle y, u_n\rangle^2 + \|Py\|^2.$$

因为求和的每一项满足

$$\frac{\mathrm{d}}{\mathrm{d}\delta}\left(\frac{\delta}{\lambda_n^2 + \delta}\right)^2 = \frac{2\delta\lambda_n^2}{(\lambda_n^2 + \delta)^3} > 0, \tag{2.12}$$

所以映射 $\delta \mapsto \|Ax_\delta - y\|^2$ 是严格递增的, 且

$$\|Py\|^2 = \lim_{\delta \to 0+} \|Ax_\delta - y\|^2 \leqslant \|Ax_\delta - y\|^2 \leqslant \lim_{\delta \to \infty} \|Ax_\delta - y\|^2 = \|y\|^2. \qquad \square$$

注解 2.8 在数据 y 中任何与 A 的值域正交的分量只可能来自噪声, 在此意义下, 条件 $\|Py\| \leqslant \varepsilon$ 是自然的. 另一方面, 条件 $\varepsilon \leqslant \|y\|$ 可以理解为误差水平不应超过信号水平. 事实上, 如果 $\|y\| < \varepsilon$, 则我们可以认为, 从偏差原理的角度来看, $x = 0$ 就是一个可以接受的解.

除了矩阵的规模引起的问题之外, Morozov 偏差原理的数值实现是非常简单的. 事实上, 若矩阵 A 的非零奇异值为 $\lambda_1 \geqslant \cdots \geqslant \lambda_r$, 则可以用 Newton 法等找到函数

$$f(\delta) = \sum_{n=1}^{r} \left(\frac{\delta}{\lambda_n^2 + \delta} \right)^2 \langle y, u_n \rangle^2 + \|Py\|^2 - \varepsilon^2$$

的唯一零点. 该函数关于参数 δ 的导数可以不借助于奇异值分解就表示出来. 事实上, 由公式 (2.12), 我们发现

$$f'(\delta) = \sum_{n=1}^{r} \frac{2\delta \lambda_n^2}{(\lambda_n^2 + \delta)^3} \langle y, u_n \rangle^2 = \langle x_\delta, 2\delta (A^* A + \delta I)^{-1} x_\delta \rangle.$$

当 A 为大型稀疏矩阵, 且关于矩阵 $A^*A + \delta I$ 的线性方程组比奇异值分解更易计算时, 这个公式是特别有用的.

例 2.4 作为对反问题的统计分析的前瞻, 我们考虑如何设定出现在偏差原理中的噪声水平 ε 这一问题. 假设我们有一个带加性噪声模型的线性反问题, 即 $A \in \mathbb{R}^{k \times m}$ 是已知的, 且模型为

$$y = Ax + e = y_0 + e.$$

此外, 假设我们还知道关于噪声向量 $e \in \mathbb{R}^k$ 的统计学信息. 现在的问题就是如何根据噪声的概率分布来确定一个合理的噪声水平. 原则上, 有几个可能的候选方案. 回忆到 e 是一个随机变量, 我们实际上可以定义

$$\varepsilon = E\{\|e\|\}, \tag{2.13}$$

其中 E 表示期望 (见附录 B). 同样, 我们可以认为另一个明智的选择是取

$$\varepsilon^2 = E\{\|e\|^2\}, \tag{2.14}$$

这将导致 ε 的取值略有不同. 一般说来, 这些水平既能从数值上通过随机生成一些噪声向量的样本作平均来计算, 也能在概率密度函数的显式积分存在时解析地算得.

为简单说明 (2.13) 和 (2.14) 之间有何不同, 假设 $k=1$, 即数据 y 为一个实数, 且 $e\sim\mathcal{U}([0,1])$, 即 e 为区间 $[0,1]$ 上的均匀概率分布. 此时准则 (2.13) 给出

$$\varepsilon=\int_0^1 t\,\mathrm{d}t=\frac{1}{2},$$

而第二个准则导出

$$\varepsilon=\left(\int_0^1 t^2\,\mathrm{d}t\right)^{1/2}=\frac{1}{\sqrt{3}}.$$

作为另一个更常遇到的例子, 考虑均值为零, 分量独立的 k 元 Gauss 噪声, 即 $e\sim\mathcal{N}(0,\sigma^2I)$, 其中 σ^2 为方差, I 为 k 维单位阵. 此时, 准则 (2.14) 立即给出

$$\varepsilon^2=E\{\|e\|^2\}=k\sigma^2.$$

第一个准则的计算更复杂些. 我们有

$$\varepsilon=\frac{1}{(2\pi\sigma^2)^{k/2}}\int_{\mathbb{R}^k}\|t\|\exp\left(-\frac{1}{2\sigma^2}\|t\|^2\right)\mathrm{d}t.$$

将上式用极坐标表示, 并对变量进行适当的放缩, 就得到

$$\varepsilon=\frac{|\mathbb{S}^{k-1}|}{(2\pi)^{k/2}}\sigma\int_0^\infty t^k\exp\left(-\frac{1}{2}t^2\right)\mathrm{d}t=\gamma_k\sigma.$$

这里 $|\mathbb{S}^{k-1}|$ 表示单位球的表面积. 比例因子 γ_k 的计算留作习题, 而重要的是我们注意到两种结果都与 σ 成正比.

这里我们特别注意到, $\|e\|$ 是随机变量. 举例来说, 在上面取 $k=100$ 和 $\sigma=1$, 则 $9<\|e\|\leqslant 11$ 的概率约为 0.84.

通常在经典的正则化的文献中, 在 Morozov 偏差原理中使用的噪声水平会通过一个外加参数 $\tau>1$ 来调整, 以避免欠正则化. 在使用 k 元 Gauss 白噪声模型时, 偏差条件形如

$$\|Ax_\alpha-y\|=\tau\sqrt{k}\,\sigma,$$

其中通常选取 $\tau=1.1$. ◇

例 2.5 作为使用 Tikhonov 正则化方法的一个例子, 考虑图像去模糊问题, 即例 2.1 中介绍的反卷积问题在平面上的情形. 用 Fourier 分析表达 Tikhonov 正则化解是很有启发性的. 下面令 $H_1=H_2=L^2(\mathbb{R}^2)$. 为了保证图像的可积性, 我们假设 f 具有紧支集. 在 $L^2(\mathbb{R}^2)$ 的内积下, 具有实值核函数的卷积算子的伴随为

$$A^*f(x)=\int_{\mathbb{R}^2}\phi(y-x)f(y)\,\mathrm{d}y.$$

此外, 若核函数是偶的, 即 $\phi(-x)=\phi(x)$, 则 A 是自伴的. 因为 $\widehat{Af}=\widehat{\phi}\widehat{f}$, 所以算子 A 的 Fourier 表示为

$$Af(x)=\mathcal{F}^{-1}(\widehat{\phi}\widehat{f})(\xi)=\frac{1}{(2\pi)^2}\int_{\mathbb{R}^2}\mathrm{e}^{\mathrm{i}\langle\xi,x\rangle}\widehat{\phi}(\xi)\widehat{f}(\xi)\,\mathrm{d}\xi.$$

类似地, 伴随算子可以写为

$$A^*f(x) = \mathcal{F}^{-1}\left(\overline{\widehat{\phi}}\widehat{f}\right)(\xi).$$

根据这一表示, 有

$$(A^*A + \delta I)f(x) = \mathcal{F}^{-1}\left((|\widehat{\phi}|^2 + \delta)\widehat{f}\right)(x),$$

而进一步, 定义 Tikhonov 正则化解的算子就是

$$(A^*A + \delta I)^{-1}A^*g(x) = \mathcal{F}^{-1}\left(\frac{\overline{\widehat{\phi}}}{|\widehat{\phi}|^2 + \delta}\widehat{g}\right)(x).$$

我们有

$$\left|\frac{\overline{\widehat{\phi}(\xi)}}{|\widehat{\phi}(\xi)|^2 + \delta}\right| \leqslant \frac{1}{2\sqrt{\delta}},$$

因此该算子正如前面定理所说的那样在 $L^2(\mathbb{R}^2)$ 中是明确定义的.

尽管在上述公式的基础上求出数值解是可能的, 但这里我们还是直接用矩阵离散化来表示数值解.

设图像区域为单位矩形 $[0,1]\times[0,1]$, 且真实图像在此区域外恒等于零. 假设图像区域被划分为相同大小的像素 $P_{jk} = [(j-1)\Delta, j\Delta] \times [(k-1)\Delta, k\Delta]$, $1 \leqslant j,k \leqslant N$, 其中 $\Delta = 1/N$. 若用 p_{jk} 表示 P_{jk} 的中心点, 我们就能写出如下近似:

$$g(p_{jk}) \approx \sum_{\ell,m=1}^{N} \Delta^2 \phi(p_{jk} - p_{\ell m}) f(p_{\ell m}),$$

或写成矩阵形式

$$y = Ax,$$

其中向量 $x, y \in \mathbb{R}^{N^2}$ 为将像素值堆叠而成的长向量, $A \in \mathbb{R}^{N^2 \times N^2}$ 为相应排列的卷积矩阵.

在数值例子中, 考虑卷积核

$$\phi(x) = \mathrm{e}^{-\alpha|x|},$$

这里 $\alpha = 20$. 该卷积核的图像如图 2.4 所示.

为了避免臭名昭著的反演过失 —— 或至少避免其中最明显的形式 —— 我们使用比给定的模糊图像 (32×32 规模的像素) 更细的网格 (50×50 规模的像素) 来计算模糊数据. 真实图像与模糊图像如图 2.5 所示.

这里我们使用的噪声模型是 Gauss 加性噪声

$$y = Ax + e,$$

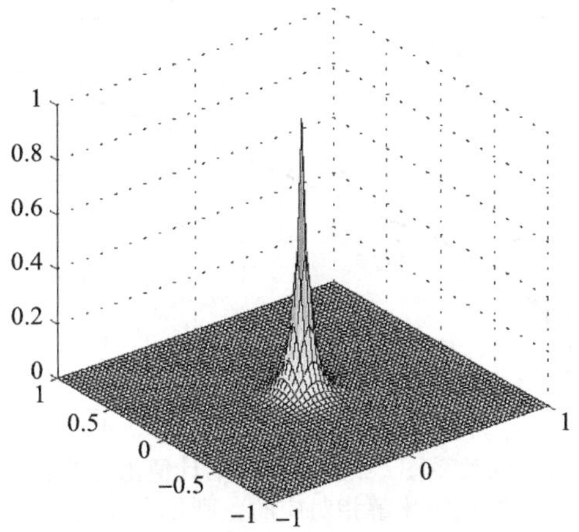

图 2.4 用于图像模糊的卷积核

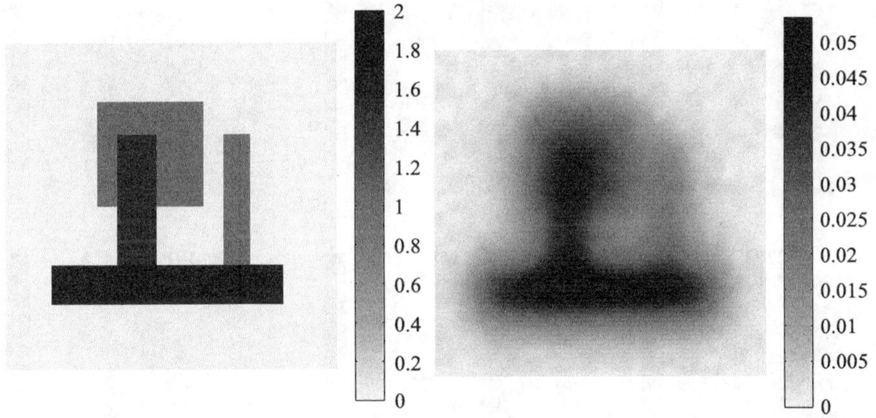

图 2.5 原始图像与噪声模糊图像

其中 e 为一个具有独立分量的随机向量, 且每个分量都是均值为零的正态分布. e 的每个分量的标准差为 $\sigma = 0.01\max(Ax)$, 即无噪声模糊图像中的像素值的最大值的 1%. 为了取定用于 Morozov 偏差原理的噪声水平, 我们使用准则 (2.14), 即在本例中我们设定

$$\varepsilon = N\sigma.$$

在图 2.6 中, 我们作出了曲线 $\delta \mapsto \|Ax_\delta - y\|$ 的一部分图像, 而噪声水平由虚线标出. 显然, 在这种情况下, 定理 2.7 的条件 (2.11) 得以满足, 所以 Morozov 偏差原理是适用的.

本例中 $\delta = \delta(\varepsilon)$ 的值是用二分法算得的. 为了说明正则化参数对解的影响, 我们用九个不同的正则化参数值来计算 Tikhonov 正则化解. δ 的这些值在图 2.6 中用方块标出, 而结果如图 2.7 所示. 当正则化参数远远小于 $\delta(\varepsilon)$ 时, 结果就带有噪

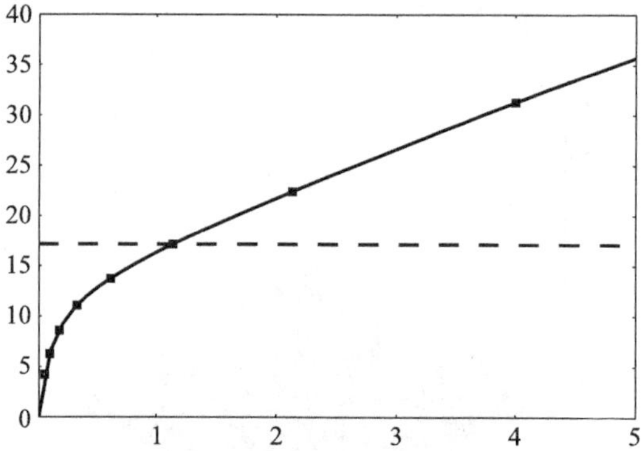

图 2.6　偏差与正则化参数 δ 的关系图. 噪声水平的估计值由虚线标出. 方块标出了与图 2.7 中的正则化解相对应的正则化参数值

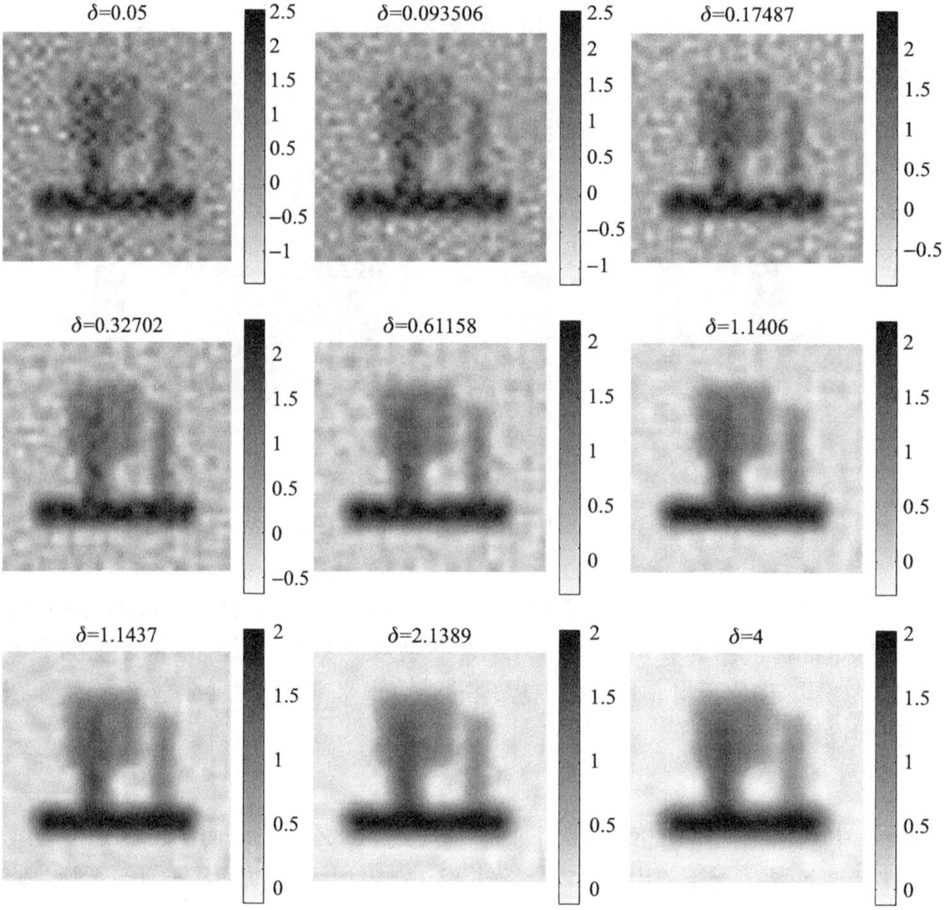

图 2.7　九个来自相同的噪声数据, 但用不同的正则化参数值 δ 得到的重构. 符合 Morozov 偏差原理的重构是第二行的右图

声, 即这个解是欠正则化的; 而取值过大时, 结果又变得模糊了, 这些解通常被称为是过正则化的. ◇

2.3.1 Tikhonov 正则化的推广

Tikhonov 正则化方法有时也适用于非线性问题, 即求解 $x \in H_1$, 满足

$$y = A(x) + e,$$

其中 $A : H_1 \to H_2$ 为非线性映射, e 为观测噪声. 若映射 A 在向量 x 发生很大变化时只造成 $A(x)$ 很小的变化, 则此问题就是不适定的, 而数值方法 (尤其是迭代法) 可能无法找到 x 的一个令人满意的估计. 非线性 Tikhonov 正则化格式相当于要寻找一个 x, 使得泛函

$$F_\delta(x) = \|A(x) - y\|^2 + \delta\|x\|^2$$

达到最小. 由于该泛函不再是二次的了, 我们就不清楚极小化子是否存在唯一, 或如何去确定它. 寻找一个可行解的最常用的方法就是使用基于 A 的连续线性化的迭代格式.

定义 2.9 算子 $A : H_1 \to H_2$ 在一点 x_0 是 Fréchet 可微的, 如果它可以展开为

$$A(x_0 + z) = A(x_0) + R_{x_0}z + W(x_0, z).$$

这里 $R_{x_0} : H_1 \to H_2$ 为连续线性算子, 而

$$\|W(x_0, z)\| \leqslant \|z\|\varepsilon(x_0, z),$$

其中泛函 $z \mapsto \varepsilon(x_0, z)$ 在 $z \to 0$ 时趋于零.

设 A 为 Fréchet 可微的, 则在一个给定点 x_0 附近对 A 进行线性化就能导出泛函 F_δ 的近似

$$F_\delta(x) \approx \widetilde{F}_\delta(x; x_0) = \|A(x_0) + R_{x_0}(x - x_0) - y\|^2 + \delta\|x\|^2 = \|R_{x_0}x - g(y, x_0)\|^2 + \delta\|x\|^2,$$

其中

$$g(y, x_0) = y - A(x_0) + R_{x_0}x_0.$$

根据 2.2 节, 我们知道泛函 $\widetilde{F}_\delta(x; x_0)$ 的极小化子为

$$x = (R_{x_0}^* R_{x_0} + \delta I)^{-1} R_{x_0}^* g(y, x_0).$$

虽然最直接的途径就是将新的近似解选作下一步线性化的基点, 但可能发生线性化问题的解并不能充分反映原函数的非线性的情况. 因此, 一个更好的策略是实现某种形式的步长控制. 这引导我们给出如下的迭代方法.

1. 选取初始猜测 x_0 并设 $k=0$.

2. 计算 Fréchet 导数 R_{x_k}.

3. 确定

$$x=(R_{x_k}^* R_{x_k}+\delta I)^{-1} R_{x_k}^* g(y, x_k), \quad g(y, x_k)=y-A(x_k)+R_{x_k} x_k,$$

并定义 $\delta x=x-x_k$.

4. 寻找 $s>0$ 以极小化函数

$$f(s)=\|A(x_k+s\,\delta x)-y\|^2+\|x_k+s\,\delta x\|^2.$$

5. 设 $x_{k+1}=x_k+s\,\delta x$ 并更新 $k \leftarrow k+1$.

6. 重复第 2–5 步直到此方法收敛.

在我们刚描述的 Tikhonov 正则化的推广中, 线性算子 A 被替换为一个非线性算子. 另一条推广 Tikhonov 正则化方法的途径与惩罚项的选取有关.① 事实上, 我们可以考虑如下极小化问题: 寻找 $x \in H_1$, 使得泛函

$$\|Ax-y\|^2+\delta\, G(x)$$

达到最小, 其中 $G: H_1 \to \mathbb{R}$ 是一个非负泛函. 该问题解的存在唯一性依赖于泛函 G 的选取.

这种推广的最常见的形式是取

$$G(x)=\|L(x-x_0)\|^2, \tag{2.15}$$

其中 $L: \mathcal{D}(L) \to H_2$, $\mathcal{D}(L) \subset H_1$ 为线性算子, x_0 是给定的. 通常, 当 H_1 为函数空间时, L 是一个微分算子. 这样的选取迫使相应的极小化问题的解是光滑的.

在有限维情形, L 为 $\mathbb{R}^{k\times n}$ 中的矩阵. 那么待极小化的 Tikhonov 泛函就可以写为

$$\|Ax-y\|^2+\delta\|L(x-x_0)\|^2=\left\|\begin{bmatrix} A \\ \sqrt{\delta}\, L \end{bmatrix} x-\begin{bmatrix} y \\ \sqrt{\delta}\, Lx_0 \end{bmatrix}\right\|^2.$$

这个泛函的极小化子为

$$x_\delta=K^\dagger \begin{bmatrix} y \\ \sqrt{\delta}\, Lx_0 \end{bmatrix}, \quad K=\begin{bmatrix} A \\ \sqrt{\delta}\, L \end{bmatrix},$$

只要 K 的奇异值都是正的. 如果 K 的某些奇异值为零, 则我们可以认为 L 的选取没有恰当地对问题进行正则化.

最后, 我们可以将上述两种推广结合起来, 并考虑如下类型的泛函极小化问题:

$$F_\delta(x)=\|A(x)-y\|^2+\delta G(x).$$

该问题引出了一个广义非线性优化问题, 这里就不详细讨论了.

① 这实际上是 Tikhonov 正则化的原始形式; 见 2.5 节.

2.4 正则化的迭代方法

我们再次考虑简单的线性矩阵方程 (2.1), 即 $Ax = y$. 数值分析为此方程提供了丰富多样的迭代解法可供选择. 事实证明, 这些解法尽管最初不是为了正则化的目的量身定制的, 但它们在数据 y 被噪声破坏时经常能起到正则化的作用. 在本节中, 我们将讨论三种不同的迭代方法及其正则化性质.

2.4.1 Landweber-Fridman 迭代

这里讨论的第一个迭代格式是一个基于不动点迭代的方法. 我们首先回忆一些概念. 令 H 为 Hilbert 空间, $S \subset H$. 考虑映射 $T: H \to H$, 它不一定是线性的. 我们称 S 为 T 的一个不变集, 如果 $x \in S$ 能导出 $T(x) \in S$, 或简记为 $T(S) \subset S$. 我们称算子 T 为不变集 S 上的一个压缩映射, 如果存在 $\kappa \in \mathbb{R}$, $0 \leqslant \kappa < 1$, 使得对所有 $x, z \in S$, 成立

$$\|T(x) - T(z)\| \leqslant \kappa \|x - z\|.$$

我们称向量 $x \in H$ 为 T 的一个不动点, 如果成立

$$T(x) = x.$$

下面的基本结论被称为不动点定理, 其证明见附录 A.

命题 2.10 设 H 为 Hilbert 空间, $S \subset H$ 为映射 $T: H \to H$ 的一个闭的不变集. 进一步假设 T 是 S 中的压缩映射, 则存在唯一的 $x \in S$ 使得 $T(x) = x$. 该不动点 x 能用如下的不动点迭代找到

$$x = \lim_{k \to \infty} x_k, \quad x_{k+1} = T(x_k),$$

其中初值 $x_0 \in S$ 是任意的.

现在考虑线性方程 (2.1). 沿用 2.2 节的记号, 首先将右端项 y 写为

$$y = Py + (I - P)y, \quad Py \in \overline{\mathrm{Ran}(A)}, \quad (I - P)y \in \mathrm{Ker}(A^*).$$

由于不可能使 Ax 匹配于与 A 的值域正交的向量 $(I - P)y$, 我们对等式两边作用 A^* 将其过滤掉, 由此导出法方程

$$A^*Ax = A^*Py + A^*(I - P)y = A^*y. \tag{2.16}$$

我们接下来设法用迭代法来解此法方程. 为此, 注意到当法方程成立时, 有

$$x = x + \beta(A^*y - A^*Ax) = T(x) \tag{2.17}$$

对所有 $\beta \in \mathbb{R}$ 成立. 因此, 该方程的解 x 是仿射映射 T 的一个不动点. 我们的目的是用不动点迭代来求解该方程. 于是, 令 $x_0 = 0$, 并定义

$$x_{k+1} = T(x_k).$$

在下面的定理中, 我们假设 Ran(A) 的维数是有限的. 对有限维矩阵方程, 这总是成立的. 更一般地, 这个假设意味着 A 的奇异系统中只有有限多个非零奇异值, 因此可以将 Ax 写为

$$Ax = \sum_{j=1}^{N} \lambda_j \langle v_j, x\rangle u_j.$$

现在我们就能证明以下定理.

定理 2.11　设 $\dim(\mathrm{Ran}(A)) = N < \infty$, 并设 $0 < \beta < 2/\lambda_1^2$, 其中 λ_1 为 A 的最大奇异值. 则不动点迭代序列 $\{x_k\}$ 收敛于一个满足法方程 (2.16) 的 $x \in \mathrm{Ker}(A)^{\perp}$.

证明　令 $S = \mathrm{Ker}(A)^{\perp} = \overline{\mathrm{Ran}(A^*)}$. 首先我们注意到, S 是由公式 (2.17) 给出的仿射映射 T 的一个不变集, 即 $T(S) \subset S$. 我们要说明映射 T 是 S 上的一个压缩映射. 事实上, 如果 (v_n, u_n, λ_n) 是 A 的奇异系统, 则对任意 $x, z \in S = \mathrm{span}\{v_1, \cdots, v_N\}$, 有

$$\|T(x) - T(z)\|^2 = \|(I - \beta A^* A)(x - z)\|^2 = \sum_{j=1}^{N} (1 - \beta\lambda_j^2)^2 \langle v_j, x - z\rangle^2 \leqslant \kappa^2 \|x - z\|^2,$$

其中

$$\kappa^2 = \max_{1 \leqslant j \leqslant N} (1 - \beta\lambda_j^2)^2.$$

我们注意到, 只要对所有 j, $1 \leqslant j \leqslant N$, 成立

$$0 < \beta\lambda_j^2 < 2,$$

就有 $\kappa < 1$, 而这在 $0 < \beta < 2/\lambda_1^2$ 时是成立的.

令 $x = \lim\limits_{n\to\infty} x_n$, 则有

$$0 = T(x) - x = \beta(A^* y - A^* Ax),$$

即这个极限满足法方程 (2.16). □

一般说来, 当 $\dim(\mathrm{Ran}(A)) = \infty$, 且 A 是紧的时, 我们不能指望 Landweber-Fridman 迭代收敛, 因为法方程一般是无解的. 但这并不妨碍我们使用这种迭代, 只要我们在有限多步后就终止它.

为了理解这个迭代格式的正则化性质, 引入

$$R = I - \beta A^* A : S \to S.$$

归纳地, 我们发现, 第 k 次迭代 x_k 可以简单地写为

$$x_k = \sum_{j=0}^{k} R^j \beta A^* y,$$

特别地, 由几何级数求和公式可知

$$\langle x_k, v_n \rangle = \sum_{j=0}^{k} \beta\lambda_n (1-\beta\lambda_n^2)^j \langle y, u_n \rangle = \frac{1}{\lambda_n}(1-(1-\beta\lambda_n^2)^{k+1})\langle y, u_n \rangle.$$

从这个公式可以明显看到, 当奇异值 λ_n 很小时, 分子上的因子 $1-(1-\beta\lambda_n^2)^{k-1}<1$ 也很小. 因此我们可以预见, 和式 $\sum\langle x_k, v_n\rangle$ 对 y 中的噪声没有最小范数解那么敏感.

在将迭代法应用于正则化时, 一个关键问题就是赋予算法一个好的停机准则. 应当指出的是, 在文献提出的准则里, 没有一个能被证明是不会出错的. 类似于 TSVD 和 Tikhonov 正则化, 我们在这里也能尝试应用偏差原理, 即在

$$\|Ax_k - y\| = \varepsilon \tag{2.18}$$

的时候结束迭代, 其中 ε 为估计的噪声水平.

我们用下面的简单例子说明这种方法在刚才描述的停机准则下的表现.

例 2.6 考虑根据函数

$$g(s) = \int_0^1 \phi(s-t) f(t)\, \mathrm{d}t, \quad 0 \leqslant s \leqslant 1$$

的含噪声观测值来求解 $f(t), 0 \leqslant t \leqslant 1$ 的一维反卷积问题, 其中的卷积核为

$$\phi(t) = \mathrm{e}^{-a|t|}, \quad a = 20.$$

作为测试函数, 用

$$f(t) = t(1-t).$$

函数 g 可以显式地算得, 即

$$g(s) = \frac{2}{a}s(1-s) + \frac{1}{a^2}(\mathrm{e}^{-as} + \mathrm{e}^{-a(1-s)}) + \frac{2}{a^3}(\mathrm{e}^{-as} + \mathrm{e}^{-a(1-s)} - 2).$$

我们将这些数据记录于网格大小为 1/100 的均匀网格上, 并在精确数据中加入均值为零, 标准差为无噪声数据最大值的 5%, 且具有独立分量的随机正态分布噪声. 用于重构的网格也是等距的, 但网格大小为 1/80. 矩阵 A 的元素为

$$A_{ji} = \frac{1}{80}\mathrm{e}^{-a|t_i - s_j|}, \quad t_i = \frac{i}{80}, \quad s_j = \frac{j}{100}, \qquad 0 \leqslant i \leqslant 80,\ 0 \leqslant j \leqslant 100.$$

矩阵 A 的条件数为 $\kappa(A) \approx 110$, 所以可以直接计算最小范数解 $f^\dagger = A^\dagger g$. 图 2.8 显示了无噪声和含噪声的数据, 以及精确解 f 和最小范数解 $f^\dagger$. 后者基本上都是噪声, 这表明某种形式的正则化是必要的. 我们采用 Landweber-Fridman 迭代, 迭代格式中的松弛参数取为 $\beta = 0.1\beta_{\max}$, 其中 $\beta_{\max} = 2/\|A\|^2$. 我们根据停机准则 (2.18) 在 $\varepsilon = \sqrt{81}\,\sigma$ 时终止迭代, 其中 σ 为外加噪声的标准差. 在模拟数据下, 所要求的偏差水平在 38 次迭代后达到. 图 2.8 显示了最终的解与真解的对比. 为了对收敛有一个印象, 图 2.9 也给出了迭代解 f_n 的图像. ◇

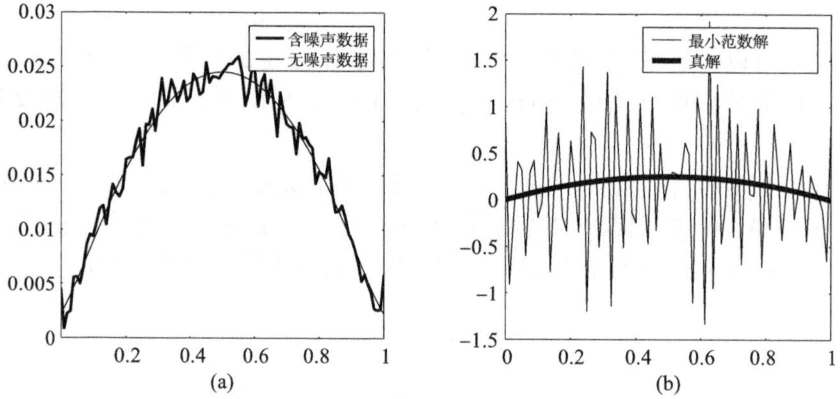

图 2.8　含噪声和无噪声的数据以及最小范数解

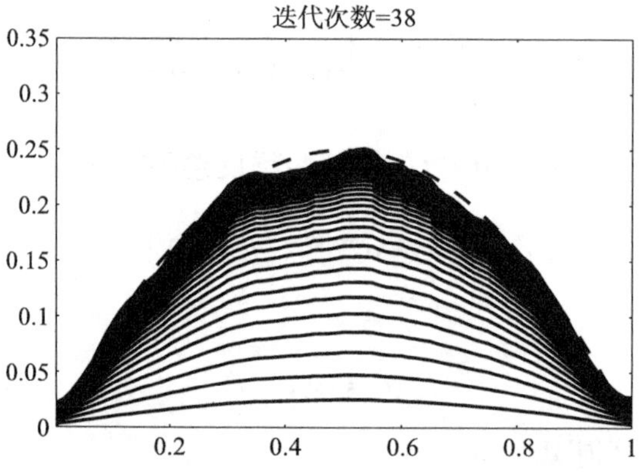

图 2.9　迭代解. 最终的解满足偏差准则

通常, Landweber-Fridman 迭代比其他几种迭代法慢得多. 该方法的缓慢收敛有时却被视作算法的一个积极因素, 因为快速算法可能会使我们迅速接近通常毫无意义的最小范数解, 就像上面的例子那样.

2.4.2 Kaczmarz 迭代与 ART

用 Kaczmarz 迭代求解矩阵方程 (2.1), 即 $Ax = y$ 的思想是将方程组按行划分为单行或分块的行. 为了明确起见, 首先考虑单行的形式. 记

$$A = \begin{bmatrix} a_1^{\mathrm{T}} \\ \vdots \\ a_m^{\mathrm{T}} \end{bmatrix} \in \mathbb{R}^{m \times n}, \quad a_j \in \mathbb{R}^n,$$

其中 $a_j^{\mathrm{T}} \neq 0$ 为矩阵 A 的第 j 行, 则方程 $Ax = y$ 可以被看作是一系列方程

$$A_j x = a_j^{\mathrm{T}} x = y_j, \quad 1 \leqslant j \leqslant m,$$

其中 $A_j : \mathbb{R}^n \to \mathbb{R}$. 每个这样的欠定方程定义了一个 $n-1$ 维的超平面. Kaczmarz 迭代的思想就是将当前的近似解依次投影到这些超平面上. 事实证明, 这种过程能收敛到方程组的解, 只要解存在.

更一般地, 可以记

$$A = \begin{bmatrix} A_1 \\ \vdots \\ A_\ell \end{bmatrix} \in \mathbb{R}^{m \times n}, \quad A_j \in \mathbb{R}^{k_j \times n},$$

其中 $k_1 + \cdots + k_\ell = m$. 在 A 的这种块分解中, 必须要求每个行块 A_j 都是行满秩的, 这样才能定义一个满射.

在下面的讨论中, 我们将设定略微推广一下. 让我们用 H 和 H_j, $1 \leqslant j \leqslant m$ 来表示可分的 Hilbert 空间. 考虑方程组

$$A_j x = y_j, \quad 1 \leqslant j \leqslant m,$$

其中的算子

$$A_j : H \to H_j, \quad 1 \leqslant j \leqslant m$$

是给定的有界线性算子, 且 $y_j \in \mathrm{Ran}(A_j)$. 令

$$X_j = \{x \in H \mid A_j x = y_j\},$$

并用 $P_j : H \to X_j$ 表示映到这些仿射子空间上的正交投影. 我们进一步定义序贯投影

$$P = P_m P_{m-1} \cdots P_2 P_1.$$

下述定义本质上定义了 Kaczmarz 迭代.

定义 2.12　在上面引进的符号下, 我们将 Kaczmarz 序列 $\{x_k\} \subset H$ 递归地定义为

$$x_{k+1} = Px_k, \quad x_0 = 0.$$

下述定理有助于理解 Kaczmarz 迭代的特性.

定理 2.13　假设 $X = \bigcap\limits_{j=1}^{m} X_j \neq \varnothing$, 则 Kaczmarz 序列收敛于方程 $Ax = y$ 的最小范数解, 即

$$\lim_{k\to\infty} x_k = x, \quad Ax = y, \quad x \perp \operatorname{Ker}(A).$$

为了概述证明的主要思想, 让我们用 $\mathcal{Q}$ 表示正交投影

$$\mathcal{Q} : H \to \bigcap_{j=1}^{m} \operatorname{Ker}(A_j) = \operatorname{Ker}(A),$$

并任取 $z \in X$. 我们要证明

$$x_k \longrightarrow x = z - \mathcal{Q}z, \quad \text{当 } k \to \infty \text{ 时}.$$

显然, 该极限 x 满足

$$A_j x = A_j z - A_j \mathcal{Q} z = y_j, \quad 1 \leqslant j \leqslant m,$$

且进一步, 由定义可知 x 垂直于 $\operatorname{Ker}(A)$.

为了将偏投影 P_j 与 $\mathcal{Q}$ 联系起来, 让我们用 Q_j 表示正交投影

$$Q_j : H \to \operatorname{Ker}(A_j), \quad 1 \leqslant j \leqslant m,$$

并用 Q 表示序贯投影

$$Q = Q_m Q_{m-1} \cdots Q_2 Q_1. \tag{2.19}$$

对任意 $z \in X$, 有

$$P_j x = z + Q_j(x - z).$$

事实上,

$$A_j P_j x = A_j z + A_j Q_j (x - z) = y_j,$$

且对任意的 $z_1, z_2 \in X_j$, 它们的差 $\delta z = z_1 - z_2$ 在 $\operatorname{Ker}(A_j)$ 中. 这样就有

$$\langle x - (z + Q_j(x - z)), \delta z\rangle = \langle (I - Q_j)(x - z), \delta z\rangle = 0.$$

现在我们就可以将序贯投影 P 用 Q 表示为如下的形式. 对 $z \in X$ 和 $x \in H$, 有

$$P_2 P_1 x = z + Q_2(P_1 x - z) = z + Q_2 Q_1 (x - z),$$

且归纳地有

$$Px = z + Q(x - z).$$

类似地, 成立

$$P^2x = z + Q(Px - z) = z + Q^2(x - z),$$

而又由归纳法知

$$P^kx = z + Q^k(x - z),$$

即根据 Kaczmarz 序列的定义, 有

$$x_k = z - Q^kz.$$

于是, 我们只需证明对任意 $z \in H$, 成立

$$\lim_{k\to\infty} Q^kz = \mathcal{Q}z.$$

这一结果是下列三个技术性引理的结论.

引理 2.14 设序列 $\{x_k\} \subset H$ 满足

$$\|x_k\| \leqslant 1, \quad \lim_{k\to\infty} \|Qx_k\| = 1,$$

其中 Q 由 (2.19) 给出, 则

$$\lim_{k\to\infty} (I - Q)x_k = 0.$$

证明 我们对投影 Q_j 的个数用归纳法来给出证明. 首先对 Q_1, 这一结论由正交性直接得到: 当 k 增加时, 成立

$$\|(I - Q_1)x_k\|^2 = \|x_k\|^2 - \|Q_1x_k\|^2 \leqslant 1 - \|Q_1x_k\|^2 \to 0.$$

其次, 假设结论对 $Q_j \cdots Q_1$ 成立. 我们有

$$\|Q_{j+1}Q_j \cdots Q_1x_k\| \leqslant \|Q_j \cdots Q_1x_k\| \leqslant 1,$$

故 $\lim\limits_{k\to\infty} \|Q_{j+1}Q_j \cdots Q_1x_k\| = 1$ 意味着 $\lim\limits_{k\to\infty} \|Q_j \cdots Q_1x_k\| = 1$, 而由归纳假设可知

$$(I - Q_j \cdots Q_1)x_k \to 0.$$

我们写作

$$(I - Q_{j+1}Q_j \cdots Q_1)x_k = (I - Q_j \cdots Q_1)x_k + (I - Q_{j+1})Q_j \cdots Q_1x_k.$$

这里, 我们已经看到右端第一项趋于零. 类似地, 记 $z_k = Q_j \cdots Q_1x_k$, 则成立

$$\|z_k\| = \|Q_j \cdots Q_1x_k\| \leqslant 1,$$

以及

$$\|Q_{j+1}z_k\| = \|Q_{j+1}Q_j\cdots Q_1x_k\| \to 1,$$

这就证明了第二项亦趋于零. □

引理 2.15　我们有

$$\mathrm{Ker}(I-Q) = \mathrm{Ker}(I-\mathcal{Q}) = \bigcap_{j=1}^{m}\mathrm{Ker}(A_j).$$

证明　设 $x \in \mathrm{Ker}(I-\mathcal{Q})$. 则 $x \in \mathrm{Ker}(A_j)$ 对所有 j 成立, 从而 $x = Q_jx$, 这意味着 $x = Q_m\cdots Q_1x = Qx$, 即 $x \in \mathrm{Ker}(I-Q)$.

为了证明反向的包含关系 $\mathrm{Ker}(I-Q) \subset \mathrm{Ker}(I-\mathcal{Q})$, 假设 $x = Qx$. 我们有

$$\|x\| = \|Q_m\cdots Q_2Q_1x\| \leqslant \|Q_1x\| \leqslant \|x\|,$$

即 $\|Q_1x\| = \|x\|$. 由正交性,

$$\|(I-Q_1)x\|^2 = \|x\|^2 - \|Q_1x\|^2 = 0,$$

即 $x = Q_1x$, 于是 $x = Q_m\cdots Q_2x$. 归纳地, 我们可以证明 $x = Q_jx$ 对所有 j 成立, 即 $x \in \bigcap\limits_{j=1}^{m}\mathrm{Ker}(A_j) = \mathrm{Ker}(I-\mathcal{Q})$. □

我们有如下关于分解的结论.

引理 2.16　假设 $Q: H \to H$ 是线性的, 且 $\|Q\| \leqslant 1$. 则 H 可分解为正交子空间

$$H = \mathrm{Ker}(I-Q) \oplus \overline{\mathrm{Ran}(I-Q)}.$$

证明　因为命题 2.1 关于分解的结论 1 不仅对紧算子成立 (见附录 A), 对连续线性算子也是成立的, 所以只要说明 $\mathrm{Ker}(I-Q) = \mathrm{Ker}(I-Q^*)$ 即可. 若假设 $Qx = x$, 则有

$$\begin{aligned}\|x-Q^*x\|^2 &= \|x\|^2 - 2\langle x, Q^*x\rangle + \|Q^*x\|^2 = \|x\|^2 - 2\langle Qx, x\rangle + \|Q^*x\|^2\\ &= -\|x\|^2 + \|Q^*x\|^2 \leqslant -\|x\|^2 + \|x\|^2 = 0,\end{aligned}$$

这说明 $x = Q^*x$.

同理可证反向的包含关系 $\mathrm{Ker}(I-Q^*) \subset \mathrm{Ker}(I-Q)$. □

现在我们就能证明定理 2.13.

定理 2.13 的证明　如前所述, 只要证明

$$\lim_{j\to\infty} Q^jx = \mathcal{Q}x$$

即可. 因为 $\|\mathcal{Q}\| \leqslant 1$, 所以引理 2.16 的分解结论成立. 对任意 $x \in H$, 由引理 2.15 可知 $\mathcal{Q}x \in \operatorname{Ker}(I - \mathcal{Q}) = \operatorname{Ker}(I - Q)$, 因此

$$x = \mathcal{Q}x + (I - \mathcal{Q})x \in \operatorname{Ker}(I - Q) \oplus \overline{\operatorname{Ran}(I - Q)},$$

进一步有

$$Q^k x = \mathcal{Q}x + Q^k z, \quad z = (I - \mathcal{Q})x \in \overline{\operatorname{Ran}(I - Q)}.$$

于是我们需要证明 $Q^k z \to 0$ 对每个 $z \in \overline{\operatorname{Ran}(I - Q)}$ 成立. 首先假设 $z \in \operatorname{Ran}(I - Q)$, 或 $z = (I - Q)y$ 对某个 $y \in H$ 成立. 考虑序列 $c_k = \|Q^k y\|$, 它是递减的正数列. 令 $c = \lim\limits_{k\to\infty} c_k$, 若 $c = 0$, 则

$$Q^k z = Q^k y - Q^{k+1} y \to 0,$$

结论成立. 下面假设 $c > 0$, 并定义序列

$$y_k = \frac{Q^k y}{c_k},$$

它具有性质

$$\|y_k\| = 1, \quad \lim_{k\to\infty} \|Q y_k\| = 1.$$

根据引理 2.14, 有 $\lim\limits_{k\to\infty} (I - Q)y_k = 0$, 或等价地,

$$Q^k z = Q^k y - Q^{k+1} y = c_k (I - Q) y_k \to 0.$$

这个结论还能推广到 $\operatorname{Ran}(I - Q)$ 的闭包上. 若 $z \in \overline{\operatorname{Ran}(I - Q)}$, 取 $z_0 \in \operatorname{Ran}(I - Q)$ 满足 $\|z - z_0\| < \varepsilon$ 对任意的 $\varepsilon > 0$ 成立. 这样

$$\|Q^k z\| \leqslant \|Q^k (z - z_0)\| + \|Q^k z_0\| < \varepsilon + \|Q^k z_0\| \to \varepsilon,$$

即我们一定有 $\lim\limits_{k\to\infty} \|Q^k z\| = 0$. 这就完成了证明. □

最后, 我们讨论 Kaczmarz 迭代在有限维空间中的实现. 我们介绍的迭代算法尤其在断层成像的应用中是很常用的. 下面的引理给出了投影 P_j 在算法中的具体形式.

引理 2.17 设矩阵 $A_j \in \mathbb{R}^{k_j \times n}$ 使得映射 $A_j : \mathbb{R}^n \to \mathbb{R}^{k_j}$ 为满射. 则对 $y_j \in \mathbb{R}^{k_j}$, 映到仿射子空间 X_j 的正交投影 P_j 由下式给出:

$$P_j x = x + A_j^{\mathrm{T}} (A_j A_j^{\mathrm{T}})^{-1} (y_j - A_j x). \tag{2.20}$$

证明 我们首先注意到矩阵 $A_j A_j^{\mathrm{T}}$ 是可逆的. 由映射 A_j 是满射可知

$$\mathbb{R}^{k_j} = \operatorname{Ran}(A_j) = \operatorname{Ker}(A_j^{\mathrm{T}})^{\perp},$$

即由矩阵 A_j^{T} 定义的映射是单射, 因而 $A_jA_j^{\mathrm{T}}$ 也是单射. 此外, 若 $z \perp \mathrm{Ran}(A_jA_j^{\mathrm{T}})$, 特别地有

$$0 = z^{\mathrm{T}}A_jA_j^{\mathrm{T}}z = \|A_j^{\mathrm{T}}z\|^2,$$

故由 A_j^{T} 为单射就有 $z = 0$.

和前面一样, 可以将 P_j 用投影 Q_j 表示为

$$P_jx = z_j + Q_j(x - z_j), \quad z_j \in X_j.$$

因为

$$x - P_jx = (I - Q_j)(x - z_j) \in \mathrm{Ker}(A_j)^{\perp} = \mathrm{Ran}(A_j^{\mathrm{T}}),$$

所以存在一个 $u \in \mathbb{R}^{k_j}$, 使得

$$x - P_jx = A_j^{\mathrm{T}}u. \tag{2.21}$$

等式两边同时乘以 A_j, 就得到

$$A_jA_j^{\mathrm{T}}u = A_jx - y_j,$$

于是

$$u = (A_jA_j^{\mathrm{T}})^{-1}(A_jx - y_j).$$

将 u 的表达式代入 (2.21) 式就证明了结论. □

注解 2.18 Kaczmarz 迭代还有一个比上面给出的稍微更一般的形式. 我们可以用 $P_{j\omega} = (1-\omega)I + \omega P_j$ 来代替投影 P_j, 其中 ω 为松弛参数, $0 < \omega < 2$. 上面的证明对这个更一般的情况也是成立的, 此时 (2.20) 的形式为

$$P_{j\omega}x = x + \omega A_j^{\mathrm{T}}(A_jA_j^{\mathrm{T}})^{-1}(y_j - A_jx).$$

例 2.7 Kaczmarz 迭代在反问题中最典型的应用莫过于 X 射线断层成像了.① 这里我们考虑二维离散问题. 断层数据包括图像在给定方向上的投影, 即阴影图像. 这些投影可以用一个线性算子来描述, 而该算子能用一个矩阵来逼近. 下面, 设 $x \in \mathbb{R}^{N^2}$ 为包含了由一个 $N \times N$ 图像堆叠而成的像素值的向量, $A \in \mathbb{R}^{M \times N^2}$ 为稀疏断层矩阵. 我们逐行应用 Kaczmarz 迭代, 令

$$A = \begin{bmatrix} a_1^{\mathrm{T}} \\ \vdots \\ a_M^{\mathrm{T}} \end{bmatrix} \in \mathbb{R}^{M \times N^2}, \quad a_j \in \mathbb{R}^{N^2}.$$

求解方程 $Ax = y$ 的迭代格式在 X 射线断层成像领域被称为代数重构技术 (algebraic reconstruction technique, ART), 其运行如下:

① X 射线断层成像将在第 6 章中进一步讨论.

```
Set k=0, x_0=0;
Repeat until convergence
  z_0=x_k;
  for j=1:M repeat
    z_j=z_{j-1}+(1/||a_j||^2)(y_j-a_j^T z_{j-1})a_j;
  end
  x_{k+1}=z_M; k\leftarrow k+1;
end
```

为了演示这个算法,我们将其应用于全角数据和有限角数据中. 考虑图 2.10 能更好地理解这些数据. 原始图像被离散化为 80×80 的像素. 首先,我们计算全角数据,该数据包含了真实数据在不同的投影方向下的一维阴影图像. 让投影角度在一个长度为 π 的区间内变化. 我们将这个半圆的弧度离散为 40 等份的区间,每步观测角增加 $\pi/40$,由此得到离散角 ϕ_i, $1\leqslant i\leqslant 40$. 投影线被分为 41 个区间,于是投影数据的大小就为 40×41,该数据就是全角数据.

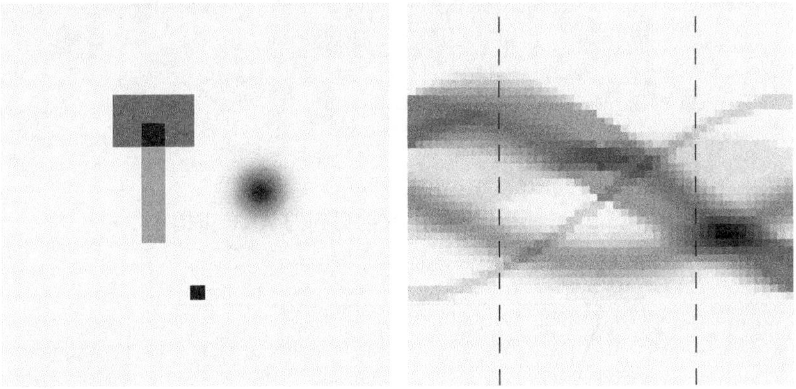

图 2.10 原始图像和正弦图数据,右图横坐标为光照角度. 有限角数据是正弦图在垂直虚线之间的部分

图 2.10 画出了这一数据在没有外加噪声时的图像,横坐标表示角度变量. 这种表示被称为正弦图,其原因是显而易见的. 现在我们使用 ART 算法. 为了避免反演过失,我们在重构中使用不同的网格. 试图在大小为 50×50 的像素图中解出一个图像. 我们对正弦图数据中的每一个数据元素加上服从区间 $[0,\sigma]$ 上均匀分布的独立噪声,其中 σ 为数据矩阵最大值的 2%.

图 2.11 显示了三个 ART 重构: 第一个是进行了一次迭代之后的; 第二个满足偏差条件

$$\|Ax_j-y\|\leqslant\varepsilon=50\sigma,$$

其中 σ 为加性噪声的标准差, 而系数 50 来自图像大小 (见例 2.4). 最后, 第三个重构对应于 30 次迭代. 显然, 全角数据效果很好, 以至于一次迭代后的重构看起来就非常令人满意了. 事实上, 我们可以在 30 次迭代的图像中看到略微的失真. 为了对 ART 算法的收敛性有一个印象, 还在图 2.12 中作出了偏差的图像. 现在我们用有限角数据重新开始计算. 假设观测角在垂直方向左右从 $-\pi/4$ 变到 $\pi/4$, 即图像在下方 $\pi/2$ 角度的范围内被照射. 为此我们舍弃全角数据中那些观测角与垂直方向的夹角大于 $\pi/4$ 的照射线, 即我们只使用正弦图数据的中间部分. 类似于用全角数据进行 ART 重构, 用有限角数据进行的 ART 重构如图 2.13 所示. 水平方向或靠近水平方向的积分线未包含在数据中, 这一事实表现为重构中靠近垂直方向的阴影很长. 这些重构表明, 当重构中的数据量很小, 且不使用额外的或先验的信息时, ART (或事实上, 是任何反演格式) 具有局限性. ◇

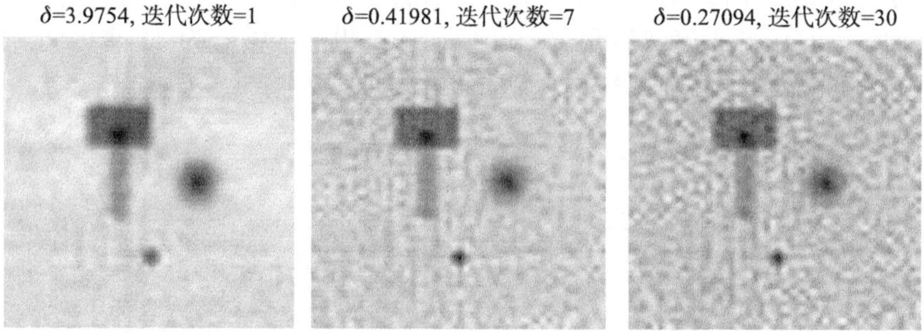

图 2.11 用全角断层数据得到的 ART 重构

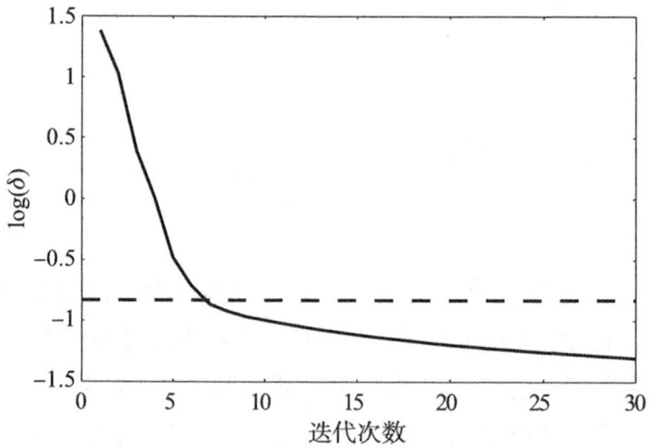

图 2.12 全角偏差. 噪声水平的估计值如虚线所示

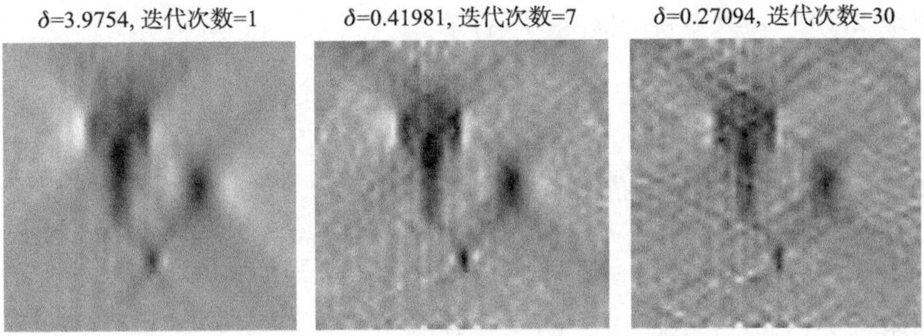

图 2.13 用有限角断层数据得到的 ART 重构

2.4.3 Krylov 子空间法

Krylov 子空间法指的是一类求解形如 $Ax = y$ 的大规模线性方程的迭代解法. 大致上, 其思想是产生一列由形如 $u, Au, A^2u, \cdots$ 的向量线性组合而成的近似解. 当矩阵 A 对称正定时, 这类方法中最著名的一种就是共轭梯度 (conjugate gradient, CG) 法. 这里仅限于讨论这种方法.

下面, 假设 A 为严格对称正定阵, 即

$$A^{\mathrm{T}} = A, \quad u^{\mathrm{T}}Au > 0 \quad \text{对 } u \neq 0.$$

特别地, A 的特征值一定都是正的, 因此矩阵 A 可逆. 共轭梯度法的目标是通过求解一系列极小化问题来寻找一个收敛于方程 $Ax = y$ 的解的近似序列 $\{x_j\}$. 用

$$x_* = A^{-1}y$$

表示精确解, 并用 e 和 r 表示给定近似解 x 的误差和残量:

$$e = x_* - x, \quad r = y - Ax = Ae.$$

考虑二次泛函

$$\phi(x) = e^{\mathrm{T}}Ae = r^{\mathrm{T}}A^{-1}r.$$

在不知道精确解 x_* (或等价地, A^{-1}) 的情况下, 对给定的 x 算出这个泛函的值是不可能的. 然而, 在一列 Krylov 子空间套上考虑这个泛函的极小化问题却是可能的. 首先我们注意到, 由 A 的正定性,

$$\phi(x) = 0 = \min_{x\in\mathbb{R}^n} \phi(x) \quad \text{当且仅当 } x = x_*.$$

假设有初始猜测 x_1 和初始方向 s_1, 考虑极小化如下函数的问题:

$$\mathbb{R} \to \mathbb{R}, \quad \alpha \mapsto \phi(x_1 + \alpha s_1).$$

有趣的是, 即使不知道 ϕ 的值, 我们也能求解这一极小化问题.

引理 2.19　函数 $\alpha \mapsto \phi(x_1 + \alpha_1 s_1)$ 在

$$\alpha = \alpha_1 = \frac{s_1^{\mathrm{T}} r_1}{s_1^{\mathrm{T}} A s_1}$$

取到极小值, 其中 r_1 为初始猜测的残量

$$r_1 = y - Ax_1.$$

证明　对应于 $x = x_1 + \alpha s_1$ 的残量为

$$y - Ax = y - Ax_1 - \alpha A s_1 = r_1 - \alpha A s_1,$$

从而

$$\phi(x) = (r_1 - \alpha A s_1)^{\mathrm{T}} A^{-1} (r_1 - \alpha A s_1) = \alpha^2 s_1^{\mathrm{T}} A s_1 - 2\alpha s_1^{\mathrm{T}} r_1 + r_1^{\mathrm{T}} A^{-1} r_1.$$

由此式即知结论成立. □

这样, 给定一列方向 $\{s_k\}$, 就能通过设

$$x_{k+1} = x_k + \alpha_k s_k, \quad \alpha_k = \frac{s_k^{\mathrm{T}} r_k}{s_k^{\mathrm{T}} A s_k} \tag{2.22}$$

来产生一列近似解 $\{x_k\}$, 其中 r_k 为前一次迭代的残量, 即

$$r_k = y - Ax_k.$$

注意到在此式中, 残量是按照下式更新的:

$$r_{k+1} = y - A(x_k + \alpha_k s_k) = r_k - \alpha_k A s_k.$$

这一过程可以选用任意搜索方向 s_k 来进行, 而共轭梯度法的特点就是选取特殊的搜索方向. 我们给出如下定义.

定义 2.20　称线性无关向量组 $\{s_1, \cdots, s_k\}$ 是 A-共轭的, 如果

$$s_i^{\mathrm{T}} A s_j = 0 \quad 对\ i \neq j,$$

即这些向量关于由矩阵 A 定义的内积是正交的:

$$\langle u, v \rangle_A = u^{\mathrm{T}} A v.$$

注意到若一组给定的向量 $\{u_1, \cdots, u_k\}$ 线性无关, 则总是能够找到一组 A-共轭的向量 $v_j \in \mathrm{span}\{u_1, \cdots, u_k\}$, $1 \leqslant j \leqslant k$, 使得 $\mathrm{span}\{u_1, \cdots, u_k\} = \mathrm{span}\{v_1, \cdots, v_k\}$. 这可以用关于内积 $\langle \cdot, \cdot \rangle_A$ 的 Gram-Schmidt 正交化过程等方法来实现.

引入矩阵 $S_k=[v_1,\cdots,v_k]\in\mathbb{R}^{n\times k}$, 则向量组 $\{v_j\}$ 的 A-共轭性等价于

$$S_k^{\mathrm{T}}AS_k=D_k=\mathrm{diag}(d_1,\cdots,d_k)\in\mathbb{R}^{k\times k},$$

其中 $d_j\neq 0,\ 1\leqslant j\leqslant k$.

为了理解使用 A-共轭的方向的重要性, 考虑下面的全局极小化问题: 给定各列线性无关的矩阵 $S_k=[s_1,\cdots,s_k]$, 求出映射

$$\mathbb{R}^k\to\mathbb{R},\quad h\mapsto\phi(x_1+S_kh)$$

的极小值, 即并非试图逐个在各个给定方向上极小化 $\phi(x)$, 而是只用一步对整个子空间进行极小化. 下述结论与引理 2.19 是类似的.

引理 2.21 函数 $h\mapsto\phi(x_1+S_kh)$ 在

$$h=(S_k^{\mathrm{T}}AS_k)^{-1}S_k^{\mathrm{T}}r_1 \tag{2.23}$$

取到其极小值.

证明 我们首先注意到矩阵 $S_k^{\mathrm{T}}AS_k$ 是可逆的. 事实上, 若 $S_k^{\mathrm{T}}AS_kx=0$, 则有 $x^{\mathrm{T}}S_k^{\mathrm{T}}AS_kx=0$, 由 A 的正定性以及 S_k 的列的线性无关性即可推得 $x=0$.

因为

$$r=y-A(x_1+S_kh)=r_1-AS_kh,$$

有

$$\phi(x_1+S_kh)=(r_1-AS_kh)^{\mathrm{T}}A^{-1}(r_1-AS_kh)=h^{\mathrm{T}}S_k^{\mathrm{T}}AS_kh-2r_1^{\mathrm{T}}S_kh+r_1^{\mathrm{T}}A^{-1}r_1.$$

这个二次泛函的极小值满足

$$S_k^{\mathrm{T}}AS_kh-S_k^{\mathrm{T}}r_1=0,$$

这就证明了结论. □

若矩阵 $D_k=S_k^{\mathrm{T}}AS_k$ 是对角阵, 则极小化子 h 的计算就易如反掌了, 但这还不是使用 A-共轭的方向的唯一优点. 假设已经根据 (2.22) 算得序贯极小化子 $x_1,\cdots,x_{k+1}$. 由于 $x_{k+1}\in x_1+\mathrm{span}\{s_1,\cdots,s_k\}$, 有

$$\phi(x_{k+1})\geqslant\phi(x_1+S_kh),$$

其中 $h\in\mathbb{R}$ 由 (2.23) 给出. 我们现在就能建立如下结论了.

定理 2.22 假设向量组 $\{s_1,\cdots,s_k\}$ 是线性无关且 A-共轭的, 则

$$x_{k+1}=x_1+S_kh,$$

即第 $k+1$ 个序贯极小化子也是由方向 $s_j,\ 1\leqslant j\leqslant k$ 张成的子空间上的极小化子.

证明　设 $a_j = [\alpha_1, \cdots, \alpha_j]^{\mathrm{T}}$. 用这个符号表示, 有

$$x_j = x_1 + S_{j-1}a_{j-1},$$

而对应的残量为

$$r_j = y - Ax_j = r_1 - AS_{j-1}a_{j-1}.$$

由 A-共轭性, 我们注意到

$$s_j^{\mathrm{T}} r_j = s_j^{\mathrm{T}} r_1 - s_j^{\mathrm{T}} AS_{j-1}a_{j-1} = s_j^{\mathrm{T}} r_1,$$

于是

$$\alpha_j = \frac{s_j^{\mathrm{T}} r_j}{s_j^{\mathrm{T}} As_j} = \frac{s_j^{\mathrm{T}} r_1}{s_j^{\mathrm{T}} As_j} = h_j,$$

即我们有 $a_k = h$. □

作为推论, 我们也得到了如下的正交性结论.

推论 2.23　若向量组 $\{s_1, \cdots, s_k\}$ 是线性无关且 A-共轭的, 则

$$r_{k+1} \perp \mathrm{span}\{s_1, \cdots, s_k\}.$$

证明　我们有

$$r_{k+1} = y - Ax_{k+1} = r_1 - AS_k h,$$

所以由 (2.23) 式可知

$$r_{k+1}^{\mathrm{T}} S_k = r_1^{\mathrm{T}} S_k - h^{\mathrm{T}} S_k^{\mathrm{T}} AS_k = 0.$$ □

上述几个结论说明, 如果我们能将下一个搜索方向 s_{k+1} 选为与前面的方向是 A-共轭的, 则对序贯极小值的搜索也会给出子空间上的全局极小值. 因此问题就是如何高效地确定 A-共轭的方向. 众所周知, 为此可以有效地使用满足三项递推关系的正交多项式. 然而, 用比较初等的方法建立一个算法也是可能的.

定义 2.24　设 $r_1 = y - Ax_1$. A 关于初始向量 r_1 的第 k 个 Krylov 子空间定义为

$$\mathcal{K}_k = \mathcal{K}_k(A, r_1) = \mathrm{span}\{r_1, Ar_1, \cdots, A^{k-1}r_1\}, \quad k \geqslant 1.$$

$\mathcal{K}_k$ 的维数是多少呢? 显然, 若 r_1 为矩阵 A 的特征向量, 则 $\dim(\mathcal{K}_k) = 1$ 对所有 k 成立. 更一般地, 若 $K \subset \mathbb{R}^n$ 为 A 的不变子空间, 且 $\dim(K) = m$, 则 $r_1 \in K$ 意味着 $\mathcal{K}_k \subset K$, 从而 $\dim(\mathcal{K}_k) \leqslant m$. 其含义将在后面讨论.

我们的目标是归纳地构造搜索方向的序列. 假设 $r_1 \neq 0$, 因为否则我们就已经解出了 $x_1 = x_*$. 然后令 $s_1 = r_1$.

我们对 k 进行归纳. 假设对某个 $k \geqslant 1$, 已经构造了一列线性无关且 A-共轭的搜索方向 $\{s_1, \cdots, s_k\}$, 使得

$$\operatorname{span}\{s_1, \cdots, s_k\} = \operatorname{span}\{r_1, \cdots, r_k\} = \mathcal{K}_k.$$

根据我们对 s_1 的选取, 这对 $k = 1$ 显然是正确的. 我们的目标是选取 s_{k+1}, 使得上述条件对 $k+1$ 仍然成立.

设 $r_{k+1} = y - Ax_{k+1} = r_k - \alpha_k A s_k$. 若 $r_{k+1} = 0$, 则有 $x_k = x_*$, 即搜索已经收敛, 因此假定 $r_{k+1} \neq 0$. 因为由归纳假设知 $r_k, s_k \in \mathcal{K}_k$, 故有 $r_{k+1} \in \mathcal{K}_{k+1}$. 另一方面, 由推论 2.23 知 $r_{k+1} \perp s_j$ 对所有 j, $1 \leqslant j \leqslant k$ 成立, 因此

$$\operatorname{span}\{s_1, \cdots, s_k, r_{k+1}\} = \operatorname{span}\{r_1, \cdots, r_{k+1}\} = \mathcal{K}_{k+1}.$$

为保证 s_{k+1} 与之前的搜索方向是 A-共轭的, 将其表示为

$$s_{k+1} = r_{k+1} + S_k \beta \in \mathcal{K}_{k+1}, \quad \beta \in \mathbb{R}^k.$$

系数向量 β 由 A-共轭性条件来确定:

$$S_k^{\mathrm{T}} A s_{k+1} = 0,$$

即

$$D_k \beta = S_k^{\mathrm{T}} A S_k \beta = -S_k^{\mathrm{T}} A r_{k+1} = -(A S_k)^{\mathrm{T}} r_{k+1}.$$

这里, 有

$$A S_k = [A S_{k-1}, A s_k].$$

矩阵 $A S_{k-1}$ 的所有列都属于

$$A(\operatorname{span}\{s_1, \cdots, s_{k-1}\}) = A(\mathcal{K}_{k-1}) \subset \mathcal{K}_k = \operatorname{span}\{s_1, \cdots, s_k\},$$

而 $r_{k+1} \perp \operatorname{span}\{s_1, \cdots, s_k\}$. 因此

$$D_k \beta = \begin{bmatrix} 0 \\ \vdots \\ 0 \\ -s_k^{\mathrm{T}} A r_{k+1} \end{bmatrix},$$

即 $\beta_1 = \cdots = \beta_{k-1} = 0$, 且有

$$s_{k+1} = r_{k+1} + \beta_k s_k, \quad \beta_k = -\frac{s_k^{\mathrm{T}} A r_{k+1}}{s_k^{\mathrm{T}} A s_k}.$$

现在我们就具备了极小化算法的所有必需要素了. 然而, 习惯上我们还要对这个更新公式做一个微调, 以此提高算法的计算稳定性. 由于 $r_k \perp s_{k-1}$, 有

$$s_k^{\mathrm{T}} r_k = (r_k + \beta_{k-1} s_{k-1})^{\mathrm{T}} r_k = \|r_k\|^2,$$

即 (2.22) 式可写为

$$\alpha_k = \frac{\|r_k\|^2}{s_k^{\mathrm{T}} A s_k}.$$

另外, 由于 $r_k \in \mathrm{span}\{s_1, \cdots, s_k\}$, 有 $r_{k+1} \perp r_k$, 由此推知

$$\|r_{k+1}\|^2 = r_{k+1}^{\mathrm{T}}(r_k - \alpha_k A s_k) = -\frac{\|r_k\|^2}{s_k^{\mathrm{T}} A s_k} r_{k+1}^{\mathrm{T}} A s_k = \|r_k\|^2 \beta_k,$$

即 β_k 的表达式可简化为

$$\beta_k = \frac{\|r_{k+1}\|^2}{\|r_k\|^2}.$$

现在我们就能叙述共轭梯度算法了.

```
Pick x_1. Set k=1, r_1=y-Ax_1, s_1=r_1;
Repeat until convergence
  \alpha_k=||r_k||^2/s_k^T As_k;
  x_{k+1}=x_k+\alpha_ks_k;
  r_{k+1}=r_k-\alpha_kAs_k;
  \beta_k=||r_{k+1}||^2/||r_k||^2;
  s_{k+1}=r_{k+1}+\beta_ks_k;
  k\leftarrow k+1;
end
```

因为共轭的方向是线性无关的, 所以共轭梯度算法至多 n 步就能收敛. 如果初始残量在 A 的某个不变子空间 K 中, 且 $\dim(K) = m < n$, 那么算法至多 m 步就能收敛. 然而, 在使用共轭梯度法求解不适定反问题时, 我们不应该迭代到残量为零为止. 反之, 在残量的范数小于或等于噪声范数的估计值等情况下, 迭代就要终止.

例 2.8 我们用 Laplace 变换的反演来说明共轭梯度法的使用. 令数据 y 和矩阵 A 与例 2.2 和例 2.3 中相同, 并在数据中加上 1% 的正态分布的随机噪声 e, 即有

$$y = Ax + e.$$

为了将这个反问题写为可以应用共轭梯度法的形式, 考虑法方程

$$A^{\mathrm{T}} y = A^{\mathrm{T}} A x + A^{\mathrm{T}} e = Bx + \widetilde{e}.$$

注意到虽然矩阵 B 在数值上是奇异的, 但这并不妨碍我们使用这个方法, 因为迭代过程在收敛之前就会被终止.

用共轭梯度法对带噪声的 Laplace 变换数据迭代 1 — 9 次算得的近似解如图 2.14 所示. 迭代 7 次以后, 近似解很快地就失去控制了. 通过肉眼观察我们就能得出结论, 在此情况下只有个别的迭代能给出最好的结果. 注意到如果我们想用偏差原理来确定停机指标, 我们可以在停机准则中使用原方程的残量范数 $\|y - Ax_j\|$. ◇

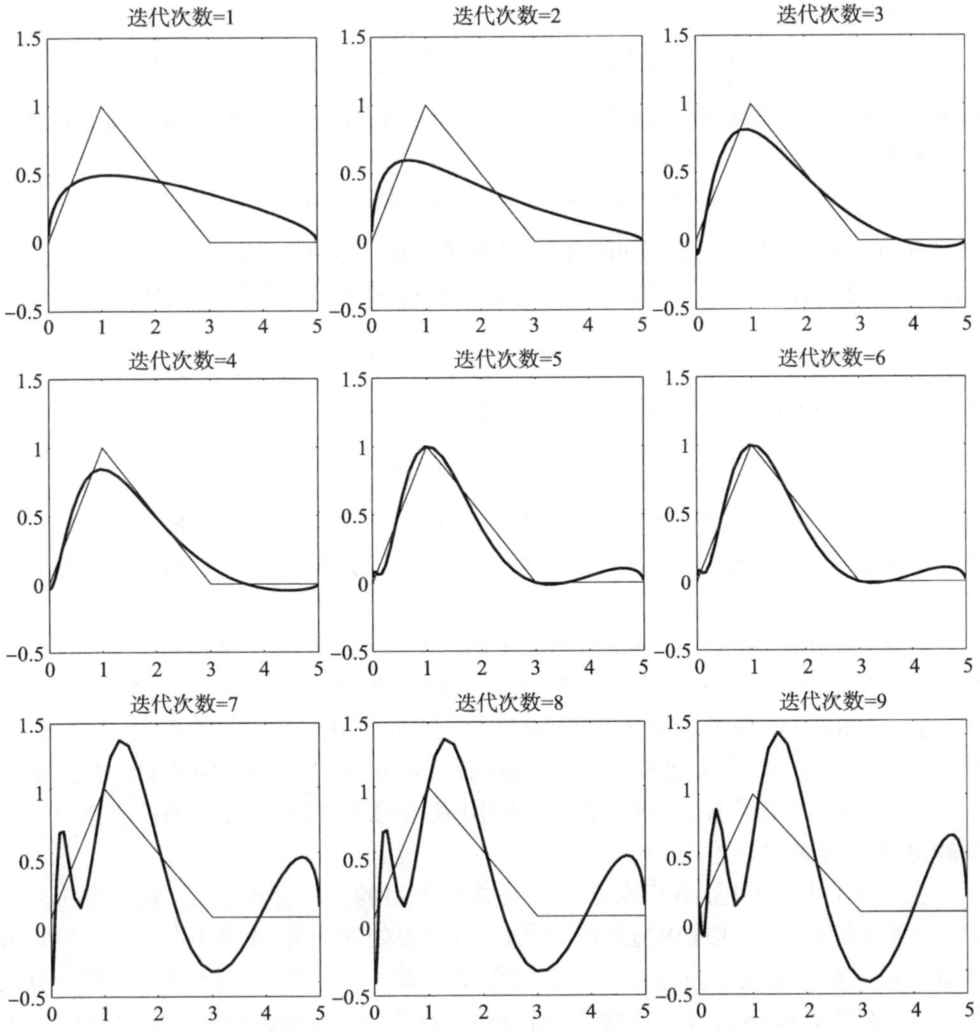

图 2.14 1 — 9 次迭代后的共轭梯度近似

2.5 注释与评论

有关反问题正则化的文献数不胜数, 可参阅书籍 [12, 35, 50, 130, 139].

许多文献都对截断奇异值分解进行了论述, 有关这方面的问题可参阅书籍 [56] 及其参考文献.

矩阵 $A \in \mathbb{R}^{n\times m}$ 的广义逆 $A^\dagger$ 的一些性质有时是很有用的. 我们在这里提及 Moore-Penrose 方程

$$A^\dagger AA^\dagger = A^\dagger, \quad AA^\dagger A = A, \quad (A^\dagger A)^{\mathrm{T}} = A^\dagger A, \quad (AA^\dagger)^{\mathrm{T}} = AA^\dagger.$$

事实上, 这些方程完整地刻画了广义逆. 矩阵 $A^\dagger A$ 与 $AA^\dagger$ 还可以从几何上解释为正交投影:

$$A^\dagger A : \mathbb{R}^n \to \mathrm{Ker}(A)^\perp, \quad AA^\dagger : \mathbb{R}^m \to \mathrm{Ran}(A).$$

从 Tikhonov 关于不适定问题的原作来看 (见 [129]), “Tikhonov 正则化” 这一术语现在用得有些宽泛了. Tikhonov 考虑的是通过在函数空间 H 中极小化泛函

$$F(x) = \|Ax - y\|^2 + \alpha^2\Omega(x)$$

来对第一类 Fredholm 方程进行正则化. 集合

$$\Omega_M = \{x \in H \mid \Omega(x) \leqslant M\}$$

在 H 中准紧的性质刻画了惩罚泛函 Ω 的特征, 且这一条件保证了极小化子的存在性. 在此意义下, 只有当 H 是有限维时, 这里定义的 Tikhonov 正则化才与原始的定义一致.

在大规模反问题中, 如果我们用 Newton 法之类的方法按照偏差原理选取正则化参数, 就要付出很大的代价. 有些数值方法能有效地进行选取, 这可参见 [20].

除了 Morozov 偏差原理之外, 还有别的几个正则化参数的选取准则, 例如 L 曲线法 (见 [55, 56]) 和广义交叉核实 (generalized cross-validation, GCV) 法 (见 [39]).

书籍 [96] 讨论了 Kaczmarz 迭代在断层成像问题中的应用, 该书从整体上对该问题进行了全面的论述.

在 2.4.3 小节末尾, 我们考虑了非对称方程组的共轭梯度迭代. 在考虑法方程时, 通常人们避免显式地构造矩阵 $A^{\mathrm{T}}A$. 因为要处理矩阵 A 及其转置, 所以相较于普通的共轭梯度法, 该算法每步迭代需要多做一次矩阵-向量乘积. 该算法有几种缩写, 例如共轭梯度法向残量 (conjugate gradient normal residual, CGNR) , 共轭梯度法方程 (conjugate gradient normal equation, CGNE) 或共轭梯度最小二乘 (conjugate gradient least squares, CGLS) 法. 可参阅书籍 [1, 54] 等.

另外, 对非对称问题还有其他迭代解法, 如广义极小残量 (generalized minimal residual, GMRES) 法 (见 [19, 109]). 各种方法在对内存的需求及其他一些方面各有不同.

第 3 章　统计反演理论

本章是全书的核心部分. 我们将解释反问题的统计方法, 尤其是 Bayes 方法, 并讨论从该方法中出现的计算和解释性问题.

统计反演方法背后的原理是将反问题重塑为统计上对信息的探求这一形式. 我们有一些可以直接观测的量, 而另一些则不能被观测到. 在反问题中, 某些不可观测的量是人们主要感兴趣的, 它们通过模型相互关联. 统计反演理论的目标就是在测量过程的一切可用知识以及测量之前已经得到的未知量的信息和模型的基础上挖掘信息, 并评估变量的不确定性.

统计反演方法是建立在以下原则的基础之上的:

1. 包含在模型中的所有变量都被模拟为随机变量.
2. 我们对随机变量的实现值的知晓程度由随机性来描述.
3. 将这些实现值的知晓程度体现在概率密度函数中.
4. 反问题的解为后验概率密度函数.

最后一项尤其使统计方法与第 2 章讨论的传统方法截然不同. 正则化方法只产生未知量的单值估计, 而统计方法则能产生一个密度函数, 粗略地说, 它能被用来得到具有不同的概率的估计. 因此, 问题的正确提法不是 “*这个变量的值是多少?*”, 而是 “*我们关于这个变量的信息是什么?*”.

经典正则化方法或多或少地通过专门消除问题的不适定性来产生单值估计, 而统计方法则不仅产生单值估计; 反之, 它尝试在概率分布这一更广空间中将反问题重述为一个*适定的延拓*, 以此消除不适定性. 同时, 它能让我们看清那些往往隐藏在正则化格式里的先验信息. 统计方法与经典方法之间的相似与不同之处将在第 5 章中讨论.

本章中的讨论将以概率、随机变量和概率密度函数等概念为基础, 有关这些概念的简要回顾可参见附录 B.

3.1　反问题与 Bayes 公式

尽管本节的结论在更一般的情形也成立, 我们这里还是假设所有随机变量都是绝对连续的, 即它们的概率分布可以用概率密度函数来表示.

与经典反问题的情况一样, 假设我们通过测量一个量 $y \in \mathbb{R}^m$ 来获取关于另一

个量 $x \in \mathbb{R}^n$ 的信息. 为了将这两个量联系起来, 我们需要一个模型来表示其相关性. 这个模型可能不甚精确, 且可能包含一些我们不太清楚的参数. 此外, 测得的量 y 总是带有噪声的. 在反问题的传统方法中, 一般会将模型写为

$$y = f(x, e) \tag{3.1}$$

的形式, 其中 $f : \mathbb{R}^n \times \mathbb{R}^k \to \mathbb{R}^m$ 为模型函数, 而 $e \in \mathbb{R}^k$ 为包含了所有我们不太清楚的参数以及测量噪声的向量.

一个可能的方法是通过适当选择校准测量来确定 e 中那些不随测量而改变的分量. 然而, 测量噪声却可能在不同实例中有所不同, 而正则化方法就是被用来处理那部分问题的.

在统计反问题中, 所有参数都被视为随机变量. 和附录 B 一样, 用大写字母表示随机变量, 用小写字母表示它们的实现值. 这样, 模型 (3.1) 就会导出关系式

$$Y = f(X, E). \tag{3.2}$$

这个关系式将三个随机变量 X, Y 和 E 联系起来, 从而它们的概率分布也相互关联. 然而, 我们将在后面的例子中看到, 统计反演理论甚至不需要模型具有形式 (3.2), 因为该方法就是以概率分布之间的关系为基础的. 在进一步阐述这一思想之前, 我们先引入一些术语.

我们将可以直接观测的随机变量 Y 称作*观测量*, 将它在实际测量过程中的实现值 $Y = y_{\text{observed}}$ 称作*数据*. 人们主要感兴趣的不可观测的随机变量 X 被称作*未知量*, 而那些既不能直接观测又非主要感兴趣的变量被称作*参数*或*噪声*, 视具体情况而定.

假设在对 Y 进行测量前, 我们就有一些关于变量 X 的信息. Bayes 理论假设该信息可以表现为一个被称为*先验密度函数*的概率密度函数 $x \mapsto \pi_{\text{pr}}(x)$. 这一术语是不言自明的: 它代表了我们在测量之前对未知量的认知.

假设在分析了测量环境以及有关变量的所有可用附加信息之后, 我们获得了 X 和 Y 的联合概率密度函数, 记为 $\pi(x, y)$, 那么未知量 X 的边缘密度函数就一定是

$$\int_{\mathbb{R}^m} \pi(x, y)\, \mathrm{d}y = \pi_{\text{pr}}(x).$$

另一方面, 如果我们能获得未知量的值, 即 $X = x$, 则 Y 在给定该信息时的条件概率密度函数即为

$$\pi(y \mid x) = \frac{\pi(x, y)}{\pi_{\text{pr}}(x)}, \quad 若\ \pi_{\text{pr}}(x) \neq 0.$$

Y 的条件概率密度函数被称为*似然函数*, 因为它表现了在给定 $X = x$ 时不同测量结果的可能性.

最后假设给定测量数据 $Y = y_{\text{observed}}$. 称条件概率密度函数

$$\pi(x \mid y_{\text{observed}}) = \frac{\pi(x, y_{\text{observed}})}{\pi(y_{\text{observed}})}, \quad 若\ \pi(y_{\text{observed}}) = \int_{\mathbb{R}^n} \pi(x, y_{\text{observed}})\,\mathrm{d}x \neq 0$$

为 X 的后验函数, 它代表了我们在实际观测到 $Y = y_{\text{observed}}$ 后对 X 的认知.

在 Bayes 的框架下, 反问题表述为如下形式: 给定数据 $Y = y_{\text{observed}}$, 求出变量 X 的条件概率密度函数 $\pi(x \mid y_{\text{observed}})$.

我们将这些符号和结论归结为下述定理, 它可以被称为反问题的 Bayes 定理 .

定理 3.1 假设随机变量 $X \in \mathbb{R}^n$ 具有已知的先验概率密度函数 $\pi_{\text{pr}}(x)$, 而数据由一个可观测的随机变量 $Y \in \mathbb{R}^m$ 的观测值 y_{observed} 构成, 满足 $\pi(y_{\text{observed}}) > 0$. 则 X 在给定的数据 y_{observed} 下的后验概率密度函数为

$$\pi_{\text{post}}(x) = \pi(x \mid y_{\text{observed}}) = \frac{\pi_{\text{pr}}(x)\pi(y_{\text{observed}} \mid x)}{\pi(y_{\text{observed}})}. \tag{3.3}$$

在下文中, 就简记 $y = y_{\text{observed}}$, 并在估算后验概率密度函数时将 y 理解为观测值.

在 (3.3) 中, 边缘密度函数

$$\pi(y) = \int_{\mathbb{R}^n} \pi(x, y)\,\mathrm{d}x = \int_{\mathbb{R}^n} \pi(y \mid x)\pi_{\text{pr}}(x)\,\mathrm{d}x$$

起到了规一化常数的作用, 通常是无关紧要的. 注意到理论上可能出现 $\pi(y) = 0$ 的情况, 即粗略地说, 我们得到了概率为零的测量数据. 实际中, 这在技术上基本不构成问题, 但这可能说明内在模型与现实不相符.

综上所述, 着眼于 Bayes 公式 (3.3), 我们可以说, 求解一个反问题可以分为三个子任务:

1. 根据未知量 X 的所有先验信息, 求出一个恰当反映该先验信息的先验概率密度函数 $\pi_{\text{pr}}(x)$.

2. 求出描述观测量与未知量之间相互关系的似然函数 $\pi(y \mid x)$.

3. 开发出探查后验概率密度函数的方法.

这些步骤中的每一个本身都可能是个挑战性的问题.

在更详细地考虑这些问题之前, 我们先简要讨论一下如何使用反问题的统计解产生像经典反演方法中那样的单值估计.

3.1.1 估计量

在上面的讨论中, 反问题的解被定义为后验函数. 我们将在例子中看到, 如果未知量是一个只含几个分量的随机变量, 就有可能把后验概率密度函数作为关于这些变量的一个非负函数画出来. 但在大多数现实的反问题中, 反问题的维数可能很

大, 从而后验函数就位于一个很高维的空间中, 因此直接可视化是不可能的. 然而, 一旦知道了后验函数, 我们就能计算不同的点估计和分散估计 (即区间估计). 点估计能回答 "给定数据 y 与先验信息, 则未知量 X 最可能的值是什么?" 这类的问题, 而区间估计能回答诸如 "给定先验信息和数据, 则未知量的值有 90% 的概率落在哪个区间中" 的问题.

在引入最常用的估计之前, 我们指出, 经典反演技术可以看作是不借助于任何内在统计模型而产生单点估计的方法. 我们将会在第 5 章看到, 统计 Bayes 模型同样适用于分析这些经典估计. 因此我们在这里强调, 虽然统计理论有时被视为产生点估计的系统化工具, 但其用途远不止于此.

最流行的统计估计之一就是最大后验 (maximum a posteriori, MAP) 估计. 给定未知量 $X \in \mathbb{R}^n$ 的后验概率密度函数 $\pi(x \mid y)$, 则 MAP 估计 x_{MAP} 满足

$$x_{\mathrm{MAP}} = \arg\max_{x \in \mathbb{R}^n} \pi(x \mid y),$$

只要这样的最大值存在. 注意到即使它存在, 也可能不唯一. 可能的不存在性和不唯一性表明, 基于单值估计量的反问题解法可能是不能令人满意的. 求 MAP 估计这一问题需要一个优化问题的解. 一般来说, 极大值的搜索用的是迭代方法, 通常还是基于梯度的. 我们将会看到, 有时这将导出与经典正则化方法相同的计算问题. 然而, 本质上不应该将两者混为一谈, 因为在统计方法中, 点估计仅表现了未知量的部分信息.

另一个常用的估计是未知量 X 在数据 y 的条件下的条件均值 (conditional mean, CM), 定义为

$$x_{\mathrm{CM}} = E\{x \mid y\} = \int_{\mathbb{R}^n} x\, \pi(x \mid y)\, \mathrm{d}x,$$

只要该积分收敛. 求 CM 估计一般相当于求解一个积分问题. 该估计的一个技术上的优势在于如下事实: 后验函数的光滑性质并不像在 MAP 估计问题中那样至关重要, 尤其是在使用基于梯度的优化方法求解时. CM 估计的主要技术问题在于积分一般是在很高维空间中进行的, 这样常用的求积方法就不适用了. 本章的主要论题之一就是介绍求积分的可替代方法.

在讨论区间估计之前, 我们简要介绍一下可能是统计学中最流行的点估计, 即最大似然 (maximum likelihood, ML) 估计. 这一估计 x_{ML} 能回答 "未知量的哪个取值最有可能产生测量数据 y?" 这样的问题, 其定义为

$$x_{\mathrm{ML}} = \arg\max_{x \in \mathbb{R}^n} \pi(y \mid x),$$

如果这样的最大值存在. 这是一个非 Bayes 估计量, 而且从不适定反问题的观点来看几乎一无是处: 我们将会看到, 它往往相当于在求解经典反问题时不带正则化.

一个典型的分散估计就是条件协方差, 定义为

$$\mathrm{cov}(x \mid y) = \int_{\mathbb{R}^n} (x - x_{\mathrm{CM}})(x - x_{\mathrm{CM}})^{\mathrm{T}} \pi(x \mid y)\,\mathrm{d}x \in \mathbb{R}^{n \times n},$$

如果该积分收敛. 求解条件协方差也是一个积分问题.

作为区间估计的一个例子, 考虑 Bayes 信度集合. 给定 p, $0 < p < 100$, 则 $p\%$ 的信度集合 D_p 是通过条件

$$\mu(D_p \mid y) = \int_{D_p} \pi(x \mid y)\,\mathrm{d}x = p/100, \quad \pi(x \mid y)|_{x \in \partial D_p} = \text{常数}$$

定义的. 因此, D_p 的边界是包含了后验函数体积的 $p\%$ 的等概率超曲面.

对于未知量的单个分量, 具有给定信度的对称区间也是人们感兴趣的. 通过定义 X 的第 k 个分量 X_k 的边缘密度函数

$$\pi(x_k \mid y) = \int_{\mathbb{R}^{n-1}} \pi(x_1, \cdots, x_n \mid y)\,\mathrm{d}x_1 \cdots \mathrm{d}x_{k-1}\mathrm{d}x_{k+1} \cdots \mathrm{d}x_n,$$

对给定的 p, $0 < p < 100$, 我们定义 $I_k(p) = [a, b] \subset \mathbb{R}$, 其中的端点 a 和 b 由条件

$$\int_{-\infty}^{a} \pi(x_k \mid y)\,\mathrm{d}x_k = \int_{b}^{\infty} \pi(x_k \mid y)\,\mathrm{d}x_k = \frac{100 - p}{200}$$

确定. 因此, $I_k(p)$ 是包含 X_k 的边缘密度函数面积的 $p\%$ 的区间, 且在密度函数两端尾部的概率面积相同.

下述简单例子的目的在于说明单点估计量可能出现的问题.

例 3.1 给定一个后验函数, 哪个估计能更好地反映这一后验函数呢? 一般而言, 给定任一估计, 都可能构造一个密度函数, 使得该估计是误导性的. 为了理解这一论断, 我们在如下简单的一维情形中比较 x_{MAP} 和 x_{CM} 这两个估计. 令 $X \in \mathbb{R}$, 并假设 X 的后验函数 $\pi_{\mathrm{post}}(x)$ 由

$$\pi_{\mathrm{post}}(x) = \pi(x) = \frac{\alpha}{\sigma_0} \phi\left(\frac{x}{\sigma_0}\right) + \frac{1 - \alpha}{\sigma_1} \phi\left(\frac{x - 1}{\sigma_1}\right)$$

给出, 其中 $0 < \alpha < 1$, $\sigma_0, \sigma_1 > 0$, 而 ϕ 为 Gauss 密度函数

$$\phi(x) = \frac{1}{\sqrt{2\pi}} \mathrm{e}^{-x^2/2}.$$

我们注意到这时有

$$x_{\mathrm{CM}} = 1 - \alpha,$$

而

$$x_{\mathrm{MAP}} = \begin{cases} 0, & \alpha/\sigma_0 > (1 - \alpha)/\sigma_1, \\ 1, & \alpha/\sigma_0 < (1 - \alpha)/\sigma_1. \end{cases}$$

如果取 $\alpha = 1/2$ 而 σ_0 与 σ_1 很小, 则 x 几乎不可能在估计 x_{CM} 的附近取值, 见图 3.1(a). 另一方面, 若取 $\sigma_0 = \alpha\sigma_1$, 则 $\alpha/\sigma_0 = 1/\sigma_1 > (1-\alpha)/\sigma_1$, 从而 $x_{\mathrm{MAP}} = 0$. 但这在 α 很小时对 x 是个很差的估计, 因为 x 在 $x = 0$ 附近取值的可能性小于 α. 这种情况如图 3.1 (b) 所示. 在图 3.1 中, 我们还画出了后验方差的平方根 (即均方根), 其中后验方差为

$$\sigma^2 = \int_{-\infty}^{\infty} (x - x_{\mathrm{CM}})^2 \pi(x)\,\mathrm{d}x = \int_{-\infty}^{\infty} x^2 \pi(x)\,\mathrm{d}x - x_{\mathrm{CM}}^2.$$

在本例中, 方差可以解析地算得, 即

$$\sigma^2 = \alpha\sigma_0^2 + (1-\alpha)(\sigma_1^2 + 1) - (1-\alpha)^2.$$

注意到当条件均值给出不好的估计时, 这反映为方差很宽, 如图 3.1(a) 所示. ◇

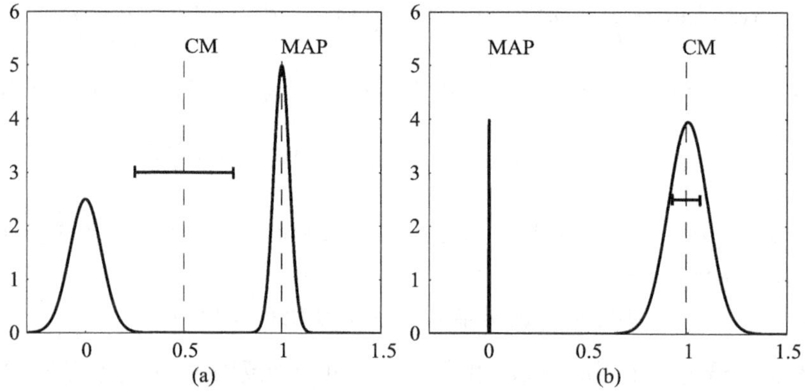

图 3.1 x_{CM} 和 x_{MAP} 的例子. 该图显示了概率密度函数 $\pi(x)$ 在参数取值 (a) $\alpha = 1/2$, $\sigma_0 = 0.08$ 与 $\sigma_1 = 0.04$, 以及 (b) $\alpha = 0.01$, $\sigma_0 = 0.001 = \alpha\sigma_1$ 与 $\sigma_1 = 0.1$ 的情况

3.2 似然函数的构造

似然函数的构造往往是统计反演中最直接的一部分, 因此我们先讨论这部分, 然后再转向先验函数的构造这一更微妙的问题. 似然函数包含了用于经典反演技术的正向模型, 以及有关噪声和其他测量与模拟不确定性的信息. 我们在下面讨论一些最常见的情形, 更复杂的模型将在第 7 章中详细讨论.

3.2.1 加性噪声

通常, 噪声总是被模拟为是加性的, 且与未知量 X 相互独立, 这在经典反问题文献中尤其是如此. 然而在经典正则化方法中, 这种相互独立性却是隐性的, 而非

一个有意识地被用于模拟的性质. 这样, 随机模型就是

$$Y = f(X) + E,$$

其中 $X \in \mathbb{R}^n$, $Y, E \in \mathbb{R}^m$, 而 X 与 E 是相互独立的. 假设噪声 E 的概率密度函数是已知的, 即

$$\mu_E(B) = P\{E \in B\} = \int_B \pi_{\text{noise}}(e)\,\mathrm{d}e.$$

若我们固定 $X = x$, 则 X 与 E 相互独立的假设就能保证 E 的概率密度函数在 $X = x$ 的条件下保持不变. 于是我们能推出, 将 E 的概率密度函数平移 $f(x)$ 后, Y 在 $X = x$ 的条件下与其是同分布的, 即似然函数为

$$\pi(y \mid x) = \pi_{\text{noise}}(y - f(x)).$$

因此, 若 X 的先验概率密度函数为 π_{pr}, 则由 Bayes 公式 (3.3), 得到

$$\pi(x \mid y) \propto \pi_{\text{pr}}(x)\pi_{\text{noise}}(y - f(x)).$$

未知量 X 与噪声 E 不相互独立的的情形就会稍微复杂一些, 此时需要知道噪声的条件密度函数, 即

$$\mu_E(B \mid x) = \int_B \pi_{\text{noise}}(e \mid x)\,\mathrm{d}e.$$

这时, 可以写为

$$\pi(y \mid x) = \int_{\mathbb{R}^m} \pi(y \mid x, e)\pi_{\text{noise}}(e \mid x)\,\mathrm{d}e.$$

当 $X = x$ 与 $E = e$ 都固定时, Y 就完全确定了, 即 $Y = y = f(x) + e$, 从而

$$\pi(y \mid x, e) = \delta(y - f(x) - e).$$

将该式代入前面的等式就能导出

$$\pi(y \mid x) = \pi_{\text{noise}}(y - f(x) \mid x),$$

于是

$$\pi(x \mid y) \propto \pi_{\text{pr}}(x)\pi_{\text{noise}}(y - f(x) \mid x).$$

在继续讨论之前, 我们先举一个小的数值例子以明确概念. 我们将会看到, 这个例子并不具有不适定反问题的典型性质.

例 3.2 考虑这样的情形: 我们在观察中的测量噪声是独立加性的, 而该噪声与未知量也相互独立. 看一个便于可视化的简单例子是很有启发性的. 假设 $X \in \mathbb{R}^2$, $Y, E \in \mathbb{R}^3$, 且我们有线性模型

$$Y = AX + E,$$

其中 $A \in \mathbb{R}^{3\times 2}$ 为

$$A = \begin{bmatrix} 1 & -1 \\ 1 & -2 \\ 2 & 1 \end{bmatrix}.$$

假设 E 的各分量相互独立, 且均服从均值为零, 方差为 $\sigma^2 = 0.09$ 的正态分布. 这样

$$\pi_{\rm noise}(e) \propto \exp\left(-\frac{1}{2\sigma^2}\|e\|^2\right).$$

进一步假设我们已知的先验信息为 X 的各分量满足

$$\mathrm{P}\{|X_j| > 2\} = 0, \quad j = 1, 2,$$

此外没有其他可用信息了. 于是, 先验函数的一个自然的选取就是

$$\pi_{\rm pr}(x) \propto \chi_Q(x),$$

其中 χ_Q 为矩形 $[-2,2]\times[-2,2]$ 的特征函数. 从而

$$\pi(x \mid y) \propto \chi_Q(x) \exp\left(-\frac{1}{2\sigma^2}\|y - Ax\|^2\right).$$

假设 $x_0 = [1,1]^{\mathrm{T}}$ 为未知量的真值, 而数据为 $y = Ax_0 + e$, 其中噪声的实现值 e 是从上面的 $\pi_{\rm noise}$ 抽取的.

在图 3.2 中, 我们画出了变量 $X \in \mathbb{R}^2$ 的后验概率密度函数的灰度图. 图中的直线表示方程组 $Ax = y$ 的每个线性方程的图像, 其中 y 是含噪声的数据. 注意到先验函数在这里没有实际计算效果, 因为当条件 $|x_j| < 2$ 生效时, 似然函数作为 x 的函数就已经可以忽略不计了. 在这个反问题的例子中, 最大似然估计就能产生未知量的一个合理的估计, 其原因在于该问题不是坏条件的. 尽管方程组 $Ax = y$ 是超定的, 从而一般不存在精确解, 但矩阵 A 本身却是好条件的. ◇

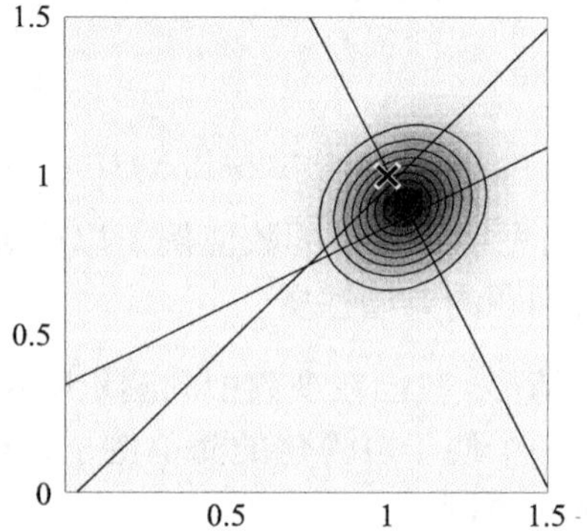

图 3.2　带噪声数据的后验密度函数的例子. 对应于无噪声数据的真值 x_0 用叉号标出

3.2.2 其他显式噪声模型

加性噪声模型不是总能满足要求的. 相反, 我们可能会遇到更复杂的关系, 它通过 (3.2) 这样的方程将未知量, 观测量与噪声联系起来. 形式上, 与 3.2.1 小节同理, 我们能得到

$$\pi(y \mid x, e) = \delta(y - f(x, e)),$$

进一步有

$$\pi(y \mid x) = \int_{\mathbb{R}^k} \delta(y - f(x, e))\pi_{\text{noise}}(e \mid x)\, \mathrm{d}e. \tag{3.4}$$

然而, 这个式子可能不是明确定义的, 或几乎没有实用价值. 反之, 我们考虑一些特殊情形.

首先, 假设我们有一个简单的实值观测量, 且观测模型包含了与未知量相互独立的乘积性噪声, 这即是说, 将 $X \in \mathbb{R}$ 与 $Y \in \mathbb{R}$ 联系起来的随机模型为

$$Y = Ef(X),$$

其中 E 为实值噪声而 $f : \mathbb{R} \to \mathbb{R}$. 这种噪声会出现在信号被含噪声的放大器放大之类的情况下. 若 π_{noise} 为 E 的概率密度函数, 则 (3.4) 式就给出

$$\begin{aligned}\pi(y \mid x) &= \int_{\mathbb{R}} \delta(y - ef(x))\pi_{\text{noise}}(e)\, \mathrm{d}e \\ &= \frac{1}{f(x)} \int_{\mathbb{R}} \delta(y - \nu)\pi_{\text{noise}}\left(\frac{\nu}{f(x)}\right) \mathrm{d}\nu = \frac{1}{f(x)}\pi_{\text{noise}}\left(\frac{y}{f(x)}\right),\end{aligned}$$

这样后验密度函数即为

$$\pi(x \mid y) \propto \frac{\pi_{\text{pr}}(x)}{f(x)}\pi_{\text{noise}}\left(\frac{y}{f(x)}\right).$$

现在考虑如下情形: 我们有一个含噪声的观测量, 而正向模型不是完全已知的. 用 $A(v) \in \mathbb{R}^{m\times n}$ 表示一个依赖于参数向量 $v \in \mathbb{R}^k$ 的矩阵, 并假设不含测量噪声的确定性模型为 $y = A(v)x$, $y \in \mathbb{R}^m$, $x \in \mathbb{R}^n$. 进一步假设实际测量值被加性噪声破坏, 而该噪声是与未知量 X 及参数 V 相互独立的. 于是, 在此情况下的统计模型就变为

$$Y = A(V)X + E.$$

若 π_{noise} 为 E 的概率密度函数, 而 E 与 X 及 V 相互独立, 则有

$$\pi(y \mid x, v) = \pi_{\text{noise}}(y - A(v)x).$$

此外, 假设 V 与 X 也相互独立, 而 V 的密度函数为 π_{param}, 这样我们就得到似然密度函数

$$\pi(y \mid x) = \int_{\mathbb{R}^k} \pi(y \mid x, v)\pi_{\text{param}}(v)\, \mathrm{d}v = \int_{\mathbb{R}^k} \pi_{\text{noise}}(y - A(v)x)\pi_{\text{param}}(v)\, \mathrm{d}v. \tag{3.5}$$

具有这种形式的反问题之一就是盲反卷积问题, 我们将其概述于下例中.

例 3.3 考虑如下的一维反卷积问题: 我们想通过模糊图像

$$g(t)=\phi(t)*f(t)=\int_{-\infty}^{\infty}\phi(t-s)f(s)\,\mathrm{d}s$$

的含噪声观测值来估计函数 $f:\mathbb{R}\to\mathbb{R}$. 我们这里假设 $f(t)$ 在一个固定的区间 I 之外为零. 该问题在第 2 章经典反演方法的框架下已经讨论过了. 假设卷积核 ϕ 是对称但非确切已知的, 这样我们就尝试用 Gauss 核的形式来逼近这个核, 即

$$\phi(t)=\sum_{k=1}^{K}v_k\varphi_k(t),$$

其中

$$\varphi_1(t)=\frac{1}{\sqrt{2\pi\sigma_1^2}}\exp\left(-\frac{1}{2\sigma_1^2}t^2\right),$$
$$\varphi_k(t)=\frac{1}{\sqrt{2\pi\sigma_k^2}}\exp\left(-\frac{1}{2\sigma_k^2}t^2\right)-\frac{1}{\sqrt{2\pi\sigma_{k-1}^2}}\exp\left(-\frac{1}{2\sigma_{k-1}^2}t^2\right),\quad k\geqslant 2,$$

这里, 我们取定方差 σ_k^2 并按从小到大的顺序排列. 另外, 系数 v_k 是不太清楚的.

现在假设观测值被加性 Gauss 噪声破坏. 我们在 I 上用求积公式对问题进行离散以逼近卷积积分. 若用 t_ℓ 与 w_ℓ 分别表示离散结点与相应的权重, $1\leqslant\ell\leqslant n$, 则离散观测模型就变为

$$y=\sum_{k=1}^{K}v_kA_kx+e,$$

其中 $x=[f(t_1),\cdots,f(t_n)]^{\mathrm{T}}\in\mathbb{R}^n$, $A_k\in\mathbb{R}^{m\times n}$, $A_k(i,j)=w_j\phi_k(t_i-t_j)$. 向量 $e\in\mathbb{R}^m$ 代表加性噪声, 而 $y\in\mathbb{R}^m$ 为结点 t_ℓ 处的含噪声观测值向量. 现在我们将问题转化为随机模型. 假设加性噪声是均值为零, 方差为 γ^2 的白噪声, 则似然函数就是

$$\pi(y\mid x,v)\propto\exp\left(-\frac{1}{2\gamma^2}\left\|y-\sum_{k=1}^{K}v_kA_kx\right\|^2\right).$$

这里的指数关于 $v=[v_1,\cdots,v_K]^{\mathrm{T}}$ 是二次的, 即上述密度函数关于该参数是 Gauss 型的. 能否通过 (3.5) 式得到后验密度函数 $\pi(x\mid y)$ 的一个封闭形式完全取决于 v 的密度函数 π_{param}. 如果我们能将该密度函数取为 Gauss 型的, 就能显式地进行积分. 我们将在本章稍后再回到这个例子. ◇

3.2.3 计数过程数据

在一些情况下, 似然函数并不是以形如 $Y=f(X,E)$ 的模型为基础的. 相反, 我们可能获知观测量本身的概率密度函数, 而未知量能定义该密度函数中的参数. 下面我们考虑一些典型例子.

在很多应用中，测量是以事件的计数为基础的. 举例来说，我们知道电子显微镜中的装置能对在一段给定的时间内达到探测器的电子进行计数. 类似地，在低能量 X 射线成像中，数据就是光子的个数. 在 PET 或 SPECT 成像等另一些医学应用中，数据同样也是量子的个数. 在后两种情形中，每次测得的个数有可能很小，甚至是零.

在这样的情况下，信号通常可以被模拟为 Poisson 过程. 首先考虑单信道数据，我们有一个关于观测量的期望 (均值) 的模型，写成确定性形式即为

$$\overline{y} = f(x) \in \mathbb{R}.$$

在现实中，观测量 Y 是一个以 $\overline{y}$ 为期望的整数值随机变量，即

$$Y : \Omega \to \mathbb{N}, \quad Y \sim \text{Poisson}(\overline{y}),$$

所以似然函数就是

$$\pi(y \mid x) = \frac{f(x)^y}{y!} \exp(-f(x)).$$

在多信道数据的情况，观测值为一个向量 $y = [y_1, \cdots, y_m]^{\mathrm{T}}$. 若假设每个分量的变动都是相互独立的，我们就能写成

$$\pi(y \mid x) = \prod_{i=1}^{m} \frac{f_i(x)^{y_i}}{y_i!} \exp(-f_i(x)) \propto \exp\left(y^{\mathrm{T}} \log f(x) - \|f(x)\|_1\right),$$

其中 $\log f(x) = [\log f_1(x), \cdots, \log f_m(x)]^{\mathrm{T}}$，而 $\|f(x)\|_1 = \sum\limits_{i=1}^{m} |f_i(x)|$ 表示 $f(x)$ 的 ℓ^1-范数. 由于 $f_i \geqslant 0$，我们也可写成 $\|f(x)\|_1 = \mathbf{1}^{\mathrm{T}} f(x)$，其中 $\mathbf{1} = [1, \cdots, 1]^{\mathrm{T}}$. 注意到在上式中，比例常数依赖于 y 而非 x. 因为在反问题中我们感兴趣的是似然函数对 x 的依赖性，我们就直接把该常数省去了. 请记住，最终 y 将取为定值 $y = y_{\text{observed}}$.

通常，计数观测值会被测量装置引起的噪声破坏. 例如，假设观测量是一个服从 Poisson 分布的计数过程，它被相互独立的加性噪声所破坏. 此时，能将模型写为

$$Y = K + E, \quad K \sim \text{Poisson}(f(x)).$$

记

$$\pi(y, k \mid x) = \pi(y \mid k, x)\pi(k \mid x).$$

若给定 $K = k$，则 Y 的分布就由 E 的分布所决定. 用 $\pi_{\text{noise}}(e)$ 表示 E 的概率密度函数，并令 K 在 $X = x$ 时的分布如上，则有

$$\pi(y, k \mid x) = \pi_{\text{noise}}(y - k) \frac{f(x)^k}{k!} \exp(-f(x)).$$

这里的中间变量 k 不是我们感兴趣的, 因此计算 Y 的边缘密度函数, 从而得到等式

$$\pi(y \mid x) = \sum_{k=0}^{\infty} \pi_{\text{noise}}(y-k) \frac{f(x)^k}{k!} \exp(-f(x)).$$

这样的似然函数通常可以使用 Stirling 公式来近似.

除了上面的 Poisson 分布, 我们可能还会遇到其他的参数型观测模型, 例如 B 似然模型、Γ 似然模型或对数正态似然模型.

3.3 先 验 模 型

在反问题的统计理论中, 有人认为先验密度函数的构造是最关键的一步, 往往也是求解中最具挑战性的一部分. 求出一个能满足需要的先验密度函数的主要问题通常植根于先验信息的本质中. 事实上, 通常的情况是, 我们关于未知量的先验认知本质上是定性的, 这样问题就在于如何将定性的信息转化为定量的形式, 并进一步体现在先验密度函数中. 例如, 一个进行地表下电磁探测的地球物理学家可能希望在分层结构中看到非分层的夹杂物, 可能还有一些裂缝. 然而, 使用分层模型的条件非常苛刻, 因为它不允许存在其他人们感兴趣的结构. 类似地, 在医学成像中, 人们想要找到一种已知能精确定位的恶性肿瘤, 它可能具有 "特征性的" 表面结构, 有经验的放射科医生能够辨认出来. 这些都是人们对相信能看到什么的定性描述, 却很难翻译为密度函数的语言.

设计先验函数的总体目标就是写出一个具有如下性质的密度函数 $\pi_{\text{pr}}(x)$: 如果 E 是表示未知量 X 可能的实现值的一族可预测的向量, 而 U 为一族不可预测的向量, 则应成立

$$\pi_{\text{pr}}(x) \gg \pi_{\text{pr}}(x'), \quad x \in E, \, x' \in U.$$

这样, 先验概率密度函数应当集中于 x 的那些我们希望看到的值, 且给它们分配的概率比那些我们不希望看到的值明显高得多.

在本节中, 我们将介绍一些被成功应用于反问题的显式先验模型, 并着重强调它们的定性性质. 此外, 我们还将讨论如何在样本数据和结构信息之类的基础上构造先验函数, 以及如何探查并可视化先验函数, 使其本质更易于把握.

3.3.1 Gauss 先验函数

在统计反问题中最常用的概率密度函数毫无疑问是 Gauss 型的. 这是因为它们实际上很容易构造, 而且它们构成了一类比通常认为的更为通用的密度函数. 此外, 它们往往还能导出显式的估计量. 为此, 我们将用整整一节 (3.4 节) 来讨论 Gauss 密度函数.

3.3.2 脉冲先验密度函数

为明确起见, 这里我们考虑这样一个反问题, 其中的未知量是一个二维像素图, 它代表物体内某种离散分布的物理参数或系数. 假设先验信息为: 图像包含了很小但很局部化的物体. 举例来说, 当尝试在 X 射线成像中定位肿瘤, 或者通过电或磁的测量手段定位皮质活动时, 就会遇到这种情况. 此时, 我们经常可以使用脉冲先验模型. 这些模型的典型特征就是它们主要针对平均振幅较低的图像, 其中有少数几个在背景的对比下格外醒目的异常值. 这种先验函数之一就是 ℓ^1 先验函数. 用 $x \in \mathbb{R}^n$ 代表像素图, 其分量 x_j 表示第 j 个像素的亮度. x 的 ℓ^1 范数的定义为

$$\|x\|_1 = \sum_{j=1}^{n} |x_j|,$$

而我们把 ℓ^1 先验函数定义为

$$\pi_{\text{pr}}(x) = \left(\frac{\alpha}{2}\right)^n \exp(-\alpha\|x\|_1).$$

更加强化的脉冲噪声效果可以用形如

$$\pi_{\text{pr}}(x) \propto \exp\left(-\alpha \sum_{j=1}^{n} |x_j|^p\right), \quad 0 < p < 1$$

的概率密度函数获得. 注意到在进行取样时, 不具有凸性原则上是没问题的.

另一个能产生很少的突兀像素和低振幅背景的密度函数是 Cauchy 密度函数, 其定义为

$$\pi_{\text{pr}}(x) = \left(\frac{\alpha}{\pi}\right)^n \prod_{j=1}^{n} \frac{1}{1 + \alpha^2 x_j^2}.$$

为了更好地理解这些密度函数的定性性质, 我们从这些密度函数中随机抽取像素图. 首先考虑 ℓ^1 先验函数. 因为处理的是图像, 我们自然要用一个正项约束来放大密度函数, 并记

$$\pi_{\text{pr}}(x) = \alpha^n \pi_+(x) \exp(-\alpha\|x\|_1),$$

其中 $\pi_+(x) = 1$. 若 $x_j > 0$ 对所有 j 成立, 否则 $\pi_+(x) = 0$. 因为每个分量都与其他分量无关, 所以可以通过如下的标准步骤对分量逐个进行随机抽样. 首先定义一维分布函数

$$\Phi(t) = \alpha \int_0^t \mathrm{e}^{-\alpha s}\, \mathrm{d}s = 1 - \mathrm{e}^{-\alpha t}.$$

现在相互独立的分量 x_j 就能用下式抽出:

$$x_j = \Phi^{-1}(t_j) = -\frac{1}{\alpha}\log(1 - t_j),$$

其中各个 t_j 是从均匀分布 $\mathcal{U}([0,1])$ 中随机抽取的.

类似地, 当我们要从带正项约束的 Cauchy 分布中抽取相互独立的分量时, 可以用分布函数

$$\Phi(t) = \frac{2\alpha}{\pi}\int_0^t \frac{1}{1+\alpha^2 s^2}\,\mathrm{d}s = \frac{2}{\pi}\arctan \alpha t.$$

在图 3.3 中, 我们画出了从 ℓ^1 先验函数和 Cauchy 先验函数中随机抽取的 60×60 噪声图像. 出现在先验函数中的参数 α 在两种情况下均取为 1. 作为比较, 带正项约束的 Gauss 白噪声图像也示于图中. 带正项约束的 Gauss 白噪声的密度函数为

$$\pi_{\mathrm{pr}}(x) \propto \pi_+(x)\exp\left(-\frac{1}{2\alpha^2}\|x\|^2\right),$$

其中的范数为通常的 Euclid 范数. 对于带正项约束的白噪声先验函数, 其一维分布

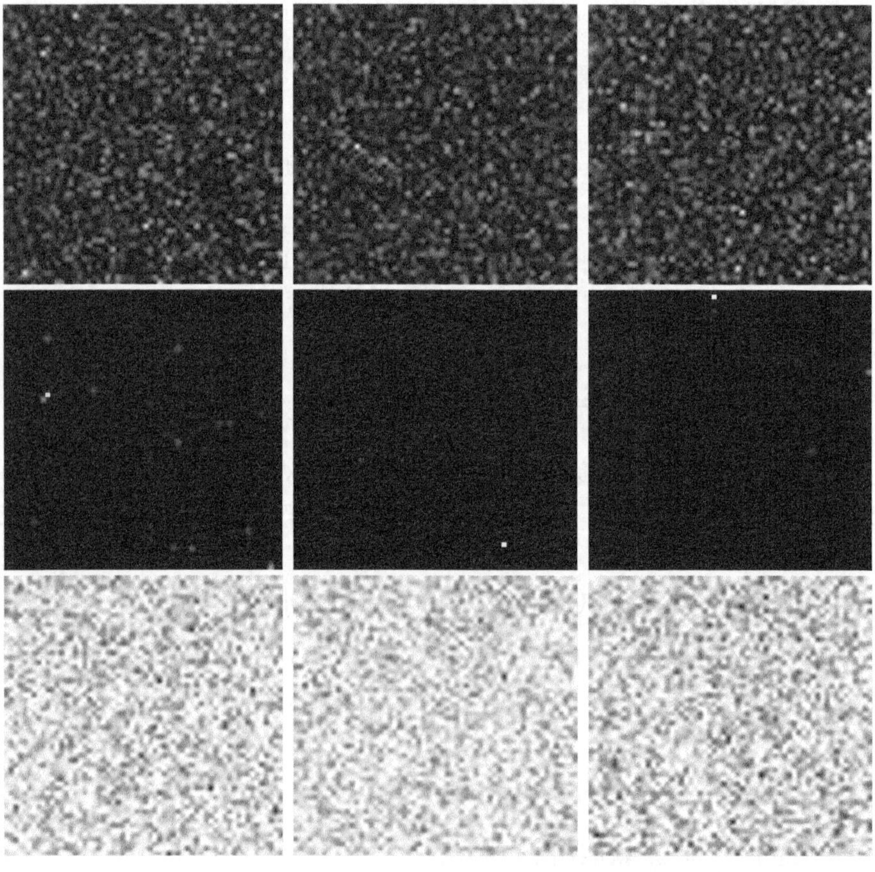

图 3.3 从 ℓ^1 先验函数 (第一行), Cauchy 先验函数 (第二行) 和白噪声先验函数 (第三行) 中得到的随机抽样. 所有先验函数均带有正项约束

为

$$\Phi(t)=\frac{1}{\alpha}\sqrt{\frac{2}{\pi}}\int_0^t \exp\left(-\frac{1}{2\alpha^2}s^2\right)\mathrm{d}s=\mathrm{Erf}\left(\frac{t}{\alpha\sqrt{2}}\right),$$

其中 Erf 表示误差函数

$$\mathrm{Erf}(t)=\frac{2}{\sqrt{\pi}}\int_0^t \mathrm{e}^{-s^2}\mathrm{d}s.$$

这里我们同样取 $\alpha=1$. 每幅图中的灰度从像素值的最小值到最大值都是线性的.

我们再介绍一种被称为*熵密度函数*的先验密度函数, 它已被成功应用于在低振幅背景中寻找少量突出特征的图像恢复问题. 用 $x\in\mathbb{R}^n$ 表示分量为正的像素图, 即 $x_j>0$, 则图像的熵被定义为

$$\mathcal{E}(x)=-\sum_{j=1}^n x_j\log\left(\frac{x_j}{x_0}\right),$$

其中 $x_0>0$ 为一给定常数. 熵密度函数的形式为

$$\pi(x)\sim\exp(\alpha\mathcal{E}(x)).$$

熵密度函数与一种被称为*最大熵方法* (maximum entropy method, MEM) 的正则化技术密切相关, 在该方法中, 熵是被用作广义 Tikhonov 方法中的正则化泛函的.

从定性角度来看, 熵密度函数类似于*对数正态密度函数*, 后者中未知量的对数是正态分布的. 对于单个分量, 对数正态密度函数由

$$\pi(x)=\frac{1}{\sqrt{2\pi}\,\sigma x}\exp\left(-\frac{1}{2\sigma^2}(\log x-\log x_0)^2\right),\quad x>0$$

给出. 对于分量相互独立的向量值随机变量, 其密度函数自然是各分量密度函数的乘积.

3.3.3 不连续性

通常在反问题中, 人们寻求的未知量可能是具有不连续性的. 例如, 先验信息可能涉及未知量穿过间断处的跳跃高度或不连续性的可能发生率.

上面讨论的脉冲先验密度函数提供了一种在先验函数中实现这类信息的工具. 这里我们考虑一个一维的例子: 假设我们的目标是通过非直接观测估计一个函数 $f:[0,1]\to\mathbb{R}$, $f(0)=0$. 我们的先验信息是函数 f 在区间的某些地方会有大的跳跃, 但我们不知道其具体位置. 此时, 构造先验函数的一条可能的途径就是考虑 f 的导数的有限差分近似, 并假设它服从脉冲噪声概率分布. 用节点 $t_j=j/N$, $0\leqslant j\leqslant N$ 对区间 $[0,1]$ 进行离散, 并记 $x_j=f(t_j)$. 考虑密度函数

$$\pi_{\mathrm{pr}}(x)=\left(\frac{\alpha}{\pi}\right)^N\prod_{j=1}^N\frac{1}{1+\alpha^2(x_j-x_{j-1})^2}.$$

再观察由这个密度函数得到的随机抽样图是很有启发性的. 为进行抽样, 定义新的随机变量

$$\xi_j = x_j - x_{j-1}, \quad 1 \leqslant j \leqslant N. \tag{3.6}$$

这些变量的概率密度函数为

$$\pi(\xi) = \left(\frac{\alpha}{\pi}\right)^N \prod_{j=1}^{N} \frac{1}{1+\alpha^2\xi_j^2},$$

即它们是相互独立的, 于是每个 ξ_j 都能从一维 Cauchy 密度函数中抽取. 有了这些相互独立的增量, 向量 x 就能由 (3.6) 式确定了. 图 3.4 所示的是从该密度函数中用 $N = 1200$ 个离散点得到的四个随机抽样.

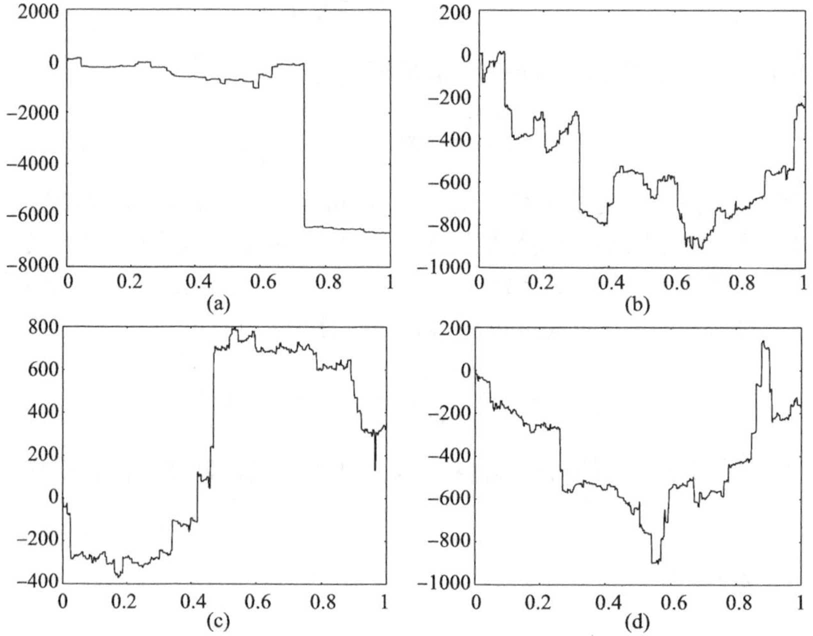

图 3.4 从密度函数 (3.6) 中得到的四个随机抽样, 其中参数 $\alpha = 1$

本小节的思想很容易推广到高维, 该推广自然地导出了 Markov 随机场.

3.3.4 Markov 随机场

一大类先验函数可以从 Markov 随机场 (Markov random fields, MRF) 的理论导出, 这里我们仅给出它在离散情形的定义. 设 X 为在 $\mathbb{R}^n$ 中取值的随机变量. 关于 X 的邻域系为一族指标集

$$\mathcal{N} = \{\mathcal{N}_i \mid 1 \leqslant i \leqslant n\}, \quad \mathcal{N}_i \subset \{1, 2, \cdots, n\},$$

它具有如下性质:

1. $i \notin \mathcal{N}_i$,

2. $i \in \mathcal{N}_j$ 当且仅当 $j \in \mathcal{N}_i$.

集合 $\mathcal{N}_i$ 为 X 的分量 X_i 的邻域的指标集.

考虑分量 X_j 的条件密度函数. 我们称 X 为一个关于邻域系 $\mathcal{N}$ 的离散 Markov 随机场, 如果

$$\pi_{X_j}(B \mid x_1, \cdots, x_{j-1}, x_{j+1}, \cdots, x_n) = \pi_{X_j}(B \mid x_k,\ k \in \mathcal{N}_j).$$

换言之, X_j 的值仅通过其邻域与其余的分量相关联. MRF 的概率密度函数是具有特定形式的. Hammersley-Clifford 定理说明, MRF 的概率密度函数的形式为

$$\pi(x) \propto \exp\left(-\sum_{j=1}^{n} V_j(x)\right),$$

其中函数 V_j 只依赖于 x_j 与满足 $k \in \mathcal{N}_j$ 的分量 x_k. 一个很有用的 MRF 先验函数就是全变差密度函数. 我们首先定义函数全变差的概念. 设 $f: D \to \mathbb{R}$ 为 $L^1(D)$, 即 $D \subset \mathbb{R}^n$ 上可积函数空间中的函数. 记 f 的全变差为 $\mathrm{TV}(f)$, 并将其定义为

$$\mathrm{TV}(f) = \int_D |\mathcal{D}f| \mathrm{d}x = \sup\left\{ \int_D f \nabla \cdot g \, \mathrm{d}x \,\middle|\, g = (g_1, \cdots, g_n) \in C_0^1(D, \mathbb{R}^n),\ \|g(x)\| \leqslant 1 \right\}.$$

这里, 测试函数空间 $C_0^1(C, \mathbb{R}^n)$ 包含了在 D 上连续可微且在边界为零的向量值函数. 我们称一个函数是有界变差的, 若 $\mathrm{TV}(f) < \infty$.

为了理解这一概念, 考虑一个简单的例子: 假设 $D \subset \mathbb{R}^2$ 为开集, 而 $B \subset D$ 是由一条光滑的简单曲线围成的集合, 且与 D 的边界不相交. 令 $f: D \to \mathbb{R}$ 为 B 的特征函数, 即 $f(x) = 1$ 若 $x \in B$, 否则 $f(x) = 0$. 令 $g \in C_0^1(D, \mathbb{R}^2)$ 为任意的测试函数. 由散度定理, 得到

$$\int_D f \nabla \cdot g \, \mathrm{d}x = \int_B \nabla \cdot g \, \mathrm{d}x = \int_{\partial B} n \cdot g \, \mathrm{d}S,$$

其中 n 为 ∂B 的单位外法线方向. 显然, 在 $\|g(x)\| \leqslant 1$ 的限制下, 该积分在我们恒取 $n \cdot g = 1$ 时达到其最大值, 从而

$$\mathrm{TV}(f) = \mathrm{length}(\partial B).$$

注意到 f 的导数是边界曲线上的 Dirac δ 函数, 它不能被表示为一个可积函数. 因此, 有界变差函数空间与相应的 Sobolev 空间是不同的.

为了找到类似的离散形式, 我们考虑二维问题. 假设 $D \subset \mathbb{R}^2$ 有界, 并被分为 n 个像素. 一个自然的邻域系可以这样得到: 若两个像素具有公共边, 就定义它们是相邻的. 现在, 离散图像 $x = [x_1, x_2, \cdots, x_n]^{\mathrm{T}}$ 的全变差就能定义为

$$\mathrm{TV}(x) = \sum_{j=1}^{n} V_j(x), \quad V_j(x) = \frac{1}{2} \sum_{i \in \mathcal{N}_j} \ell_{ij} |x_i - x_j|,$$

其中 ℓ_{ij} 为相邻像素之间公共边的长度. 此时, 离散的全变差密度函数就由下式给出:

$$\pi(x) \propto \exp(-\alpha\,\mathrm{TV}(x)).$$

众所周知, 全变差密度函数会集中于 "块状" 图像, 这种图像由边界较短的块构成, 而每个块内部的变差较小. 为理解这点, 考虑图 3.5 所示的三个不同的简单图像, 它们的能量是相同的. 在这些 7×7 的图像中, 像素值取三个不同的值 0 (黑色), 1 (灰色) 或 2 (白色). 这些图像的全变差是很容易计算的. 我们看到, 图 3.5(a) 的块状图像具有最小的全变差, 而 (c) 的全变差最大. 因此, 在用全变差密度函数来度量时, (a) 出现的概率最大.

(a)　(b)　(c)

图 3.5　三个能量相同但全变差不同的 7×7 像素图, 从左到右的全变差分别为 18, 28 和 40

为了比较全变差先验函数与之前讨论过的先验函数, 我们从带正项约束的全变差先验函数随机抽取了三个噪声图像, 如图 3.6 所示. 尽管与图 3.3 中的白噪声图像没有显著的不同, 这里我们还是能清楚地看到相邻像素之间的相关性.

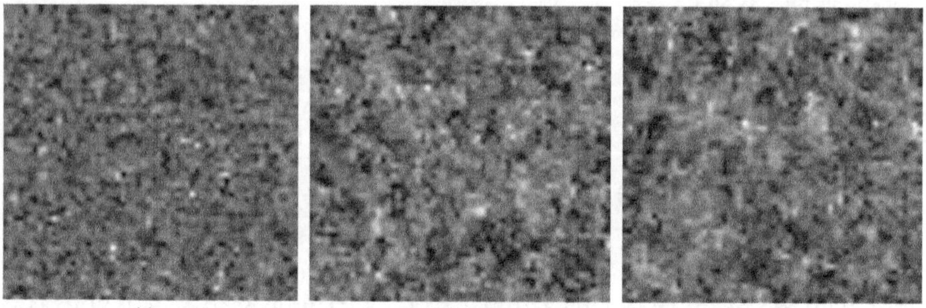

(a)　(b)　(c)

图 3.6　三个带正项约束的全变差噪声图像

MRF 先验函数通常可以作为设计结构性先验函数的有用工具. 举例来说, 考虑一个医学成像问题, 其中我们已经事先知道了器官边界的位置. 这样的先验信息可能来自解剖学数据或其他成像方式, 如 X 射线或磁共振数据等. 在医学应用中, 此类信息可表述为我们得到的一个可供处理的分割图像. 假设一共有 k 种不同的组织类型, 而映射 $T:\{1,\cdots,n\}\to\{1,\cdots,k\}$ 将每个像素分类为这些类型中的一个. 现在我们就能通过如下方式构造一个邻域系 $\mathcal{N}$:

$$T(i)\neq T(j)\Rightarrow j\notin\mathcal{N}_i,$$

这就是说, 不同类型的像素绝不会相邻. 事实上, 像素根据其类型被分为不同集团, 每个集团都与其他集团独立. 由于不同集团的像素之间没有相关性, 器官边界两边的值就可能出现巨大的跳跃. 这些类型的例子将在后面讨论.

3.3.5 基于样本的密度函数

通常, 先验函数或似然密度函数的构造都是以所考虑的随机变量的大量事先获得的样本为基础的. 举例来说, 测量噪声可以通过对已知对象做一系列校准测量来进行分析. 类似地, 医学成像等应用中的先验信息可能来自大量通过手术或其他成像方式获得的数据. 这些信息有时被称为解剖图谱.

假设 $\pi=\pi(x)$ 为随机变量 $X\in\mathbb{R}^n$ 的概率密度函数, 且我们有 X 实现值的大量样本

$$S=\{x^1,x^2,\cdots,x^N\},$$

其中 N 很大. 我们的目标是根据 S 来逼近 π.

当 X 为实值随机变量而 N 很大时, π 的估计相对就比较直接了: 我们可以用样条函数等来逼近样本的柱状图. 然而, 该途径在高维就不再适用了. 一般说来, 这个问题可被看作是一个*核估计问题*. 有关这一被广泛研究的问题参考文献可在本章末尾的 "注释与评论" 中找到.

假设 S 包含了随机变量 X 的实现值, 我们就能用集合 S 来估计 X 的矩. 这样, X 的二阶统计量就是

$$E\{X\}\approx\overline{x}=\frac{1}{N}\sum_{j=1}^{N}x^j\quad(\text{均值}),$$

$$\operatorname{cov}(X)=E\{XX^{\mathrm{T}}\}-E\{X\}E\{X\}^{\mathrm{T}}\approx\Gamma=\frac{1}{N}\sum_{j=1}^{N}x^j(x^j)^{\mathrm{T}}-\overline{x}\,\overline{x}^{\mathrm{T}}\quad(\text{协方差}).$$

考虑矩阵 Γ 的特征值分解

$$\Gamma=UDU^{\mathrm{T}},$$

其中 U 为正交阵, 而 D 为具有分量 $d_1\geqslant d_2\geqslant\cdots\geqslant d_n\geqslant 0$ 的对角阵. 通常, 向量 x^j 彼此之间相差不大, 从而矩阵 Γ 就是奇异的或几乎是奇异的. 假设 $d_r>d_{r+1}\approx 0$, 即只有前 r 个特征值明显大于零. 这意味着 $X-E\{X\}$ 可能是一个具有如下性质的随机变量, 即它的取值有很大的概率落在由 Γ 的前 r 个特征向量张成的子空间中. 基于这一分析, 我们就将*子空间先验函数*定义为

$$\pi(x)\propto\exp(-\alpha\|(I-P)(x-\overline{x})\|^2),$$

其中 P 为正交投影 $\mathbb{R}^n \to \text{span}\{u_1, \cdots, u_r\}$, 向量 u_j 为 Γ 的特征向量. 如果 Γ 的所有特征值都明显大于零, 则子空间先验函数就不能给出任何信息. 在这种情况下, 我们仍能利用近似的低阶统计量. 现在, 对 X 的概率密度函数最直接的逼近就是使用 Gauss 近似, 即

$$\pi_{\text{pr}}(x) \propto \exp\left(-\frac{1}{2}(x-\overline{x})^{\text{T}}\Gamma^{-1}(x-\overline{x})\right).$$

这一近似的成效可以通过考察 X 在此样本基础上的高阶统计量等来评估. 此外, 作为对协方差的一个基于样本的估计, Γ 很可能在数值上是秩亏的, 从而 Γ^{-1} 要么不存在, 要么是不可信的. 在下例中, 我们将使用一个子空间先验函数和基于估得的协方差矩阵的先验函数的混合模型.

例 3.4　考虑一个二维的图像去模糊问题, 其中图像的先验信息为: 图像包含一个圆形物体, 背景为常数. 假设图像区域为单位正方形 $[0,1]\times[0,1]$, 又已知图像的类型为

$$f(p) = a\,\theta(r - |p - p_0|),$$

其中 θ 为 Heaviside 函数, a 为图像对象的振幅, $p_0 \in D$ 为圆心, $r > 0$ 为半径. 参数 a, r 与 p_0 是未知的, 但我们假设知道它们分布的先验信息.

我们自然可以直接用这些参数来提出反问题, 然而在本例中, 我们只是使用这些参数的统计量来建立一个可能图像的信息库.

将图像区域分成 $n = k \times k$ 的像素, 并用向量 $x \in \mathbb{R}^n$ 来表示像素化图像. 在下面的例子中, 取 $k = 40$. 第一步, 我们根据参数的分布生成一个像素化图像的样本. 在我们的例子中, 假设参数的分布为

$$a \sim \mathcal{U}([0.8, 1.2]), \quad r \sim \mathcal{U}([0.2, 0.25]), \quad p_0 \sim \mathcal{N}((0.5, 0.5), (0.02)^2 I).$$

我们使用的样本大小为 $N = 500$. 有了像素化图像的样本 $\{x^j\}$, 就能计算均值 $\overline{x}$ 和协方差 Γ 的近似值.

图 3.7 显示了近似协方差矩阵的 300 个最大的特征值. 特征值 d_r 与 d_{r+1} 之间有一个显著的间断, 其中 $r = 266$. 对应于那些小特征值的特征向量可以被描述为沿着圆环的噪声, 它们不应被纳入先验模型中. 这样, 我们可能就要采用奇异协方差矩阵, 它是通过对截断水平 $\delta = 10^{-10}$ 以下的特征值进行截断而近似得到的

$$D = \text{diag}(d_1, d_2, \cdots, d_r, 0, \cdots, 0).$$

在需要协方差的逆时, 我们就使用广义逆. 图 3.8 所示的是算得的均值以及五个最大特征值对应的特征向量. ◇

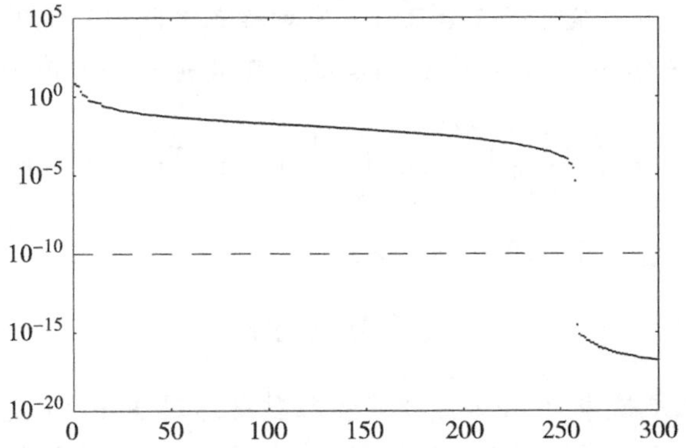

图 3.7 近似协方差矩阵的 300 个最大的特征值

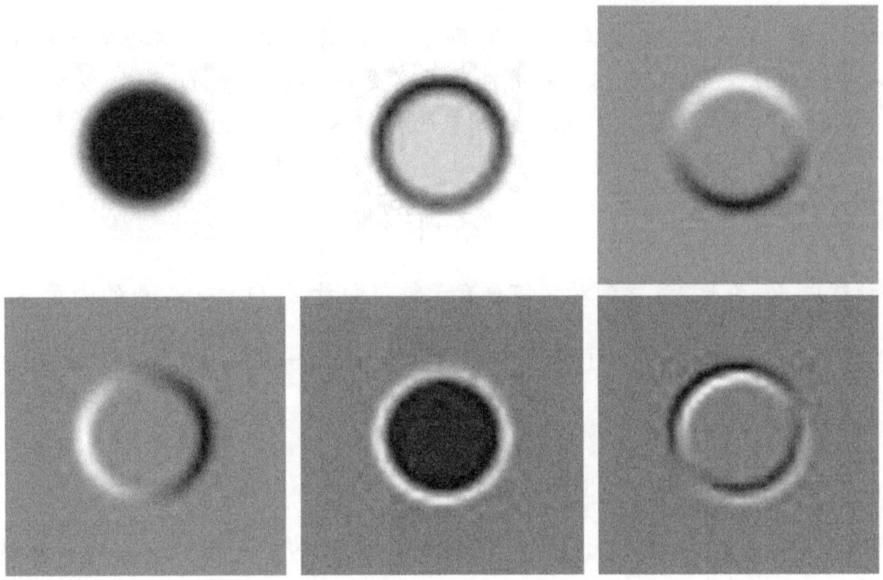

图 3.8 均值 (左上) 以及 Γ 的五个最大特征值对应的特征向量

3.4 Gauss 密度函数

Gauss 概率密度函数在统计反演理论中扮演着特殊的角色. 首先, 它们相对易于处理, 从而为可操作的例子提供了丰富的资源. 但更重要的是, 根据中心极限定理 (见附录 B), 当测量在实际上是基于大量相互独立的随机事件时, Gauss 密度函数往往是对本性非 Gauss 型密度函数的良好近似.

我们从 n 个变量的 Gauss 随机变量的定义说起.

定义 3.2　设 $x_0 \in \mathbb{R}^n$, 而 $\Gamma \in \mathbb{R}^{n\times n}$ 为对称正定阵, 下面用 $\Gamma > 0$ 表示. 以 x_0 为均值, Γ 为协方差的 n 个变量的 Gauss 随机变量是一个具有概率密度函数

$$\pi(x) = \left(\frac{1}{2\pi|\Gamma|}\right)^{n/2} \exp\left(-\frac{1}{2}(x-x_0)^{\mathrm{T}}\Gamma^{-1}(x-x_0)\right)$$

的随机变量, 其中 $|\Gamma| = \det(\Gamma)$. 这时记作

$$X \sim \mathcal{N}(x_0, \Gamma).$$

注解 3.3　在文献中, Gauss 随机变量往往是通过 Fourier 变换, 或概率论中所说的特征函数以如下方式定义的: 随机变量 X 是 Gauss 型的, 如果

$$E\{\exp(-\mathrm{i}\xi^{\mathrm{T}}X)\} = \exp\left(-\mathrm{i}\xi^{\mathrm{T}}x_0 - \frac{1}{2}\xi^{\mathrm{T}}\Gamma\xi\right), \tag{3.7}$$

其中 $x_0 \in \mathbb{R}^n$, $\Gamma \in \mathbb{R}^{n\times n}$ 为半正定的, 即 $\Gamma \geqslant 0$. 在此定义中, 不必要求 Γ 是正定的. 在下面的意义上, 定义 3.2 的条件并没有更强: 用 $d_1 \geqslant d_2 \geqslant \cdots \geqslant d_n$ 表示矩阵 Γ 的特征值, 并设 $\{v_1, \cdots, v_n\}$ 为相应的特征基. 假设前 p 个特征值是正的, 而 $d_{p+1} = \cdots = d_n = 0$. 若 X 是一个具有性质 (3.7) 的随机变量, 则可以证明

$$X - x_0 \in \mathrm{span}\{v_1, \cdots, v_p\}$$

几乎必然成立. 为此, 注意到对任何垂直于特征向量 v_j $(1 \leqslant j \leqslant p)$ 的向量 u, 成立

$$E\left\{(u^{\mathrm{T}}(X-x_0))^2\right\} = u^{\mathrm{T}}\Gamma u = 0.$$

于是, 若定义正交投影

$$P_p : \mathbb{R}^n \to \mathrm{span}\{v_1, \cdots, v_p\} \cong \mathbb{R}^p,$$

则在定义 3.2 意义下, 随机变量 P_pX 就是一个 p 个变量的 Gauss 随机变量, 均值为 $x_0' = P_px_0$, 协方差为 $\Gamma' = P_p\Gamma P_p^{\mathrm{T}}$. 记 $x = [P_px; (I-P_p)x] = [x'; x'']$ 与 $x_0 = [P_px_0; (I-P_p)x_0] = [x_0'; x_0'']$, 此时我们就有

$$\pi(x) = \left(\frac{1}{2\pi|\Gamma'|}\right)^{p/2} \exp\left(-\frac{1}{2}(x'-x_0')^{\mathrm{T}}(\Gamma')^{-1}(x'-x_0')\right)\delta(x''-x_0''),$$

其中 δ 表示 $\mathbb{R}^{n-p}$ 中的 Dirac δ 函数.

在本节中, 我们的目标是导出关于 Gauss 随机变量的条件均值与协方差的封闭公式. 我们首先回顾一些基本的矩阵性质.

定义 3.4　设

$$\Gamma = \begin{bmatrix} \Gamma_{11} & \Gamma_{12} \\ \Gamma_{21} & \Gamma_{22} \end{bmatrix} \in \mathbb{R}^{n\times n}$$

为对称正定阵, 其中 $\Gamma_{11} \in \mathbb{R}^{k\times k}$, $\Gamma_{22} \in \mathbb{R}^{(n-k)\times(n-k)}$, $k < n$, 且 $\Gamma_{21} = \Gamma_{12}^{\mathrm{T}}$. 我们定义 Γ_{jj} $(j = 1, 2)$ 的 Schur 余阵 $\widetilde{\Gamma}_{jj}$ 如下:

$$\widetilde{\Gamma}_{22} = \Gamma_{11} - \Gamma_{12}\Gamma_{22}^{-1}\Gamma_{21}, \quad \widetilde{\Gamma}_{11} = \Gamma_{22} - \Gamma_{21}\Gamma_{11}^{-1}\Gamma_{12}.$$

注意到因为 Γ 的正定性意味着 Γ_{jj} $(j = 1, 2)$ 也是正定的, 故 Schur 余阵是明确定义的.

Schur 余阵在条件协方差的计算中扮演着重要的角色. 我们有下述矩阵求逆引理.

引理 3.5 设矩阵 Γ 满足定义 3.4 中的假设, 则 Schur 余阵 $\widetilde{\Gamma}_{jj}$ 可逆, 且

$$\Gamma^{-1} = \begin{bmatrix} \widetilde{\Gamma}_{22}^{-1} & -\widetilde{\Gamma}_{22}^{-1}\Gamma_{12}\Gamma_{22}^{-1} \\ -\widetilde{\Gamma}_{11}^{-1}\Gamma_{21}\Gamma_{11}^{-1} & \widetilde{\Gamma}_{11}^{-1} \end{bmatrix}. \tag{3.8}$$

证明 考虑 Γ 的行列式:

$$|\Gamma| = \begin{vmatrix} \Gamma_{11} & \Gamma_{12} \\ \Gamma_{21} & \Gamma_{22} \end{vmatrix} \neq 0.$$

将第一行左乘 $\Gamma_{21}\Gamma_{11}^{-1}$ 后再从第二行中减去, 我们发现

$$|\Gamma| = \begin{vmatrix} \Gamma_{11} & \Gamma_{12} \\ 0 & \Gamma_{22} - \Gamma_{21}\Gamma_{11}^{-1}\Gamma_{12} \end{vmatrix} = |\Gamma_{11}||\widetilde{\Gamma}_{11}|, \tag{3.9}$$

这说明 $|\widetilde{\Gamma}_{11}| \neq 0$. 类似地, 我们可以证明 $\widetilde{\Gamma}_{22}$ 可逆. 等式 (3.9) 被称为 Schur 恒等式.

(3.8) 式可通过 Gauss 消去法证得. 考虑线性方程组

$$\begin{bmatrix} \Gamma_{11} & \Gamma_{12} \\ \Gamma_{21} & \Gamma_{22} \end{bmatrix} \begin{bmatrix} x_1 \\ x_2 \end{bmatrix} = \begin{bmatrix} y_1 \\ y_2 \end{bmatrix}.$$

将 x_2 从第二式中消去, 得到

$$x_2 = \Gamma_{22}^{-1}(y_2 - \Gamma_{21}x_1),$$

再将其代入第一式, 就得到

$$(\Gamma_{11} - \Gamma_{12}\Gamma_{22}^{-1}\Gamma_{21})x_1 = y_1 - \Gamma_{12}\Gamma_{22}^{-1}y_2,$$

或等价地,

$$x_1 = \widetilde{\Gamma}_{22}^{-1}y_1 - \widetilde{\Gamma}_{22}^{-1}\Gamma_{12}\Gamma_{22}^{-1}y_2.$$

类似地, 我们可以用第二式解得 x_2, 结论得证. □

注意到因为 Γ 是对称阵, 所以 Γ^{-1} 也对称, 于是根据 Γ^{-1} 的非对角块在转置的意义下相等, 我们得到等式

$$\Gamma_{22}^{-1}\Gamma_{21}\widetilde{\Gamma}_{22}^{-1} = \widetilde{\Gamma}_{11}^{-1}\Gamma_{21}\Gamma_{11}^{-1}. \tag{3.10}$$

现在我们就能证明如下关于 Gauss 随机变量的条件概率密度函数的结论.

定理 3.6　设 $X:\Omega\to\mathbb{R}^n$ 与 $Y:\Omega\to\mathbb{R}^k$ 为两个 Gauss 随机变量, 其联合概率密度函数 $\pi:\mathbb{R}^n\times\mathbb{R}^k\to\mathbb{R}_+$ 的形式为

$$\pi(x,y)\propto\exp\left(-\frac{1}{2}\begin{bmatrix}x-x_0\\y-y_0\end{bmatrix}^{\mathrm{T}}\begin{bmatrix}\Gamma_{11}\ \Gamma_{12}\\\Gamma_{21}\ \Gamma_{22}\end{bmatrix}^{-1}\begin{bmatrix}x-x_0\\y-y_0\end{bmatrix}\right). \tag{3.11}$$

则在 $Y=y$ 的条件下, X 的概率密度函数 $\pi(x\mid y):\mathbb{R}^n\to\mathbb{R}_+$ 的形式就为

$$\pi(x\mid y)\propto\exp\left(-\frac{1}{2}(x-\overline{x})^{\mathrm{T}}\widetilde{\Gamma}_{22}^{-1}(x-\overline{x})\right),$$

其中

$$\overline{x}=x_0+\Gamma_{12}\Gamma_{22}^{-1}(y-y_0).$$

证明　将坐标原点平移到 $[x_0;y_0]$, 我们可以假设 $x_0=0$, $y_0=0$. 根据 Bayes 公式, 有 $\pi(x\mid y)\propto\pi(x,y)$, 从而可以将联合概率密度函数考虑为 x 的函数. 根据引理 3.5 与等式 (3.10), 有

$$\pi(x,y)\propto\exp\left(-\frac{1}{2}\left(x^{\mathrm{T}}\widetilde{\Gamma}_{22}^{-1}x-2x^{\mathrm{T}}\widetilde{\Gamma}_{22}^{-1}\Gamma_{12}\Gamma_{22}^{-1}y+y^{\mathrm{T}}\widetilde{\Gamma}_{11}^{-1}y\right)\right).$$

进一步, 将指数项中的二次型配成平方的形式, 我们就能将联合密度函数表示为

$$\pi(x,y)\propto\exp\left(-\frac{1}{2}\left((x-\Gamma_{12}\Gamma_{22}^{-1}y)^{\mathrm{T}}\widetilde{\Gamma}_{22}^{-1}(x-\Gamma_{12}\Gamma_{22}^{-1}y)+c\right)\right),$$

其中

$$c=y^{\mathrm{T}}\left(\widetilde{\Gamma}_{11}^{-1}-\Gamma_{22}^{-1}\Gamma_{21}\widetilde{\Gamma}_{22}^{-1}\Gamma_{12}\Gamma_{22}^{-1}\right)y$$

与 x 相互独立, 因而可以不计入密度函数中. 这就完成了证明. □

稍后, 我们要从联合概率密度函数出发来计算边缘密度函数. 下述定理将两者联系了起来.

定理 3.7　设 X 与 Y 为 Gauss 随机变量, 其联合概率密度函数由 (3.11) 给出. 则 X 的边缘密度函数就为

$$\pi(x)=\int_{\mathbb{R}^k}\pi(x,y)\,\mathrm{d}y\propto\exp\left(-\frac{1}{2}(x-x_0)^{\mathrm{T}}\Gamma_{11}^{-1}(x-x_0)\right).$$

证明 不失一般性, 我们能假设 $x_0 = 0, y_0 = 0$. 令 $L = \Gamma^{-1}$ 并使用矩阵 L 的直接分解, 就有

$$\pi(x,y) \sim \exp\left(-\frac{1}{2}(x^{\mathrm{T}}L_{11}x + 2x^{\mathrm{T}}L_{12}y + y^{\mathrm{T}}L_{22}y)\right).$$

将指数项关于 y 配成平方的形式, 就得到

$$\pi(x,y) \propto \exp\left(-\frac{1}{2}\left((y + L_{22}^{-1}L_{21}x)^{\mathrm{T}}L_{22}(y + L_{22}^{-1}L_{21}x) + x^{\mathrm{T}}(L_{11} - L_{12}L_{22}^{-1}L_{21})x\right)\right).$$

关于 y 积分, 我们就得到

$$\pi(x) \propto \exp\left(-\frac{1}{2}x^{\mathrm{T}}\widetilde{L}_{22}x\right),$$

其中矩阵 $\widetilde{L}_{22}$ 为 L_{22} 的 Schur 余阵. 现在, 根据引理 3.5, L_{22} 的 Schur 余阵 $\widetilde{L}_{22}$ 的逆就是 L 的逆的第一个子块, 即

$$\widetilde{L}_{22}^{-1} = (L^{-1})_{11} = \Gamma_{11},$$

因此结论成立. □

现在, 我们将定理 3.6 应用于下面的线性反问题中. 假设我们有一个带加性噪声的线性模型

$$Y = AX + E, \tag{3.12}$$

其中 $A \in \mathbb{R}^{m\times n}$ 为已知矩阵, 而 $X : \Omega \to \mathbb{R}^n$ 和 $Y, E : \Omega \to \mathbb{R}^m$ 为随机变量. 进一步假设 X 与 E 是相互独立的 Gauss 型变量, 概率密度函数分别为

$$\pi_{\mathrm{pr}}(x) \propto \exp\left(-\frac{1}{2}(x - x_0)^{\mathrm{T}}\Gamma_{\mathrm{pr}}^{-1}(x - x_0)\right)$$

以及

$$\pi_{\mathrm{noise}}(e) \propto \exp\left(-\frac{1}{2}(e - e_0)^{\mathrm{T}}\Gamma_{\mathrm{noise}}^{-1}(e - e_0)\right).$$

有了这些信息, 我们就能用 Bayes 公式得到在 y 的条件下 x 的后验函数为

$$\begin{aligned}\pi(x \mid y) &= \pi_{\mathrm{pr}}(x)\pi_{\mathrm{noise}}(y - Ax)\\ &\propto \exp\left(-\frac{1}{2}(x - x_0)^{\mathrm{T}}\Gamma_{\mathrm{pr}}^{-1}(x - x_0) - \frac{1}{2}(y - Ax - e_0)^{\mathrm{T}}\Gamma_{\mathrm{noise}}^{-1}(y - Ax - e_0)\right).\end{aligned} \tag{3.13}$$

利用这个表达式就能直接计算后验函数的显式形式. 然而, 从定理 3.7 导出的矩阵分解方法能让我们避开在暴力解法中所需的冗长的矩阵运算. 事实上, 由于 X 与 E 都是 Gauss 型的, 故 Y 也是 Gauss 型的, 且有

$$E\left\{\begin{bmatrix}X\\ Y\end{bmatrix}\right\} = \begin{bmatrix}x_0\\ y_0\end{bmatrix}, \quad y_0 = Ax_0 + e_0.$$

因为

$$E\{(X-x_0)(X-x_0)^{\mathrm{T}}\}=\Gamma_{\mathrm{pr}},$$

$$\begin{aligned}E\{(Y-y_0)(Y-y_0)^{\mathrm{T}}\}&=E\{(A(X-x_0)+(E-e_0))(A(X-x_0)+(E-e_0))^{\mathrm{T}}\}\\&=A\Gamma_{\mathrm{pr}}A^{\mathrm{T}}+\Gamma_{\mathrm{noise}},\end{aligned}$$

且另有

$$E\{(X-x_0)(Y-y_0)^{\mathrm{T}}\}=E\{(X-x_0)(A(X-x_0)+(E-e_0))^{\mathrm{T}}\}=\Gamma_{\mathrm{pr}}A^{\mathrm{T}},$$

求得

$$\mathrm{cov}\begin{bmatrix}X\\Y\end{bmatrix}=\mathrm{E}\left\{\begin{bmatrix}X-x_0\\Y-y_0\end{bmatrix}\begin{bmatrix}X-x_0\\Y-y_0\end{bmatrix}^{\mathrm{T}}\right\}=\begin{bmatrix}\Gamma_{\mathrm{pr}} & \Gamma_{\mathrm{pr}}A^{\mathrm{T}}\\A\Gamma_{\mathrm{pr}} & A\Gamma_{\mathrm{pr}}A^{\mathrm{T}}+\Gamma_{\mathrm{noise}}\end{bmatrix}.$$

因此, X 与 Y 的联合概率密度函数的形式即为

$$\pi(x,y)\propto\exp\left(-\frac{1}{2}\begin{bmatrix}x-x_0\\y-y_0\end{bmatrix}^{\mathrm{T}}\begin{bmatrix}\Gamma_{\mathrm{pr}} & \Gamma_{\mathrm{pr}}A^{\mathrm{T}}\\A\Gamma_{\mathrm{pr}} & A\Gamma_{\mathrm{pr}}A^{\mathrm{T}}+\Gamma_{\mathrm{noise}}\end{bmatrix}^{-1}\begin{bmatrix}x-x_0\\y-y_0\end{bmatrix}\right).$$

于是, 下述结果就是定理 3.6 的直接推论.

定理 3.8　假设 $X:\Omega\to\mathbb{R}^n$ 与 $E:\Omega\to\mathbb{R}^m$ 为相互独立的 Gauss 随机变量

$$X\sim\mathcal{N}(x_0,\Gamma_{\mathrm{pr}}),\quad E\sim\mathcal{N}(e_0,\Gamma_{\mathrm{noise}}),$$

其中 $\Gamma_{\mathrm{pr}}\in\mathbb{R}^{n\times n}$ 与 $\Gamma_{\mathrm{noise}}\in\mathbb{R}^{m\times m}$ 为正定的. 进一步假设含噪声的观测量 Y 满足线性模型 (3.12), 其中 $A\in\mathbb{R}^{m\times n}$ 为已知矩阵. 则在给定的测量值 $Y=y$ 下, X 的后验概率密度函数为

$$\pi(x\mid y)\propto\exp\left(-\frac{1}{2}(x-\overline{x})^{\mathrm{T}}\Gamma_{\mathrm{post}}^{-1}(x-\overline{x})\right),$$

其中

$$\overline{x}=x_0+\Gamma_{\mathrm{pr}}A^{\mathrm{T}}(A\Gamma_{\mathrm{pr}}A^{\mathrm{T}}+\Gamma_{\mathrm{noise}})^{-1}(y-Ax_0-e_0),\tag{3.14}$$

而

$$\Gamma_{\mathrm{post}}=\Gamma_{\mathrm{pr}}-\Gamma_{\mathrm{pr}}A^{\mathrm{T}}(A\Gamma_{\mathrm{pr}}A^{\mathrm{T}}+\Gamma_{\mathrm{noise}})^{-1}A\Gamma_{\mathrm{pr}}.\tag{3.15}$$

注解 3.9　如前所述, 后验密度函数可以直接通过将 (3.13) 式中的指数项按照 x 的次数写成二次型的形式导出. 这种做法给出了后验协方差矩阵的另一种表示

$$\Gamma_{\mathrm{post}}=\left(\Gamma_{\mathrm{pr}}^{-1}+A^{\mathrm{T}}\Gamma_{\mathrm{noise}}^{-1}A\right)^{-1}.\tag{3.16}$$

此外, 后验均值可以写为

$$\overline{x} = \left(\Gamma_{\mathrm{pr}}^{-1} + A^{\mathrm{T}}\Gamma_{\mathrm{noise}}^{-1}A\right)^{-1}\left(A^{\mathrm{T}}\Gamma_{\mathrm{noise}}^{-1}(y - e_0) + \Gamma_{\mathrm{pr}}^{-1}x_0\right). \tag{3.17}$$

(3.15) 与 (3.16) 的等价性可通过冗长的矩阵运算证得, 有时被称为矩阵求逆引理. 注意, 有几个不同的公式都被称为矩阵求逆引理.

上述不同形式的实际可行性取决于 n 与 m 以及矩阵 Γ_{pr} 与 Γ_{noise} 或它们各自的逆的存在性. 特别地, 若采用标准光滑先验函数, 则 Γ_{pr} 不存在, 这样就不能使用形式 (3.14).

注解 3.10 在纯 Gauss 型的情形, 均值 $\overline{x}$ 同时是最大后验估计和条件均值, 即

$$\overline{x} = x_{\mathrm{CM}} = x_{\mathrm{MAP}}.$$

类似地, Γ_{post} 就是条件协方差. 注意到在二次型的意义下, 成立

$$\Gamma_{\mathrm{post}} \leqslant \Gamma_{\mathrm{pr}},$$

即矩阵 $\Gamma_{\mathrm{pr}} - \Gamma_{\mathrm{post}}$ 是半正定的. 因为一个 Gauss 概率密度函数的协方差矩阵反映了密度函数的宽度, 所以这一不等式意味着测量不可能增加不确定性.

例 3.5 考虑如下简单情形: 先验函数的协方差正比于单位阵, 而均值为零, 即 $X \sim \mathcal{N}(0, \gamma^2 I)$. 我们将这种先验函数称为 Gauss 白噪声先验函数. 类似地, 假设噪声也是白噪声 $E \sim \mathcal{N}(0, \sigma^2 I)$. 在此特殊情形下, 成立

$$\overline{x} = \gamma^2 A^{\mathrm{T}}(\gamma^2 AA^{\mathrm{T}} + \sigma^2)^{-1}y = A^{\mathrm{T}}(AA^{\mathrm{T}} + \alpha I)^{-1}y,$$

其中 $\alpha = \sigma^2/\gamma^2$. 该式被称为不适定问题 $y = Ax + e$ 的 Wiener 滤波解, 它可以用第 2 章讨论过的经典反问题的形式表现出来. 利用矩阵 A 的奇异值分解, 容易看到

$$\overline{x} = A^{\mathrm{T}}(AA^{\mathrm{T}} + \alpha I)^{-1}y = (A^{\mathrm{T}}A + \alpha I)^{-1}A^{\mathrm{T}}y.$$

于是, 后验函数的中点就是方程 $Ax = y$ 带正则化参数 α 的 Tikhonov 正则化解. 这一重新诠释就给出了选取参数 α 的全新见解: 它是噪声与先验方差的比值. 这种统计上的诠释还提供了关于结果可信度的信息, 以及估计量各分量之间相关性的信息; 当然, 必须假定 X 和 E, 尤其是它们协方差的基本模型是可行的.

注意到上述结论是意料之中的, 因为在 Gauss 型的情形, 最大后验估计也是后验位势 $V(x \mid y)$ 的极小化子, 后者是由关系式

$$\pi(x \mid y) \propto \exp(-V(x \mid y))$$

定义的. 在此特殊情形下, 由 (3.13) 式可知

$$V(x \mid y) = \frac{1}{2\gamma^2}\|x\|^2 + \frac{1}{2\sigma^2}\|y - Ax\|^2.$$

这就是说, 在相差一个常数倍的意义下, 后验位势与 Tikhonov 泛函是相等的. ◇

请注意: 在 Tikhonov 正则化中, 参数 α 通常并不是特别地参照 α^2 来选取的. 于是, 若将 $V(x \mid y)$ 乘上任一正实数, 我们将得到相同的极小化子, 但由此导出的后验协方差将按此因子被放缩.

3.4.1 Gauss 光滑化先验函数

本节我们考虑 Gauss 光滑先验函数, 尤其是那些蕴含结构性信息的先验模型. 为了使讨论更易理解, 我们首先考虑一个例子, 它是以后验位势与 Tikhonov 泛函为出发点的.

例 3.6 假设我们尝试用经典正则化方法来求解方程 $y = Ax + e$. 进一步假设 $x \in \mathbb{R}^n$ 表示某个函数 $f : D \subset \mathbb{R}^n \to \mathbb{R}$ 的离散值, 且我们事先知道 f 在 D 上是二次连续可微的. 为将此信息表为一个约束, 引入广义 Tikhonov 泛函

$$F_\alpha(x) = \|Ax - y\|^2 + \alpha\|Lx\|^2,$$

其中 $L : \mathbb{R}^n \to \mathbb{R}^k$ 为 Laplace 算子的离散近似. 和例 3.5 一样, 我们希望存在一个 x 的 Gauss 先验概率密度函数, 使得 F_α 等于后验位势 $V(x \mid y)$. 事实上, 如果我们假设数据被方差为 σ^2 的白噪声破坏, 并设

$$V(x \mid y) = \frac{1}{2\sigma^2}\|y - Ax\|^2 + \frac{\alpha}{2\sigma^2}\|Lx\|^2 = \frac{1}{2\sigma^2}F_\alpha(x),$$

则极小化 F_α 就等价于极大化条件密度函数 $x \mapsto \exp(-V(x \mid y))$. 于是, 此时先验函数的一个自然的选择就是

$$\pi_{\mathrm{pr}}(x) \propto \exp\left(-\frac{1}{2\gamma^2}\|Lx\|^2\right), \quad \gamma^2 = \frac{\sigma^2}{\alpha}. \tag{3.18}$$

将在下文中把这类先验函数称为*光滑化先验函数*. ◇

现在的目的是从统计的观点理解光滑化的本质. 为此, 给定矩阵 $L \in \mathbb{R}^{k\times n}$, 考虑如下形式的密度函数

$$\pi_{\mathrm{pr}}(x) \propto \exp\left(-\frac{1}{2}\|L(x - x_0)\|^2\right) = \exp\left(-\frac{1}{2}(x - x_0)^{\mathrm{T}}L^{\mathrm{T}}L(x - x_0)\right).$$

将此密度函数根据定义 3.2 解释为 Gauss 密度函数的问题在于, 矩阵 L 一般不一定是列满秩的, 这意味着矩阵 $L^{\mathrm{T}}L$ 不一定可逆. 因此, 我们试图通过取极限的过程进行解释.

在下面, 假设选取的坐标系使得 $x_0 = 0$.

定义 3.11 (a) 我们称一个随机变量 $W \in \mathbb{R}^k$ 为纯白噪声或标准正交白噪声, 如果 $W \sim \mathcal{N}(0, I)$, 其中 $I \in \mathbb{R}^{k\times k}$ 为单位阵. (b) 假设 $X \in \mathbb{R}^n$ 是零均值的 Gauss 随机变量. 我们称矩阵 $L \in \mathbb{R}^{k\times n}$ 为 X 的白化矩阵, 如果

$$LX = W \in \mathbb{R}^k$$

为纯白噪声.

设 $X \in \mathbb{R}^n$ 是 Gauss 型的, 其协方差为正定阵 $\Gamma \in \mathbb{R}^{n\times n}$. 又令 $\Gamma = CC^{\mathrm{T}}$ 为其 Cholesky 分解, 其中 $C \in \mathbb{R}^{n\times n}$ 为下三角阵, 则随机变量 $Y = C^{-1}X$ 就是纯白噪声. 事实上, 有

$$E\{YY^{\mathrm{T}}\} = E\{C^{-1}XX^{\mathrm{T}}(C^{-1})^{\mathrm{T}}\} = C^{-1}\Gamma(C^{-1})^{\mathrm{T}} = I.$$

于是, 协方差矩阵的 Cholesky 因子 C 的逆就提供了随机变量 X 的一个自然的白化矩阵.

反之, 假设矩阵 $L \in \mathbb{R}^{k\times n}$ 是给定的. 我们的目的是构造一个 Gauss 随机变量 $X \in \mathbb{R}^n$, 使得矩阵 L 几乎是 X 的一个白化矩阵.

设 $L \in \mathbb{R}^{k\times n}$ 有奇异值分解 $L = UDV^{\mathrm{T}}$, 其中 D 的对角元为

$$d_1 \geqslant d_2 \geqslant \cdots \geqslant d_p > d_{p+1} = \cdots = d_m = 0, \quad m = \min(k, n).$$

按列分解 $V = [v_1, \cdots, v_m]$, 就得到

$$\mathrm{Ker}(L) = \mathrm{span}\{v_{p+1}, \cdots, v_m\},$$

又令 $Q = [v_{p+1}, \cdots, v_m] \in \mathbb{R}^{n\times(m-p)}$.

引理 3.12 设 $W \in \mathbb{R}^k$ 与 $W' \in \mathbb{R}^{m-p}$ 为两个相互独立的纯白噪声随机变量, 并令

$$X = L^{\dagger}W + aQW', \tag{3.19}$$

其中 $L^{\dagger}$ 为 L 的广义逆, $a > 0$ 为任意标量. 则 X 的协方差为

$$\Gamma = L^{\dagger}(L^{\dagger})^{\mathrm{T}} + a^2QQ^{\mathrm{T}},$$

且

$$\Gamma^{-1} = L^{\mathrm{T}}L + \frac{1}{a^2}QQ^{\mathrm{T}}. \tag{3.20}$$

证明 利用 W 与 W' 的相互独立性, 有

$$\begin{aligned}\mathrm{cov}(X) = E\{XX^{\mathrm{T}}\} &= L^{\dagger}E\{WW^{\mathrm{T}}\}(L^{\dagger})^{\mathrm{T}} + a^2Q\,E\{W'W'^{\mathrm{T}}\}Q^{\mathrm{T}}\\ &= L^{\dagger}(L^{\dagger})^{\mathrm{T}} + a^2QQ^{\mathrm{T}} = \Gamma,\end{aligned}$$

故结论成立. 该矩阵是可逆的; 事实上, 若 $j \leqslant p$, 则由广义逆的定义知

$$\Gamma v_j = L^\dagger (L^\dagger)^{\mathrm{T}} v_j = \frac{1}{d_j^2} v_j.$$

另一方面, 对 $j > p$, 我们得到

$$\Gamma v_j = a^2 v_j.$$

这说明 Γ 的特征向量为 v_j, $1 \leqslant j \leqslant n$, 且特征值都是正的, 故而

$$\Gamma^{-1} = \sum_{j=1}^{p} d_j^2 v_j v_j^{\mathrm{T}} + \frac{1}{a^2} \sum_{j=p+1}^{n} v_j v_j^{\mathrm{T}} = L^{\mathrm{T}} L + \frac{1}{a^2} Q Q^{\mathrm{T}},$$

这就完成了证明. □

对于由 (3.19) 式定义的随机变量 X, 有

$$LX = LL^\dagger W = UU^{\mathrm{T}} W = PW,$$

其中 P 为映到 $\mathrm{Ran}(L)$ 的正交投影算子, 而 PW 的协方差矩阵就是这个子空间上的恒等算子. 因此, 虽说 L 还不是定义 3.11 意义下的白化算子, 但已经是一个很接近的近似了.

从 (3.20) 式可以看到, 当 a 很大时, 随机变量 X 就几乎具有想要得到的概率密度函数了. 然而, 在 $\mathrm{Ker}(L)$ 的方向, 变量 X 的方差太大, 即光滑化先验函数不能提供 X 在此方向上的任何信息. 实际上, 若 $\mathrm{Ker}(L) \neq \{0\}$, 则光滑化先验函数甚至都不是一个正常的概率密度函数. 事实上, 有

$$\pi_{\mathrm{pr}}(x) \propto \exp\left(-\frac{1}{2\gamma^2}\|Lx\|^2\right) = \exp\left(-\frac{1}{2\gamma^2}\sum_{j=1}^{p} d_j^2 (v_j^{\mathrm{T}} x)^2\right).$$

故若设 $H = \mathrm{span}\{v_1, \cdots, v_p\}$, 就有

$$\int_H \exp\left(-\frac{1}{2\gamma^2}\|Lx\|^2\right) \mathrm{d}x = (2\pi)^{p/2} \frac{\gamma^p}{\prod_{j=1}^{p} d_j} < \infty.$$

然而, 若 $n > p$, 则

$$\int_{\mathbb{R}^n} \pi_{\mathrm{pr}}(x)\, \mathrm{d}x = \infty.$$

我们将具有上述不可积性质的先验密度函数称为*反常密度函数*.

如果先验密度函数是反常的话, 我们就会遇到问题. 然而我们将在本章后面看到, 通常可以通过补偿非平凡零空间的存在来处理反常密度函数.

为了对一个给定的光滑化先验函数在实际中的意义有一个更具体的认识, 考虑从概率密度函数中进行随机抽样是很有用的. 引理 3.12 提供了一种进行这种抽样的工具.

例 3.7 考虑从 Laplace 算子的离散化得到的光滑化先验函数. 更具体地说, 用 D 表示单位正方形 $D=[0,1]\times[0,1]\in\mathbb{R}^2$, 并将 D 细分为 $N\times N$ 的等大正方形像素. 我们用五点有限差分格式逼近一个函数 f 在 D 上的 Laplace 算子, 即若 x_j 是 f 在内部像素 p_j 的值, 就写为

$$(Lx)_j = N^2\left(\sum_{k\sim j} x_k - 4x_j\right). \tag{3.21}$$

这里, 记号 $k\sim j$ 表示像素 p_j 与 p_k 有一条公共边. 对边界像素, 可根据先验信息指定各种条件. 假设我们已知函数 f 是一个二次连续可微函数在 D 上的限制, 且其 C^2-延拓在 D 外为零, 这样 (3.21) 式就对边界像素也适用了. 这就导出一个矩阵 $L\in\mathbb{R}^{N^2\times N^2}$, 它是带 Dirichlet 边值的 Δ 的有限差分近似; 也就是说, 该 Dirichlet 型 Laplace 算子的定义域为

$$\mathcal{D}(\Delta_D)=\{f\in C^2(D)\mid f|_{\partial D}=0\}.$$

这个矩阵 L 的零空间是平凡的. 这样, 就能通过下述步骤从该光滑化先验函数进行随机抽样:

1. 抽取一个白噪声向量 $W\in\mathbb{R}^{N^2}$.
2. 解关于 X 的方程 $LX=\gamma W$.

注意到白化矩阵 L 是稀疏的, 于是数值求解 X 的计算量就不会太大. 图 3.9 显示了三个从该 Gauss 光滑化先验函数得到的随机抽样, 图像大小为 60×60 像素.◇

图 3.9 从带 Dirichlet 型 Laplace 算子定义的光滑化约束的光滑化先验函数得到的三个 60×60 像素图的随机抽样

在例 3.7 中, 光滑化先验函数的定义使其在给定 Dirichlet 边界条件后就成为正常的了. 但这不总是合理的, 而且实际上应该避免在先验函数中强加边界条件, 除非先验信息指明了存在这种条件. 边界条件的缺失通常就会导致反常先验函数, 我们将在后面的例子中讨论它们. 首先, 我们考虑反常先验函数对后验函数的影响.

考察定理 3.8 中导出的线性观测模型 $y=Ax+e$ 的后验概率密度函数. 显然, 如果先验密度函数是反常的, 就不能使用求均值 $\overline{x}$ 和后验协方差 Γ_{post} 的公式了,

因为它们需要的先验协方差 Γ_{pr} 的信息是不存在的. 这一难点可以用下述结论克服, 它提供了后验密度函数的另一个表达式.

定理 3.13 考虑线性观测模型 $Y = AX + E$, $A \in \mathbb{R}^{m\times n}$, 其中 $X \in \mathbb{R}^n$, $E \in \mathbb{R}^m$ 为相互独立的随机变量, 且 E 是 Gauss 型的, $E \sim \mathcal{N}(0, \Gamma_{\mathrm{noise}})$. 设矩阵 L 满足 $\mathrm{Ker}(L) \cap \mathrm{Ker}(A) = \{0\}$, 则函数

$$x \mapsto \pi_{\mathrm{pr}}(x)\pi(y \mid x) \propto \exp\left(-\frac{1}{2}\left(\|Lx\|^2 + (y - Ax)^{\mathrm{T}}\Gamma_{\mathrm{noise}}^{-1}(y - Ax)\right)\right) \tag{3.22}$$

定义了 $\mathbb{R}^n$ 上的一个 Gauss 密度函数, 其均值和协方差由公式

$$\overline{x} = \left(L^{\mathrm{T}}L + A^{\mathrm{T}}\Gamma_{\mathrm{noise}}^{-1}A\right)^{-1} A^{\mathrm{T}}\Gamma_{\mathrm{noise}}^{-1}y$$

以及

$$\Gamma = \left(L^{\mathrm{T}}L + A^{\mathrm{T}}\Gamma_{\mathrm{noise}}^{-1}A\right)^{-1}$$

给出.

证明 我们首先说明矩阵 $G = L^{\mathrm{T}}L + A^{\mathrm{T}}\Gamma_{\mathrm{noise}}^{-1}A \in \mathbb{R}^{n\times n}$ 是可逆的. 事实上, 若 $x \in \mathrm{Ker}(G)$, 则

$$x^{\mathrm{T}}Gx = \|Lx\|^2 + \|\Gamma_{\mathrm{noise}}^{-1/2}Ax\|^2 = 0,$$

这说明 $x \in \mathrm{Ker}(L) \cap \mathrm{Ker}(A) = \{0\}$, 即 $x = 0$. 因此 $\mathrm{Ker}(G) = \{0\}$, 故 G 可逆.

考虑 (3.22) 式的指数项中的二次泛函. 将其改写为正定二次型的形式, 就得到

$$\begin{aligned}\|Lx\|^2 + (y - Ax)^{\mathrm{T}}\Gamma_{\mathrm{noise}}^{-1}(y - Ax) &= x^{\mathrm{T}}Gx - 2x^{\mathrm{T}}A^{\mathrm{T}}\Gamma_{\mathrm{noise}}^{-1}y + y^{\mathrm{T}}\Gamma_{\mathrm{noise}}^{-1}y \\ &= (x - \overline{x})^{\mathrm{T}}G(x - \overline{x}) + c,\end{aligned}$$

其中 $c = c(y)$ 与 x 相互独立. 由于 G 为对称正定阵, 上述表达式正是一个定义了 Gauss 密度函数的位势, 且具有定理所述的均值和协方差. □

从定理 3.13 的证明中立即得到, 如果矩阵 A 和 L 的核的交集是非平凡的, 则后验密度函数就不能定义一个概率密度函数, 因此反问题就成为欠定的了, 即先验函数连同测量值一起都不能提供足够信息以生成一个常义的后验密度函数, 从而问题的解不存在.

在下例中, 我们将说明如何使用光滑化先验函数来体现反问题的结构性先验信息. 此外, 我们还将演示如何探查反常先验函数.

例 3.8 考察一个地球物理反问题: 我们尝试用电磁或弹性声波之类的探测来估计地下结构. 这里我们考虑一个井对井的测井问题, 其中要在地下钻两个平行的孔洞, 将一台高频无线电发射机放在其中一个孔洞里, 而在另一孔洞中放置一个接收器. 使用不同的收发位置, 就能测出两孔之间的衰减情况. 我们感兴趣的是孔间的二维截面.

结构性先验信息通常是可以得到的. 例如, 某地区的地球物理历史可能会表明存在沉积物和分层矿床之类的分层结构. 如果再与钻井数据等结合起来, 就能对分层方向获得一个总体认识. 假设我们已知的先验信息是: 在由两个孔洞确定的平面内, 地层垂直于一个已知向量 u. 设 v 为孔洞所在平面内垂直于 u 的向量. 我们用 $\varrho = \varrho(p)$ 表示待估测的材料系数, 并假设它在沿着分层结构的方向不会剧烈振荡, 而在垂直于地层的 u 方向, 可能出现很剧烈的变化. 因此, 假设应该加上

$$\mathcal{L}_v \varrho(p) = v \cdot \nabla \varrho(p)$$

的限制.

为了将问题离散化, 将孔洞之间的区域细分为像素, 并用 x_j 表示 ϱ 在第 j 个像素的近似值. 用 L_v 表示算子 $\mathcal{L}_v$ 的有限差分近似, 则我们这里考虑的先验密度函数现在就具有形式

$$\pi_{\rm pr}(x) \propto \exp(-\alpha \|L_v x\|^2).$$

参数 $\alpha > 0$ 的值此时尚未取定, 我们稍后再回过来考虑该参数的选取.

这里使用的离散格式如下: 首先考虑水平与垂直方向的导数, 即 $v = e_1$ 和 $v = e_2$. 我们在内部像素对导数使用对称有限差分近似, 在边界像素使用单侧有限差分近似. 对一个单位向量 $v = \cos\theta\, e_1 + \sin\theta\, e_2$, 我们就写成

$$L_v = \cos\theta\, L_{e_1} + \sin\theta\, L_{e_2}.$$

容易看出, 这样定义的先验函数通常就是反常的. 例如, 对每个沿水平方向为常数的像素图像 x, 就有 $L_{e_1} x = 0$. 于是, 先验函数的可视化就不像例 3.8 中那么简单了. 我们能做的是在一些像素上固定图像的值, 并在固定像素的条件下考虑其余像素的先验密度函数. 适当重新排列像素的顺序, 就能假设向量 $x \in \mathbb{R}^n$ 可写为 $x = [x'; x'']$, 其中 $x' \in \mathbb{R}^k$ 包含了固定的像素值, 而 $x'' \in \mathbb{R}^{n-k}$ 包含了未取定的像素值. 通过相应地划分矩阵

$$L_v^{\rm T} L_v = B = \begin{bmatrix} B_{11} & B_{12} \\ B_{21} & B_{22} \end{bmatrix}, \tag{3.23}$$

我们就得到在 $X' = x'$ 的条件下 X'' 的条件先验密度函数为

$$\begin{aligned} \pi_{\rm pr}(x'' \mid x') &\propto \exp\left(-\alpha\left({x'}^{\rm T} B_{11} x' + {x'}^{\rm T} B_{12} x'' + {x''}^{\rm T} B_{21} x' + {x''}^{\rm T} B_{22} x''\right)\right) \\ &\propto \exp\left(-\alpha(x'' + B_{22}^{-1} B_{21} x')^{\rm T} B_{22} (x'' + B_{22}^{-1} B_{21} x'')\right). \end{aligned}$$

在上述表达式中, B_{22} 块必须是可逆的. 这可以通过固定充分多的像素以保证其余像素的先验函数的零空间是平凡的来实现.

为演示这一想法, 假设图像区域是一个被等分为 $N \times N$ 个像素的正方形. 我们固定两条边 (一条垂直, 另一条水平) 上的像素值, 以此得到条件先验函数. 图 3.10

显示了取 $N=80$ 时用不同的分层方向从条件先验密度函数中得到的三个随机抽样, 其中左侧边和底边的像素值被固定为零. 每幅图中均标出了垂直于沉积层的方向向量 u. ◇

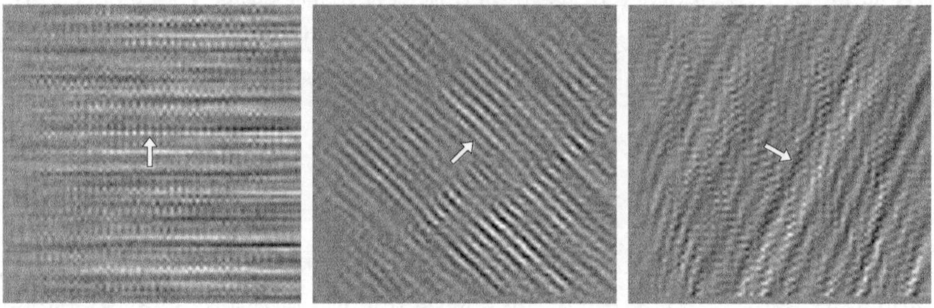

图 3.10　用不同的沉积方向从条件光滑先验密度函数得到的随机抽样. 左侧边和底边的像素值被固定为 $x_i=0$

注解 3.14　利用加条件的思想, 就能构造出正常的 Gauss 光滑化先验函数. 在例 3.8 中, 假设我们对变量 $X'\in\mathbb{R}^k$ 定义了一个正常的 Gauss 概率密度函数

$$X'\sim\mathcal{N}(x_0',\Gamma').$$

于是, 我们就能通过下式得到 X 的一个新的密度函数:

$$\begin{aligned}\widetilde{\pi}_{\rm pr}(x)&=\pi_{\rm pr}(x''\mid x')\pi_0(x')\\&\propto\exp\left(-\alpha(x''+B_{22}^{-1}B_{21}x')^{\rm T}B_{22}(x''+B_{22}^{-1}B_{21}x')-\frac{1}{2}(x'-x_0')^{\rm T}(\Gamma')^{-1}(x'-x_0')\right)\\&=\exp\left(-\frac{1}{2}(x-x_0)^{\rm T}\Gamma^{-1}(x-x_0)\right),\end{aligned}$$

其均值与协方差矩阵为

$$x_0=\begin{bmatrix}x_0'\\-B_{22}^{-1}B_{21}x_0'\end{bmatrix},\quad \Gamma=\begin{bmatrix}2\alpha B_{12}B_{22}^{-1}B_{21}+(\Gamma')^{-1}&2\alpha B_{21}\\2\alpha B_{12}&2\alpha B_{22}\end{bmatrix}^{-1}.$$

这一构造将在本书后面的章节中用到.

例 3.9　在本例中, 我们用对方向敏感的先验函数来体现结构性信息. 假设我们的先验信息是: 试图估计的图像会在已知的位置发生剧烈的变化, 甚至不连续. 这种情形会在医学成像之类的应用中出现: 对器官位置的不同成像方式或解剖学信息至少能大致告诉我们, 材料参数可能会在哪里产生剧烈的变化. 另一个应用是遥感中的图像增强, 其中像海岸线或城市地区边界之类的地理学信息是可以得到的.

用 $D \subset \mathbb{R}^2$ 表示图像区域, 用 $f: D \to \mathbb{R}$ 表示待估计的未知函数. 在 D 上定义一个矩阵场

$$A: D \to \mathbb{R}^{2\times 2}, \quad A(p)^{\mathrm{T}} = A(p), \quad A(p) \geqslant 0.$$

设 $A = V\Lambda V^{\mathrm{T}}$ 为 A 的谱分解, 其中 $\Lambda = \Lambda(p) = \mathrm{diag}(\lambda_1(p), \lambda_2(p))$, $\lambda_j(p) \geqslant 0$, $j = 1, 2$. 而矩阵 $V = V(p) = [v_1(p), v_2(p)]$ 的列是 A 的标准正交特征向量. 向量 v_j 定义了 D 的一个标架场.

考察泛函

$$W: f \mapsto \int_D \|A(p)\nabla f(p)\|^2 \,\mathrm{d}p.$$

用 A 的谱分解来表示, 就有

$$W(f) = \sum_{j=1}^{2} \int_D \left|\lambda_j(p) v_j(p)^{\mathrm{T}} \nabla f(p)\right|^2 \mathrm{d}p = \sum_{j=1}^{2} \int_D |\mathcal{L}_{\lambda_j v_j} f(p)|^2 \,\mathrm{d}p,$$

其中算子 $\mathcal{L}_{\lambda_j v_j}$ 为沿着由向量场 $\lambda_j v_j$ 生成的流的 Lie 导数. 可以看到, 若该向量场的流线穿过一条 f 显著变化的曲线, 则它对积分的贡献会很大, 除非 λ_j 变得很小. 这一简单的观察正是设计构造先验密度函数的关键所在.

假设区域 D 的结构性信息以函数 $\gamma: D \to \mathbb{R}$, $\gamma \in C^1(D)$ 的形式给出, 这个函数可以是一个描述了 D 的结构的水平集函数的光滑近似. 我们的目标是构造一个具有以下性质的矩阵值函数 A: 若 $u \in \mathbb{R}^2$ 垂直于 $\nabla\gamma \neq 0$, 则 $Au = u$; 另一方面, 若 u 与 $\nabla\gamma$ 共线, 则 $Au = \delta(\|\nabla\gamma\|)u$, 其中在 t 很大时, 函数 $\delta(t)$ 很小. 以取 $\delta(t) = 1/(1 + t^2)$ 为例, 一个具有所需性质的矩阵函数就是

$$A(p) = I - \frac{1}{1 + \|\nabla\gamma\|^2} \nabla\gamma(p)(\nabla\gamma(p))^{\mathrm{T}}.$$

事实上, A 的特征值为

$$\lambda_1(p) = 1, \quad \lambda_2(p) = \frac{1}{1 + \|\nabla\gamma(p)\|^2},$$

相应的特征向量为

$$v_1(p) \perp \nabla\gamma(p), \quad v_2(p) = \frac{1}{\|\nabla\gamma(p)\|} \nabla\gamma(p),$$

当 $\nabla\gamma(p) \neq 0$.

为考察离散问题, 假设图像区域 D 被离散化为 n 个像素, 并用 x_k 表示 f 在第 k 个像素的取值. 图 3.11 所示的是与先验信息对应的水平集函数. 我们假设事先已知轮廓内侧与外侧的各像素分别是相关的, 而边界两侧间的关联性应该是可以忽略的.

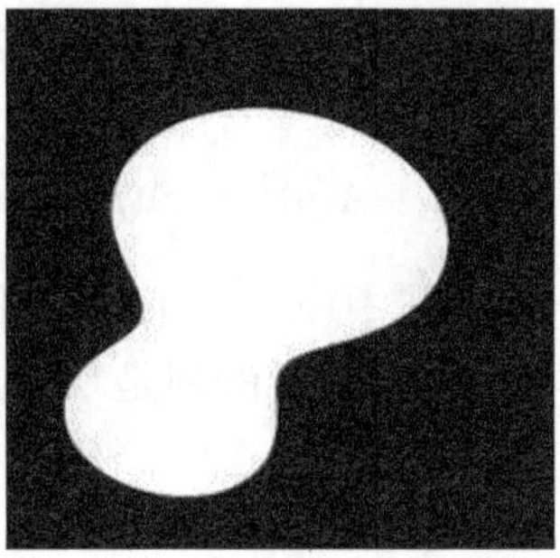

图 3.11 定义结构的水平集函数

用 $L_j \in \mathbb{R}^{k\times n}$ 表示算子 $\mathcal{L}_{\lambda_j v_j}$ 的离散矩阵近似, 使得

$$\sum_{j=1}^{2}\int_D |\mathcal{L}_{\lambda_j v_j} f(p)|^2\,\mathrm{d}p \approx \sum_{j=1}^{2} x^{\mathrm{T}} L_j^{\mathrm{T}} L_j x = x^{\mathrm{T}} B x,$$

其中矩阵 B 是对称半正定的. 在本例中, 我们选取函数 δ, 使得当 $\nabla\gamma \neq 0$ 时成立 $\delta(\|\nabla\gamma\|) = 0$. 在离散近似中, 这意味着当像素 x_k 与 x_ℓ 的中心点在边界曲线的两侧时, 设

$$(L_j)_{k,\ell} = (L_j)_{\ell,k} = 0, \quad j = 1, 2,$$

即穿过边界曲线的离散方向导数均为零. 在 Markov 随机场的意义下, 像素根据其中心点位于边界的哪一侧被分为两个集团. 结构性先验密度函数就定义为

$$\pi_{\mathrm{pr}}(x) \sim \exp\left(-\frac{\alpha}{2} x^{\mathrm{T}} B x\right),$$

其中参数 $\alpha > 0$ 的值在本例中无关紧要. 现在, 该先验函数就具有如下重要性质: 在原始函数 f 被允许有跳跃的边界曲线两侧的像素值是不相关的.

为了从统计上理解这一先验函数, 我们考虑各个像素的条件协方差. 首先, 注意到算子 B 的核空间的维数是 2. 事实上, $Bx = 0$ 当且仅当 x 代表了一个如图 3.11 所示集合内侧和外侧的常值函数. 因此, 只要在一内一外两个像素上固定 x 的值即可. 我们选取两个这样的像素, 并考虑其余像素的条件先验函数. 两个固定的像素分别位于图像的左上角和正中心. 使用 (3.23) 中的分块, 其余像素的条件协方差就是 B_{22}^{-1}. 该矩阵的每列都反映了相应像素与其他像素关联的紧密程度. 我们计算了该矩阵对应于图像中不同位置的三个像素的三列, 并将相关性绘于图 3.12 中. 固定的像素在这些图中用黑色标出. 这些图显示, 得到的先验密度函数起到了预期效果: 不连续处两侧的像素完全不相关. ◇

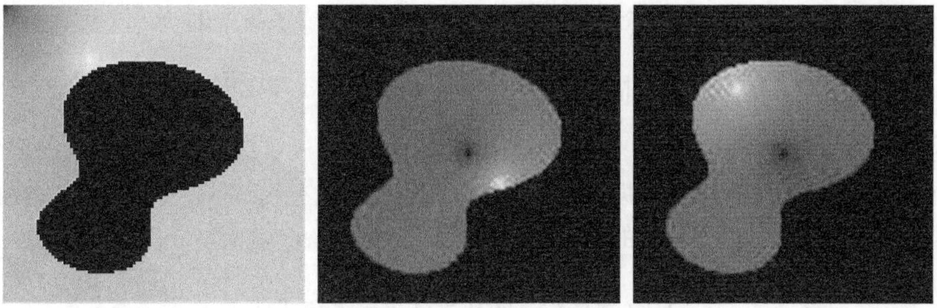

图 3.12 像素间条件相关性的三个例子. 两个固定的像素 (图像的左上角和中心) 用黑色标出, 而相关性 (即自相关) 的最高处对应于白色

3.5 对后验函数的诠释

统计反演技术的第三个任务就是开发出探查后验概率密度函数的方法. 在进入下一节讨论此类方法之前, 我们先对如何在反问题的框架下看待后验密度函数作一些总体评述.

将后验函数诠释为一个反问题的解是个微妙的问题. 为了正确领会其含义, 透彻地理解信度集合与信度区间的意义是很重要的. 举例来说, 尽管得出 “未知量的真值在集合 D_p 中的概率为 $p\%$” 这样的结论看似是很自然的, 但下例将说明这种解释是不正确的.

例 3.10 考虑如下平凡的反问题: 通过直接测量含一些加性独立噪声的 x 的值来确定 $x \in \mathbb{R}$. 这里的统计模型就是

$$Y = X + E.$$

假设 X 的先验概率密度函数是零均值 Gauss 型的, 具有单位方差, 而噪声 E 也是零均值 Gauss 型的, 方差为 σ^2. 于是, X 的后验概率密度函数即为

$$\pi(x \mid y) \propto \exp\left(-\frac{1}{2}x^2 - \frac{1}{2\sigma^2}(y-x)^2\right).$$

该密度函数关于 x 是 Gauss 型的. 事实上, 将指数项配成二次式并忽略仅与 y 有关的项, 就知道对给定的数据 y, 有

$$\pi(x \mid y) \propto \exp\left(-\frac{1+\sigma^2}{2\sigma^2}\left(x - \frac{y}{1+\sigma^2}\right)^2\right).$$

由该表达式立即看出, x 的条件均值 $x_{\rm CM}$ 和方差 γ^2 为

$$x_{\rm CM} = \frac{y}{1+\sigma^2}, \quad \gamma^2 = \frac{\sigma^2}{1+\sigma^2}.$$

此时的信度区间就很容易计算了. 例如, 90% 信度区间 $I(90)$ 即为

$$I(90) \approx [x_{\rm CM} - \alpha\gamma, x_{\rm CM} + \alpha\gamma], \quad \alpha \approx 1.64.$$

现在假设数据对应于 x 的一个 "真实" 值, 用 $x = x_0 > 0$ 表示, 并且在数据采集中的加性噪声实现值恰好是可以忽略的. 此时就近似地有 $y \approx x_0 > 0$. 现在, 在此情形下就可能出现 $x_0 \notin I(90)$ 的情况. 事实上, 若 $y\gamma > \alpha$, 就有

$$x_{\rm CM} + \alpha\gamma < x_{\rm CM} + \gamma^2 y = y \approx x_0.$$

为理解这一结论, 注意到条件 $x_0 > \alpha/\gamma$ 是不太可能出现的. 事实上, 有

$$\int_{\alpha/\gamma}^{\infty} \pi_{\rm pr}(x)\,{\rm d}x < \int_{\alpha}^{\infty} \pi_{\rm pr}(x)\,{\rm d}x < 0.05.$$

这个例子表明, 我们要谨慎地进行解释, 且不能忽略先验密度函数的作用. 本例同时也强调了正确模拟先验函数, 使之真实反映未知量的先验信息的重要性. 这一点在先验函数含有大量信息, 即它会对后验函数产生很强的偏置作用时是尤其重要的. ◇

3.6　Markov 链 Monte Carlo 方法

将反问题的解抽象地定义为后验概率密度函数在实践中并不是很有帮助, 除非我们有办法弄清它. 在已被提出的多种随机取样方法中, 这里我们讨论其中很有效的一类, 被称为 Markov 链 Monte Carlo 方法 (MCMC).

在 3.1.1 小节中, 我们简要讨论了基于后验函数的单值估计, 并说明了最大后验估计会导出一个优化问题, 而条件均值与条件协方差需要在后验密度函数所在的空间 $\mathbb{R}^n$ 上积分. 显然, 若参数空间 $\mathbb{R}^n$ 的维数 n 很大, 就完全不可能使用数值求积公式: 对每个方向的 m 点公式要用 m^n 个积分节点, 超过了大多数计算机的计算能力. 求积公式的另一个问题在于它们需要相对清楚地知道概率密度函数的支集, 而通常这正是我们实际上想知道的信息的一部分.

看待此问题的另一条途径如下: 不是在给定的点对概率密度函数估值, 而是让密度函数自身确定一组点 —— 样本 —— 来很好地支撑该分布, 然后这些点就能被用来逼近积分. 至少在概念层面上, MCMC 方法是生成 Monte Carlo 积分的总体样本的相对简单的算法.

3.6.1　基本思想

在进入详细分析之前, 我们首先讨论 Monte Carlo 积分背后的基本思想.

用 μ 表示 $\mathbb{R}^n$ 上的一个概率测度. 另外, 设 f 为一标量值或向量值可测函数, 它在 $\mathbb{R}^n$ 上关于测度 μ 是可积的, 即 $f \in L^1(\mu({\rm d}x))$. 假设目标是估计 f 关于测度

μ 的积分. 在数值求积方法中, 我们定义一组节点 $x_j \in \mathbb{R}^n$ $(1 \leqslant j \leqslant N)$ 以及相应的权重 w_j 来得到近似

$$\int_{\mathbb{R}^n} f(x)\mu(\mathrm{d}x) \approx \sum_{j=1}^{N} w_j f(x_j).$$

通常, 求积方法被设计为对张成一个有限维空间的给定函数是精确的, 这些函数一般是限定次数的多项式.

在 Monte Carlo 积分中, 节点 x_j 是从某个概率密度函数中随机抽取生成的, 而权重 w_j 是由测度 μ 决定的. 理想情况下, 节点是从测度 μ 本身确定的概率密度函数中抽取的. 事实上, 用 $X \in \mathbb{R}^n$ 表示一个随机变量, 使得 μ 是它的概率分布. 如果我们有一个能重复产生 X 的实现值的随机生成器, 就能生成一组依 μ 分布的点. 假设 $\{x_1, x_2, \cdots, x_N\} \subset \mathbb{R}^n$ 就是一个由依 μ 分布的样本构成的代表性总体, 这样我们就能用所谓的遍历平均来近似 f 的积分:

$$\int_{\mathbb{R}^n} f(x)\mu(\mathrm{d}x) = E\{f(X)\} \approx \frac{1}{N}\sum_{j=1}^{N} f(x_j). \tag{3.24}$$

MCMC 方法就是一套生成使得 (3.24) 成立的样本总体的系统化方法. 为此我们需要一些概率论的基本工具.

用 $\mathfrak{B} = \mathfrak{B}(\mathbb{R}^n)$ 表示 $\mathbb{R}^n$ 上的 Borel 集. 我们称映射 $P : \mathbb{R}^n \times \mathfrak{B} \to [0,1]$ 为概率转移核, 如果

1. 对任一 $B \in \mathfrak{B}$, 映射 $\mathbb{R}^n \to [0,1]$, $x \mapsto P(x, B)$ 为可测函数;
2. 对任一 $x \in \mathbb{R}^n$, 映射 $\mathfrak{B} \to [0,1]$, $B \mapsto P(x, B)$ 为概率分布.

离散时间随机过程是随机变量 $X_j \in \mathbb{R}^n$ 的一个有序集合 $\{X_j\}_{j=1}^{\infty}$. 具有转移核 P 的时齐 Markov 链是一个具有如下性质的随机过程 $\{X_j\}_{j=1}^{\infty}$:

$$\mu_{X_{j+1}}(B_{j+1} \mid x_1, \cdots, x_j) = \mu_{X_{j+1}}(B_{j+1} \mid x_j) = P(x_j, B_{j+1}). \tag{3.25}$$

换言之, 第一个等式说的是, 在观测值 $X_1 = x_1, \cdots, X_j = x_j$ 的条件下, $X_{j+1} \in B_{j+1}$ 的概率等于仅在 $X_j = x_j$ 的条件下的概率. 这一性质通常被叙述为 "将来仅通过当前依赖于过去". 第二个等式说的是, 在相邻时刻的相关性不随时间改变的意义下, 时间是齐次的. 我们强调, (3.25) 中的核 P 与时间 j 无关.

更一般地, 我们定义在时间上向前传播 k 步的转移核如下:

$$P^{(k)}(x_j, B_{j+k}) = \mu_{X_{j+k}}(B_{j+k} \mid x_j) = \int_{\mathbb{R}^n} P(x_{j+k-1}, B_{j+k}) P^{(k-1)}(x_j, \mathrm{d}x_{j+k-1}), \ \ k \geqslant 2,$$

其中理解为 $P^{(1)}(x_j, B_{j+1}) = P(x_j, B_{j+1})$. 特别地, 若 μ_{X_j} 表示 X_j 的概率分布, 则 X_{j+1} 的分布就由下式给出:

$$\mu_{X_{j+1}}(B_{j+1}) = \mu_{X_j} P(B_{j+1}) = \int_{\mathbb{R}^n} P(x_j, B_{j+1}) \mu_{X_j}(\mathrm{d}x_j). \tag{3.26}$$

我们称测度 μ 为 $P(x_j, B_{j+1})$ 的一个不变测度, 如果

$$\mu P = \mu, \tag{3.27}$$

即在时间变化 $j \to j+1$ 之前的随机变量 X_j 的分布与变化之后变量 X_{j+1} 的分布是相同的.

我们还需要引入一些有关转移核的概念. 给定一个概率测度 μ, 称转移核 P (关于 μ) 是不可约的, 如果对任一 $x \in \mathbb{R}^n$ 与 $B \in \mathfrak{B}$, 其中 $\mu(B) > 0$, 存在整数 k, 使得 $P^{(k)}(x, B) > 0$. 于是, 无论从哪一点开始, 由转移核 P 生成的 Markov 链都会以正的概率经过任一正测度集.

设 P 为一个不可约核. 称 P 为周期的, 若对某个整数 $m \geqslant 2$, 存在一组不相交的非空集合 $\{E_1, \cdots, E_m\} \subset \mathbb{R}^n$, 使得对所有 $j = 1, \cdots, m$ 和所有 $x \in E_j$, 都有 $P(x, E_{j+1 \pmod m})= 1$. 换言之, 周期转移核生成的 Markov 链永远停留在一个周期循环中. 称核 P 为一个非周期核, 如果它不是周期的.

下述结论对 MCMC 方法是至关重要的. 这一定理的证明从略, 相关文献参见本章 "注释与评论".

命题 3.15 设 μ 为 $\mathbb{R}^n$ 上的一个概率测度, $\{X_j\}$ 为一个具有转移核 P 的时齐 Markov 链. 进一步假设 μ 是转移核 P 的一个不变测度, 而 P 是不可约且非周期的. 则对所有 $x \in \mathbb{R}^n$, 成立

$$\lim_{N\to\infty} P^{(N)}(x, B) = \mu(B) \quad 对所有\ B \in \mathfrak{B}, \tag{3.28}$$

且对 $f \in L^1(\mu(\mathrm{d}x))$,

$$\lim_{N\to\infty} \frac{1}{N} \sum_{j=1}^{N} f(X_j) = \int_{\mathbb{R}^n} f(x)\mu(\mathrm{d}x) \tag{3.29}$$

几乎必然成立.

命题 3.15 清晰地指出了应如何探查一个给定的概率分布: 要构造一个不变的、非周期且不可约的转移核 P, 并用这个核抽取出一列样本点 $x_1, x_2, \cdots$, 即需要计算 Markov 链的一个实现值.

性质 (3.29) 是用于 Monte Carlo 积分的一个重要的遍历性质. (3.28) 中的收敛性表明 μ 是转移核 P 的极限分布, 这也能表述为一个稍许更强的形式, 见 "注释与评论".

在下面几小节中, 我们将讨论如何构造具有所需性质的转移核, 其中两种最常见的手法是 Metropolis-Hastings 算法和 Gibbs 采样器, 这些基本方法已有多种变形被提出.

3.6.2 核的 Metropolis-Hastings 构造

用 μ 表示我们想通过取样算法来探查的 $\mathbb{R}^n$ 上的目标概率分布. 为了避开测度理论的概念, 我们假设 μ 关于 Lebesgue 测度是绝对连续的, 即 $\mu(\mathrm{d}x) = \pi(x)\,\mathrm{d}x$. 我们希望确定一个转移核 $P(x, B)$, 使得 μ 是它的不变测度.

用 P 表示任意转移核. 当给定一点 $x \in \mathbb{R}^n$ 时, 我们可以假定, 该核或者提议向另一点 $y \in \mathbb{R}^n$ 移动, 或者提议不离开 x. 这让我们能将核拆成两部分

$$P(x, B) = \int_B K(x, y)\,\mathrm{d}y + r(x)\chi_B(x),$$

其中 χ_B 是集合 $B \in \mathfrak{B}$ 的特征函数. 虽然 $K(x, y) \geqslant 0$ 实际上是一个密度函数, 但我们可以将 $K(x, y)\,\mathrm{d}y$ 想成是从 x 移动到 y 处无穷小集合 $\mathrm{d}y$ 的概率, 而 $r(x) \geqslant 0$ 是 x 保持不动的概率. B 的特征函数 χ_B 的出现是因为若 $x \notin B$, 则使 x 达到 B 的唯一途径就是通过一个移动.

条件 $P(x, \mathbb{R}^n) = 1$ 意味着

$$r(x) = 1 - \int_{\mathbb{R}^n} K(x, y)\,\mathrm{d}y. \tag{3.30}$$

为使 $\pi(x)\,\mathrm{d}x$ 成为 P 的一个不变测度, 就必须对所有 $B \in \mathfrak{B}$ 成立等式

$$\begin{aligned}\mu P(B) &= \int_{\mathbb{R}^n} \left(\int_B K(x, y)\,\mathrm{d}y + r(x)\chi_B(x) \right) \pi(x)\,\mathrm{d}x \\ &= \int_B \left(\int_{\mathbb{R}^n} \pi(x)K(x, y)\,\mathrm{d}x + r(y)\pi(y) \right) \mathrm{d}y = \int_B \pi(y)\,\mathrm{d}y,\end{aligned}$$

由此推出

$$\pi(y)(1 - r(y)) = \int_{\mathbb{R}^n} \pi(x)K(x, y)\,\mathrm{d}x. \tag{3.31}$$

由 (3.30) 式, 这等价于

$$\int_{\mathbb{R}^n} \pi(y)K(y, x)\,\mathrm{d}x = \int_{\mathbb{R}^n} \pi(x)K(x, y)\,\mathrm{d}x. \tag{3.32}$$

这一条件被称为*平衡方程*. 特别地, 如果 K 对所有 $x, y \in \mathbb{R}^n$ 满足*细致平衡方程*

$$\pi(y)K(y, x) = \pi(x)K(x, y), \tag{3.33}$$

则平衡方程就毫无疑问地成立了. 条件 (3.32) 与 (3.33) 就是构造用于随机取样的 Markov 链转移核的出发点.

Metropolis-Hastings 算法的目标就是构造一个满足细致平衡方程 (3.33) 的转移核 K.

令 $q:\mathbb{R}^n\times\mathbb{R}^n\to\mathbb{R}_+$ 为一个具有性质 $\int_{\mathbb{R}^n} q(x,y)\,\mathrm{d}y=1$ 的给定函数. 核 q 被称为建议密度函数或候选生成核, 其原因将在稍后解释. 这样的函数 q 定义了一个转移核

$$Q(x,A)=\int_A q(x,y)\,\mathrm{d}y.$$

若 q 恰好满足细致平衡方程, 我们就直接设 $K(x,y)=q(x,y)$, $r(x)=0$, 构造完毕. 否则, 我们就用一个乘子来修正这个核, 即定义

$$K(x,y)=\alpha(x,y)q(x,y),\tag{3.34}$$

其中 α 是一个待定的修正项. 假设对某些 $x,y\in\mathbb{R}^n$, 细致平衡不成立, 而是

$$\pi(y)q(y,x)<\pi(x)q(x,y).\tag{3.35}$$

我们的目标是选择 α 使得

$$\pi(y)\alpha(y,x)q(y,x)=\pi(x)\alpha(x,y)q(x,y).\tag{3.36}$$

这可以通过设

$$\alpha(y,x)=1,\quad \alpha(x,y)=\frac{\pi(y)q(y,x)}{\pi(x)q(x,y)}<1\tag{3.37}$$

来实现. 交换 x 和 y, 我们发现如果定义

$$\alpha(x,y)=\min\left(1,\frac{\pi(y)q(y,x)}{\pi(x)q(x,y)}\right),\tag{3.38}$$

那么通过 (3.34) 定义的核 K 就满足 (3.33) 了. 该转移核就称作 Metropolis-Hastings 核.

上述推导并未阐明如何实现这个方法. 幸运的是, 该算法其实是相对简单的. 通常, 它在实践中是通过如下步骤实现的.

1. 选取初始值 $x_1\in\mathbb{R}^n$, 并设 $k=1$.

2. 从建议密度函数 $q(x_k,y)$ 中抽取 $y\in\mathbb{R}^n$, 并计算接收率

$$\alpha(x_k,y)=\min\left(1,\frac{\pi(y)q(y,x_k)}{\pi(x_k)q(x_k,y)}\right).$$

3. 从均匀概率密度函数中抽取 $t\in[0,1]$.

4. 若 $\alpha(x_k,y)\geqslant t$, 则设 $x_{k+1}=y$, 否则设 $x_{k+1}=x_k$. 当 $k=K$, 即达到想要的样本大小时, 则停止, 否则增加 $k\to k+1$ 并返回第 2 步.

在给出例子之前, 我们要作一些注解. 首先, 如果候选生成核是对称的, 即

$$q(x,y)=q(y,x)$$

对所有 $x, y \in \mathbb{R}^n$ 成立, 则接收率 α 就能简化为

$$\alpha(x, y) = \min\left(1, \frac{\pi(y)}{\pi(x)}\right).$$

因此, 我们会立即采纳朝高概率方向的移动, 但有时也会采纳朝低概率方向的移动. 特别地, 当建议密度函数相当于随机游动模型, 即

$$q(x, y) = g(x - y)$$

对某个非负偶函数 $g : \mathbb{R}^n \to \mathbb{R}_+$ 成立时, 对称性条件是满足的.

一个重要但困难的问题就是停机准则, 即如何决定样本何时已足够大了. 这一问题以及一般的收敛性问题将在后面辅以例子进行讨论.

例 3.11 在本例中, 用一个低维密度函数来测试 Metropolis-Hastings 算法. 考虑 $\mathbb{R}^2$ 上一个定义为

$$\pi(x) \propto \exp\left(-10(x_1^2 - x_2)^2 - \left(x_2 - \frac{1}{4}\right)^4\right) \tag{3.39}$$

的密度函数, 其等高线图如图 3.13 所示.

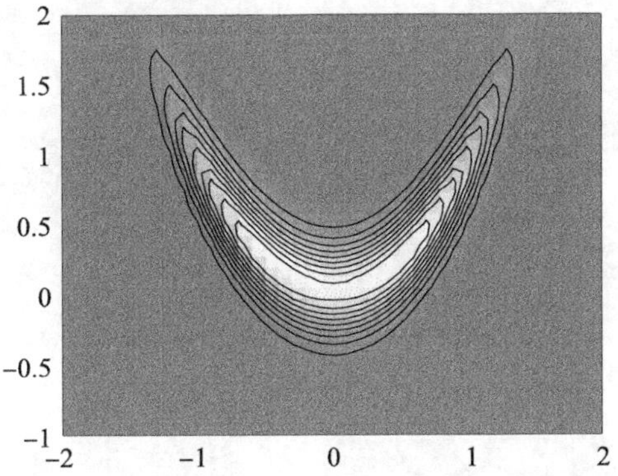

图 3.13 由 (3.39) 式给出的密度函数的等高线图

我们使用随机游动型的建议密度函数来构造 Metropolis-Hastings 序列以探查这一密度函数. 定义

$$q(x, y) \propto \exp\left(-\frac{1}{2\gamma^2}\|x - y\|^2\right).$$

换句话说, 我们假设从 x 到 y 的随机游动服从白噪声分布:

$$W = Y - X \sim \mathcal{N}(0, \gamma^2 I).$$

这样选取的建议密度函数就给出了如下的更新格式:

```
选取初值 x_1, 并设 x=x_1.
for k=2:K do
  计算 \pi(x)
  取 w\sim\mathcal{N}(0,\gamma^2I), 设 y=x+w
  计算 \pi(y)
  计算 \alpha(x,y)=\min(1,\pi(y)/\pi(x))
  取 u\sim\mathcal{U}([0,1])
  if u<\alpha(x,y)
    接受: 设 x=y, x_k=x
  else
    拒绝: 设 x_k=x
  end
end
```

图 3.14 显示了用不同的控制随机游动的常数 $\gamma > 0$ 的值运行四次该算法的结果. 我们在这些图中用点标出了样本点. 迭代算法从右下角开始, 并由此通过随机

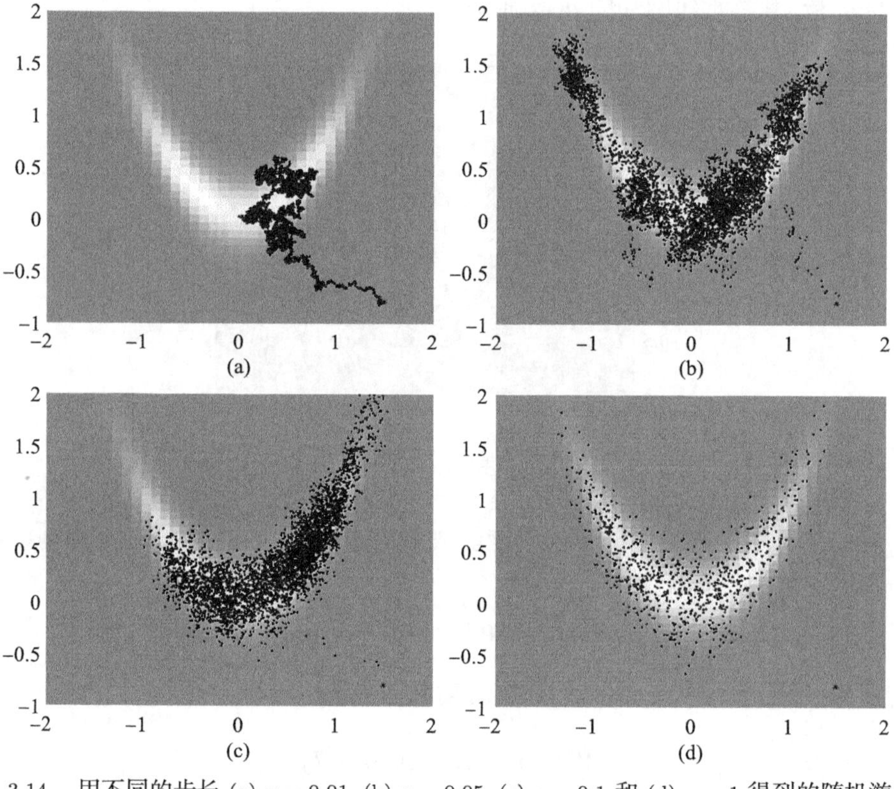

图 3.14　用不同的步长 (a) $\gamma = 0.01$, (b) $\gamma = 0.05$, (c) $\gamma = 0.1$ 和 (d) $\gamma = 1$ 得到的随机游动 Metropolis-Hastings 运行的结果. 每个图中的样本大小为 5000

游动向密度函数的支集游去.

从这些散点图中可以观察到该算法有如下特征. 当步长很小时, 探查密度函数的过程会很慢. 特别地, 我们从图 3.14(a) 中看到, 点链未能到达密度函数支集的大部分. 点的密集程度表明, 新建议被频繁地采纳, 且样本点会缓慢但稳定地移动. 当步长增加时, 覆盖面也随之增长. 另一方面, 增大步长还有个好处: 当步长变大时, 采纳建议的比例会减小. 在本例所示的运行中, 对应于最小步长 $\gamma = 0.01$ 的采纳建议的比例为 96%, $\gamma = 0.05$ 时为 87%, $\gamma = 0.1$ 时为 78%, 而 $\gamma = 1$ 时仅为 16%.

另一个可以从散点图中观察到的特征是在点链开始之时 (本例中从右下角的 $x = [1.5, -0.8]$ 开始), 在点链开始正确地对密度函数取样之前是需要一段时间的. 特别地, 当步长很小时, 点链从初值到密度函数正确的支集之间有一条长尾巴. 通常, 这些预热阶段的取样不能很好地刻画待探查的密度函数, 故应设法将其从样本中除去. 点链的开端通常被称为预烧.

这里引出的问题就是, 哪个步长是最好的, 以及预烧阶段有多长. 例如, 考虑单个分量的时间演化有助于深化理解. 图 3.15 显示了本例中第一个分量的演化. 图 3.15(a) 中的曲线清晰地显示了一个很长的预烧阶段: 多达约 500 个取样以后, 才

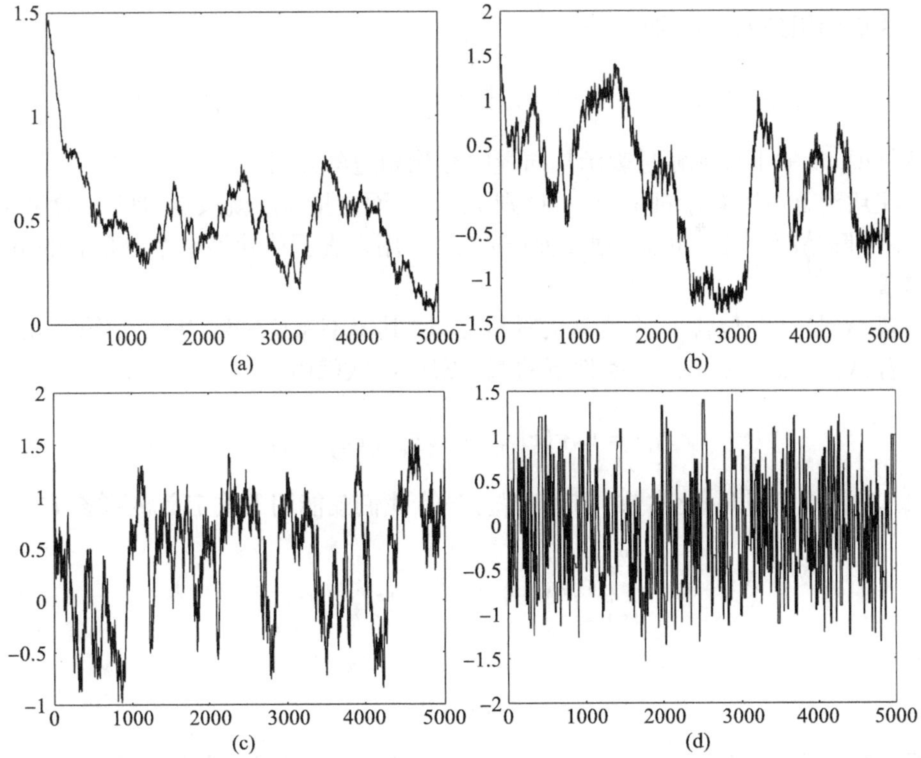

图 3.15 分量 x_1 在 γ 取图 3.14 中的值时的收敛性诊断图

出现一个明显的转移, 曲线在该值附近开始振荡. 在另外三条曲线 (b)–(d) 中, 可以得出预烧变得更快的结论. 另一个值得一提的特征是不同取样之间的相关性. 显然, 在曲线 (a)–(c) 中, 相关长度是相当显著的, 即这些曲线中存在低频分量. 这意味着取样并非相互独立的, 而这正是减缓 Markov 链积分收敛的一个特征. 这一问题将在后面详加讨论. 作为经验法则, 我们可以说, 如果诊断曲线看上去像图 3.15 (d) 所示的 “毛毛虫”, 则步长就足够大了. ◇

3.6.3 Gibbs 采样器

如果直接用密度函数 π 以及 $\mathbb{R}^n$ 中向量的分块来定义候选生成核, 就能得到一个略有不同的算法.

我们先引进一些记号. 令 $I=\{1,2,\cdots,n\}$ 为 $\mathbb{R}^n$ 的指标集, 而 $I=\bigcup_{j=1}^{m} I_m$ 是将该指标集分为互不相交的非空子集的一个划分. 用 k_j 表示 I_j 中元素的个数, 即 $k_j=\#I_j$. 由定义可知 $k_1+\cdots+k_m=n$. 于是可将 $\mathbb{R}^n$ 划分为 $\mathbb{R}^n=\mathbb{R}^{k_1}\times\cdots\times\mathbb{R}^{k_m}$, 也能相应地划分

$$x=[x_{I_1};\cdots;x_{I_m}]\in\mathbb{R}^n,\quad x_{I_j}\in\mathbb{R}^{k_j}, \tag{3.40}$$

其中 x 的分量被重新排列, 使得 $x_i\in\mathbb{R}$ 为向量 x_{I_j} 的分量当且仅当 $i\in I_j$.

我们会用到如下记号: 记

$$x_{-I_j}=[x_{I_1};\cdots;\widehat{x_{I_j}};\cdots;x_{I_m}]=[x_{I_1};\cdots;x_{I_{j-1}};x_{I_{j+1}};\cdots;x_{I_m}],$$

也就是说, 负的下标或帽号表示从向量中移除相应的元素.

注意到若对所有 j 都取 $k_j=1$, 则 $m=n$, 而向量 x_{I_j} 就只是向量 x 的第 j 个分量. 实际情况中往往正是如此, 而记号 x_{-j} 用来表示移除第 j 个分量后的 $n-1$ 维向量.

若 X 是一个包含 n 个变量的随机变量, 其概率密度函数为 π, 则第 i 块 X_{I_i} 在所有 $X_{I_j}=x_{I_j}$ $(i\neq j)$ 的条件下的概率密度函数就由

$$\pi(x_{I_i}\mid x_{-I_i})=C_i\pi(x_{I_1},\cdots,x_{I_{i-1}},x_{I_i},x_{I_{i+1}},\cdots,x_{I_m})$$

给出, 其中 C_i 为归一化常数. 有了这些记号, 我们就能用下式定义转移核 K:

$$K(x,y)=\prod_{i=1}^{m}\pi(y_{I_i}\mid y_{I_1},\cdots,y_{I_{i-1}},x_{I_{i+1}},\cdots,x_{I_m}), \tag{3.41}$$

并设

$$r(x)=0.$$

尽管这个转移核一般不满足细致平衡方程 (3.33), 但它满足稍弱却已足够可用的平衡方程 (3.32). 为证明这一断言, 先考虑 (3.32) 的左端. 我们注意到, 因为根据定

义, 条件概率密度函数被归一化为正常的概率密度函数, 所以

$$\int_{\mathbb{R}^{k_i}} \pi(x_{I_i} \mid x_{I_1}, \cdots, x_{I_{i-1}}, y_{I_{i+1}}, \cdots, y_{I_m}) \, \mathrm{d}x_{I_i} = 1$$

对所有 $i = 1, \cdots, m$ 成立. 于是

$$\begin{aligned}
&\int_{\mathbb{R}^{k_m}} K(y, x) \, \mathrm{d}x_{I_m} = \int_{\mathbb{R}^{k_m}} \prod_{i=1}^{m} \pi(x_{I_i} \mid x_{I_1}, \cdots, x_{I_{i-1}}, y_{I_{i+1}}, \cdots, y_{I_m}) \, \mathrm{d}x_{I_m} \\
&= \prod_{i=1}^{m-1} \pi(x_{I_i} \mid x_{I_1}, \cdots, x_{I_{i-1}}, y_{I_{i+1}}, \cdots, y_{I_m}) \int_{\mathbb{R}^{k_m}} \pi(x_{I_m} \mid y_{I_1}, \cdots, y_{I_{m-1}}) \, \mathrm{d}x_{I_m} \\
&= \prod_{i=1}^{m-1} \pi(x_{I_i} \mid x_{I_1}, \cdots, x_{I_{i-1}}, y_{I_{i+1}}, \cdots, y_{I_m}).
\end{aligned}$$

归纳地, 每次都关于 x 的最后一块积分, 就得到

$$\int_{\mathbb{R}^n} K(y, x) \, \mathrm{d}x = 1.$$

这一观察意味着

$$\int_{\mathbb{R}^n} \pi(y) K(y, x) \, \mathrm{d}x = \pi(y) \int_{\mathbb{R}^n} K(y, x) \, \mathrm{d}x = \pi(y).$$

现在考虑 (3.32) 的右端. 注意到 $K(x, y)$ 与 x_{I_1} 无关, 由边缘概率密度函数的定义, 得到

$$\int_{\mathbb{R}^{k_1}} \pi(x) K(x, y) \, \mathrm{d}x_{I_1} = K(x, y) \int_{\mathbb{R}^{k_1}} \pi(x) \, \mathrm{d}x_{I_1} = K(x, y) \pi(x_{I_2}, \cdots, x_{I_m}).$$

将 K 代入上式, 就知道

$$\begin{aligned}
&\int_{\mathbb{R}^{k_1}} \pi(x) K(x, y) \, \mathrm{d}x \\
&= \left(\prod_{i=2}^{m} \pi(y_{I_i} \mid y_{I_1}, \cdots, y_{I_{i-1}}, x_{I_{i+1}}, \cdots, x_{I_m}) \right) \pi(y_{I_1} \mid x_{I_2}, \cdots, x_{I_m}) \pi(x_{I_2}, \cdots, x_{I_m}) \\
&= \left(\prod_{i=2}^{m} \pi(y_{I_i} \mid y_{I_1}, \cdots, y_{I_{i-1}}, x_{I_{i+1}}, \cdots, x_{I_m}) \right) \pi(y_{I_1}, x_{I_2}, \cdots, x_{I_m}).
\end{aligned}$$

归纳地, 接下来关于 x_{I_2} 积分. 此过程中的第 i 步为

$$\begin{aligned}
&\int_{\mathbb{R}^{k_i}} \pi(y_{I_1}, \cdots, y_{I_{i-1}}, x_{I_i}, \cdots, x_{I_m}) \pi(y_{I_i} \mid y_{I_1}, \cdots, y_{I_{i-1}}, x_{I_{i+1}}, \cdots, x_{I_m}) \, \mathrm{d}x_{I_i} \\
&= \pi(y_{I_1}, \cdots, y_{I_{i-1}}, x_{I_{i+1}}, \cdots, x_{I_m}) \pi(y_{I_i} \mid y_{I_1}, \cdots, y_{I_{i-1}}, x_{I_{i+1}}, \cdots, x_{I_m}) \\
&= \pi(y_{I_1}, \cdots, y_{I_{i-1}}, y_{I_i}, x_{I_{i+1}}, \cdots, x_{I_m}).
\end{aligned}$$

对 x 的所有分块积分, 就能得到想要的式子

$$\int_{\mathbb{R}^n} \pi(x)K(x,y)\,\mathrm{d}x = \pi(y),$$

这表明 (3.32) 成立. 这样得到的算法就被称为 Gibbs 采样器. 在 $m=n$ 且 $k_1=\cdots=k_m=1$ 的特殊情况时, 该算法被称为单分量 Gibbs 采样器.

尽管 Gibbs 采样器的构造不同于 Metropolis-Hastings 核, 并不是以转移核满足细致平衡方程的要求为基础的, 但它却经常被视作 Metropolis-Hastings 算法的一个特例. 虽然从算法上说它们给出了本质上相同的方法, 但主要区别在于 Gibbs 采样器中的建议是总被采纳的.

在给出例子以说明该方法的收敛性之前, 我们将具体实现算法所需的实际步骤归纳如下:

1. 选取初值 $x_1\in\mathbb{R}^n$, 并设 $k=1$.
2. 设 $x=x_k$. 对 $1\leqslant j\leqslant m$, 从 k_j 维密度函数 $\pi(y_{I_j}\mid y_{I_1},\cdots,y_{I_{j-1}},x_{I_{j+1}},\cdots,x_{I_m})$ 中抽取 $y_{I_j}\in\mathbb{R}^{k_j}$.
3. 设 $x_{k+1}=y$. 当 $k=K$, 即达到想要的样本大小时, 则停止. 否则, 增加 $k\to k+1$ 并从第 2 步开始重复.

如前所述, Metropolis-Hastings 算法与 Gibbs 采样器算法的决定性区别在于 Gibbs 采样器中的建议是总被采纳的. 另一方面, 后者的抽样过程可能比 Metropolis-Hastings 算法更为复杂且耗时, 但它的建议密度函数更易于处理.

例 3.12　考虑与例 3.11 中相同的二维密度函数, 但这次使用的是单分量 Gibbs 采样器. 本例中的算法可写为如下语句:

```
选取初值 x_1, 并设 x=x_1
for j=2:N do
  计算 \Phi_1(t)=\int_{-\infty}^t\pi(x^1,x^2)dx^1
  取 u\sim\mathcal{U}([0,1]), 设 x^1=\Phi_1^{-1}(u)
  计算 \Phi_2(t)=\int_{-\infty}^t\pi(x^1,x^2)dx^2
  取 u\sim\mathcal{U}([0,1]), 设 x^2=\Phi_2^{-1}u
  设 x_k=x
end
```

图 3.16 所示的是前 10 个抽样. 为突出抽样过程, 我们也画出了相邻样本点之间的线段. ◇

例 3.13　作为一个相较于例 3.12 不那么平凡的例子, 我们考虑在例 3.3 中介绍过的盲反卷积问题. 该问题为估计 $(x,v)\in\mathbb{R}^n\times\mathbb{R}^K$, 其中 x 代表图像, 而 v 由构成未知卷积核的 Gauss 核的权重组成. 观测值 $y\in\mathbb{R}^N$ 带有方差为 γ^2 的加性

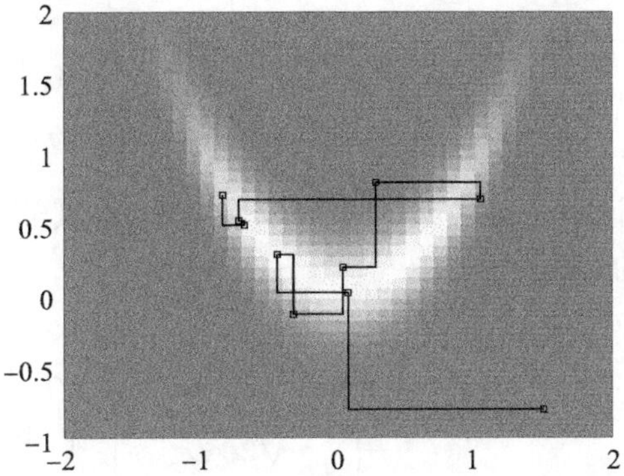

图 3.16 Gibbs 采样器产生的前 10 个抽样. 我们用方块标出了样本, 也画出了样本之间逐个分量的更新路径

Gauss 噪声, 它通过似然函数

$$\pi(y \mid x, v) \propto \left(-\frac{1}{2\gamma^2} \left\| y - \sum_{k=1}^{K} v_k A_k x \right\|^2 \right)$$

与未知量相关联. 假设随机变量 X 与 V 相互独立, 并将 X 的先验概率密度函数设为白噪声先验函数, 即 $X \sim \mathcal{N}(0, \alpha^2 I)$, 其中 $\alpha > 0$ 是固定的.

同样, 假设参数向量的先验密度函数也是 Gauss 型的. 令

$$\pi_{\text{param}}(v) \propto \exp\left(-\frac{1}{2}\beta^2 \| L(v - v_0) \|^2 \right),$$

其中 $\beta > 0$ 是已知的. 这里 $v_0 \in \mathbb{R}^K$ 对应于一个近似核, L 为一阶差分矩阵. 这意味着我们假设第一基函数是对卷积核的一个不错的猜测. 将 Gauss 核的差用作基函数以及差分矩阵 L 的使用是为了数值稳定性.

这样, 联合概率密度函数即为

$$\pi(x, v, y) \propto \exp\left(-\frac{1}{2\gamma^2} \left\| y - \sum_{k=1}^{K} v_k A_k x \right\|^2 - \frac{1}{2\alpha^2} \|x\|^2 - \frac{\beta^2}{2} \| L(v - v_0) \|^2 \right).$$

我们注意到, 虽然该密度函数关于向量 $[x; v]$ 不是 Gauss 型的, 但条件概率密度函数却是 Gauss 型的. 我们有

$$\pi(x \mid v, y) \propto \exp\left(-\frac{1}{2} \left\| \begin{bmatrix} \gamma^{-1} \sum\limits_{k=1}^{K} v_k A_k \\ \alpha^{-1} I \end{bmatrix} x - \begin{bmatrix} \gamma^{-1} y \\ 0 \end{bmatrix} \right\|^2 \right).$$

类似地, 若定义

$$S = [A_1 x, A_2 x, \cdots, A_K x] \in \mathbb{R}^{n \times K},$$

则成立

$$\pi(v \mid x, y) \propto \exp\left(-\frac{1}{2}\left\|\begin{bmatrix}\gamma^{-1}S\\ \beta L\end{bmatrix} v - \begin{bmatrix}\gamma^{-1}y\\ \beta L v_0\end{bmatrix}\right\|^2\right).$$

现在我们就能设计一个分块型的 Gibbs 采样算法, 其简单步骤如下:

1. 选取 v 和 x 的初值, 例如取

$$v = v_0, \quad x = x_0 = \begin{bmatrix}\gamma^{-1}\sum\limits_{k=1}^{K} v_{0,k}A_k\\ \sqrt{2\alpha}\,L\end{bmatrix}^{\dagger}\begin{bmatrix}\gamma^{-1}y\\ 0\end{bmatrix},$$

并设 $j = 0$.

2. 更新 v: 取 $\eta \in \mathbb{R}^{n+K}$, $\eta \sim \mathcal{N}(0, I)$, 并令

$$v_{j+1} = \begin{bmatrix}\gamma^{-1}S\\ \beta L\end{bmatrix}^{\dagger}\left(\begin{bmatrix}\gamma^{-1}y\\ \beta L v_0\end{bmatrix} + \eta\right).$$

3. 更新 x: 取 $\xi \in \mathbb{R}^{2n}$, $\xi \sim \mathcal{N}(0, I)$, 并令

$$x_{j+1} = \begin{bmatrix}\gamma^{-1}\sum\limits_{k=1}^{K} v_{j+1,k}A_k\\ \sqrt{2\alpha}\,L\end{bmatrix}^{\dagger}\left(\begin{bmatrix}\gamma^{-1}y\\ 0\end{bmatrix} + \xi\right).$$

4. 更新 $j \leftarrow j+1$, 并从第 2 步开始重复直至达到想要的样本大小.

我们将上述算法应用于一维盲反卷积问题中, 这里的真实卷积核是 Gauss 型的, 标准差为 $\sigma = 0.025$. 基函数 ϕ_k $(1 \leqslant k \leqslant 5)$ 的取法同例 3.3, 其中 $(\sigma_1, \cdots, \sigma_5) = (0.02, 0.04, 0.06, 0.08, 0.1)$. 这些基函数如图 3.17 所示. 定义先验密度函数的参数值为 $\alpha = 0.08$ 与 $\beta = 100$, 而定义先验函数中点位置的向量为 $v_0 = [1; 0; 0; 0; 0]$. 加性 Gauss 噪声的标准差 γ 为无噪声数据向量最大值的 1%.

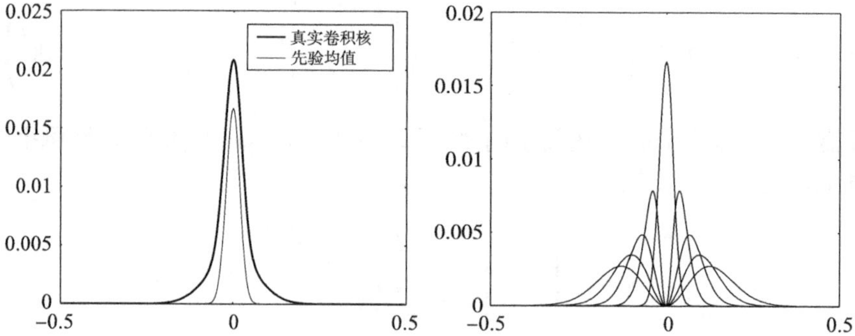

图 3.17 真实卷积核与表示核 ϕ_k, $k = 1, \cdots, 5$

图 3.18 显示了真实图像与真实卷积核, 初值 (v_0, x_0) 以及使用大小为 5000 的样本算得的 CM 估计.

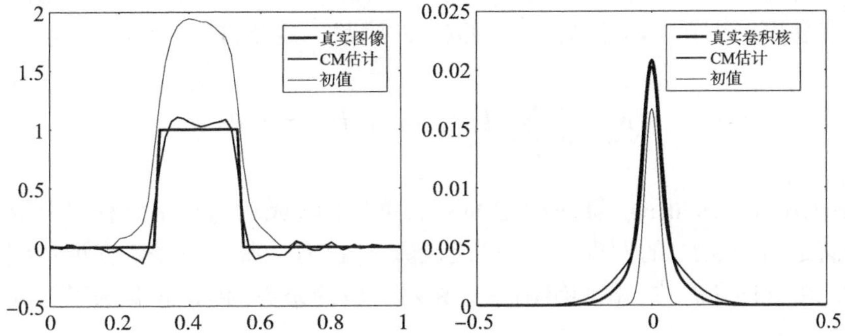

图 3.18 图像与核的条件均值估计

作为比较, 用如下的序贯优化格式来求 MAP 估计:

1. 选取初值 (v_0, x_0), 并设 $j = 0$.
2. 通过极大化 $\pi(v \mid x_j, y)$ 来更新 $v_j \leftarrow v_{j+1}$.
3. 通过极大化 $\pi(x \mid v_{j+1}, y)$ 来更新 $x_j \leftarrow x_{j+1}$.
4. 更新 $j \leftarrow j + 1$ 并从第 2 步开始重复直至收敛.

此时的更新公式特别简单, 即

$$v_{j+1} = \begin{bmatrix} \gamma^{-1} S \\ \beta L \end{bmatrix}^{\dagger} \begin{bmatrix} \gamma^{-1} y \\ \beta L v_0 \end{bmatrix}, \quad x_{j+1} = \begin{bmatrix} \gamma^{-1} \sum\limits_{k=1}^{K} v_{j+1,k} A_k \\ \sqrt{2\alpha}\, L \end{bmatrix}^{\dagger} \begin{bmatrix} \gamma^{-1} y \\ 0 \end{bmatrix}.$$

有关该格式收敛性的评论可在本章末尾的 "注释与评论" 中找到. 这里我们画出了仅用 20 次迭代得到的结果, 见图 3.19. ◇

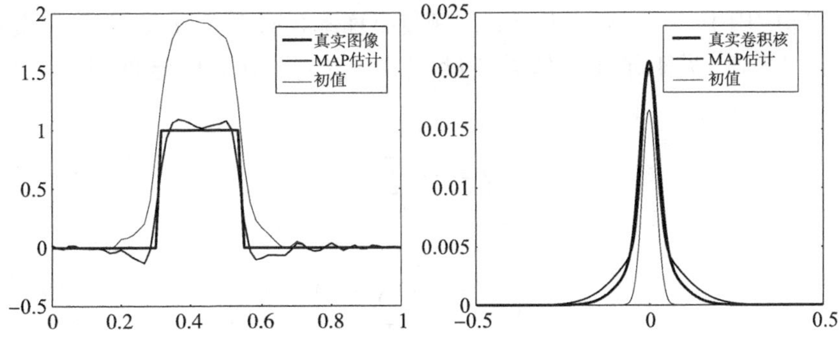

图 3.19 图像与核的 MAP 估计

更多 Metropolis-Hastings 和 Gibbs 采样器的例子将在第 5 章和第 7 章中给出.

3.6.4 收敛性

3.6.3 小节指出, 要决定 MCMC 样本何时已足够大而能涵盖问题中的概率密度函数绝非易事. 命题 3.15 表明, 当转移核 P 满足一定条件时, 成立

$$\lim_{N\to\infty}\frac{1}{N}\sum_{n=1}^{N}f(X_n)=\int f(x)\pi(x)\,\mathrm{d}x.$$

因此, Metropolis-Hastings 算法和 Gibbs 采样器算法成功与否很大程度上取决于它们是否满足命题 3.15 的假设. 关于密度函数 π, 已有一些充分条件保证这些方法的遍历性. 在下述命题中, 我们给出一些相对一般的条件, 但这里略去其证明. 相关文献参见 3.8 节.

命题 3.16 (a) 令 $\pi:\mathbb{R}^n\to\mathbb{R}_+$ 为一概率密度函数, $E_+=\{x\in\mathbb{R}^n\mid\pi(x)>0\}$, 又令 $q:\mathbb{R}^n\times\mathbb{R}^n\to\mathbb{R}_+$ 为一候选生成核, 而 $Q(x,A)$ 为对应的转移概率函数. 若 Q 为非周期的, 则 Metropolis-Hastings 链也是非周期的. 进一步, 若 Q 是不可约的, 且 $\alpha(x,y)>0$ 对所有 $(x,y)\in E_+\times E_+$ 成立, 则 Metropolis-Hastings 链也是不可约的.

(b) 令 π 为一下半连续的密度函数, $E_+=\{x\in\mathbb{R}^n\mid\pi(x)>0\}$. 若 E_+ 是连通的, 且每个 $n-1$ 维的边缘密度函数 $\pi(x_{-j})=\int_{\mathbb{R}}\pi(x)\,\mathrm{d}x_j$ 都局部有界时, Gibbs 采样器就定义了一个不可约且非周期的转移核.

一个使得 Gibbs 采样器不收敛的概率密度函数的例子由下式给出:

$$\pi(x)=\pi(x_1,x_2)\propto\chi_{[0,1]\times[0,1]}+\chi_{[2,3]\times[2,3]},$$

其中 $\chi_{[a,b]}$ 表示区间 $[a,b]$ 的特征函数. 该密度函数有两个峰, 且从一个正方形向另一个跳跃的概率恰好为零.

在实际应用中, 一个至关重要的问题就是样本是否已足够大. 部分答案可由中心极限定理得到, 见附录 B. 假设变量 $Y_n=f(X_n)$ 独立同分布, 且 $E(Y_j)=y$, $\mathrm{cov}(Y_j)=\sigma^2$. 定义

$$\widetilde{Y}_N=\frac{1}{N}\sum_{n=1}^{N}Y_n$$

以及

$$Z_N=\frac{\sqrt{N}\,(\widetilde{Y}_N-y)}{\sigma}.$$

则几乎必然地有 $\widetilde{Y}_N\to y$, 且 Z_N 渐近地服从正态分布, 即

$$\lim_{N\to\infty}P\{Z_n\leqslant z\}=\frac{1}{\sqrt{2\pi\sigma^2}}\int_{-\infty}^{z}\exp\left(-\frac{1}{2\sigma^2}s^2\right)\mathrm{d}s.$$

上述结论表明, 近似误差表现为

$$\frac{1}{N}\sum_{n=1}^{N} f(X_n) - \int_{\mathbb{R}} f(x)\pi(x)\,\mathrm{d}x \sim \frac{\sigma}{\sqrt{N}},$$

只要样本是独立的. 然而在实际中, 相连的元素之间通常会显示出相关性. 相关长度越短, 就能假设近似收敛得越快. 上述渐近式的另一个问题在于难以估计方差 σ^2.

相连的抽样之间的独立性可从样本本身来估计. 假设我们对 $f(x) \in \mathbb{R}$ 关于概率密度函数 $\pi(x)$ 的积分的收敛性感兴趣. 记 $z_j = f(x_j)$, 其中 $\{x_1, \cdots, x_N\} \subset \mathbb{R}^n$ 为 MCMC 样本, 并令 $\overline{z} = N^{-1}\sum z_j$. 则在样本的基础上, z_j 的归一化时间序列自协方差的估计就能通过

$$\gamma_k' = \frac{1}{(N-k)\gamma_0}\sum_{j=1}^{N-k}(z_j - \overline{z})(z_{j+k} - \overline{z}) \tag{3.42}$$

来计算, 其中 $\gamma_0 = N^{-1}\|z\|^2$. 在本书后面, 我们将举例说明本节中思想的应用.

3.7 层次模型

我们已经指出, 许多用于求解不适定问题的经典正则化方法都能被视为在后验函数的基础上构造估计量. 这一问题将在第 5 章中深入讨论. 讨论正则化技术的很大一部分文献都致力于正则化参数的选取问题, 其中最常用的就是 Morozov 偏差原理. 一个常被问及的问题是, Bayes 方法是否提供了类似的工具. 特别地, 在目前为止所举的例子中, 先验密度函数通常都依赖于方差和均值之类的参数, 它们总被假设为已知的. 从经典方法的观点来看, 这相当于事先就知道了正则化参数.

在 Bayes 的框架下, 对应如何选取参数这一问题的回答是: *若一个参数是未知的, 则它就是推断问题的一部分*. 这种想法就导出了*层次模型*, 又被称为超先验模型. 我们将通过一个例子来讨论该问题.

例 3.14 考虑一个带加性 Gauss 噪声的线性反问题:

$$Y = AX + E, \quad E \sim \mathcal{N}(0, \Gamma_{\text{noise}}).$$

假设 X 的先验模型也是 Gauss 型的:

$$X \sim \mathcal{N}\left(x_0, \frac{1}{\alpha}\Gamma_{\text{pr}}\right),$$

其中 Γ_{pr} 是已知的对称正定阵, 但我们对 $\alpha > 0$ 知之甚少. 于是, 我们*假定 α 是已知的*, 并将 $X \in \mathbb{R}^n$ 的条件先验函数写为

$$\pi_{\text{pr}}(x \mid \alpha) = \frac{\alpha^{n/2}}{\sqrt{(2\pi)^n|\Gamma_{\text{pr}}|}} \exp\left(-\frac{\alpha}{2}x^{\mathrm{T}}\Gamma_{\text{pr}}^{-1}x\right),$$

即该先验密度函数是以 α 的信息为条件的. 进一步假设已知参数 α 的超先验密度函数为 $\pi_{\mathrm{h}}(\alpha)$. 这里假设 α 满足 Rayleigh 分布, 即

$$\pi_{\mathrm{h}}(\alpha) = \frac{\alpha}{\alpha_0^2} \exp\left(-\frac{1}{2}\left(\frac{\alpha}{\alpha_0}\right)^2\right), \quad \alpha > 0, \tag{3.43}$$

其中 α_0 为超先验函数的中点, 我们先将其取为定值, 但后面还会阐述这个问题. 于是, α 和 X 的联合概率密度函数即为

$$\pi(\alpha, x) = \pi_{\mathrm{pr}}(x \mid \alpha)\pi_{\mathrm{h}}(\alpha) \propto \alpha^{(n+2)/2} \exp\left(-\frac{\alpha}{2} x^{\mathrm{T}} \Gamma_{\mathrm{pr}}^{-1} x - \frac{1}{2}\left(\frac{\alpha}{\alpha_0}\right)^2\right).$$

现在我们将 α 和 X 都看作未知的, 并把在观测量 $Y = y$ 的条件下的 Bayes 公式写为

$$\pi(x, \alpha \mid y) \propto \alpha^{(n+2)/2} \exp\left(-\frac{\alpha}{2} x^{\mathrm{T}} \Gamma_{\mathrm{pr}}^{-1} x - \frac{1}{2}\left(\frac{\alpha}{\alpha_0}\right)^2 - \frac{1}{2}(y - Ax)^{\mathrm{T}} \Gamma_{\mathrm{noise}}^{-1}(y - Ax)\right).$$

上式能让我们同时估计 α 和 X.

为了演示上式的用法, 我们考虑一个二维反卷积问题. 更确切地说, 我们考虑例 2.5 中引入的问题. 这样, 矩阵 A 就是具有核 $K(t) = \exp(-a|t|)$ 的卷积的 $32^2 \times 32^2 = 1024 \times 1024$ 矩阵近似, 其中 $a = 20$, 而在单位正方形 $[0,1] \times [0,1]$ 中的真实图像与上述例子中所用的相同.

首先, 研究超参数 α_0 的作用. 为此, 计算取不同 α_0 值时 (X, α) 的 MAP 估计. 特别地, 我们对这一参数对 α 的估计值的作用感兴趣.

MAP 估计可以通过搜索如下泛函 $F : \mathbb{R} \times \mathbb{R}^n \to \mathbb{R}$ 的极小化子求得

$$F(\alpha, x) = \frac{1}{2}\alpha\, x^{\mathrm{T}} \Gamma_{\mathrm{pr}}^{-1} x + \frac{1}{2}\left(\frac{\alpha}{\alpha_0}\right)^2 + \frac{1}{2}(y - Ax)^{\mathrm{T}} \Gamma_{\mathrm{noise}}^{-1}(y - Ax) - \frac{n+2}{2}\log\alpha. \tag{3.44}$$

在本例中, 使用与例 2.5 中相同的噪声与先验结构, 即

$$\Gamma_{\mathrm{noise}} = \sigma^2 I, \quad \Gamma_{\mathrm{pr}} = I,$$

其中噪声水平 σ 为无噪声信号最大分量的 0.5%.

图 3.20 (a) 显示了 α 作为超验参数 α_0 的函数的 MAP 估计. 该结论表明, MAP 估计对超验参数很不敏感, 只要后者不是太小; α_0 的值越大, 超先验函数就越宽. 注意到如果不选择 Rayleigh 分布 (3.43), 而仅选择平的正项约束先验函数

$$\pi_{\mathrm{h}}(\alpha) = \pi_+(\alpha), \tag{3.45}$$

则对应于 (3.45) 的函数 F_+ 就是

$$F_+(\alpha, x) = \frac{1}{2}\alpha\, x^{\mathrm{T}} \Gamma_{\mathrm{pr}}^{-1} x + \frac{1}{2}(y - Ax)^{\mathrm{T}} \Gamma_{\mathrm{noise}}^{-1}(y - Ax) - \frac{n}{2}\log\alpha,$$

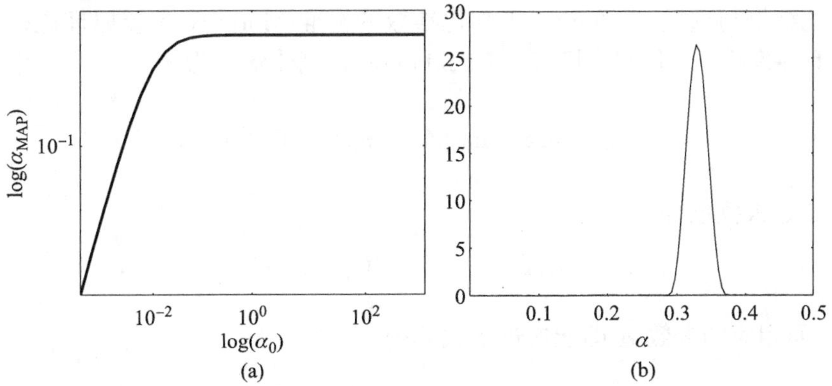

图 3.20 (a) 先验参数 α 作为超验参数 α_0 的函数的 MAP 估计. (b) 取 $\alpha_0 = 2$ 时用 5000 个 MCMC 抽样得到的 α 的柱状图

它与 F 在 $\alpha_0 \to \infty$ 时基本相似.

为了评估超验参数 α_0 的 MAP 估计的可靠性, 我们运用 MCMC 技术来研究 α 的概率密度函数. 这里的 MCMC 是基于分块形式的 Gibbs 采样器的. 首先, 固定超验参数 $\alpha_0 = 2$. 作为计算的初值, 选取

$$\alpha = \alpha_0, \quad x = \begin{bmatrix} \sigma^{-1} A \\ \sqrt{\alpha}\, I \end{bmatrix}^{\dagger} \begin{bmatrix} \sigma^{-1} y \\ 0 \end{bmatrix},$$

即 x 的初值是在 $\alpha = \alpha_0$ 的条件下的 MAP 估计. 有了初值, 我们就开始迭代: α 的新的值是从一维密度函数

$$\pi(\alpha \mid x, y) \propto \exp\left(-\frac{1}{2}\alpha\|x\|^2 - \frac{1}{2}\left(\frac{\alpha}{\alpha_0}\right)^2 + \frac{n+2}{2}\log\alpha\right)$$

中抽取的. 更新了参数 α 后, 我们就从密度函数

$$\pi(x \mid \alpha, y) \propto \exp\left(-\frac{1}{2}\alpha\|x\|^2 - \frac{1}{2\sigma^2}\|y - Ax\|^2\right)$$

中抽取 x 来更新它的值. 注意到该密度函数是 Gauss 型的, 因此取值就能用简单的批量操作来进行. 事实上, 我们是用下式进行取值的:

$$x = \begin{bmatrix} \sigma^{-1} A \\ \sqrt{\alpha}\, I \end{bmatrix}^{\dagger} \left(\xi + \begin{bmatrix} \sigma^{-1} y \\ 0 \end{bmatrix}\right),$$

其中 ξ 为 $\mathbb{R}^{2n}$ 中的白噪声向量.

我们计算了 5000 次抽样的样本. 图 3.20 (b) 所示的是参数 α 的密度函数. 可见该密度函数相当狭窄, 因此 MAP 估计能提供丰富信息.

将此结果与选用 Tikhonov 正则化参数的标准 Morozov 偏差原理进行比较是有趣且有启发性的. 我们回忆, 若将 Tikhonov 正则化解写为

$$x_\delta = \arg\min\left(\|Ax - y\|^2 + \delta\|x\|^2\right),$$

则参数 δ 是根据条件

$$\|Ax_\delta - y\|^2 = \mathrm{Tr}(\Gamma_n) = n\sigma^2$$

选取的, 而相应的参数 α 即能通过下式算得

$$\alpha_{\text{Morozov}} = \frac{\delta}{\sigma^2}.$$

该步骤产生的值是 $\alpha_{\text{Morozov}} = 19.2$, 它显然比 CM 估计或 MAP 估计大得多. 图 3.21 显示了以这样选取的 α 为参数的 Tikhonov 正则化解, 以及用前述 MCMC 运算得到的 CM 估计.

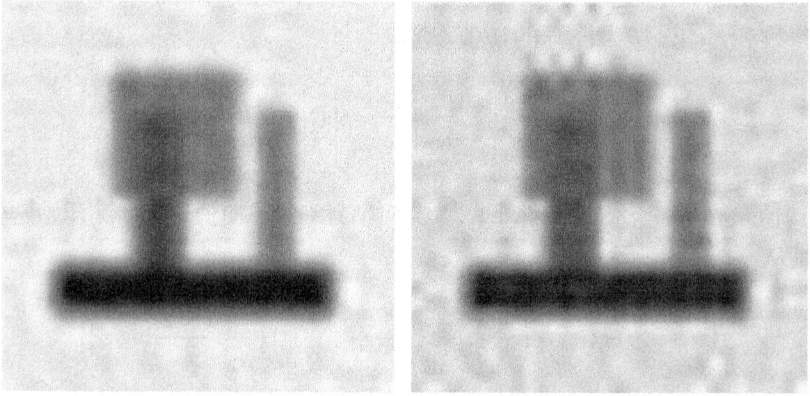

(a) (b)

图 3.21 (a) 根据偏差原理选取正则化参数得到的 Tikhonov 正则化解. (b) 取 $\alpha_0 = 2$ 时用 5000 次 MCMC 抽样得到的 CM 估计

在比较这些结果时, 人们会倾向于用经典正则化理论的术语说, CM 估计相较于 Tikhonov 正则化是 “欠正则化的”. 然而, 从统计的角度来看, CM 估计与先验函数是一致的. 如果我们用的是方差未知的白噪声先验函数, 则可以预见 CM 估计会表现出噪声图像的特征. 在本例中, 真实图像并非典型的噪声图像. 可以验证, 如果我们从给定方差的白噪声分布中抽取大量的图像, 其中方差是对真实方差的估计, 则 CM 估计将比 Morozov 偏差原理给出的结果更胜一筹.

本书的第 5 章将详细讨论估计理论. 我们也将演示运用超先验模型的结论, 其中的真实图像将与先验函数更加一致. ◇

3.8 注释与评论

传统上, 反问题领域是在确定性模型的基础上发展起来的. 反问题中的统计推断概念由一些学者所倡导, 尤其在地球物理反问题中, 这些想法已经酝酿良久, 例如参见 [82,125,126]. 更多关于统计反演的最新评论包括 [90–92,124].

有关统计推断的经典文献之一是 Laplace 于 1774 年关于逆概率的回忆录, 见 [122]. 有趣的是, 在 Laplace 的工作中, 统计反问题的思想已经并不遥远了.

有关 Bayes 统计学的著作浩如烟海. 在核心概念和方法论方面, 参见 Bayes 统计学的经典教材 [15]. 我们也注意到, 统计学界或多或少地分成了 Bayes 学派和所谓的频率论学派. 频率论学者的批评主要集中在先验模型的使用. 关于频率论的方法论与解释的经典读物是 [25], 而两个学派间的思想分歧在 [84] 等书中有所讨论. 在频率论的范式中, 我们也提及所谓的鲁棒方法 [61], 其中关于似然函数的误差模型会根据真实数据被迭代地调整.

与确定性的反演方法以及总是强求有解的固有思想相反, 统计方法在下述意义下多少有所不同: 给定先验信息与模型以及测量值, 我们最终可能会得到一个反常的后验函数. 形式上, 它的方差在某些子空间或流形上可能是无穷大. 这就表明, 公正地说, 我们应当承认先验信息与测量值不足以产生任何可靠的估计.

至于常用词*先验函数*的概念, 应该注意它不一定是指 “时间上的先验函数”, 尽管通常情况确是如此. 事实上, 该词是指*不依赖于被用于似然函数的数据*而模拟先验函数.

后验均值公式 (3.14) 与 (3.17) 在不必算出协方差的情况下通常是不被用于计算的. 例如, (3.17) 可以写为

$$\overline{x} = \arg\min_x \left\| \begin{bmatrix} L_{\rm noise} A \\ L_{\rm prior} \end{bmatrix} x - \begin{bmatrix} L_{\rm noise}(y - e_0) \\ L_{\rm prior} x_0 \end{bmatrix} \right\|,$$

其中 $L_{\rm noise}$ 与 $L_{\rm prior}$ 分别是 $\Gamma_{\rm noise}$ 与 $\Gamma_{\rm prior}$ 的 Cholesky 因子. 这一最小二乘问题可以用 QR 分解来求解.

应用统计方法时很重要的一点是, 未知量是我们主要感兴趣的量. 例如, 若我们想估计变量 $Z = G(X)$, 而观测模型为 $Y = F(X) + E$, 其中 E 为噪声, 则我们不应试图先估计 X 再计算 Z: 若 G 是非线性的, 则通常有 $G(x_{\rm CM}) \neq (G(x))_{\rm CM}$, 而且 $G(x_{\rm CM})$ 的估计误差方差通常来得大些.

至少在 Gauss 型的情形, 可以在无限维 Hilbert 空间或更一般的广义函数空间上发展出一套统计反演理论, 这可参阅文章 [83,86].

全变差先验函数作为 Tikhonov 型的惩罚项已经被用于反问题的经典方法中, 例如参见 [30,139]. 关于有界全变差函数的性质, 参见书籍 [45].

文章 [31] 分析了 ℓ^1-先验函数和最大熵先验函数之类的脉冲噪声先验函数. 文中表明, 图像去模糊问题几乎是黑色的.

Hammersley-Clifford 定理的一个简化证明可在文章 [13] 中找到. 有关连续型 Markov 随机场的文献可参见 [107].

核估计方法对构造基于样本的先验密度函数是很有用的, 可参考文献 [127]. 关于基于样本或基于模拟的先验函数的构造及其在电阻抗断层成像中的应用, 见 [132, 135].

本书中介绍的结构性先验函数在文章 [66] 中有所讨论.

关于 MCMC 方法, 参见原著 [85] 和书籍 [44], 前者包含了本书介绍的基本 Metropolis-Hastings 算法和 Gibbs 采样器算法之外的大量替代算法. 有关这些方法的原创性文献是 [40, 41, 57, 89].

本书并未详细讨论 MCMC 方法的收敛性问题及混合性质. 这些问题相对更复杂, 深入讨论可参阅文章 [117, 128]. 这些文章的核心思想可追溯到 [97].

在例 3.13 的盲反卷积问题中, 我们使用了序贯优化方法来计算 MAP 估计. 该迭代格式的收敛性在文章 [14] 中有所讨论. 盲反卷积问题因其在众多应用领域中的重要性而得到广泛研究, 它常被处理为一个总最小二乘问题. 最近的文献参见 [102].

在无数情况下, 构造先验函数的显式模型可能是极其麻烦的. 一个可能的方法是使用 Bayes 神经网络, 例如参见 [78, 79].

第 4 章　非稳态反问题

在一些应用中，会遇到这样的情况，即反问题中的测量数据是在非稳态环境中获得的. 更确切地说，我们最感兴趣的物理量可能是依赖于时间的，而测量数据取决于这些在不同时刻的量. 比如，由于生物电磁作用，可以通过测量体外磁场来对人的心脏进行连续监测. 在这些测量中，观测信号很弱而噪声水平却很高. 如果目标是静态源，则可以通过取一系列测量的平均值来降低噪声. 然而，不同时刻的测量给出了在那个特定时刻心脏状态的信息，不同时刻测量的平均值给出的是或多或少无用的平均信号.

这类反问题在这里被称为*非稳态反问题*. 在本章中，我们将为一类非稳态问题导出 Bayes 模型，并讨论相应的统计反演方法. 这些方法由于历史性原因被称为 *Bayes 滤波方法*. 毫无疑问，其中最著名且应用最为广泛的方法当属 Kalman 滤波器，我们将把它作为一个特例导出.

4.1 Bayes 滤波

和第 3 章一样，我们在本节中仅限于讨论有限维模型，但本节的很多内容都能直接推广到无限维 Hilbert 空间中. 同时为清楚起见将使用离散时间发展模型. 在一些应用中，离散时间发展模型是从连续发展模型 (例如随机微分方程) 推导出来的. 在下面的初步例子，特别是在第 7 章中，我们都将会考虑这样的情况.

4.1.1 一个非稳态反问题

我们首先介绍一个例子来阐明本章中所讨论的概念.

例 4.1　考虑一个沿实轴以常数速度 c 移动的波形 $\psi:\mathbb{R}\to\mathbb{R}$，即函数

$$u(s,t)=\psi(s-ct),\quad t>0,\ s\in\mathbb{R}. \tag{4.1}$$

假设在固定的位置 $s=z_\ell$, $0\leqslant z_1<z_2<\cdots<z_L\leqslant 1$，可以观测到 u 在一个模糊核作用后的振幅. 更确切地说，假设在时刻 t 的观测数据为

$$g(z_\ell,t)=\int_{-\infty}^{\infty}K(z_\ell-s)u(s,t)\,\mathrm{d}s+v_\ell(t),\quad 1\leqslant \ell\leqslant L,$$

其中卷积核 K 为

$$K(s) = 1 - \left(\frac{s}{d}\right)^2, \quad 若\ |s| \leqslant d; \quad K(s) = 0, \quad 若\ |s| > d,$$

这里 $d > 0$ 为模糊核的宽度参数. 观测值被振幅相对较大的加性噪声 $v_\ell(t)$ 所破坏. 此外, 假设观测时刻为 t_k, $0 \leqslant t_0 < t_1 < \cdots$. 问题即为利用这些数据来估计区间 $[0,1]$ 上的函数 u.

这个问题的难度很大程度上取决于隐藏在该问题中的先验信息, 为此我们考虑两种情形:

(i) 假设函数 $u(s,t_k)$ 和 $u(s,t_{k+1})$ 之间相差不是很大.

(ii) 已知 $u(s,t)$ 是个右行波, 但波速和波形并非精确已知. 于是, 假设 u 满足方程

$$\frac{\partial u}{\partial s} + \frac{1}{\bar{c}}\frac{\partial u}{\partial t} \approx 0,$$

其中 $\bar{c} > 0$ 为猜测的波速. 上述方程可能不精确的原因在于对波速及线性波传播模型正确与否的不确定性.

我们将问题离散化以备后用. 令 $0 = s_0 < s_1 < \cdots < s_N = 1$ 为区间 $[0,1]$ 的一个等距划分, 步长为 $1/N$, 则离散观测模型就是一个线性模型. 使用梯形公式之类的求积公式, 即可将离散模型写为

$$Y_k = GX_k + V_k, \quad k \geqslant 0,$$

其中

$$X_k = [u(s_1,t_k), u(s_2,t_k), \cdots, u(s_N,t_k)]^{\mathrm{T}} \in \mathbb{R}^N,$$

而矩阵 $G \in \mathbb{R}^{L\times N}$ 的元素为

$$G_{\ell,n} = w_\ell K(z_\ell - s_n),$$

其中 w_ℓ 是求积公式的权重, $V_k \in \mathbb{R}^L$ 为噪声向量

$$V_k = [v_1(t_k), \cdots, v_L(t_k)]^{\mathrm{T}}.$$

尽管观测模型很简单, 在先验信息缺失时高噪声水平会使问题变得困难. 事实上, 每个时间段都构成一个单独的反问题, 而测量的有序性对问题没有提供任何帮助.

不过, 如果取样频率比波的传播速度更高的话, 可以尝试对几个连续的观测值取平均, 从而降低噪声水平, 并希望内在函数 u 在取平均的区间中变化不大. 当然, 若传播速度 c 很高, 则取平均会导致重构中出现严重的模糊.

为了理解先验信息在这里是如何起效的, 考虑上述 (i) 的情况. 假设向量 X_k 的内在变化法则是未知的. 用来解释未知变化法则的一种可能的 "黑箱" 模型可以是随机游动模型, 即可写为

$$X_{k+1} = X_k + W_{k+1},$$

其中 W_{k+1} 为 Gauss 随机向量. 在这个模型中, W_{k+1} 的方差是一个控制相邻时刻的状态向量间差异的参数. W_k 的统计模拟可以建立在可利用先验信息上, 也可以是特别选定的.

最后我们考虑情形 (ii), 这里关于状态的真实内在变化法则的近似信息是已知的. 利用近似模型

$$\frac{\partial u}{\partial t} = -\bar{c}\frac{\partial u}{\partial s} + e(s,t),$$

其中 e 是个很小但未知的函数, 表示模拟误差. 将此方程先关于 s 用有限差分格式离散化, 并写作

$$\frac{\partial u}{\partial s}(s_n,t) \approx N(u(s_n,t) - u(s_{n-1},t)),$$

我们就能得到一个半离散模型

$$\frac{\mathrm{d}X(t)}{\mathrm{d}t} = LX(t) + Z(t) + E(t), \tag{4.2}$$

其中 $L \in \mathbb{R}^{N\times N}$ 为有限差分矩阵

$$L = -\bar{c}N\begin{bmatrix} 1 & 0 & \cdots & 0 \\ -1 & 1 & & 0 \\ \vdots & \ddots & \ddots & \vdots \\ 0 & \cdots & -1 & 1 \end{bmatrix},$$

向量 $Z(t) \in \mathbb{R}^N$ 表示 u 在区间左端点的未知量, 即

$$Z(t) = \bar{c}N[u(s_0,t), 0, \cdots, 0]^{\mathrm{T}},$$

而 $E(t) \in \mathbb{R}^N$ 对应于模型误差 $e(s,t)$, 即

$$E(t) = [e(s_1,t), \cdots, e(s_N,t)]^{\mathrm{T}}.$$

假设相邻观测时刻的时间步长为 $\tau > 0$, 并用隐式 Euler 格式将方程 (4.2) 离散化, 就得到发展方程

$$X_{k+1} = FX_k + W_{k+1},$$

其中

$$F = (I - \tau L)^{-1} \in \mathbb{R}^{N\times N},$$

而向量 $W_{k+1} \in \mathbb{R}^N$ 为

$$W_{k+1} = F(Z(t_{k+1}) + E(t_{k+1})).$$

本例数值上的讨论将在我们建立起统计体系之后进行. ◇

4.1.2　发展-观测模型

受前面例子启发, 我们现在对离散时间随机过程定义 Bayes 滤波问题.

令 $\{X_k\}_{k=0}^{\infty}$ 和 $\{Y_k\}_{k=1}^{\infty}$ 为两个随机过程. 随机向量 $X_k \in \mathbb{R}^{n_k}$ 表示我们主要感兴趣的量, 它被称为状态向量. 向量 $Y_k \in \mathbb{R}^{m_k}$ 表示测量值, 我们称之为第 k 个时刻的观测值. 为明确起见, 假设概率分布关于 Lebesgue 测度是绝对连续的, 这样我们就能讨论概率密度函数而非概率分布. 假定这些随机过程满足如下三条性质:

1. $\{X_k\}_{k=0}^{\infty}$ 为 Markov 过程, 即

$$\pi(x_{k+1} \mid x_0, x_1, \cdots, x_k) = \pi(x_{k+1} \mid x_k).$$

2. $\{Y_k\}_{k=1}^{\infty}$ 关于 $\{X_k\}$ 的履历历史是一个 Markov 过程, 即

$$\pi(y_k \mid x_0, x_1, \cdots, x_k) = \pi(y_k \mid x_k).$$

3. $\{X_k\}_{k=0}^{\infty}$ 仅通过其本身的履历依赖于过去的观测值, 即

$$\pi(x_{k+1} \mid x_k, y_1, y_2, \cdots, y_k) = \pi(x_{k+1} \mid x_k).$$

这些假定可表示为下面的依赖关系图 (或邻接系统):

$$\begin{array}{ccccccccc} X_0 & \longrightarrow & X_1 & \longrightarrow & X_2 & \longrightarrow \cdots \longrightarrow & X_n & \longrightarrow & \cdots \\ & & \downarrow & & \downarrow & & \downarrow & & \\ & & Y_1 & & Y_2 & & Y_n & & \end{array}$$

如果随机过程 $\{X_k\}_{k=0}^{\infty}$ 和 $\{Y_k\}_{k=1}^{\infty}$ 满足上述条件 1–3, 则称它们为发展-观测模型. 显然, 为了完全确定发展-观测模型, 需要给定以下几点:

1. 初始状态 X_0 的概率密度函数;

2. Markov 转移核 $\pi(x_{k+1} \mid x_k)$, $k = 0, 1, 2, \cdots$;

3. 似然函数 $\pi(y_k \mid x_k)$, $k = 1, 2, \cdots$.

为了避免缩写符号可能带来的混淆, 这里我们强调, Markov 链 $\{X_k\}_{k=0}^{\infty}$ 不必是时齐的, 也就是说, 转移核 $\pi(x_{k+1} \mid x_k)$ 可以随时间变化. 类似地, 允许似然函数 $\pi(y_k \mid x_k)$ 随时间改变也很重要.

为了更好地理解上述假设, 考虑实践中经常作为出发点的情形: 假设有一个描述状态 X_k 发展的 Markov 模型及一个依赖于当前状态 X_k 的向量 Y_k 的观测模型

$$X_{k+1} = F_{k+1}(X_k, W_{k+1}), \quad k = 0, 1, 2, \cdots, \tag{4.3}$$

$$Y_k = G_k(X_k, V_k), \quad k = 1, 2, \cdots. \tag{4.4}$$

这里 F_{k+1} 和 G_k 均假设为已知函数, 而随机向量 $W_{k+1} \in \mathbb{R}^{p_{k+1}}$ 和 $V_k \in \mathbb{R}^{q_k}$ 被分别称为*状态噪声*和*观测噪声*. 方程 (4.3) 被称为*状态发展方程*, 而 (4.4) 被称为*观测方程*.

为了使过程 $\{X_k\}_{k=0}^{\infty}$ 和 $\{Y_k\}_{k=1}^{\infty}$ 成为发展-观测模型, 我们对状态噪声过程和观测噪声过程作如下假设:

1. 当 $k \neq \ell$ 时, 噪声向量 W_k 和 W_ℓ 之间, 以及 V_k 和 V_ℓ 之间均相互独立, 且它们关于初始状态 X_0 也都是相互独立的.

2. 噪声向量 W_k 和 V_ℓ 对所有的 k, ℓ 都是相互独立的.

我们强调, 对于 Bayes 方法来说, 具有形如 (4.3)–(4.4) 的系统并不是必要的.

本章中考虑的反问题是在测量值 Y_k 的基础上提取状态向量 X_k 的信息. 类似于第 3 章中的讨论, 在 Bayes 方法中, 我们并不仅仅试图求出状态向量的单一估计, 而更要在观测值的条件下得到状态向量的后验函数. 为此, 记

$$D_k = \{y_1, \cdots, y_k\}.$$

在所有测量值 $y_1, \cdots, y_n$ 的条件下, 状态向量 x_k 的条件概率表为

$$\pi(x_k \mid y_1, \cdots, y_n) = \pi(x_k \mid D_n),$$

并规定 $\pi(x_k \mid D_0) = \pi(x_k)$.

这里可以考虑若干不同的问题. 为使术语直观明了, 我们给出如下与经典文献相一致的分类.

定义 4.1 *假设随机过程 $\{X_k\}_{k=0}^{\infty}$ 和 $\{Y_k\}_{k=1}^{\infty}$ 构成一个发展-观测模型.*

1. 确定条件概率 $\pi(x_{k+1} \mid D_k)$ 的问题被称为预测问题;

2. 确定条件概率 $\pi(x_k \mid D_k)$ 的问题被称为滤波问题;

3. 确定条件概率 $\pi(x_k \mid D_{k+p})$, $p \geqslant 1$ 的问题被称为 p 步滞后 (固定滞后) 平滑化问题;

4. 当完整测量序列 $D_K = \{y_1, \cdots, y_K\}$ 有限时, 确定条件概率 $\pi(x_k \mid D_K)$, $1 \leqslant k \leqslant K$ 的问题被称为 (固定区间) 平滑化问题.

显然, 上面列举的问题服务于不同目的. 在内在状态 x_k 的实时信息起决定性作用的问题中, 滤波方法是重要的. 比如, 在控制问题中的情况正是如此, 人们必须依据当前的状态行动. 另一方面, 如果在估计状态 x_k 之前有可能进行一长串的

观测, 那么平滑化方法可能更合适, 因为它们产生的估计误差比滤波的更小. 预测问题可能本身就很有趣, 比如在金融问题中, 将来的决定需要以当前的认知为基础. 然而, 预测问题往往只是滤波步骤的中间一步. 预测不止一个时间步也是可能的.

为展开讨论, 我们考虑 Bayes 滤波问题, 并导出条件概率密度函数的基本更新公式. 更确切地说, 我们的目标是导出一些公式, 使得我们能够构造出如下递归更新格式:

$\pi(x_0)$
↓
$\pi(x_1 \mid x_0) \longrightarrow$ 发展更新
↓
$\pi(x_1)$
↓
观测更新 $\longrightarrow \pi(y_1 \mid x_1)$
↓
$\pi(x_1 \mid D_1)$
↓
$\pi(x_2 \mid x_1) \longrightarrow$ 发展更新
↓
$\pi(x_2 \mid D_1)$
↓
观测更新 $\longrightarrow \pi(y_2 \mid x_2)$
↓
$\pi(x_2 \mid D_2)$
↓
⋮

尤其在工程文献中, 发展更新与观测更新通常被称作时间更新与测量更新. 在这类递归格式中, 状态发展方程被用来从上一时间层的滤波问题求解预测问题, 而新的观测值被用来更新预测的概率密度函数. 这样, 我们要找到进行如下更新步骤的公式:

1. 时间发展更新: 给定 $\pi(x_k \mid D_k)$, 根据 Markov 转移核 $\pi(x_{k+1} \mid x_k)$ 求出 $\pi(x_{k+1} \mid D_k)$;

2. 观测更新: 给定 $\pi(x_{k+1} \mid D_k)$, 根据新的观测值 y_{k+1} 和似然函数 $\pi(y_{k+1} \mid x_{k+1})$ 求出 $\pi(x_{k+1} \mid D_{k+1})$.

更新方程在下述定理中给出.

定理 4.2 假设随机过程对 $\{X_k\}_{k=0}^{\infty}$ 与 $\{Y_k\}_{k=0}^{\infty}$ 为一个发展-观测模型, 则如下更新公式成立:

1. 时间发展更新:

$$\pi(x_{k+1} \mid D_k) = \int \pi(x_{k+1} \mid x_k)\pi(x_k \mid D_k)\,\mathrm{d}x_k. \tag{4.5}$$

2. 观测更新:

$$\pi(x_{k+1} \mid D_{k+1}) = \frac{\pi(y_{k+1} \mid x_{k+1})\pi(x_{k+1} \mid D_k)}{\pi(y_{k+1} \mid D_k)}, \tag{4.6}$$

其中

$$\pi(y_{k+1} \mid D_k) = \int \pi(y_{k+1} \mid x_{k+1})\pi(x_{k+1} \mid D_k)\,\mathrm{d}x_{k+1}.$$

证明 为证明等式 (4.5), 考虑概率密度函数

$$\pi(x_{k+1}, x_k, D_k) = \pi(x_{k+1} \mid x_k, D_k)\pi(x_k, D_k) = \pi(x_{k+1} \mid x_k)\pi(x_k \mid D_k)\pi(D_k),$$

这里用到了如下事实: 基于发展方程, 若 x_k 是已知的, 则 x_{k+1} 关于先前的观测值是条件独立的. 进一步,

$$\pi(x_{k+1}, D_k) = \int \pi(x_{k+1}, x_k, D_k)\,\mathrm{d}x_k,$$

于是代入前一等式即得到

$$\pi(x_{k+1} \mid D_k) = \frac{\pi(x_{k+1}, D_k)}{\pi(D_k)} = \int \pi(x_{k+1} \mid x_k)\pi(x_k \mid D_k)\,\mathrm{d}x_k.$$

这就证明了 (4.5).

为了导出观测更新公式 (4.6), 首先有

$$\pi(x_{k+1} \mid D_{k+1}) = \frac{\pi(x_{k+1}, D_{k+1})}{\pi(D_{k+1})}. \tag{4.7}$$

考虑联合概率密度函数 $\pi(x_{k+1}, D_{k+1})$, 则

$$\pi(x_{k+1}, D_{k+1}) = \pi(y_{k+1}, x_{k+1}, D_k) = \pi(y_{k+1} \mid x_{k+1}, D_k)\pi(x_{k+1}, D_k).$$

由方程 (4.4) 以及 V_k 的相互独立性, 可以推知若 x_{k+1} 已知, 则 y_{k+1} 关于先前的观测值是条件独立的, 即

$$\pi(y_{k+1} \mid x_{k+1}, D_k) = \pi(y_{k+1} \mid x_{k+1}).$$

把这些表达式代入公式 (4.7) 可得

$$\pi(y_{k+1} \mid D_{k+1}) = \frac{\pi(y_{k+1} \mid x_{k+1})\pi(x_{k+1}, D_k)}{\pi(D_{k+1})}.$$

另外, 由于

$$\pi(x_{k+1}, D_k) = \pi(x_{k+1} \mid D_k)\pi(D_k)$$

以及

$$\pi(D_{k+1}) = \pi(D_k, y_{k+1}) = \pi(y_{k+1} \mid D_k)\pi(D_k),$$

现在就能得到

$$\pi(x_{k+1} \mid D_{k+1}) = \frac{\pi(x_{k+1}, D_{k+1})}{\pi(D_{k+1})} = \frac{\pi(y_{k+1} \mid x_{k+1})\pi(x_{k+1} \mid D_k)}{\pi(y_{k+1} \mid D_k)},$$

这就证明了方程 (4.6). □

在讨论计算问题之前, 对导出的方程进行解读是很有用的. 首先考虑方程 (4.5). 该式中的被积函数就是变量 x_k 和 x_{k+1} 在观测值 D_k 条件下的联合概率密度函数. 因此, (4.5) 式就是 x_{k+1} 的边缘概率密度函数, 即与 x_k 的取值无关的 x_{k+1} 的概率密度函数.

类似地, 方程 (4.6) 从统计反演的角度也很容易解释. 假设我们已算得密度函数 $\pi(x_{k+1} \mid D_k)$, 并在得到新的观测值 y_{k+1} 时将该密度函数视作 x_{k+1} 的先验函数, 那么方程 (4.6) 就是 Bayes 公式.

理解了这些解释后, 下面我们就考虑所有模型中最简单的 Gauss 线性的情形.

4.2 Kalman 滤波器

4.2.1 线性 Gauss 型问题

如果下述特殊条件成立, 则从定理 4.2 就能导出 Kalman 预测器和 Kalman 滤波器的著名公式: 首先, 状态方程是线性的, 且带加性噪声过程, 即

$$X_{k+1} = F_{k+1}X_k + W_{k+1}, \quad k = 0, 1, 2, \cdots, \tag{4.8}$$

$$Y_k = G_kX_k + V_k, \quad k = 1, 2, \cdots. \tag{4.9}$$

这里假设 F_{k+1} 和 G_{k+1} 为已知矩阵. 其次, 向量 W_{k+1} 和 V_{k+1} 为均值和协方差已知的 Gauss 噪声. 不失一般性, 假设它们为 0 均值向量. 再次, 噪声向量是相互独立的, 即

$$W_k \perp W_\ell, \quad V_k \perp V_\ell, \quad k \neq \ell,$$

以及

$$W_k \perp V_\ell.$$

最后, X_0 的概率密度函数已知为 Gauss 型的. 不失一般性, 我们同样可以假设 X_0 的期望为 0.

在这些约束性很强的条件下, 如下定理成立.

定理 4.3 假设上述假设成立. 记 $x_{x|\ell} = E(x_k \mid D_\ell)$, $\Gamma_{k|\ell} = \mathrm{cov}(x_k \mid D_\ell)$, 并定义 $\pi(x_0) = \pi(x_0 \mid D_0)$. 则时间发展与观测更新公式具有如下形式:

1. 时间发展更新: 假设已知 Gauss 密度函数

$$\pi(x_k \mid D_k) \sim \mathcal{N}(x_{k|k}, \Gamma_{k|k}),$$

那么

$$\pi(x_{k+1} \mid D_k) \sim \mathcal{N}(x_{k+1|k}, \Gamma_{k+1|k}),$$

其中

$$x_{k+1|k} = F_{k+1} x_{k|k}, \tag{4.10}$$

$$\Gamma_{k+1|k} = F_{k+1} \Gamma_{k|k} F_{k+1}^{\mathrm{T}} + \Gamma_{w_{k+1}}. \tag{4.11}$$

2. 观测更新: 假设已知 Gauss 密度函数

$$\pi(x_{k+1} \mid D_k) \sim \mathcal{N}(x_{k+1|k}, \Gamma_{k+1|k}),$$

那么

$$\pi(x_{k+1} \mid D_{k+1}) \sim \mathcal{N}(x_{k+1|k+1}, \Gamma_{k+1|k+1}),$$

其中

$$x_{k+1|k+1} = x_{k+1|k} + K_{k+1}\left(y_{k+1} - G_{k+1} x_{k+1|k}\right), \tag{4.12}$$

$$\Gamma_{k+1|k+1} = (I - K_{k+1} G_{k+1}) \Gamma_{k+1|k}, \tag{4.13}$$

且称矩阵 K_{k+1} 为 Kalman 增益矩阵, 它由下式给出:

$$K_{k+1} = \Gamma_{k+1|k} G_{k+1}^{\mathrm{T}} \left(G_{k+1} \Gamma_{k+1|k} G_{k+1}^{\mathrm{T}} + \Gamma_{v_{k+1}}\right)^{-1}.$$

证明 如 4.1 节末尾所释, 乘积 $\pi(x_{k+1} \mid x_k)\pi(x_k \mid D_k)$ 为 x_k 和 x_{k+1} 的联合概率密度函数. 现在, 待证明的发展更新公式就可由定理 3.7 得到, 而有关观测更新的断言就是定理 3.8 的直接推论. 事实上, 若理解为 $\pi(x_{k+1} \mid D_k) = \pi_{\mathrm{pr}}(x_{k+1})$ 和 $\pi(y_{k+1} \mid x_{k+1}) = \pi_{\mathrm{noise}}(y_{k+1} - G_{k+1} x_{k+1})$, 其中 π_{noise} 为观测噪声 v_{k+1} 的概率密度函数, 那么直接代入即得结论. □

初始状态往往并不是明确已知的, 这一般可通过将初始协方差设得很大来处理. 这种不确定性会从初次估计的方差反映出来, 但通常这种过渡效应不久就消失了.

作为 Kalman 滤波器的一个应用, 我们回到介绍性的例 4.1 中.

例 4.2 (续) 建立起讨论线性 Gauss 型非稳态反问题的必要工具后, 我们继续讨论本章开头描述的例 4.1.

假设波形 ψ 包含了两个 Gauss 型隆起:

$$\psi(s)=a_1\exp\left(-\frac{1}{s_1^2}(s-c_1)^2\right)+a_2\exp\left(-\frac{1}{s_2^2}(s-c_2)^2\right),$$

其中 $a_1=1.5$, $a_2=1.0$, $s_1=0.8$, $s_2=0.04$, $c_1=0.1$, $c_2=0.25$. 传播速度 $c=0.04$, 而观测是在单位时间区间上完成的. 假设有 11 个均匀分布的观测点, 而波传播了 20 个时间单位. 加性观测噪声为 Gauss 白噪声, 标准差为无噪声信号最大值的 5%. 图 4.1 显示了在观测序列范围内的真实波.

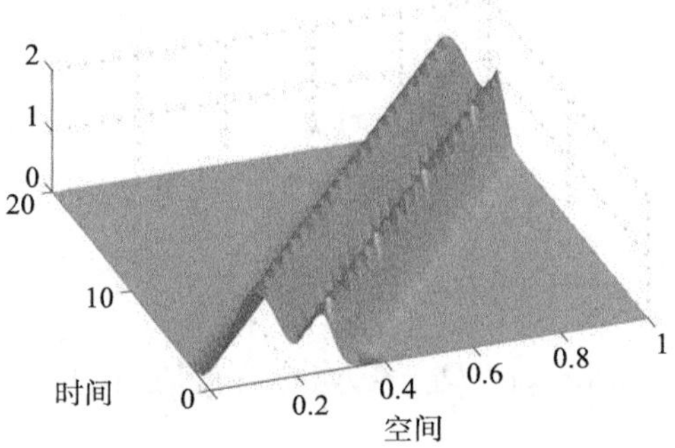

图 4.1 真实波形 $u(s-ct)$

我们使用随机游动模型和波传播模型, 基于动态观测对波进行估计. 在随机游动模型中, 状态噪声为 $W_{k+1}\sim\mathcal{N}(0,\gamma^2 I)$, 其中 $\gamma=0.1$.

在波传播模型中, 考察两种情况: 第一, 假设传播速度已知; 第二, 假设仅大致知道传播速度, 使得所用的传播速度为 $\bar{c}=1.5c$, 即我们大大高估了速度. 同时注意到估计的是 $u(s,t)$ 而非 $\psi(s)$, 因为我们不能确定整个线性波传播模型是否完全正确.

此时, 状态噪声的协方差为

$$\begin{aligned}E\left\{W_{k+1}W_{k+1}^{\mathrm{T}}\right\}&=F\left(E\left\{Z(t_{k+1})Z(t_{k+1})^{\mathrm{T}}\right\}+E\left\{E(t_{k+1})E(t_{k+1})^{\mathrm{T}}\right\}\right)F^{\mathrm{T}}\\&=F\left(\alpha^2 e_1e_1^{\mathrm{T}}+\gamma^2 I\right)F^{\mathrm{T}},\end{aligned}$$

其中 $e_1=[1,0,\cdots,0]^{\mathrm{T}}$, α^2 为区间左端边值的方差, 而 γ^2 为模拟误差的方差. 在两种情况中我们都取 $\alpha=0.1$, 而假设正确波速的模拟误差比错误的更小. 在计算中, 我们对正确波速取 $\gamma=10^{-4}$, 而对错误波速取 $\gamma=0.1$. 结果显示, 算法对这些参数非常不敏感.

图 4.2 显示了基于 Kalman 滤波器的估计结果. 不出所料, 波传播模型给出的估计更为光滑, 因为它有一个内置的平滑化先验函数. 同时也注意到, 该方法关于估计的传播速度是很稳健的. 带正确和错误波速的估计是不相等的, 但差别微乎其微. 这在很多实际应用中是个重要特征, 特别地, 参见第 7 章中类似但复杂得多的例子. ◇

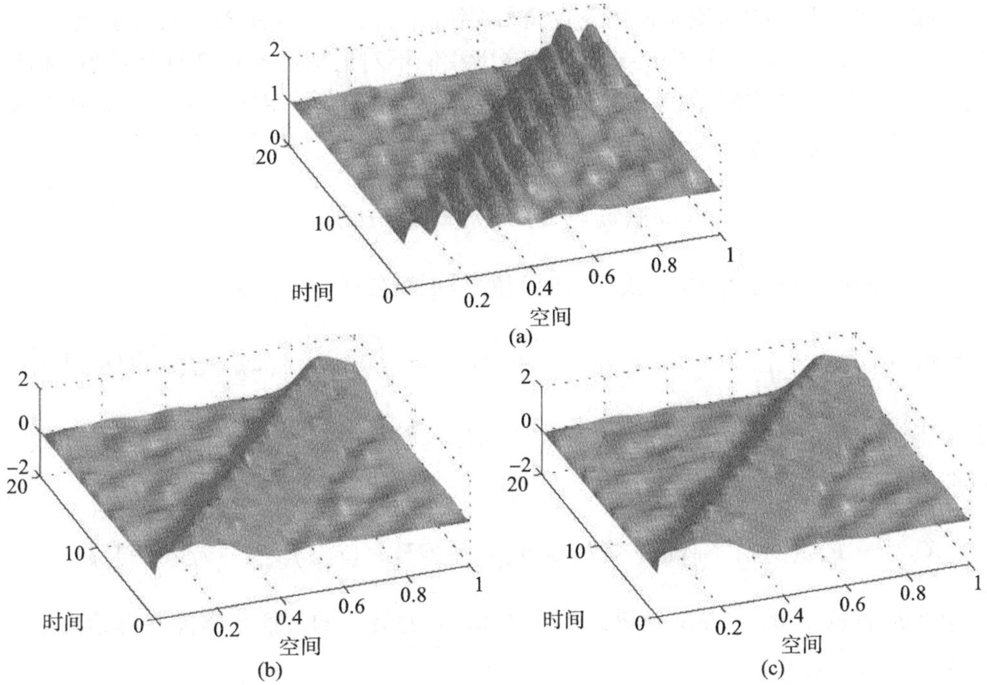

图 4.2 Kalman 滤波估计. (a) 基于随机游动模型, 而 (c) 和 (b) 分别基于带正确速度和过高估计速度的波传播模型

在后几节中, 我们将在线性假设或正态性假设不满足的情况下考察 Bayes 滤波.

4.2.2 扩展 Kalman 滤波器

Kalman 滤波的有效性是基于 Gauss 密度函数在线性变换中保持 Gauss 型不变的事实之上的. 因此, 只要更新均值和协方差就能实现密度函数的更新, 而这点对非线性模型则不再成立. 然而, 可以尝试用 Gauss 密度函数来近似逼近这些密度函数, 并跟进这些逼近的发展. 其成功与否很大程度上取决于非线性发展模型的性质. 这种近似被称为扩展 Kalman 滤波 (extended Kalman filtering, EKF).

考虑发展-观测模型

$$X_{k+1} = F_{k+1}(X_k) + W_{k+1}, \quad k = 0, 1, 2, \cdots, \tag{4.14}$$

$$Y_k = G_k(X_k) + V_k, \quad k = 1, 2, \cdots, \tag{4.15}$$

其中假设映射 F_{k+1} 和 G_k 是可微的. 状态噪声 W_k 和观测噪声 V_k 与 4.1 节中相同, 即为 Gauss 型, 零均值且相互独立的. 假设初始密度函数 $\pi(X_0)$ 是已知的. 照例, 对空观测 D_0 我们规定 $\pi(X_0 \mid D_0) = \pi(X_0)$.

我们在接下来的讨论中使用下述符号: 用 $\pi_{\mathrm{G}}(x_j \mid D_k)$ 表示条件密度函数 $\pi(x_j \mid D_k)$, $j=k,k+1$ 的一个 Gauss 近似. 这里我们不对近似的质量作任何评价; 相反地, 我们在发展-观测模型 (4.14)–(4.15) 的基础上给出计算 Gauss 近似的更新步骤.

假设 $\pi_{\mathrm{G}}(x_k \mid D_k)$ 是已知的:

$$\pi_{\mathrm{G}}(x_k \mid D_k) \sim \mathcal{N}(x_{k|k}, \Gamma_{k|k}).$$

第一步是逼近 $\pi(x_{k+1} \mid D_k)$. 我们将时间发展更新公式 (4.5) 写为

$$\pi(x_{k+1} \mid D_k) = \int \pi(x_{k+1} \mid x_k)\pi(x_k \mid D_k)\,\mathrm{d}x_k \approx \int \pi(x_{k+1} \mid x_k)\pi_{\mathrm{G}}(x_k \mid D_k)\,\mathrm{d}x_k.$$

为了得到转移核 $\pi(x_{k+1} \mid x_k)$ 的 Gauss 近似, 我们在中心 $x_{k|k}$ 附近对 F_{k+1} 作线性近似:

$$X_{k+1} = F_{k+1}(X_k) + W_{k+1} \approx F_{k+1}(x_{k|k}) + \mathcal{D}F_{k+1}(x_{k|k})(X_k - x_{k|k}) + W_{k+1},$$

其中 $\mathcal{D}F$ 表示 F 的 Jacobi 矩阵. 标准 Kalman 滤波器的传播步骤能立即给出更新的 Gauss 近似. 记

$$\pi_{\mathrm{G}}(x_{k+1} \mid D_k) \sim \mathcal{N}(x_{k+1|k}, \Gamma_{k+1|k}),$$

其中

$$x_{k+1|k} = F_{k+1}(x_{k|k}), \quad \Gamma_{k+1|k} = (\mathcal{D}F_{k+1})\Gamma_{k|k}(\mathcal{D}F_{k+1})^{\mathrm{T}} + \Gamma_{w_{k+1}},$$

这里简记 $\mathcal{D}F_{k+1} = \mathcal{D}F_{k+1}(x_{k|k})$.

为了导出观测更新, 运用 Bayes 公式 (4.6) 并写成

$$\begin{aligned}\pi(x_{k+1} \mid D_{k+1}) &\propto \pi(y_{k+1} \mid x_{k+1})\pi(x_{k+1} \mid D_k)\\ &\approx \pi(y_{k+1} \mid x_{k+1})\pi_{\mathrm{G}}(x_{k+1} \mid D_k)\\ &\propto \exp\Bigg(-\frac{1}{2}(x_{k+1} - x_{k+1|k})^{\mathrm{T}}\Gamma_{k+1|k}^{-1}(x_{k+1} - x_{k+1|k})\\ &\qquad -\frac{1}{2}(y_{k+1} - G_{k+1}(x_{k+1}))^{\mathrm{T}}\Gamma_{v_{k+1}}^{-1}(y_{k+1} - G_{k+1}(x_{k+1}))\Bigg). \end{aligned} \tag{4.16}$$

为了求得该密度函数的 Gauss 近似, 最直接的方法是用 G_{k+1} 在 $x_{k+1|k}$ 处的线性化来逼近它, 即

$$G_{k+1}(x_{k+1}) \approx G_{k+1}(x_{k+1|k}) + \mathcal{D}G_{k+1}(x_{k+1|k})(x_{k+1} - x_{k+1|k}).$$

该近似就直接给出了一个 Gauss 近似

$$\pi_{\mathrm{G}}(x_{k+1} \mid D_{k+1}) \sim \mathcal{N}(x_{k+1|k+1}, \Gamma_{k+1|k+1}),$$

其中

$$x_{k+1|k+1} = x_{k+1|k} + K_{k+1}(y_{k+1} - G_{k+1}(x_{k+1|k})), \tag{4.17}$$

$$\Gamma_{k+1|k+1} = (I - K_{k+1}\mathcal{D}G_{k+1})\Gamma_{k+1|k}, \tag{4.18}$$

而增益矩阵为

$$K_{k+1} = \Gamma_{k+1|k}\mathcal{D}G_{k+1}^{\mathrm{T}}\left(\mathcal{D}G_{k+1}\Gamma_{k+1|k}\mathcal{D}G_{k+1}^{\mathrm{T}} + \Gamma_{v_{k+1}}\right)^{-1}.$$

上面记 $\mathcal{D}G_{k+1} = \mathcal{D}G_{k+1}(x_{k+1|k+1})$.

这是 EKF 的一种最简单直接的类型. 若计算时间问题不是很关键, 则可通过加入如下的内部迭代循环来改进观测更新步骤.

与 (4.16) 中直接将 $x_{k+1|k}$ 作为线性化点不同, 我们可以先迭代地搜索得到指数项的最小化子, 即

$$x_* = \arg\min(f(x)),$$

其中

$$f(x) = (x - x_{k+1|k})^{\mathrm{T}}\Gamma_{k+1|k}^{-1}(x - x_{k+1|k}) + (y_{k+1} - G_{k+1}(x))^{\mathrm{T}}\Gamma_{v_{k+1}}^{-1}(y_{k+1} - G_{k+1}(x)).$$

该最小化问题可根据所需精度来求解.

迭代 Gauss-Newton 最小化从初值 $x^0 = x_{k+1|k}$ 出发, $x^j \to x^{j+1}$ 的更新步骤如下. 我们在当前点 x^j 对 G_{k+1} 作线性化:

$$G_{k+1}(x) \approx G_{k+1}(x^j) + \mathcal{D}G_{k+1}(x^j)(x - x^j).$$

定义

$$\delta x = x - x_{k+1|k}, \quad y^j = y_{k+1} - G_{k+1}(x^j), \quad \mathcal{D}G_{k+1}^j = \mathcal{D}G_{k+1}(x^j),$$

f 的近似即为

$$\begin{aligned} f(x) \approx{} & \delta x^{\mathrm{T}}\Gamma_{k+1|k}\delta x \\ & + \left(y^j - \mathcal{D}G_{k+1}^j(x_{k+1|k} - x^j - \delta x)\right)^{\mathrm{T}}\Gamma_{v_{k+1}}^{-1}\left(y^j - \mathcal{D}G_{k+1}^j(x_{k+1|k} - x^j - \delta x)\right). \end{aligned}$$

这个二次式的极小化子为

$$\delta x = \left(\Gamma_{k+1|k}^{-1} + (\mathcal{D}G_{k+1}^j)^{\mathrm{T}}\Gamma_{v_{k+1}}^{-1}\mathcal{D}G_{k+1}^j\right)^{-1}\left(y^j - \mathcal{D}G_{k+1}(x_{k+1|k} - x^j)\right).$$

更新后的值定义为 $x^{j+1} = x_{k+1|k} + \delta x$, 这可表为 Kalman 增益矩阵的形式. 根据矩阵求逆引理 (即 (3.15) 和 (3.16) 式的等价性), 成立

$$x^{j+1} = x_{k+1|k} + (I - K_{k+1}^j\mathcal{D}G_{k+1}^j)\Gamma_{k+1|k}\left(y^j - \mathcal{D}G_{k+1}^j(x_{k+1|k} - x^j)\right),$$

其中

$$K_{k+1}^j = \Gamma_{k+1|k}\mathcal{D}G_{k+1}^j\left(\mathcal{D}G_{k+1}^j\Gamma_{k+1|k}(\mathcal{D}G_{k+1}^j)^{\mathrm{T}} + \Gamma_{v_{k+1}}\right)^{-1}.$$

重复迭代直至收敛, 然后设 $x_{k+1|k+1} = x^j \approx x_*$. 协方差矩阵 $\Gamma_{k+1|k+1}$ 就可通过在 (4.18) 式中将 x_* 作为线性化点来得到.

最后我们指出, 若非线性很弱, 就可以考虑全局线性化问题, 在某一点 $\overline{x}$ 采用近似 $\mathcal{D}F(x_k) \approx \mathcal{D}F(\overline{x})$ 和 $\mathcal{D}G(x_k) \approx \mathcal{D}G(\overline{x})$ 就会给出实际可行的近似.

4.3 粒子滤波器

在应用中, 发展-观测模型可能很烦琐或者不可能线性化. 例如, 当模型不可微或并非以封闭形式给出时, 情况正是如此. 与第 3 章讨论的稳态反问题的情况一样, 我们可以尝试使用 Monte Carlo 方法, 通过随机样本来模拟密度函数. 这类方法被称为*粒子滤波器*. 本节将讨论这些模拟方法中的一种.

原则上, 粒子滤波器方法的目的是按顺序产生一列按条件概率密度函数 $\pi(x_{k+1} \mid D_k)$ (预测) 或 $\pi(x_k \mid D_k)$ (滤波) 分布的随机样本 $\{x_k^1, x_k^2, \cdots, x_k^N\}$. 称向量 x_k^j 为样本的粒子, 故而命名为粒子滤波器. 为此我们要考虑两个模拟步骤: 有了模拟概率密度函数 $\pi(x_k \mid D_k)$ 的样本后, 我们要能够产生一个新的样本来模拟 $\pi(x_{k+1} \mid D_k)$, 进而产生模拟 $\pi(x_{k+1} \mid D_{k+1})$ 的样本. 这可通过定理 4.2 导出的更新公式来实现.

下述相当直接的粒子滤波器方法被称为*采样重要性重采样* (sampling importance resampling, SIR) 算法, 下面我们给出这个算法的简洁形式.

1. 从初始随机变量 X_0 的密度函数 $\pi(x_0) = \pi(x_0 \mid D_0)$ 抽取随机样本 $\{x_0^n\}_{n=1}^N$, 并设 $k = 0$.

2. 预测步: 对给定的 $k \geqslant 0$, 令 $\{x_k^n\}_{n=1}^N$ 为服从 $\pi(x_k \mid D_k)$ 分布的样本, 并将积分 (4.5) 近似为

$$\pi(x_{k+1} \mid D_k) = \int \pi(x_{k+1} \mid x_k)\pi(x_k \mid D_k)\,\mathrm{d}x_k \approx \frac{1}{N}\sum_{n=1}^N \pi(x_{k+1} \mid x_k^n).$$

3. 从预测的密度函数中抽样: 从 $\pi(x_{k+1} \mid x_k^n)$ 抽取一个新粒子 $\widetilde{x}_{k+1}^n$, $1 \leqslant n \leqslant N$.

4. 计算相对似然函数

$$w_{k+1}^n = \frac{1}{W}\pi(y_{k+1} \mid \widetilde{x}_{k+1}^n), \quad W = \sum_{n=1}^N \pi(y_{k+1} \mid \widetilde{x}_{k+1}^n).$$

5. 重采样: 从集合 $\{\widetilde{x}_{k+1}^n\}$ 中抽取 x_{k+1}^n, $1 \leqslant n \leqslant N$, 使取到粒子 $\widetilde{x}_{k+1}^n$ 的概率为 w_{k+1}^n. 增加 $k \to k+1$, 然后从第 2 步开始重复.

在展示应用及例子之前，我们先给一些评注. 预测步 2 就是直接的 Monte Carlo 积分近似，这从第 1 章中 MCMC 方法的部分开始应该就很熟悉了. 事实上，这只不过是近似

$$\int f(x_k)\pi(x_k \mid D_k)\,\mathrm{d}x_k \approx \frac{1}{N}\sum_{n=1}^{N} f(x_k^n)$$

的一个实现值，其中 $f(x_k) = \pi(x_{k+1} \mid x_k)$.

第 3–5 步可以理解为*重要性采样*. 我们将密度函数 $\pi(x_{k+1} \mid D_k)$ 用作一个建议密度函数，然后用似然函数对每个候选粒子分配一个相对概率权重. 注意到我们从每个单独的密度函数 $x_{k+1} \mapsto \pi(x_{k+1} \mid x_k^n)$, $1 \leqslant n \leqslant N$ 中取出一个新的粒子. 这种更新策略被称为*分层采样*. 从算法的角度来讲，这个选择不是本质的，我们也可以从第 2 步给出的近似密度函数中取出一个新的粒子. 然而有证据表明，使用分层抽样能更好地覆盖密度函数，往往更为可取. 另外，我们将在接下来的例子中看到，分层抽样通常很容易实现.

为了对 SIR 算法有一个更具体的理解，我们考虑一个简单例子中的一个更新循环.

例 4.3 考虑一个简单的一维模型. 假设对某个 k, $\pi(x_k \mid D_k)$ 是 Rayleigh 分布的密度函数

$$\pi(x_k \mid D_k) = x_k \exp\left(-\frac{1}{2}x_k^2\right), \quad x_k \geqslant 0.$$

令 $\{x_k^1, \cdots, x_k^N\}$ 为从这个密度函数中抽取的随机样本.

考虑一个简单的随机游动模型

$$X_{k+1} = X_k + W_{k+1}, \quad W_{k+1} \sim \mathcal{N}(0, \gamma^2),$$

相应的转移密度函数为

$$\pi(x_{k+1} \mid x_k) = \frac{1}{\sqrt{2\pi\gamma^2}} \exp\left(-\frac{1}{2\gamma^2}(x_k - x_{k+1})^2\right).$$

现在我们进行分层采样: 对每个 n, 从密度函数 $\mathcal{N}(0, \gamma^2)$ 抽取 w^n, 并设

$$\widetilde{x}_{k+1}^n = x_k^n + w^n.$$

这样就产生了粒子的预测云. 注意到由于我们的假设，粒子应按密度函数

$$\begin{aligned}\pi(x_{k+1} \mid D_k) &= \int \pi(x_k \mid D_k)\pi(x_{k+1} \mid x_k)\,\mathrm{d}x_k \\ &= \frac{1}{\sqrt{2\pi\gamma^2}} \int_0^\infty x_k \exp\left(-\frac{1}{2}x_k^2 - \frac{1}{2\gamma^2}(x_k - x_{k+1})^2\right)\mathrm{d}x_k\end{aligned}$$

分布. 现在假设观测模型仍为可以想到的最简单的:

$$Y_{k+1} = X_{k+1} + V_{k+1}, \quad V_{k+1} \sim \mathcal{N}(0, \sigma^2),$$

这就是说, 似然密度函数为

$$\pi(y_{k+1} \mid x_{k+1}) = \frac{1}{\sqrt{2\pi\sigma^2}} \exp\left(-\frac{1}{2\sigma^2}(y_{k+1} - x_{k+1})^2\right),$$

而测量的结果为 $y_{k+1} = y_{\text{meas}}$. 这样相对似然函数即为

$$w_{k+1}^n = \frac{1}{W} \exp\left(-\frac{1}{2\sigma^2}(y_{\text{meas}} - \widetilde{x}_{k+1}^n)^2\right),$$

其中 W 为规一化常数. 最后我们进行重采样: 对每个 n, $1 \leqslant n \leqslant N$, 抽取一个随机数 $t \sim \mathcal{U}([0,1])$, 并设

$$x_{k+1}^n = \widetilde{x}_{k+1}^\ell, \quad \text{当} \sum_{j=1}^{\ell-1} w_{k+1}^j < t \leqslant \sum_{j=1}^{\ell} w_{k+1}^j \text{ 时}.$$

图 4.3 对上述步骤进行了图解. ◇

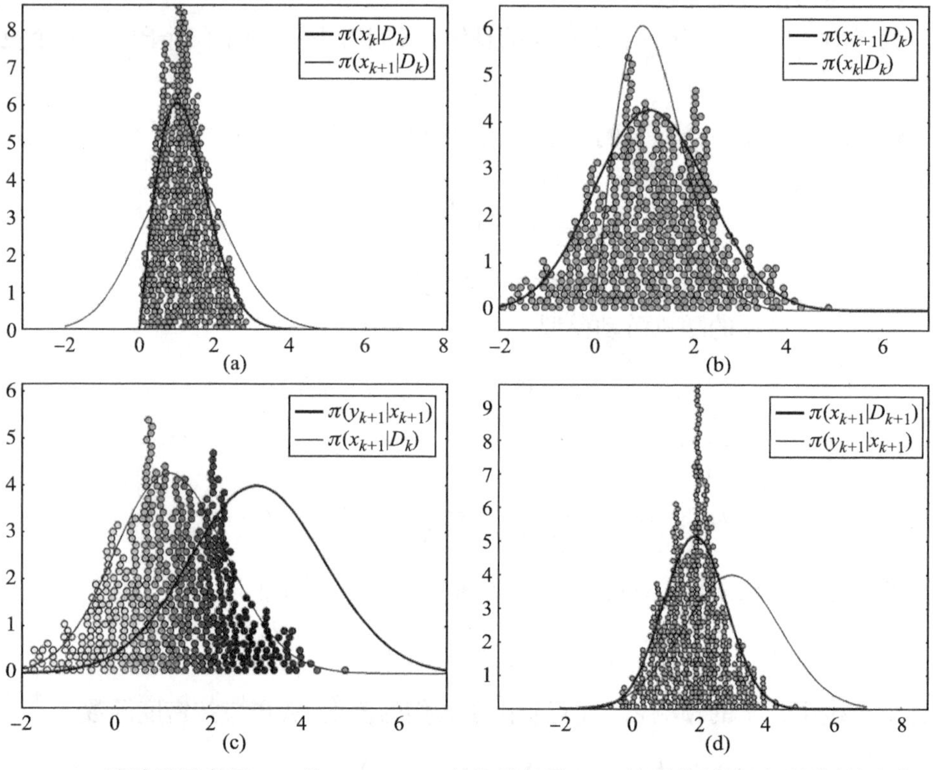

图 4.3 SIR 滤波的示意图. (a) 从 $\pi(x_k \mid D_k)$ 抽取的粒子. (b) 粒子传播并逼近预测的密度函数 $\pi(x_{k+1} \mid D_k)$. (c) 用灰度图表现的相对似然函数. (d) 逼近 $\pi(x_{k+1} \mid D_{k+1})$ 的再取样粒子

定义了粒子滤波过程后, 让我们来考察它的一些性质.

考虑计算给定函数 $g(x_{k+1})$ 关于测度 $\pi(x_{k+1} \mid D_{k+1})\,\mathrm{d}x_{k+1}$ 的积分估计的问题, 即在 D_{k+1} 的条件下 $g(x_{k+1})$ 的条件期望. 在时刻 t_{k+1}, 有两个可供我们处置

的样本, 也就是预测样本 $\{\widetilde{x}_{k+1}^n\}$ 和重采样的样本 $\{x_{k+1}^n\}$. 这两个样本能给出两种不同的近似, 即

$$\int g(x_{k+1})\pi(x_{k+1} \mid D_{k+1})\,\mathrm{d}x_{k+1} \approx \sum_{n=1}^{N} w_{k+1}^n g(\widetilde{x}_{k+1}^n) = \widetilde{\theta}g \tag{4.19}$$

或者

$$\int g(x_{k+1})\pi(x_{k+1} \mid D_{k+1})\,\mathrm{d}x_{k+1} \approx \frac{1}{N}\sum_{n=1}^{N} g(x_{k+1}^n) = \theta g. \tag{4.20}$$

问题在于, 哪种估计更可取呢? 为了解决这个问题, 注意到 $\widetilde{\theta}g$ 和 θg 都是一个随机变量的实现值, 因为样本是通过一个随机过程产生的. 因此, 选择方差较小的那个变量更为可取. 可以表明, 重采样阶段会增大方差, 所以 (4.19) 能产生更精确的估计.

从实际的角度来说, 一个很重要的问题是粒子样本应该取多大. 估计过程的收敛性可通过估计 (4.19) 中 $\widetilde{\theta}g$ 的方差来评判. 事实上, 用同样的数据重复滤波 M 次并计算相应的估计 (4.19), 这里记作 $\widetilde{\theta}_m g$, $1 \leqslant m \leqslant M$, 就能估计

$$\mathrm{var}(\widetilde{\theta}g) \approx \frac{1}{M}\sum_{m=1}^{M}(\theta_m g)^2 - (\overline{\theta}g)^2, \quad \overline{\theta}g = \frac{1}{M}\sum_{m=1}^{M}\widetilde{\theta}_m g. \tag{4.21}$$

这个量往往有助于很好地理解粒子数是否已经足够.

第二个评论涉及所谓的稀疏, 或称为样本的贫化: 可能发生预测粒子 $\widetilde{x}_{k+1}^n$ 的相对似然函数 w_{k+1}^n 分布十分不均的情况, 只有少数预测粒子具有相当大小的相关似然函数. 因此在重采样后, 样本重复包含了极少的预测粒子. 如果似然函数 $\pi(y_{k+1} \mid x_{k+1})$ 非常窄时, 或者在系统的真实时间发展模型和用于滤波的发展模型大相径庭, 以至于预测样本严重地误入歧途时, 就可能发生这种情况. 这种现象的补救措施在文献中已经给出.

这些问题在稳态 MCMC 算法中也同样存在. 事实上, 用粗略而不可行的先验函数在技术上通常很难得到可靠的采样. 而在动态的情形, 使用很合理的先验模型 (即可靠的时间发展模型) 就变得更为重要了.

4.4 空间先验函数

在 Bayes 滤波中, 时间发展模型可以看作是先验信息的一种形式. 事实上, 在观测更新步骤中, 基于发展的预测密度函数是作为后续测量的先验密度函数出现的.

在若干应用中, 状态向量 X_k 表示空间分布参数的离散形式, 而我们有可能在时间发展的范畴之外获得有关这些参数的先验信息. 事实上, 若完全在观测值 Y_k

的基础上估计 X_k, 我们可能会知道 X_k 先验地服从先验密度函数 $\pi_{\text{pr}}(x_k)$. 例如, 我们可以假设空间先验函数是一个光滑化先验函数. 于是问题就变为如何将这种空间先验密度函数纳入到时间发展模型中去.

解决问题的关键自然是 Bayes 公式. 事实上, 可以写成

$$\pi(x_{k+1} \mid x_k) = \frac{\pi_{\text{pr}}(x_{k+1})\pi(x_k \mid x_{k+1})}{\pi(x_k)}, \tag{4.22}$$

其中

$$\pi(x_k) = \int \pi_{\text{pr}}(x_{k+1})\pi(x_k \mid x_{k+1})\,\mathrm{d}x_{k+1}.$$

这里的转移概率密度函数 $\pi(x_k \mid x_{x+1})$ 可以看作是从 x_{k+1} 到 x_k 的向后转移密度函数.

例 4.4 作为上述讨论的一个例子, 考虑一个带增广 Gauss 光滑化先验函数的随机游动时间发展模型. 令

$$\pi_{\text{pr}}(x_{k+1}) \propto \exp\left(-\frac{1}{2}\|Lx_{k+1}\|^2\right)$$

为一光滑化先验函数, 其中 L 为一个微分算子的离散近似矩阵. 如果没有给定过程 $\{X_k\}_{k=0}^{\infty}$ 的 Markov 模型, 我们可以直接将上述密度函数用作先验函数, 用观测值 Y_k 来估计 X_k. 另一方面, 假设在上述 X_{k+1} 的先验信息之外, 我们想强加一个随机游动时间发展:

$$X_{k+1} = X_k + W_{k+1}, \quad W_{k+1} \sim \mathcal{N}(0, \gamma^2 I).$$

由此模型可以推出

$$\pi(x_k \mid x_{k+1}) \propto \exp\left(-\frac{1}{2\gamma^2}\|x_k - x_{k+1}\|^2\right).$$

于是, 向前转移核就变为

$$\pi(x_{k+1} \mid x_k) \propto \frac{1}{\pi(x_k)} \exp\left(-\frac{1}{2\gamma^2}\|x_k - x_{k+1}\|^2 - \frac{1}{2}\|Lx_{k+1}\|^2\right),$$

其分母为分子的积分. 为了理解应如何修正随机游动时间发展步骤, 我们将上述公式改写为更具启发性的形式.

整理指数项可得

$$\begin{aligned}\frac{1}{2\gamma^2}\|x_k - x_{k+1}\|^2 + \frac{1}{2}\|Lx_{k+1}\|^2 = &\frac{1}{2\gamma^2}(x_{k+1} - G^{-1}x_k)^{\mathrm{T}}G(x_{k+1} - G^{-1}x_k)\\ &+ \frac{1}{2\gamma^2}\left(\|x_k\|^2 - \|G^{-1/2}x_k\|^2\right),\end{aligned}$$

其中

$$G = I + \gamma^2 L^{\mathrm{T}} L.$$

因此

$$\pi(x_{k+1} \mid x_k) \propto \exp\left(-\frac{1}{2\gamma^2}(x_{k+1} - G^{-1}x_k)^{\mathrm{T}} G(x_{k+1} - G^{-1}x_k)\right).$$

该转移概率对应于一个修正的时间发展模型, 即

$$X_{k+1} = G^{-1}X_k + U_{k+1}, \quad U_{k+1} \sim \mathcal{N}(0, \gamma^2 G^{-1}).$$

这个公式很容易解释: 算子 G^{-1} 是个平滑化算子, 从而去除了 X_k 的不光滑性, 而噪声 U_{k+1} 是从一个 Gauss 光滑化密度函数中抽取的. ◇

现在我们来看定理 4.2 的更新公式 (4.5) 和 (4.6) 会如何变化. 将方程 (4.22) 代入发展更新方程 (4.5) 得到

$$\begin{aligned}\pi(x_{k+1} \mid D_k) &= \int \pi(x_{k+1} \mid x_k)\pi(x_k \mid D_k)\,\mathrm{d}x_k \\ &= \pi_{\mathrm{pr}}(x_{k+1}) \int \frac{\pi(x_k \mid x_{k+1})}{\pi(x_k)} \pi(x_k \mid D_k)\,\mathrm{d}x_k,\end{aligned} \tag{4.23}$$

故观测更新方程 (4.6) 保持不变.

事实证明, 由于实际的原因, 重组不同的密度函数有时是很有用的. 假设我们要用上述更新格式实现 SIR 算法. 记 $\{x_k^n\}_{n=1}^N$ 为一个服从条件密度函数 $\pi(x_k \mid D_k)$ 的样本, 则预测密度函数 $\pi(x_{k+1} \mid D_k)$ 的分层近似就变为

$$\pi(x_{k+1} \mid D_k) \approx \frac{1}{N} \sum_{n=1}^{N} \pi_{\mathrm{pr}}(x_{k+1}) \frac{\pi(x_k^n \mid x_{k+1})}{\pi(x_k^n)}.$$

因此, 预测样本 $\{\widetilde{x}_{k+1}^n\}$ 的分层采样要求我们从密度函数 $x_{k+1} \mapsto \pi_{\mathrm{pr}}(x_{k+1})\pi(x_k^n \mid x_{k+1})/\pi(x_k^n)$ 中抽取 $\widetilde{x}_{k+1}^n$. 尤其当空间维数很高时, 如果先验密度函数 $\pi_{\mathrm{pr}}(x_{k+1})$ 很复杂, 则这可能会是一项繁重的工作. 为此, 我们考虑对更新步骤分组的替代方案. 将 (4.23) 代入观测更新公式 (4.6), 就得到

$$\begin{aligned}\pi(x_{k+1} \mid D_{k+1}) &= \frac{\pi(y_{k+1} \mid x_{k+1})\pi(x_{k+1} \mid D_k)}{\pi(y_{k+1} \mid D_k)} \\ &= \frac{\pi(y_{k+1} \mid x_{k+1})\pi_{\mathrm{pr}}(x_{k+1}) \displaystyle\int \frac{\pi(x_k \mid x_{k+1})}{\pi(x_k)} \pi(x_k \mid D_k)\,\mathrm{d}x_k}{\pi(y_{k+1} \mid D_k)}.\end{aligned}$$

现在定义加权发展更新公式为

$$\widetilde{\pi}(x_{k+1} \mid D_k) = \int \frac{\pi(x_k \mid x_{k+1})}{\pi(x_k)} \pi(x_k \mid D_k)\,\mathrm{d}x_k,$$

而增广观测更新为

$$\pi(x_{k+1} \mid D_{k+1}) = \frac{\pi(y_{k+1} \mid x_{k+1})\pi_{\mathrm{pr}}(x_{k+1})\widetilde{\pi}(x_{k+1} \mid D_k)}{\pi(y_{k+1} \mid D_k)}.$$

我们将这些公式整理成一个定理以供以后参考, 它是更基本的定理 4.2 的特殊形式.

定理 4.4　假设过程 $\{X_k\}_{k=0}^{\infty}$ 和 $\{Y_k\}_{k=1}^{\infty}$ 构成一个发展-观测模型. 进一步设转移概率 $\pi(x_{k+1} \mid x_k)$ 由

$$\pi(x_{k+1} \mid x_k) = \frac{\pi_{\mathrm{pr}}(x_{k+1})\pi(x_k \mid x_{k+1})}{\pi(x_k)}$$

给出. 则下述任一更新公式均可用来纳入空间先验模型:

1. 加权发展更新:

$$\widetilde{\pi}(x_{k+1} \mid D_k) = \int \frac{\pi(x_k \mid x_{k+1})}{\pi(x_k)}\pi(x_k \mid D_k)\,\mathrm{d}x_k. \tag{4.24}$$

2. 增广观测更新:

$$\pi(x_{k+1} \mid D_{k+1}) = \frac{\pi(y_{k+1} \mid x_{k+1})\pi_{\mathrm{pr}}(x_{k+1})\widetilde{\pi}(x_{k+1} \mid D_k)}{\pi(y_{k+1} \mid D_k)}. \tag{4.25}$$

我们从两个不同的角度考虑上述结论. 第一, 我们给出了一个包含空间先验函数的修正粒子滤波器算法; 第二, 我们用它在 Gauss 线性的情形给出了空间先验函数的另一种解释.

从上述定理可以很直接地得到采样重要性重采样算法的一个修正:

1. 抽取一组服从 X_0 的初始密度函数 $\pi(x_0) = \pi(x_0 \mid D_0)$ 的随机样本 $\{x_0^n\}_{n=1}^N$, 并设 $k = 0$.

2. 预测步: 对给定的 $k \geqslant 0$, 设 $\{x_k^n\}_{n=1}^N$ 为服从密度函数 $\pi(x_k \mid D_k)$ 分布的样本, 并将 (4.24) 近似为

$$\widetilde{\pi}(x_{k+1} \mid D_k) \approx \frac{1}{N}\sum_{n=1}^{N}\frac{\pi(x_k^n \mid x_{k+1})}{\pi(x_k^n)}.$$

3. 分层取样: 对 $1 \leqslant n \leqslant N$, 从密度函数 $x_{k+1} \to \pi(x_k^n \mid x_{k+1})/\pi(x_k^n)$ 抽取 $\widetilde{x}_{k+1}^n$.

4. 计算相对增广似然函数

$$w_{k+1}^n = \frac{1}{W}\pi_{\mathrm{pr}}(\widetilde{x}_{k+1}^n)\pi(y_{k+1} \mid \widetilde{x}_{k+1}^n), \quad W = \sum_{n=1}^{N}\pi_{\mathrm{pr}}(x_{k+1}^n)\pi(y_{k+1} \mid x_{k+1}^n).$$

5. 从离散集 $\{\widetilde{x}_{k+1}^n\}_{n=1}^N$ 中按 $P(\widetilde{x}_{k+1}^n) = w_{k+1}^n$ 抽取 $\{x_{k+1}^n\}_{n=1}^N$ 进行重采样.

如前所释, 当向后转移概率密度函数 $\pi(x_k \mid x_{k+1})$ 很简单 (例如随机游动) 时, SIR 算法的上述形式可能很便利, 但从密度函数 $\pi_{\mathrm{pr}}\pi(x_k \mid x_{k+1})$ 中抽样的空间先验函数就很难处理了.

作为定理 4.4 的延续, 考虑如下特殊情形: 观测模型具有加性 Gauss 噪声, 而空间先验函数简单起见设为一个 Gauss 密度函数. 于是, 令观测模型在时刻 t_{k+1} 的形式为

$$Y_{k+1} = G(X_{k+1}) + V_{k+1}, \quad V_{k+1} \sim \mathcal{N}(0, S). \tag{4.26}$$

进一步, 假设空间先验函数形如

$$\pi_{\rm pr}(x_{k+1}) \propto \exp\left(-\frac{\alpha^2}{2}\|Lx_{k+1}\|^2\right).$$

考虑公式 (4.25), 有

$$\pi(x_{k+1} \mid D_{k+1}) = \frac{\pi(y_{k+1} \mid x_{k+1})\pi_{\rm pr}(x_{k+1})\widetilde{\pi}(x_{k+1} \mid D_k)}{\pi(y_{k+1} \mid D_k)} = \frac{\widetilde{\pi}(y_{k+1} \mid x_{k+1})\widetilde{\pi}(x_{k+1} \mid D_k)}{\pi(y_{k+1} \mid D_k)},$$

其中修正的似然函数定义为

$$\begin{aligned}
\widetilde{\pi}(y_{k+1} \mid x_{k+1}) &= \pi(y_{k+1} \mid x_{k+1})\pi_{\rm pr}(x_{k+1}) \\
&\propto \exp\left(-\frac{1}{2}\left\|S^{-1/2}(G(x_{k+1}) - y_{k+1})\right\|^2 - \frac{\alpha^2}{2}\|Lx_{k+1}\|^2\right) \\
&= \exp\left(-\frac{1}{2}\left\|S^{-1/2}\left(\begin{bmatrix} G(x_{k+1}) \\ \alpha S^{1/2}Lx_{k+1}\end{bmatrix} - \begin{bmatrix} y_{k+1} \\ 0\end{bmatrix}\right)\right\|^2\right).
\end{aligned}$$

现在将得到的公式与出现在定理 (4.2) 中的那些原始公式相比较, 我们就能给出如下解释: 假设观测模型并非 (4.26), 而是

$$\begin{bmatrix} Y_{k+1} \\ Z_{k+1}\end{bmatrix} = \begin{bmatrix} G(X_{k+1}) \\ \alpha S^{1/2}LX_{k+1}\end{bmatrix} + \begin{bmatrix} V_{k+1} \\ \widetilde{V}_{k+1}\end{bmatrix},$$

其中

$$V_{k+1}, \widetilde{V}_{k+1} \sim \mathcal{N}(0, S)$$

相互独立, 则 $\widetilde{\pi}(y_{k+1} \mid x_{k+1})$ 为该观测值在实现数据

$$\begin{bmatrix} Y_{k+1} \\ Z_{k+1}\end{bmatrix} = \begin{bmatrix} y_{k+1} \\ 0\end{bmatrix}$$

下的似然函数. 这个解释显得相当自然: 可以假设我们对状态 X_{k+1} 的 “不光滑性” LX_{k+1} 进行了一次假想观测, 而根据先验信息, 可以预计这个随机变量是很小的.

4.5 固定滞后和固定区间平滑化

Kalman 滤波是线上估值格式的一个例子, 其计算负荷与内存需求不随时间增长. 在自动控制问题中, 需要在观测 Y_k 之后立即估计 X_k; 这种应用要求实时估值, 这对计算速度的要求非常严格.

一些情况中的估计可以完全离线计算, 即只要在获得所有观测值之后计算即可. 对于非稳态反问题, 相关的离线格式是固定滞后平滑器和固定区间平滑器, 见定义 4.1. 这里我们仅在一阶 Markov 假设下处理 Gauss 线性情形, 非线性发展-观测模型的扩展平滑器与前面解释过的扩展 Kalman 滤波器是类似的. 平滑器还有粒子滤波器的形式, 但对于通常的反问题来说, 它们在计算上往往过于复杂而难以在实践中实现.

"平滑化" 这一术语是有历史意义的, 而其首次应用中的观测模型仅仅是 $Y_k = X_k + V_k$, $Y_k \in \mathbb{R}$. 若对发展模型作诸如随机游动的假设, 则估计 $x_{k|k+p}$ 显然就类似于一个 "平滑的" 观测序列.

考虑带相互独立的 Gauss 状态噪声和观测噪声的线性发展-观测模型 (4.8)–(4.9). 如定义 4.1 所述, 固定滞后平滑化问题就是计算 $\pi(x_k \mid D_{k+p})$, $p \geqslant 1$. 显然, 在 Gauss 型的情形, 只要计算均值 $x_{k|k+p}$ 和协方差 $\Gamma_{k|k+p}$ 即可. 为了强调计算估计的时刻, 我们转而考虑 $x_{k-p|k}$ 和 $\Gamma_{k-p|k}$ 这两个量.

我们定义增广状态向量

$$Z_k = \begin{bmatrix} X_k \\ X_{k-1} \\ \vdots \\ X_{k-p} \end{bmatrix},$$

并写出它的发展-观测模型. 利用等式 $X_{k-\ell} = X_{k-\ell}$ 将 (4.8) 式进行增广, 就得到

$$Z_{k+1} = \begin{bmatrix} F_{k+1} & 0 \cdots 0 & 0 \\ I & 0 \cdots 0 & 0 \\ 0 & I \cdots 0 & 0 \\ \vdots & \vdots \ddots \vdots & \vdots \\ 0 & 0 \cdots I & 0 \end{bmatrix} Z_k + \begin{bmatrix} W_{k+1} \\ 0 \\ 0 \\ \vdots \\ 0 \end{bmatrix}, \tag{4.27}$$

$$Y_k = [G_k \ 0 \ \cdots \ 0] Z_k + V_k. \tag{4.28}$$

Kalman 滤波所要求的向量 $\{Z_k\}$, $\{Y_k\}$ 的 Markov 性显然得以满足, 且表达式 (4.27)–(4.28) 具有 (4.8)–(4.9) 的形式.

将 Kalman 滤波器用于系统 (4.27)–(4.28), 就能得到估计 $z_{k|k}$, 但显然 Kalman 滤波器估计 $z_{k|k}$ 的最后一块就是想要的 $x_{k-p|k}$. 当然, 上面产生了直到 p 步滞后的所有固定滞后估计. 上述计算体现出发展-观测模型的广泛用途: 给出一个模型, 就能方便地生成一个新的模型.

虽然 (4.27)–(4.28) 能被用来得到固定滞后估计, 但这在计算上并不高效, 除非能够利用相关矩阵的稀疏性. 况且, 我们通常对不同滞后的估计之间所有可能的互协方差并不感兴趣. 现有一些其他方法在计算量以及稳定性上各有千秋. 在下面介

绍的一种方法中, 我们将标准 Kalman 滤波器递归的观测更新替换如下: 在每个时刻 k, 对 $\ell=0,\cdots,p$ 递归地计算

$$x_{k-\ell|k}=x_{k-\ell|k-1}+K_{k-\ell}(y_k-G_kx_{k|k-1}), \tag{4.29}$$

$$K_{k-\ell}=\Gamma_{k|k-1}^{(\ell,0)}G_k^{\mathrm{T}}\left(G_k\Gamma_{k|k-1}G_k^{\mathrm{T}}+\Gamma_{v_k}\right)^{-1}, \tag{4.30}$$

$$\Gamma_{k+1|k}^{(\ell+1,0)}=\Gamma_{k|k-1}^{(\ell,0)}(I-K_kG_k)^{\mathrm{T}}F_k^{\mathrm{T}}, \tag{4.31}$$

其中

$$\Gamma_{k|k-1}^{(\ell,0)}=E\left\{(x_{k-\ell}-x_{k-\ell|k-1})(x_k-x_{k|k-1})^{\mathrm{T}}\right\},$$

而 $\Gamma_{k|k-1}^{(0,0)}=\Gamma_{k|k-1}$ 为初始化滞后迭代的单步预测协方差.

为了导出递归式 (4.29)–(4.31), 只要从一般形式 (4.27)–(4.28) 出发, 并将矩阵结构有效地考虑进去, 就能得到递归式. 推导的细节在此从略.

我们可能要储存大量的矩阵和向量, 这取决于 p 的大小. 但注意到相比于 Kalman 滤波器, 总体计算复杂度是小于翻 p 番的.

固定区间平滑器包括 Kalman 滤波器和预测估计的常规计算以及这些估计的储存. 于是, 只要利用 Kalman 滤波器可以写为使观测序列正交的形式这一事实, 并考虑到估计可以写为关于这一正交序列的投影, 就能说明固定区间平滑器估计和各自的协方差可由向后迭代

$$x_{k-1|T}=x_{k-1|k-1}+A_{k-1}(x_{k|T}-x_{k|k-1}), \tag{4.32}$$

$$\Gamma_{k-1|T}=\Gamma_{k-1|k-1}+A_{k-1}(\Gamma_{k|T}-\Gamma_{k|k-1})A_{k-1}^{\mathrm{T}} \tag{4.33}$$

得到, 其中 $k=T,T-1,\cdots,2$, 而向后增益矩阵 A_k 由下式给出:

$$A_k=\Gamma_{k|k}F_{k+1}\Gamma_{k+1|k}^{-1},\quad k=1,\cdots,T-1. \tag{4.34}$$

再次注意到存储的需求可能是巨大的. 然而向后增益矩阵无须同时用到, 因此不用在核心内存中存储.

平滑化的估计与线上 Kalman 滤波估计相比好多少取决于发展-观测模型, 但取决关系是非平凡的. 在一些情形中, 滤波的估计误差具有延迟型结构, 而这在平滑化的估计中鲜少出现. 在另一些情形中, 估值误差的减小微乎其微, 但从计算复杂度增加的角度来看却代价颇高.

4.6 高阶 Markov 模型

到目前为止, 非稳态反问题的讨论都是基于过程 $\{X_k\}_{k=0}^{\infty}$ 和 $\{Y_k\}_{k=1}^{\infty}$ 的一阶 Markov 性的. 在本节中, 我们将讨论推广到某些性质不再成立的情形. 特别地, 我

们将考察的情况是状态过程为 p 阶 Markov 过程或者观测具有记忆, 即测量输出依赖于过去. 我们也将研究这些情况的结合.

首先考虑 $\{X_k\}_{k=0}^{\infty}$ 和 $\{Y_k\}_{k=1}^{\infty}$ 满足如下条件的情形:

1. $\{X_k\}_{k=0}^{\infty}$ 为 p 阶 Markov 过程, 即

$$\pi(x_{k+1} \mid x_0, x_1, \cdots, x_k) = \pi(x_{k+1} \mid x_{k-p+1}, x_{k-p+2}, \cdots, x_k).$$

2. $\{Y_k\}_{k=1}^{\infty}$ 关于 $\{X_k\}$ 的履历为 Markov 过程, 即

$$\pi(y_k \mid x_0, x_1, \cdots, x_k) = \pi(y_k \mid x_k).$$

3. 过程 $\{X_k\}_{k=0}^{\infty}$ 仅通过其本身的履历依赖于过去的观测值, 即

$$\pi(x_{k+1} \mid x_k, y_1, y_2, \cdots, y_k) = \pi(x_{k+1} \mid x_k).$$

对负指标 k, 在上面我们规定恒设 $X_k = 0$, 即过程是平凡的. 相较于早先的讨论, 只是第一个条件有所改变, 即当前的值仅通过前面 p 个值与过去相关.

有个非常简单的方法能转化这一问题, 使得能够应用先前的结论. 类似于 4.5 节, 将一个新的过程 $\{Z_k\}_{k=0}^{\infty}$ 定义为

$$Z_k = \begin{bmatrix} X_k \\ X_{k-1} \\ \vdots \\ X_{k-p+1} \end{bmatrix}, \quad k \geqslant 0.$$

记 Z_k 的实现值为 z_k. 对这个过程, 容易知道

$$\begin{aligned}\pi(z_{k+1} \mid z_0, \cdots, z_k) &= \pi(x_{k-p+1}, \cdots, x_{k+1} \mid x_0, x_1, \cdots, x_k) \\ &= \pi(x_{k-p+2}, \cdots, x_{k+1} \mid x_{k-p+1}, \cdots, x_k) = \pi(z_{k+1} \mid z_k),\end{aligned}$$

即过程 $\{Z_k\}_{k=0}^{\infty}$ 是一个 Markov 过程. 我们另外还有

$$\begin{aligned}\pi(y_k \mid z_0, z_1, \cdots, z_k) &= \pi(y_k \mid x_0, x_1, \cdots, x_k) = \pi(y_k \mid x_k) \\ &= \pi(y_k \mid x_{k-p+1}, \cdots, x_k) = \pi(y_k \mid z_k).\end{aligned}$$

最后, 同理可以推知

$$\begin{aligned}\pi(z_{k+1} \mid z_k, y_1, y_2, \cdots, y_k) &= \pi(x_{k-p+2}, \cdots, x_{k+1} \mid x_{k-p+1}, \cdots, x_k, y_1, \cdots, y_k) \\ &= \pi(x_{k-p+2}, \cdots, x_{k+1} \mid x_{k-p+1}, \cdots, x_k) = \pi(z_{k+1} \mid z_k).\end{aligned}$$

综上所述, $\{Z_k\}_{k=0}^{\infty}$ 和 $\{Y_k\}_{k=1}^{\infty}$ 为发展-观测模型. 于是, 我们可以直接将所有的结论用来估计 Z_k, 进而估计 X_k.

考虑如下发展模型: 假设有一个线性 p 阶 Markov 发展模型

$$X_{k+1} = F_1 X_k + F_2 X_{k-1} + \cdots + F_p X_{k-p+1} + W_{k+1},$$

其中 F_j, $1 \leqslant j \leqslant p$ 为已知矩阵. 根据过程 Z_k 的定义, 我们立即得到 Markov 型的发展方程

$$\begin{bmatrix} X_{k+1} \\ X_k \\ \vdots \\ X_{k-p+2} \end{bmatrix} = \begin{bmatrix} F_1 & \cdots & F_{p-1} & F_p \\ I & \cdots & 0 & 0 \\ \vdots & \ddots & \vdots & \vdots \\ 0 & \cdots & I & 0 \end{bmatrix} \begin{bmatrix} X_k \\ X_{k-1} \\ \vdots \\ X_{k-p+1} \end{bmatrix} + \begin{bmatrix} W_{k+1} \\ 0 \\ \vdots \\ 0 \end{bmatrix},$$

即 Z_k 满足如下形式的发展模型

$$Z_{k+1} = \mathcal{F} Z_k + \mathcal{W}_{k+1}.$$

这对 Z_k 来说是个一阶线性 Markov 模型, 而线性观测模型可写为 (4.28). 这样我们就能应用标准的 Kalman 滤波.

非常类似地, 我们可以处理发展模型为 Markov 型, 而观测方程具有记忆的情况, 即我们得到的并非简单方程 (4.4), 而是具有 q 步时间记忆的观测值

$$Y_k = G_k X_k + G_{k-1} X_{k-1} + \cdots + G_{k-q+1} X_{k-q+1} + V_k, \quad q > 1.$$

像前面一样定义多状态 $Z_k = [X_k; X_{k-1}; \cdots; X_{k-q+1}]$, 现有就有观测方程

$$Y_k = [G_k \ G_{k-1} \ \cdots \ G_{k-q+1}] Z_k + V_k,$$

这里的状态发展与 (4.27) 是类似的.

最后, 我们自然想要结合上述想法, 并考虑具有 q 步时间记忆观测值的 p 阶 Markov 过程. 于是多状态向量就定义为 $Z_k = [X_k; X_{k-1}; \cdots; X_{k-r+1}]$, 其中 $r = \max(p, q)$.

高阶 Markov 模型会自然地出现在连续时间发展模型是用高阶微分方程描述的时候. 作为一个例子, 考虑发展模型

$$\frac{\partial^2 u(r,t)}{\partial t^2} = p(r, D) u(r,t) + e(r,t),$$

这里 $p(r, D)$ 为空间微分算子, $e(r,t)$ 代表模拟误差. 对空间方向进行显式离散化就能导出一个半离散的向量微分方程

$$\frac{\mathrm{d}^2 x(t)}{\mathrm{d}t^2} = P x(t) + w(t), \quad x(t) \in \mathbb{R}^N.$$

类似于例 4.1 中的讨论, 可将时间变量离散化. 令 $t_k = k\tau$, $k = 0, 1, 2, \cdots$, 就能写出近似方程

$$\tau^{-2}(x(t_{k-1}) - 2x(t_k) + x(t_{k+1})) = P x(t_{k+1}) + w(t_{k+1}).$$

求解这个关于 $x(t_{k+1})$ 的方程, 就能得到一个二阶 Markov 发展模型.

如下事实的验证留给读者: 本节中将二阶 Markov 模型约化为一阶 Markov 模型对应于将上述二阶方程写成一阶方程组.

4.7 注释与评论

Kalman 滤波器的原始想法可追溯到 Kalman 的经典工作 [70]. 将 Kalman 滤波器用于参数估值或在反问题中的想法在工程的文献中并不新颖, 据作者所知的最早一例是 [77], 其中 Kalman 滤波是作为反热问题的一种可能的算法被提及的. Kalman 滤波器和平滑器的经典著作是 [4]. 关于粒子滤波器 (有时也被称为自举滤波器), 参见 [85]. 粒子滤波器的讨论还基于诸多文章, 见 [21, 29, 46] 以及书籍 [33] 中的文章.

从连续发展模型导出离散发展模型应以随机微分方程的运用为基础. 文献 [98] 很好地介绍了这一课题, 该书还讨论一些有趣的应用, 它们可能派生出新型反问题. 注意到 Kalman 滤波器还有一个连续时间的版本, 它依赖于连续时间测量, 称为 Kalman-Bucy 滤波器, 更多细节可参见 [69] 等.

若将任何有限方差 Markov 问题 (噪声过程可能是非 Gauss 型的) 考虑为对估计量带线性结构约束的最优估计, 也能得到 Kalman 滤波器递归, 见 [17]. 该文献里的这种处理方法是基于时间序列诱导的 Hilbert 空间的.

Kalman 滤波器与平滑器的计算复杂度在许多实时应用中似乎代价过大. 然而在线性 Gauss 型的情形, 注意到协方差与 Kalman 增益矩阵不随观测值改变, 因此可以预先计算. 同理, 如果发展和观测模型不随时间改变, 即 $F_k \equiv F$ 且 $G_k \equiv G$, 那么协方差和 Kalman 增益矩阵会随时间收敛, 从而我们每次只需计算

$$x_{k+1|k+1} = Fx_{k|k} + K(y_{k+1} - GFx_{k|k}) = Ky_{k+1} + (I - G)Fx_{k|k} = Ky_{k+1} + Bx_{k|k}$$

即可.

本章中的处理方法均假设状态空间是连续的. 实际上, 本章所示的发展-观测模型是隐 Markov 模型的一个特例. 这一更大的种类还包括对状态是离散且有限的情况的模型, 即假设只在有限集上取值. 这些模型和各自的估值算法在 [34] 等中有所讨论. 同样, 我们假设了状态变量是有限维的. 对无限维系统理论的处理方法, 参见 [26].

在 Bayes 滤波中利用增广的假想观测进行空间正则化的思想参见文章 [10, 68].

第 5 章　再议经典方法

本章将更精细地讨论反问题中的诸多课题. 除了从更深层次审视经典方法之外, 我们还将以标准估计量和一般线性估计量的形式简要回顾估值理论的基本原理. 首先, 我们从统计方法的观点考察一些经典正则化方法, 并将构造若干难度不一的线性反问题的测试例, 即带模糊观测或断层观测的空间成像问题. 然后, 我们运用截断奇异值分解、截断共轭梯度迭代以及 Tikhonov 正则化的最常见的变体, 并分析这些方法在统计上是如何进行的. 特别地, 我们将把这些方法的性能和在采用可行的先验模型时的条件均值或最大后验估计量的性能进行比较.

这里强调, 我们的主要目的是说明模拟先验函数的重要性, 而非为比较而比较. 我们还将演示如何用统计方法来评价经典方法的性能, 它们的导出原本是不依赖于统计学的. 我们不是逐个考察测试例, 而是构造密度函数并对总体进行性能分析. 这里将讨论的另一个问题是错误模拟先验函数与似然函数的敏度问题, 当然这与经典方法和统计方法都有关.

对模拟先验函数的讨论集中在离散化带来的影响, 离散化自然也会影响似然模型. 另一个课题是对测量噪声的适切模拟. 我们将说明, 单单知道噪声水平往往不足以得到令人满意的未知量估计. 因此, 对使用偏差准则选取正则化参数的方法来说, 具有特殊协方差结构的测量误差可能带来严重问题.

最后但同样重要的是, 我们将讨论声名狼藉的反演过失, 它在之前各章中偶有提及. 反演过失与似然模型的离散化密切相关. 我们将说明, 尤其是在低噪声情形 (更不用说噪声水平趋于零的渐近情形了), 在反演过失下进行的数值测试也可能会在实际中对某个方法的可行性和性能给出完全误导的结论. 本章讨论的若干课题也将在本书最后一章再次出现.

5.1　估 值 理 论

从 Bayes 统计学的角度来看, 反问题的解就是后验概率密度函数. 然而, 实际工作者通常想获得未知量的单值估计, 而非密度函数. 通过构造正则优化问题, 经典方法恰好满足了这个要求, 其解即为一个可行的估计. 正则化往往是用不需要的性质惩罚解来实现的, Tikhonov 正则化正是这一思想的代表方法. 但是如前所见, 拘泥于经典方法而忽略可行的统计模拟会对解的误差估计等造成困难.

我们首先简要讨论统计估值理论, 并说明上述论证亦能导出典型的 Bayes 估计量 —— 最大后验估计和条件均值估计. 我们还将讨论仿射估计量的估值误差, 这部分工作之后将被用于分析经典反演方法对于总体而非个例的平均性能.

5.1.1　最大似然估计

最大似然估计是迄今在工程学类文献中最流行的估计方法. 我们回忆, 给定一个似然密度函数 $\pi(y \mid x)$, 则 x 的最大似然估计量 x_{ML} 由如下条件刻画: 对 x 的任意估计量 $\widehat{x}$, 成立

$$\pi(y \mid x_{\mathrm{ML}}) \geqslant \pi(y \mid \widehat{x}). \tag{5.1}$$

从坏条件的反问题角度来看, 问题会出在最大似然估计对噪声和其他误差的敏感性上. 对线性 Gauss 观测模型, 即

$$Y = AX + E, \quad E \sim \mathcal{N}(0, \Gamma_n),$$

其中 $A : \mathbb{R}^n \to \mathbb{R}^m$, Γ_n 为正定阵时, 最大似然估计可归结为 (加权) 输出最小二乘 (output least square, OLS) 问题

$$\min_x \left((y - Ax)^{\mathrm{T}} \Gamma_n^{-1} (y - Ax)\right) = \min_x \|L_n(y - Ax)\|^2, \tag{5.2}$$

其中 $L_n^{\mathrm{T}} L_n = \Gamma_n^{-1}$. 该问题对坏条件矩阵 A 是不稳定的, 因此最小化子毫无意义.

在正则化输出最小二乘 (regularized OLS, ROLS) 法中, 目标泛函中加进了一个惩罚项, 而该方法与 Tikhonov 正则化本质上是异曲同工的. 正如本书前面指出的, Tikhonov 正则化可以看作是在适当定义先验模型后求解一个最大后验估计, 因此它能起到非 Bayes 估值问题与 Bayes 估值问题间桥梁的作用.

5.1.2　Bayes 成本诱导的估计量

下面我们考虑随机变量 $X \in \mathbb{R}^n$ 的一个间接观测 $Y = y \in \mathbb{R}^m$. 令 $\widehat{x} = \widehat{x}(y)$ 表示 x 的一个估计量, 它依赖于观测值 y. 为了对估值建立 Bayes 的框架, 我们定义成本函数 $\Psi : \mathbb{R}^n \times \mathbb{R}^n \to \mathbb{R}$, 使得 $\Psi(x, \widehat{x})$ 能对 x 的估计量 $\widehat{x}$ 区分出所需的和不需要的性质. 定义 Bayes 成本

$$B(\widehat{x}) = E\{\Psi(X, \widehat{x}(Y))\} = \iint \Psi(x, \widehat{x}(y)) \pi(x, y) \, \mathrm{d}x \mathrm{d}y,$$

它可进一步写成

$$B(\widehat{x}) = \iint \Psi(x, \widehat{x}) \pi(y \mid x) \, \mathrm{d}y \, \pi_{\mathrm{pr}}(x) \, \mathrm{d}x = \int B(\widehat{x} \mid x) \pi_{\mathrm{pr}}(x) \, \mathrm{d}x = E\{B(\widehat{x} \mid x)\},$$

其中

$$B(\widehat{x} \mid x) = \int \Psi(x, \widehat{x}) \pi(y \mid x) \, \mathrm{d}y$$

称作条件 Bayes 成本.

在 Bayes 成本方法中, 固定成本函数 Ψ, 并定义估计量 $\widehat{x}_{\mathrm{B}}$, 使得对 x 的所有估计量 $\widehat{x}$, 成立

$$B(\widehat{x}_{\mathrm{B}}) \leqslant B(\widehat{x}).$$

根据 Bayes 公式, 将 Bayes 成本写成

$$B(\widehat{x}) = \iint \Psi(x, \widehat{x})\pi(x \mid y)\,\mathrm{d}x\,\pi(y)\,\mathrm{d}y$$

的形式. 因为边缘密度函数 $\pi(y)$ 满足 $\pi(y) \geqslant 0$, 而估计量 $\widehat{x}(y)$ 只依赖于 y, Bayes 成本的最小化子就能通过求解

$$\widehat{x}_{\mathrm{B}}(y) = \arg\min\left\{\int \Psi(x, \widehat{x})\pi(x \mid y)\,\mathrm{d}x\right\} = \arg\min\{E\{\Psi(x, \widehat{x}) \mid y\}\}$$

来找到.

成本函数最常见的取法是 $\Psi(x, \widehat{x}) = \|x - \widehat{x}\|^2$, 它诱导了均方误差准则

$$B(\widehat{x}) = E\{\|X - \widehat{X}\|^2\} = \mathrm{Tr}(\mathrm{corr}(X - \widehat{X})),$$

这里记 $\widehat{X} = \widehat{x}(Y)$, 而 $\mathrm{corr}(X - \widehat{X})$ 表示相关矩阵

$$\mathrm{corr}(X - \widehat{X}) = E\{(X - \widehat{X})(X - \widehat{X})^{\mathrm{T}}\} \in \mathbb{R}^{n \times n}.$$

在这种情况下的 Bayes 估计量被称为均方估计量 (mean square estimator), 记作 x_{MS}. 事实上, 我们看到

$$x_{\mathrm{MS}} = \int x\,\pi(x \mid y)\,\mathrm{d}x = x_{\mathrm{CM}}, \tag{5.3}$$

这就是说均方估计量恰为给定 y 时 x 的条件均值. 为理解等式 (5.3), 我们注意到对任意估计量 $\widehat{x}$, 有

$$\begin{aligned} E\{\|X - \widehat{x}\|^2 \mid y\} &= E\{\|X\|^2 \mid y\} - \|E\{X \mid y\}^2\| + \|E\{X \mid y\} - \widehat{x}\|^2 \\ &\geqslant E\{\|X\|^2 \mid y\} - \|E\{X \mid y\}^2\|, \end{aligned}$$

且等式仅当 $\widehat{x}(y) = E\{X \mid y\} = x_{\mathrm{CM}}$ 时成立. 此外, 均方估计量的估值误差的期望为零, 即

$$E\{X - x_{\mathrm{CM}}\} = E\{X - E\{X \mid y\}\} = 0.$$

因此, 均方估计量能使估计误差矩阵的协方差的迹达到最小, 从而我们又将均方估计量等价地称作最小 (误差) 方差估计量.

综上所述, 虽然计算条件均值在技术上是个积分问题, 但它同时毫无争议的又是一个优化问题的解.

现在考虑另一个常用的 Bayes 估计量 —— 最大后验估计量. 我们发现 MAP 估计是一个带特定成本函数的 Bayes 成本优化问题的渐近解. 定义

$$\Psi(x,\widehat{x})=\begin{cases}0, & |x_k-\widehat{x}_k|<\varepsilon \text{ 对所有 } k,\ 1\leqslant k\leqslant n,\\ 1, & \text{其他},\end{cases}$$

其中 $\varepsilon>0$ 为小常数. 由中值定理, 得到

$$B(\widehat{x}\mid y)=\int_{|x_k-\widehat{x}_k|>\varepsilon}\pi(x\mid y)\,\mathrm{d}x=1-\prod_{k=1}^{n}\int_{\widehat{x}_k-\varepsilon}^{\widehat{x}_k+\varepsilon}\pi(x\mid y)\,\mathrm{d}x_k\approx 1-(2\varepsilon)^n\pi(\widehat{x}\mid y).$$

于是我们能通过最大化 $\pi(\widehat{x}\mid y)$ 来最小化 $B(\widehat{x}\mid y)$, 这等价于计算 MAP 估计. 注意到当 $\varepsilon\to 0$ 时, Ψ 一致趋向于 1, 因而这个成本被叫做一致成本. 大致说来, 与 CM 估计严惩来自 π_{pr} 支集的某些子集的大误差不同, MAP 估计对小误差和大误差一视同仁. 重要的是要理解: 这两种估计在其本身准则下均是最优的.

统计估值理论与统计决策理论密切相关. Bayes 决策理论所采用的 Bayes 成本会为决策分配适当的权重. 举例而言, 若想在医学应用中避免患者治疗的错误消极决策, 就要对这种结果设定很重的惩罚. 慎重地建立 Bayes 模型的重要性在决策制定中受到特别重视, 因为模棱两可的决策实例往往对应于发生在远离概率密度函数最大值的稀有事件.

5.1.3 带仿射估计量的估值误差

在本小节中, 我们仅限于线性 Gauss 似然函数和先验函数, 即考察带加性噪声的线性模型

$$Y=AX+E, \tag{5.4}$$

其中 $A\in\mathbb{R}^{m\times n}$ 已知, $X\in\mathbb{R}^n$ 和 $E\in\mathbb{R}^m$ 相互独立且服从 Gauss 分布, $X\sim\mathcal{N}(x_0,\Gamma_{\mathrm{pr}})$, $E\sim\mathcal{N}(0,\Gamma_{\mathrm{n}})$. 我们希望利用仿射估值法则

$$\widehat{x}=\varphi+\Phi y\in\mathbb{R}^n,\quad \varphi\in\mathbb{R}^n,\ \Phi\in\mathbb{R}^{n\times m} \tag{5.5}$$

来获得 X 的估计. 注意到用某些经典方法 (比如 Tikhonov 正则化、TSVD、Landweber 迭代法和 Kaczmarz 迭代法) 得到的估计都能写成这种形式. 类似地, Bayes CM 估计和 MAP 估计亦可纳入该讨论范畴中. 另一方面, 用截断 Krylov 子空间法得到的估计却不能归为此类. 例如, 截断 CG 方法给出的估计形如

$$\widehat{x}(y)=\sum_{j=1}^{k}a_jA^j(y-Ax_0),$$

但系数 a_j 依赖于数据 y.

估计误差的相关矩阵①为

$$\begin{aligned}\operatorname{corr}(X-\widehat{X}) &= E\{(X-\widehat{X})(X-\widehat{X})^{\mathrm{T}}\} \\ &= E\{(X-\Phi AX-\Phi E-\varphi)(X-\Phi AX-\Phi E-\varphi)^{\mathrm{T}}\} \\ &= (I-\Phi A)\Gamma_{\mathrm{pr}}(I-\Phi A)^{\mathrm{T}}+\Phi\Gamma_{\mathrm{n}}\Phi^{\mathrm{T}}+C,\end{aligned} \tag{5.6}$$

其中

$$C=((I-\Phi A)x_0-\varphi)((I-\Phi A)x_0-\varphi)^{\mathrm{T}} \tag{5.7}$$

为秩 1 矩阵. 注意到

$$E\{X-\widehat{X}\}=x_0-\varphi-\Phi Ax_0,$$

因此按频率论的术语, 可以说 C 来源于*偏差*, 即 $E\{X-\widehat{X}\}$ 可能非零. 对条件均值估计, 我们有 $C=0$, 但此结论要求使用随机变量 X 的真实先验密度函数来构造条件均值估计. 然而在实践中, 由于估计量总是基于先验函数的计算模型, 故条件 $C=0$ 可能不被满足. 先验密度函数的模拟误差将在本章中讨论.

在本章中, 我们用估计误差的相关矩阵的迹来衡量一个估计量的质量. 定义估计量 $\widehat{x}$ 的*标准化估计误差*如下

$$\mathcal{D}=\mathcal{D}(\widehat{x})=\frac{\operatorname{Tr}(\operatorname{corr}(X-\widehat{X}))}{\operatorname{Tr}(\operatorname{corr}(X))}=\frac{\operatorname{Tr}(\operatorname{corr}(X-\widehat{X}))}{\operatorname{Tr}(\Gamma_{\mathrm{pr}})+\|x_0\|^2}. \tag{5.8}$$

其分母不依赖于 y, 是用来标准化误差度量的. 注意到在此标准化下, 对平凡估计量 $\widehat{x}=0$, 我们有 $\mathcal{D}(0)=1$. 于是, 对一个仿射估计量 $\widehat{x}$ 而言, 条件 $\mathcal{D}(\widehat{x})=1$ 意味着它与平凡估计量蕴含等量信息, 而最好的估计满足 $\mathcal{D}=0$. 对于严重不适定反问题, 经常会出现 $\|X-\widehat{X}\|>\operatorname{Tr}(\operatorname{corr}(X))$ 或 $\mathcal{D}>1$ 的情况, 这点我们将在本章中看到. 我们指出, 如果忽略与模拟相关的问题的话, $\mathcal{D}$ 就恰恰是均方估计量或条件均值估计量致力于最小化的度量.

$\mathcal{D}$ 对于先验密度函数或似然函数的典型模拟误差的敏感性将在本章和第 7 章中讨论.

5.2 测 试 例

在本节中, 我们将首先指定在本章中用作测试问题的数值模型. 我们仅讨论加性噪声和线性观测模型, 并假设未知量与噪声是相互独立的. 在下面三小节中, 我们将指定先验函数、观测算子以及加性噪声分布.

① 按本书术语, 当误差的均值为零时, 相关矩阵等于协方差矩阵. 在统计学中, 相关矩阵有时指尺度缩放协方差.

5.2.1　先验函数

我们考虑两个被用作先验模型的 Gauss 密度函数, 而要估计的对象在两种情况下都是 $\Omega = [-1,1] \times [-1,1]$ 中离散成 n 等分的像素化图像.

第一个先验密度函数记作 π_{smooth}, 它是齐次光滑的, 由 Gauss 白噪声场与截断 Gauss 模糊核的卷积构成. 令 $g_\mu : \mathbb{R}^2 \to \mathbb{R}$ 为模糊核

$$g_\mu(p) = \begin{cases} \exp(-\mu|p|^2), & |p|^2 < (1/\mu)\log(1/a), \\ 0, & \text{其他}, \end{cases} \tag{5.9}$$

其中 $\mu = 200$, $a = 10^{-4}$, 这样我们就截断了截断水平 a 以下的值. 若进一步令 $G \in \mathbb{R}^{n\times n}$ 为带核 g_μ 的卷积的离散近似矩阵, 就有

$$\pi_{\mathrm{smooth}} \sim \mathcal{N}(0, GG^{\mathrm{T}}).$$

若 $X \sim \pi_{\mathrm{smooth}}$, 就能通过设

$$x_{ij} = \sum_k \sum_\ell g_\mu(p_{1,i-k}, p_{2,j-\ell})\nu_{k,\ell}$$

来轻易生成 X 的样本, 其中 $(p_{1,i}, p_{2,j})$ 为像素 (i,j) 的中心, $\nu_{k,\ell}$ 为白噪声. 从这个密度函数产生的抽样例见图 5.1.

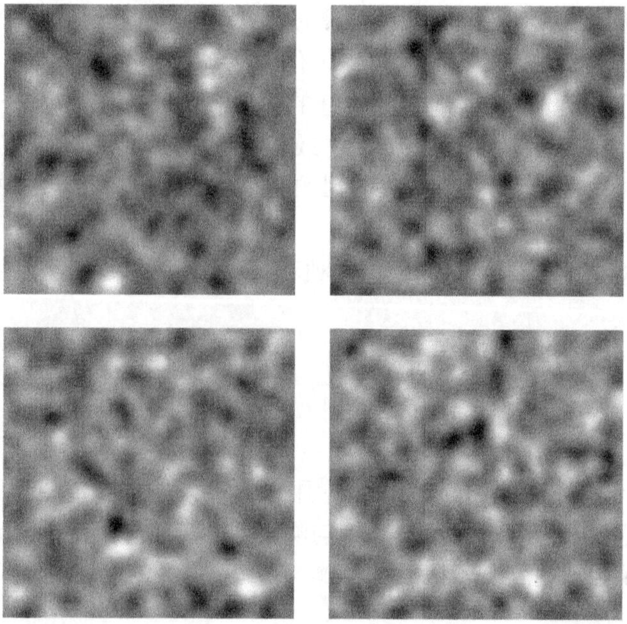

图 5.1　从光滑 Gauss 密度函数 π_{smooth} 得到的四个抽样

第二个更复杂的密度函数以图像结构性质的外部信息为基础. 我们记此先验函数为 π_{struct}, 它的基本设定已经在 3.4 节讨论过了. 定性而言, 已知图像由一个圆环与其外部和内部组成, 且变量在三个子区域内是光滑的, 而三个子区域边界两侧的相关度几乎为零.

圆环的边界是半径为 0.62 和 0.9 的同心圆. 先验函数的构造类似于例 3.8. 对于在光滑区域内的像素 p, 各向异性矩阵 $A(p) \in \mathbb{R}^{2\times 2}$ 的特征值为 $\lambda_1(p) = \lambda_2(p) = c$, 这里常数 c 在圆环内外取不同的值. 在靠近不连续处的约两个像素的层内, 特征值之比为 $\lambda_1/\lambda_2 = 10^{15}$, 其中较小特征值对应的特征向量垂直于不连续处所在的圆. 这种取法能让不同子区域像素之间的相关度非常小. 这样的构造就初步给出了一个形如

$$\pi_{\text{pre}}(x) \propto \exp\left(-\frac{1}{2}x^{\mathrm{T}}Bx\right)$$

的反常先验密度函数, 其中矩阵 B 的构造类似于例 3.8. 从密度函数 π_{pre} 抽取随机样本当然是不可能的, 因为矩阵 B 至少有一个零特征值, 因此是不可逆的. 但是, 我们能套用类似于例 3.7 的条件技巧来构造一个具有一切所需性质的常义先验函数: 选取一些像素, 让它们决定剩下的像素. 于是, 若 $I = \{1, 2, \cdots, n\} = I' \cup I''$, $I' \cap I'' = \varnothing$, 则记

$$\pi_{\text{struct}}(x) = \pi_{\text{pre}}(x_{I'} \mid x_{I''})\pi_{\text{marg}}(x_{I''}).$$

换句话说, 我们假定能对随机变量 $x_{I''}$ 给出一个边缘密度函数, 且集合 I'' 使得条件密度函数是常义的. 在本例中, 我们假设选取的像素 $x_{I''}$ 相互独立且服从 Gauss 分布.

几何设定如图 5.2 所示, 其中小圈代表下标属于 I'' 的像素. 从这个密度函数抽取的四个随机样本如图 5.3 所示. 用于生成这些抽样的有关参数取值见表 5.1.

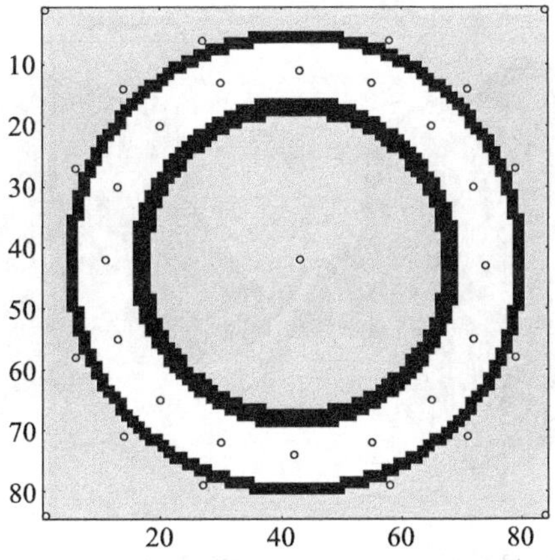

图 5.2 第二个 Gauss 型例子的总体设定, 光滑 Gauss 密度函数 π_{struct} 是各向异性的. 图中还显示了 $16 + 16 + 1$ 个边缘化的像素

表 5.1　用于构造带圆环的第二个 Gauss 型例子的参数. 这里的特征值是指 $\lambda_j(p)$, 均值和方差是对下标为 I'' 的那些像素而言的. 我们取 $c_0 = 200/84$

	特征值	均值	方差
外部子区域			
边角处	c_0	0	$100c_0^{-2}$
近环处	c_0	0	$10c_0^{-2}$
内部子区域	c_0	1	$10c_0^{-2}$
圆环内部	$100c_0$	6	$10c_0^{-2}$
圆环边界			
切向	c_0		
径向	$10^{-15}c_0$		

图 5.3　从各向异性的光滑 Gauss 密度函数 π_{struct} 得到的四个抽样

5.2.2 观测算子

我们考虑两个不同类型的观测算子, 即带不同宽度的传统截断 Gauss 模糊算子以及有限角断层成像算子. 有限角断层成像问题在数值上更具挑战性.

我们采用离散卷积算子充当模糊化算子, 这类似于用来构造光滑先验函数的光滑化算子. 这样核 g_μ 就由 (5.9) 给出, 截断参数取作 $a = 10^{-4}$, 宽度参数取两个不同值 $\mu = 80$ 或 $\mu = 40$, 其中前者给出了比后者衰减得更快的核. 离散卷积矩阵记为 $A_{\text{lb}} \in \mathbb{R}^{n\times n}$ 和 $A_{\text{mb}} \in \mathbb{R}^{n\times n}$, 这里的 "lb" 和 "mb" 分别代表轻度模糊 (low blur) 和中度模糊 (medium blur).

断层成像问题已经在 2.4.2 小节介绍过了, 断层成像数据由图像在各个方向的投影构成. 传统的断层成像是以获得涵盖图像至少半圈方向的投影数据为基础的. 如果投射方向 θ 局限于 $\theta_{\max}$ 与 $\theta_{\min}$ 之间, 则上、下限间的夹角就被称为照射角. 此外, 每个投射方向间的角度间隔 $\theta_{k+1} - \theta_k$ 应当很小, 且横向测量应当足够密集; 但这些要求在某些应用中是不能被满足的. 我们研究两个这样的例子.

在第一个例子中, 尽管照射角相对较大, 为 $3\pi/4$, 但投射角只有 7 个, 使得角度间隔很大. 而横向测量非常密集, 可以视作完整观测.

在第二个例子中, 我们取较小的照射角 $3\pi/8$. 另外, 投射角还是只有 7 个, 但这里横向测量的密度取得非常稀疏, 只有前例的六分之一. 此时对于单个角度, 测量的几何构形见图 5.4. 我们记相应的观测矩阵为 A_{wa} 和 A_{na}, 这里的 "wa" 和 "na" 分别代表广角 (wide angle) 和狭角 (narrow angle).

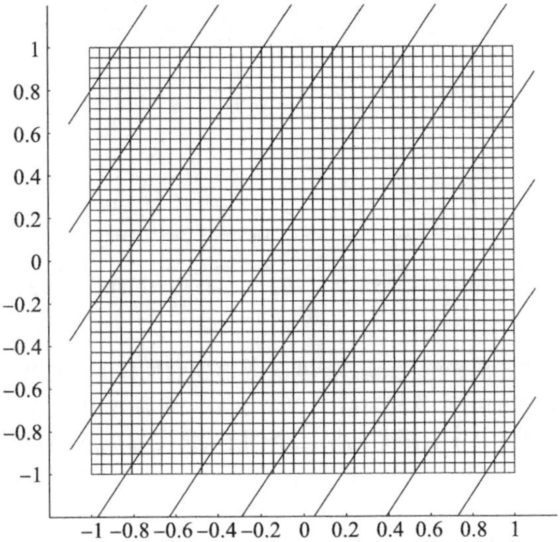

图 5.4 有限角断层成像第二个例子的几何构形, 这显示每个角度做了 9 个投影

为了很好地获得对数据稀疏性的整体认识, 我们可以将传统的全角密集数据情

况下的正弦图例与这里考虑的两个有限角的情形作比较, 见图 5.5. 在正弦图中, 每一列代表了单个角度的投影数据, 相邻的列代表相邻的角度. 这样, 比如一个像素在正弦图中看起来就像一条正弦曲线, 而振幅和相位决定了它在图像中的位置.

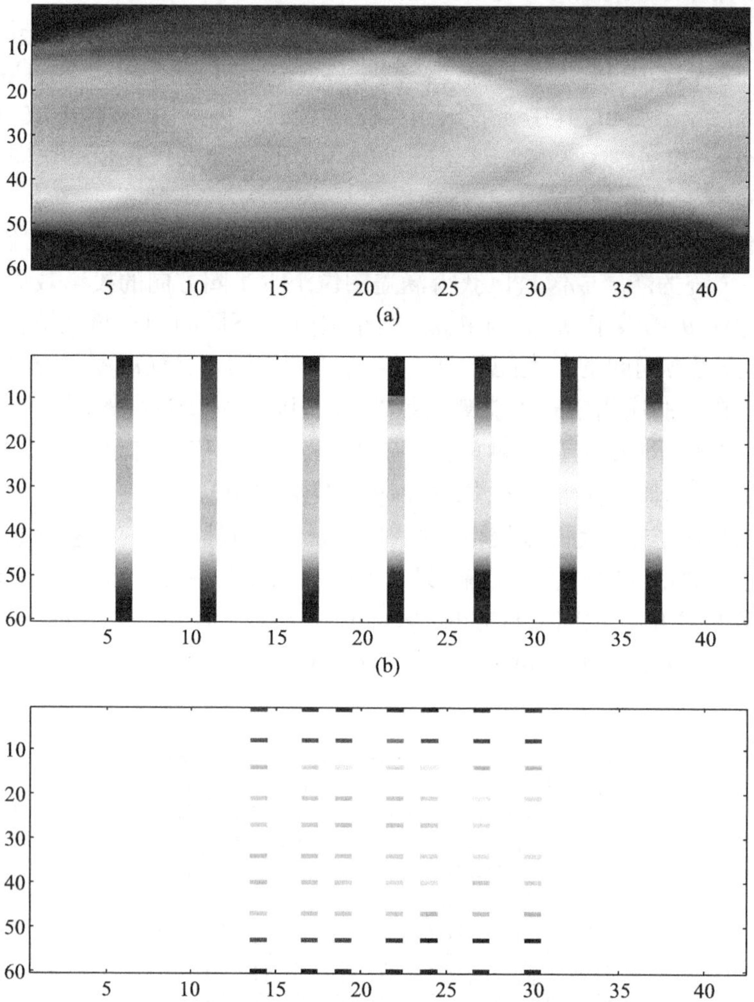

图 5.5　从各向异性的非齐次光滑 Gauss 密度函数得到的抽样的正弦图. (a) 完整正弦图, 横轴及纵轴分别代表投射角度的编号及其对应的单个投影. (b) 有限角的第一个例子 (角度稀疏, 横向密度高). (c) 有限角的第二个例子 (角度稀疏, 横向密度低)

5.2.3　加性噪声模型

人们往往忽视对噪声的模拟, 而采用标准的 Gauss 白噪声. 诚然, 很多情况下可以验证噪声确是 Gauss 型的, 有时还能算出噪声的方差. 然而在复杂测量系统中,噪声的模拟可能不那么简单. 对于几类噪声源 (例如工业环境下的电磁干扰, 电力供应中的扰动, 导线的接触问题等), 白噪声模型是完全不适用的, 即使作为近似也不行.

此外, 许多误差模型不是加性的. 例如, Poisson 分布观测模型在射线断层成像中是很常见的, 在这种情况, 必须将观测本身视作取自某一密度函数的随机抽样, 而不是带有任何加性误差. 另外, 误差在很多情况下 (比如用模拟解调得到的观测值) 可能是乘性的. 第 3 章讨论了最常见的噪声模型.

本章将主要考虑 Gauss 噪声, 错误模拟非 Gauss 型噪声的例子也将在本章中讨论. 若 $E \sim \mathcal{N}(0, \Gamma_n)$, 则定义 E 的噪声水平为

$$\text{噪声水平} = \left(\frac{\mathrm{Tr}(\Gamma_n)}{\max \mathrm{Tr}(A\Gamma_{\mathrm{pr}}A^{\mathrm{T}})} \right)^{1/2}. \tag{5.10}$$

经典正则化技巧依赖于选取正则化参数、特征值截断水平或迭代停机准则的一些原理. 其中常用的准则是偏差原理, 但它未将统计上的噪声结构考虑在内. 为考察这对估值误差带来的影响有多严重, 我们考虑如下观测模型:

$$Y = AX + E_\nu, \quad E_\nu = \sqrt{1-\nu}\, E_0 + \sqrt{\nu}\, E_1,$$

其中 E_0 和 E_1 构成观测误差, $\nu \in [0, 1]$. E_0 和 E_1 相互独立且服从零均值 Gauss 分布, 协方差分别为 Γ_{n0} 和 Γ_{n1}. 这样

$$\mathrm{cov}(E_\nu) = \mathrm{cov}\left(\sqrt{1-\nu}\, E_0 + \sqrt{\nu}\, E_1\right) = (1-\nu)\Gamma_{n0} + \nu\Gamma_{n1}.$$

若假设

$$\mathrm{Tr}(\Gamma_{n0}) = \mathrm{Tr}(\Gamma_{n1}) = \delta^2, \tag{5.11}$$

我们能看到

$$\mathrm{Tr}(\mathrm{cov}(E_\nu)) = \delta^2.$$

因此使用 Morozov 准则时, 偏差与平衡参数 ν 是无关的. 这就是说, 那些依赖于偏差原理的经典正则化方法对所有 ν 都会给出同样的估计量. 然而事实证明, 估值误差对参数的取值非常敏感.

5.2.4 测试问题

利用上述观测算子, 先验分布和噪声的模型, 我们构造四个问题, 并尝试用经典方法和 Bayes 估值来求解并分析它们. 测试问题由先验模型, 观测模型和噪声模型的各种组合构成, 见表 5.2. 另外, 我们分别考虑有关不恰当噪声模型和不恰当先验模型的问题.

表 5.2 测试问题. 这些例子里的噪声均为白噪声, 噪声水平是根据 (5.10) 式计算的

	先验密度函数	观测	噪声水平
例 I	π_{smooth}	A_{lb}	2%
例 II	π_{struct}	A_{mb}	10%
例 III	π_{struct}	A_{wa}	5%
例 IV	π_{struct}	A_{na}	5%

5.3 基于样本的误差分析

在表 5.2 中定义了测试模型之后, 我们把统计误差分析应用于第 2 章讨论过的经典反演方法中. 我们尤其感兴趣的是计算 (5.8) 定义的估值误差 $\mathcal{D}(\widehat{x})$, 以及它对出现在估计量中的各种参数的依赖性.

这里我们再次回到模拟误差的话题. 在导出 (5.6) 时, 我们假设代表数据的随机变量 Y 来自线性模型 (5.4), 而线性估计量 (5.5) 基于同一个模型. 然而, 这个假设却是造成反演过失的核心错误. 现实中, 估计量总是基于不完整的模型, 而数据却来自真实世界. 如果我们把在有缺陷的对象可识别性假设下导出的闭公式及其不完整的模型作为误差分析的基础, 那么结果必然是过度乐观的. 为此, 我们将现实模拟如下.

假设仿射统计量 $\widehat{x}$ 是根据模型 (5.4) 算出的, 那么我们能生成一个更精确的模型

$$\widetilde{Y} = \widetilde{A}\widetilde{X} + \widetilde{E}, \tag{5.12}$$

其中 $\widetilde{X}$ 表示真实未知量. 通常, 我们假设 $\widetilde{X}$ 是表示在一个比模型向量 X 更细的离散网格上的, 因此矩阵 $\widetilde{A}$ 对应的离散网格也比模型矩阵 A 更细. 此外, 噪声向量 $\widetilde{E}$ 也可能和用来构造估计量的噪声 E 不同. 然而, $\widetilde{Y}$ 与 Y 的维数却是相同的, 因为我们是在模拟已知维数的数据.

我们假设模型向量 X 是由 $\widetilde{X}$ 作用上线性算子 P 获得的, 即

$$X = P\widetilde{X}.$$

P 一般取为投影算子, 它从细网格映到进行估值的粗网格上. 若 $\widetilde{X}$ 为 Gauss 型随机变量, 即 $\widetilde{X} \sim \mathcal{N}(\widetilde{x}_0, \widetilde{\Gamma}_{\text{pr}})$, 则 X 即为满足 $X \sim \mathcal{N}(P\widetilde{x}_0, P\widetilde{\Gamma}_{\text{pr}}P^{\text{T}})$ 的随机变量. 在数值模拟中, 我们假设 X 的先验函数是经过投影后的, 即

$$x_0 = P\widetilde{x}_0, \quad \Gamma_{\text{pr}} = P\widetilde{\Gamma}_{\text{pr}}P^{\text{T}}.$$

这个假设不是必要的, 实际上我们还将举一个该假设不成立的例子.

这样, 下面的误差估值策略即为如下: 基于不完整模型 (5.4) 建立起仿射估计量 $\widehat{x}$ 之后, 我们根据模型 (5.12) 生成一个大样本

$$\{(\widetilde{x}_1, \widetilde{y}_1), \cdots, (\widetilde{x}_N, \widetilde{y}_N)\},$$

然后用该样本算出范数平方误差样本

$$\left\{\|P\widetilde{x}_1 - \widehat{x}(\widetilde{y}_1)\|^2, \cdots, \|P\widetilde{x}_N - \widehat{x}(\widetilde{y}_N)\|^2\right\},$$

并考虑这些误差的分布. 估计误差 $\mathcal{D}$ 可作为样本平均来计算, 即

$$\operatorname{corr}(X - \widetilde{X}) \approx \frac{1}{N}\sum_{j=1}^{N}\left((P\widetilde{x}_j - \widehat{x}(\widetilde{y}_j))(P\widetilde{x}_j - \widehat{x}(\widetilde{y}_j))^{\mathrm{T}}\right),$$

以及该矩阵尺度缩放后的迹.

我们用估值误差 (5.8) 来衡量模拟误差. 因为已经证明, 条件均值等于使估值误差达到最小的均方估计量, 将经典估计量的性能与 CM 估计量相比较看起来可能有失公正. 但是我们强调, 因为我们使用的 CM 估计量同样是根据近似模型 (5.4) 构造的, 所以这个估计量的先验最优性就不再正确了. 本节着重论证的是当有关 A 的不适定性和误差协方差 Γ_e 的总体难度增大时模拟先验函数的重要性, 而不仅是比较估计量的性能. 于是, 不基于反演过失的 CM 估计量就是一个自然的参照估计量.

5.4 截断奇异值分解

考虑模型 (5.4). 令 $\{(u_n, v_n, \lambda_n)\}$ 为矩阵 A 的奇异系统, 即 $A = U\Lambda V^{\mathrm{T}}$, r 为 TSVD 截断指标, 见 2.2 节. 如果 r 是用偏差原理决定的, 那么截断水平就取决于数据. 在统计上, TSVD 方法可以被认为是一种 MAP 估计量, 其中先验信息相当于依概率 1 成立

$$X \in \operatorname{span}\{v_1, \cdots, v_r\}.$$

严格说来, 这种信息不符合 Bayes 的解释, 因为先验信息与观测值是独立的. 当存在这种独立的先验信息时, 从 Bayes 的观点看, TSVD 方法的性能就取决于观测矩阵和先验协方差矩阵的特征向量之间的吻合程度了.

令

$$V_r = [v_1, \cdots, v_r], \quad U_r = [u_1, \cdots, u_r], \quad \Lambda_r = \operatorname{diag}(1/\lambda_1, \cdots, 1/\lambda_r),$$

我们就能将 TSVD 对应的仿射估计量写作

$$\widehat{x}_{\mathrm{TSVD}}(y) = \Phi_{\mathrm{TSVD}}y = V_r\Lambda_r^{-1}U_r^{\mathrm{T}}y.$$

若将 TSVD 估计量对截断水平 r 的依赖性显式地记作 $\widehat{x}_{\mathrm{TSVD}}(y)=\widehat{x}_{\mathrm{TSVD},r}(y)$, 我们就根据 Morozov 偏差原理将截断取作

$$r=\max\left\{r' \mid \|y-A\widehat{x}_{\mathrm{TSVD},r'}(y)\|\leqslant \tau\sqrt{m}\,\sigma\right\},$$

其中调节参数 τ 取成 $\tau=1.1$, 噪声 $E\in\mathbb{R}^m$ 为白噪声, $\mathrm{Tr}(\Gamma_n)=\mathrm{Tr}(\sigma^2 I)=m\sigma^2$ (见 2.3 节的例 2.4).

我们将用表 5.2 中全部四个测试例来测试 TSVD 估计量的性能, 并把结果与 CM 估计量

$$\begin{aligned}\widehat{x}_{\mathrm{CM}}&=\varphi_{\mathrm{CM}}+\Phi_{\mathrm{CM}}y\\&=\left(x_0-\Gamma_{\mathrm{pr}}A^{\mathrm{T}}(A\Gamma_{\mathrm{pr}}A^{\mathrm{T}}+\Gamma_n)^{-1}Ax_0\right)+\Gamma_{\mathrm{pr}}A^{\mathrm{T}}(A\Gamma_{\mathrm{pr}}A^{\mathrm{T}}+\Gamma_n)^{-1}y\end{aligned}\tag{5.13}$$

作比较.

首先考虑例 I, 即带轻微模糊的光滑对象, 这个问题的整体不适定性是相对较低的. 一些从先验密度函数 $\mathcal{N}(\widetilde{x}_0,\widetilde{\Gamma}_{\mathrm{pr}})$ 抽取的在细网格上的真实未知量 $\widetilde{x}_j$ 及相应的 CM 估计和 TSVD 估计如图 5.6 所示.

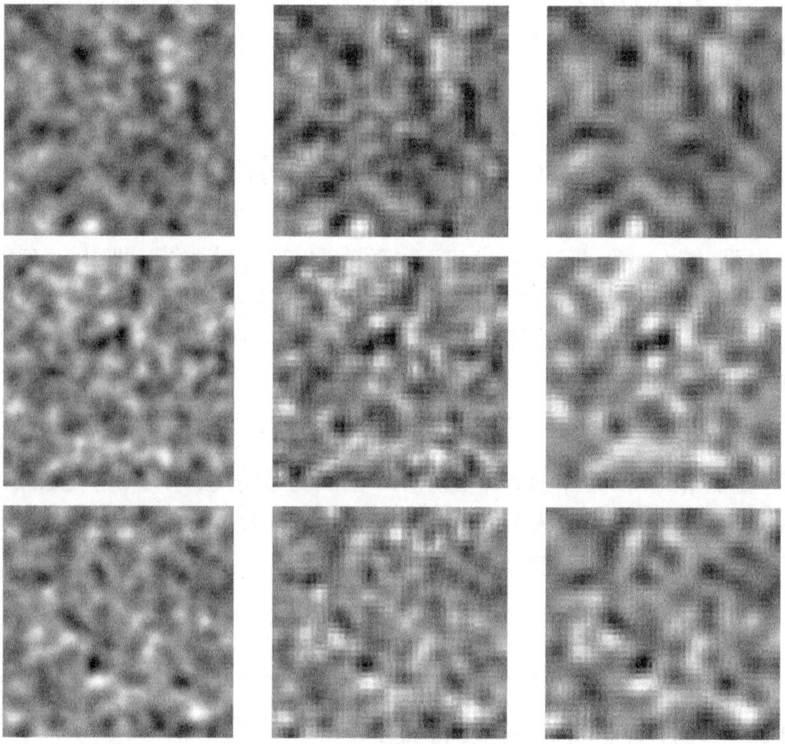

(a)　(b)　(c)

图 5.6　例 I. (a) 滑图像密度函数的抽样. (b) CM 估计. (c) TSVD 估计

为了以估计误差 $\mathcal{D}$ 的形式分析性能, 我们抽取 500 对样本 $(\widetilde{x}_j,\widetilde{y}_j)$, 计算估计 $\widehat{x}_{\mathrm{TSVD}}(\widetilde{y}_j)$ 和 $\widehat{x}_{\mathrm{CM}}(\widetilde{y}_j)$ 以及这两个估计量相应的范数平方误差 $\|P\widetilde{x}_j-\widehat{x}(\widetilde{y}_j)\|$. 范数平方误差的直方图如图 5.7 所示, 这里估计误差指的是这些误差的归一化均值.

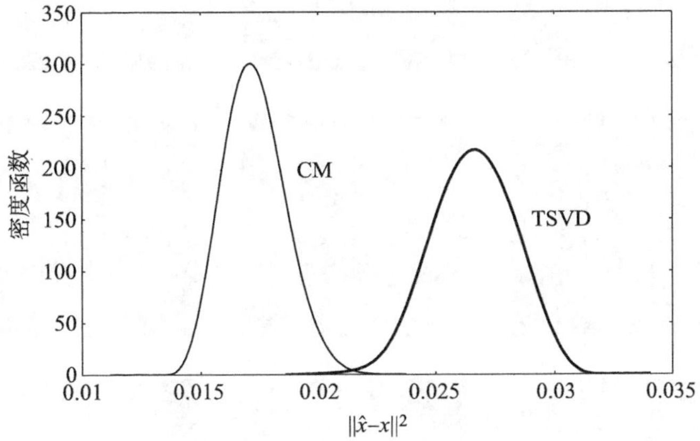

图 5.7　例 I. CM 估计和 TSVD 估计的范数平方误差密度函数.
这里和后图中的估计误差都是指归一化估计误差的均值

由于这个问题本质上是适度不适定的, TSVD 估计已经相当不错了, 尽管 CM 估计显然含有更精细的颗粒结构信息. 这两个估计量的误差都很小. 下面我们在测试问题 II–IV 中将样本大小取为 $N=500$, 并进行相同的分析.

例 II 中未知量的密度函数为结构化密度函数 π_{struct}, 但观测算子是中度模糊的. (5.10) 中的加性噪声水平为 10%, 这意味着虽然这个问题的不适定性较前例更高一些, 但求解它仍不是太困难. 一些真实未知量及相应的 CM 估计和 TSVD 估计如图 5.8 所示, 范数平方误差的密度函数如图 5.9 所示.

TSVD 估计使得圆环的边界产生严重的模糊, 而源自近似子空间的人为痕迹清晰可见, 如在图像边角的斑点和沿着圆环的缺口. 由于先验函数存在模型近似误差, 本例对 CM 估计来说也要困难得多, 但沿着圆环的强度变化还是能被刻画的. 从量化的角度而言, TSVD 的估计误差开始远离 CM 的误差了, 见图 5.9.

在例 III 中, 未知量服从非光滑分布, 而观测值为横向密集采样的有限角断层成像数据. 加性误差水平为 5%, 这意味着问题的整体不适定性不是很高, 因为投射角的分布几乎是 π.

一些真实未知量及相应的 CM 估计和 TSVD 估计如图 5.10 所示, 估值误差的密度函数如图 5.11 所示. 本例中 TSVD 的近似子空间与前两例有所不同, 这点从 TSVD 估计的整体视觉质量来看是显而易见的. 圆环的边界变得更显著了, 但估计噪声却比前两例更大. 注意到在有限角断层成像中很典型的条纹状人为痕迹在 TSVD 估计和 CM 估计中都清晰可见, 但我们发现 CM 估计的圆环内看不见条纹. 这归因于先验协方差的结构: 圆环子区域中相邻像素的方差比另两个子区域中的

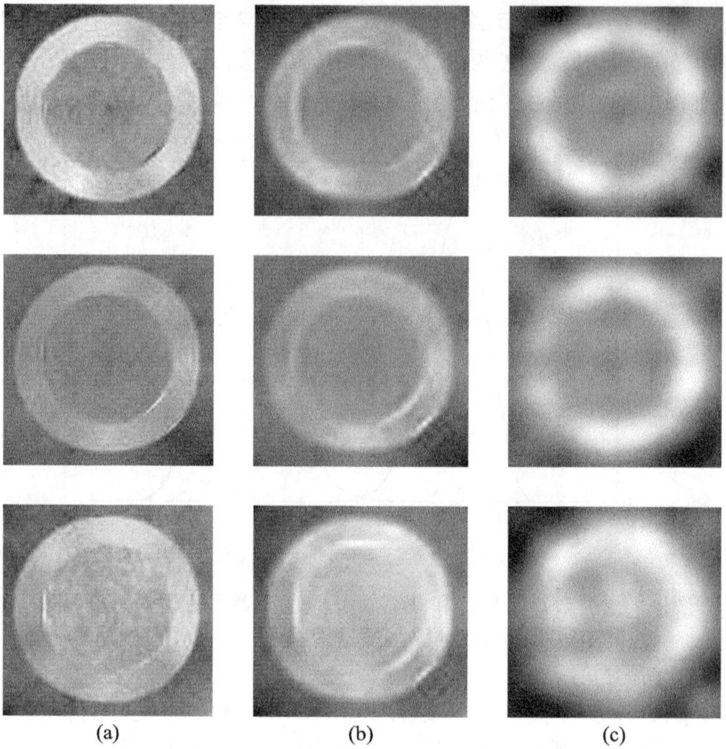

图 5.8　例 II. (a) 取自结构化图像密度函数的抽样. (b) CM 估计. (c) TSVD 估计

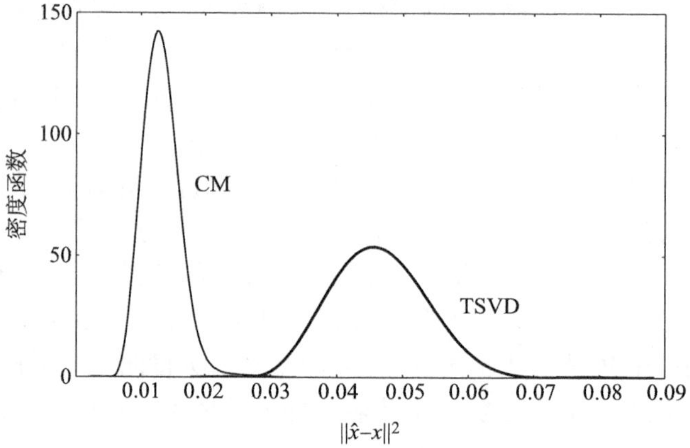

图 5.9　例 II. CM 估计和 TSVD 估计的估计误差密度函数

更小, 见表 5.1. 在误差方面, TSVD 的误差大大超过了 CM 的误差, 最大误差约为 0.7, 而 CM 的误差仍集中在 0.01 附近.

最后, 例 IV 中未知量的密度函数仍为非光滑密度函数, 而观测值是横向稀疏采样的狭角断层成像数据. 加性误差水平为 5%, 且问题的整体不适定性很高, 因

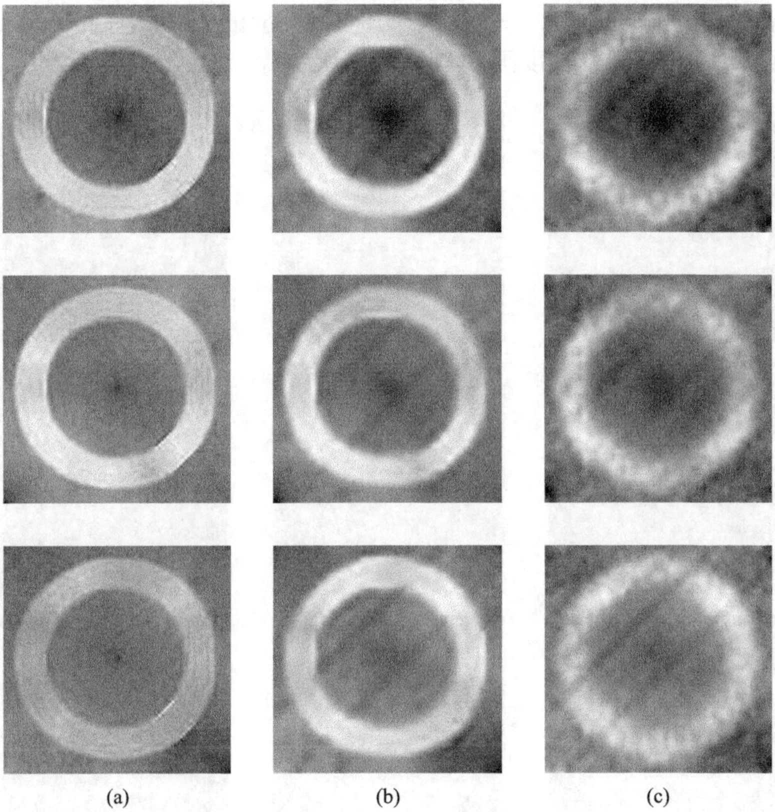

图 5.10 例 III. (a) 取自非光滑图像密度函数的抽样. (b) CM 估计. (c) TSVD 估计. 带密集横向数据的有限角断层成像

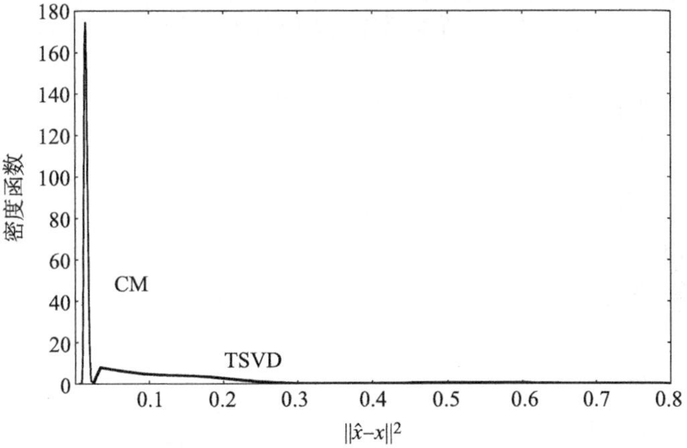

图 5.11 例 III. CM 估计和 TSVD 估计的估计误差密度函数. 带密集横向数据的有限角断层成像

为投射角的分布还不足 $\pi/2$. 一些真实未知量及相应的 CM 估计和 TSVD 估计如图 5.12 所示, 估值误差的密度函数如图 5.13 所示.

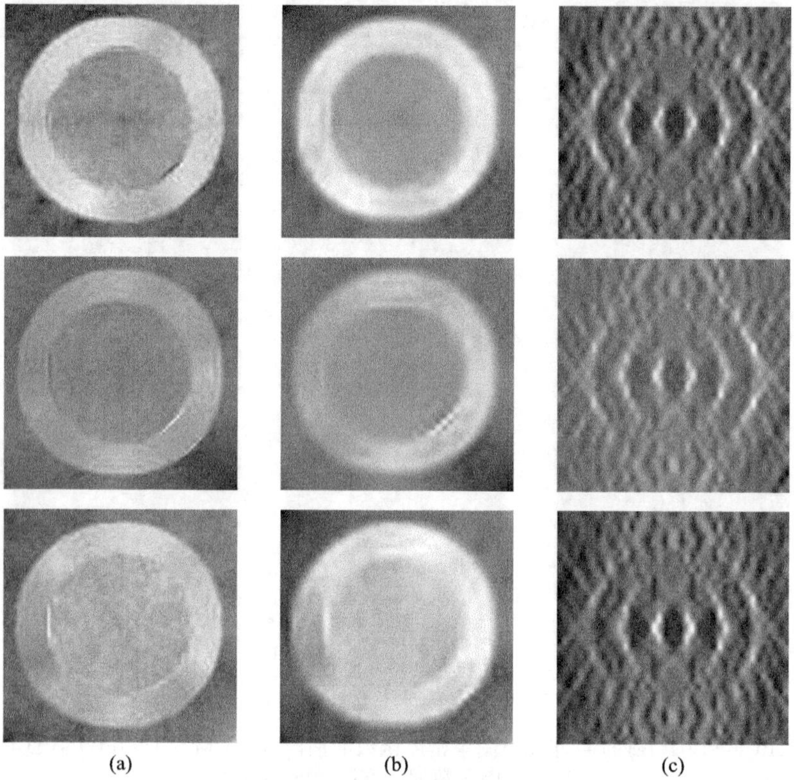

图 5.12 例 IV. (a) 取自非光滑图像密度函数的抽样. (b) CM 估计. (c) TSVD 估计. 带稀疏横向数据的有限角断层成像

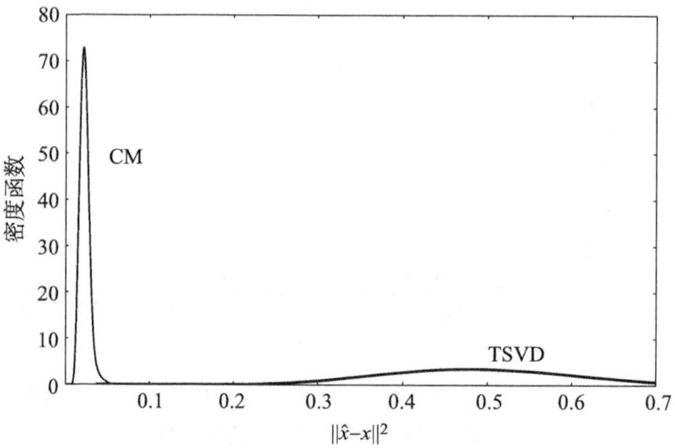

图 5.13 例 IV. CM 估计和 TSVD 估计的估计误差密度函数. 带稀疏横向数据的有限角断层成像

这是一个 TSVD 估计最终爆破的例子, 数据量完全不足以在缺少可行先验模型的情况下对未知量进行估值. 与前例一样, 近似 TSVD 子空间的结构清晰可见. 我们还注意到, 数据是如此不好, 以至于 CM 估计开始受先验函数支配, 从而变得比前例中更光滑. 注意到对 CM 估计而言, 当测量值的数量趋于零或似然协方差趋于无穷时, $\widehat{x}_{\mathrm{CM}}$ 会趋向于先验均值 x_0. 然而, 我们发现 CM 估计还是能较好地刻画沿着圆环的强度变化, 这种信息是先验模型所不包含的.

5.5 共轭梯度迭代

对迭代法的分析因方法而异, 这里我们仅讨论一种方法, 即以偏差为停机准则的基本共轭梯度 (CG) 迭代. 当矩阵 A 不是方阵时, 我们采用共轭梯度法向残量 (CGNR) 迭代, 它能求解法方程, 但不显式地将其构造出来.

与共轭梯度迭代对应的仿射估计量可以显式地写为映到 Krylov 子空间 $\mathcal{K}_\ell = x_0 + \mathrm{span}\{r, Ar, \cdots, A^{\ell-1}r\}$ 上的投影, 其中 $r = y - Ax_0$ 为初始残量, x_0 为迭代的初值. 由于算法的迭代本质, 这种表示并不能提供多少信息.

值得一提的是, CG 估计量的统计学解释并不那么简单明了. 迭代的停机准则把解限制在一个仿射子空间内, 因此人们不禁要认为这里的先验信息就是子空间先验函数; 但子空间本身通过残差依赖于输出, 即子空间是随机的. 我们可以说, 在 Krylov 子空间的基向量是观测矩阵各行的线性组合的意义下, 此时的先验函数是以观测算子为基础的. 这样, 得到的估计亦是观测矩阵各行 (当然还有 x_0) 的线性组合.

我们仍旧运行相同的测试例 I – 例 IV 来分析 CG 估值的性能. 与上面 TSVD 的例子一样, 我们用偏差原理给出停机准则, 令 $x_0 = 0$, 并记第 j 个 CG 迭代为 x_j. 设

$$\widehat{x}_{\mathrm{CG}}(y) = x_r, \quad r = \min\left\{j \mid \|y - Ax_j\| \leqslant \tau\sqrt{m}\,\sigma\right\},$$

其中同样取 $\tau = 1.1$, σ 为 m 维加性白噪声的标准差.

结果在视觉上与 TSVD 估值得到的非常类似, 为此我们就不画出单个估计, 而只画出从 500 个样本总体算得的误差分布. 所有四个测试例中估计的误差密度函数如图 5.14 所示. 相较于 TSVD 的例子而言, CG 方法在例 I–例 III 中的表现略胜一筹, 而模拟先验函数在例 IV 中变得至关重要, 这时 CG 估计不出所料地变得徒劳无功了.

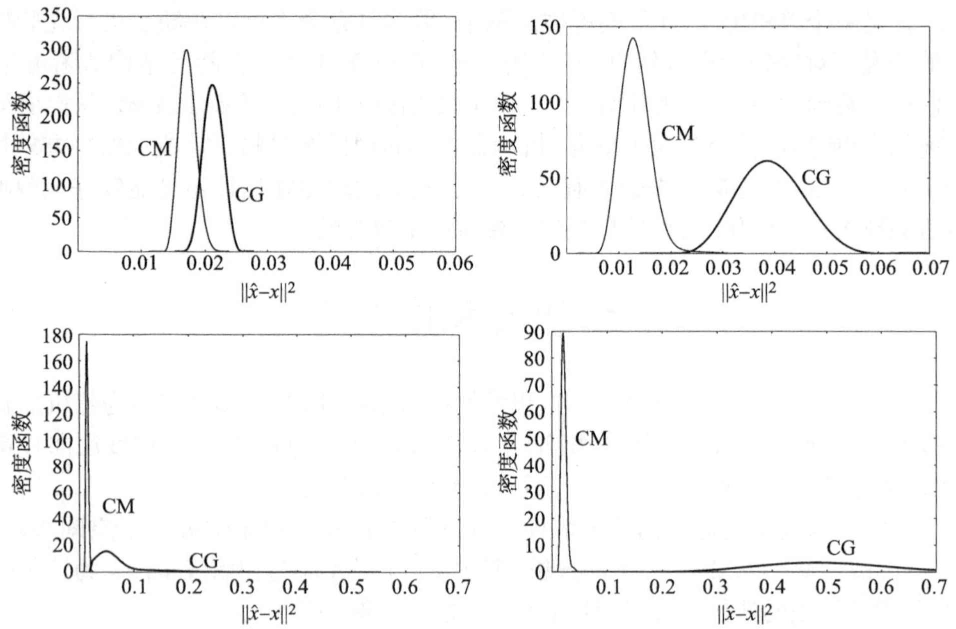

图 5.14 共轭梯度估计和 CM 估计的误差密度函数. 从左到右, 自上而下: 例 I–例 IV

5.6 Tikhonov 正则化

这里我们考察 Tikhonov 正则化的基本形式

$$\widehat{x}_{\mathrm{Tikh}}(y) = \arg\min(\|Ax - y\|^2 + \alpha\|x\|^2),$$

或显式地写成

$$\widehat{x}_{\mathrm{Tikh}}(y) = \begin{bmatrix} A \\ \sqrt{\alpha}\, I \end{bmatrix}^{\dagger} \begin{bmatrix} y \\ 0 \end{bmatrix} = (A^{\mathrm{T}}A + \alpha I)^{-1}A^{\mathrm{T}}y = \Phi_{\mathrm{Tikh}}y.$$

正则化参数 α 仍然由 Morozov 偏差原理来决定, 偏差为 $\delta = \tau\sqrt{m}\,\sigma$, $\tau = 1.1$.

如第 3 章所述, Tikhonov 正则化估计在统计上可以理解为带白噪声先验函数的 CM 估计或 MAP 估计.

我们用四个测试例来考察 Tikhonov 正则化的性能. 因为单个估计的结果在视觉上还是非常类似于 TSVD 估计或 CGNR 估计得到的结果, 我们只画出各例的误差密度函数, 如图 5.15 所示. 可见误差比 CGNR 估计的略小, 尤其是在例 I 中. 此外, 例 III 中的最大误差不超过 TSVD 估计和 CGNR 估计的一半.

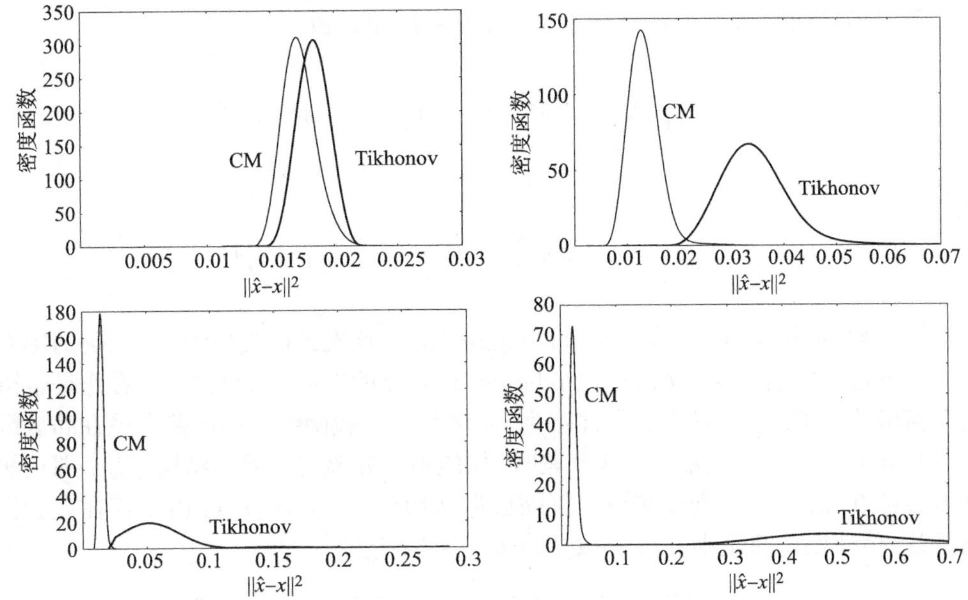

图 5.15 Tikhonov 估计和 CM 估计的误差密度函数. 从左到右, 自上而下: 例 I – 例 IV

5.6.1 先验结构与正则化水平

先验协方差的设计通常是以未知量的定量信息为基础的, 因此先验协方差矩阵只是在差一个缩放因子的意义下构造的. 第 3 章说明了在这种情况下, 可将此缩放因子留作一个未知量, 并后验地决定它.

下面的实验旨在说明设计先验函数时用到定量信息的重要性. 更确切地说, 我们考虑例 III 的问题, 即先验密度函数为结构先验函数 π_{struct}. 我们考察以下两个估计量: Tikhonov 估计量和带一个可变缩放因子的 CM 估计量. 为强调估计量对参数的依赖性, 我们把以 α 为正则化参数的 Tikhonov 正则化解记为

$$\widehat{x}_\alpha(y) = (A^{\mathrm{T}}A + \alpha I)^{-1}A^{\mathrm{T}}y,$$

把基于先验函数 $\mathcal{N}(x_0, \kappa\Gamma_{\mathrm{pr}})$, $\kappa > 0$ 的 CM 估计量记为

$$\widehat{x}_\kappa(y) = x_0 + \kappa\Gamma_{\mathrm{pr}}A^{\mathrm{T}}(\kappa A\Gamma_{\mathrm{pr}}A^{\mathrm{T}} + \Gamma_n)^{-1}(y - Ax_0).$$

我们再次指出, 这不是真实的先验函数, 而是模拟的先验函数; 换言之, 矩阵 Γ_{pr} 是给在求解反问题用的粗网格上的. 另外, 假设我们能在差一个缩放常数 κ 的意义下模拟先验协方差. 如果矩阵 Γ_{pr} 恰为真实的先验协方差, 且数据是在触犯反演过失的情况下生成的话, 那么 $\kappa = 1$ 的取值就对应于最小估计误差. 而在现有数据下, 使估计误差达到最小的取值略不同于 1.

我们还是抽取 $N=500$ 对样本 $(\widetilde{x}_j,\widetilde{y}_j)$, 并画出函数

$$\alpha \mapsto E\left\{\|\widehat{X}_\alpha - X\|^2\right\} \approx \frac{1}{N}\sum_{j=1}^{N}\|\widehat{x}_\alpha(\widetilde{y}_j)-\widetilde{x}_j\|^2$$

以及

$$\kappa \mapsto E\left\{\|\widehat{X}_\kappa - X\|^2\right\} \approx \frac{1}{N}\sum_{j=1}^{N}\|\widehat{x}_\kappa(\widetilde{y}_j)-\widetilde{x}_j\|^2$$

的图像, 结果如图 5.16 所示. 有两件事值得关注: 首先我们观察到, 在正确的协方差结构下达到的估值误差水平比 Tikhonov 正则化的更低, 而后者可以看作是带错误先验函数的 CM 解; 其次我们注意到, 正确结构先验函数下的误差水平在缩放因子 κ 取值较大时相对更稳定. 这就表明, 如能得到先验协方差的结构信息, 那么解就不会像 Tikhonov 正则化解对比例缩放那么敏感. 我们还发现, 由于存在先验模拟误差, 估计误差的最小值在 κ 取值略大于 1 时达到.

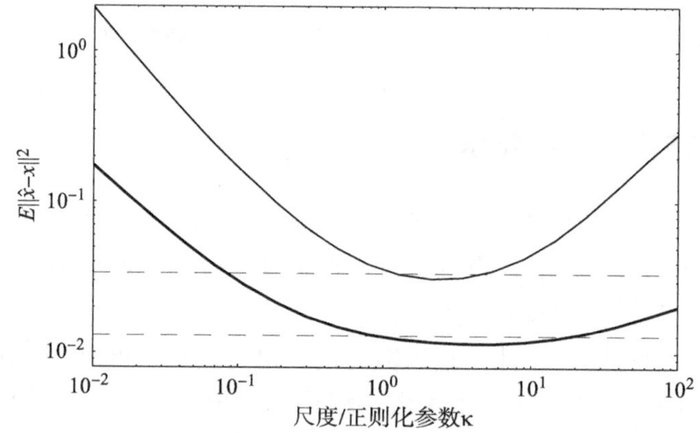

图 5.16 模拟的 CM 估计对协方差缩放参数的敏感性 (粗线) 以及 Tikhonov 估计对正则化参数的敏感性 (细线). 较高的水平线表示根据 Morozov 原理对每个样本独立选取正则化参数时的平均误差, 较低的水平线表示 $\kappa=1$ 时的 CM 估计误差

可能有人会认为, 如果采用 Morozov 原理或某种等价策略的话, 就不会出现上面的误差行为. 但是我们不应忽视: 在线性完全 Gauss 型的情形, 对正则化参数或协方差比例进行放缩等价于误设观测误差范数 δ, 而决定 δ —— 甚至是其数量级 —— 都绝非易事. 尽管在很多情况下, 可以认为能从数据中直观地看出噪声水平是 5% 还是 20%, 但在 0.05% 和 0.5% 量级的水平就不一定如此了.

事实证明, 小噪声情形 (大多数反演算法是在此情形下评估的) 是对近似误差最敏感的, 这将在本章中进行研究. 此时容易得到误设 δ 的数量级.

另一个发现也是顺理成章的. 在本例中, 我们用 Morozov 原理计算了传统的 Tikhonov 正则化解, 而参数 α 随样本而改变, 于是我们能考虑它在样本上的分布.

通常方差不会很大, 这样我们就能选取一个常数 α, 它所产生的最小平方误差几乎与样本平均 $N^{-1}\sum_j \|\widehat{x}_\kappa(\widetilde{y}_j)-\widetilde{x}_j\|$ 一样小. 这也意味着, 如果有一个可行的先验模型, 但由于某种 (比如数值上的) 原因, 还是选用了 Tikhonov 正则化方法, 那么这个 α 就能根据仿射估计量公式事先计算出来.

5.6.2 Gauss 观测误差模型的误设

在迄今为止的例子中, 我们总假设加性噪声是 Gauss 白噪声, 且对其的模拟是正确的. 在这一小节中, 我们考察 5.2.3 小节中讨论过的加性噪声模型, 并以此领会偏差原理中除了噪声水平之外的噪声结构的重要性.

考虑以下模型

$$Y = AX + E_\nu, \quad A = A_{\mathrm{mb}},\ X \sim \pi_{\mathrm{struct}}.$$

设误差水平 (5.10) 为 5%, 并假设其精确已知. 但我们假设实际工作人员固守独立同分布噪声模型的假设, 即

$$Y = AX + E_0, \quad E_0 \sim \mathcal{N}(0, \Gamma_n), \quad \Gamma_n = \sigma^2 I,$$

并且根据上述模型构造仿射估计量.

在本例中, 我们考虑特定类型的测量误差. 设 E_1 为偏移误差, 定义为

$$E_1 = \eta v, \quad v \in \mathbb{R}^m,\ \|v\| = 1, \quad \eta \sim \mathcal{N}(0, \sigma^2).$$

这样协方差矩阵 Γ_{n1} 即为秩 1 矩阵:

$$\Gamma_{n1} = \sigma^2 v v^{\mathrm{T}}, \quad \mathrm{Tr}(\Gamma_{n1}) = \sigma^2.$$

几种测量系统可能具有这种形式的偏移误差. 例如, 在强外界电场下对无屏蔽的长电缆进行同步电气测量时, 误差间的相关性就可能很强.

考虑对应一个给定的仿射估值策略的误差相关矩阵 (5.6). 矩阵 Φ 一般取决于误差模型, 但因为这里假设采用的噪声模型对应于 Γ_{n1}, 故 Φ 事实上并不依赖于 ν. 于是, 唯一与实际加性误差挂钩的项是 $\Phi\Gamma_n\Phi^{\mathrm{T}}$, 此时具有形式

$$(1-\nu)\mathrm{Tr}(\Phi\Gamma_{n0}\Phi^{\mathrm{T}}) + \nu\,\mathrm{Tr}(\Phi\Gamma_{n1}\Phi^{\mathrm{T}}),$$

它关于 ν 是线性的. 固定一个 ν 后, 误差项 E_1 的最大效果在 v 的取值使

$$\mathrm{Tr}(\Phi\Gamma_{n1}\Phi^{\mathrm{T}}) = \sigma^2\|\Phi v\|^2$$

达到最大, 即 v 为估值算子 Φ 最大特征值对应的特征向量时达到. 在 Tikhonov 估计量的情形, 若 $\{(u_k, v_k, \lambda_k)\}$ 为矩阵 A 的奇异系统, 则取 $v = u_m$ 就能得到

$$\mathrm{Tr}(\Phi\Gamma_{n1}\Phi^{\mathrm{T}}) = \sigma^2\left(\frac{\lambda_m}{\lambda_m^2+\alpha}\right)^2,$$

其中 λ_m 为使右端项达到最大的奇异值.

观测值的例子以及按上述方法选取 v 和 $\nu = 0.5$ 时各自的估计如图 5.17 所示, 向量 v 的结构在估计中一目了然.

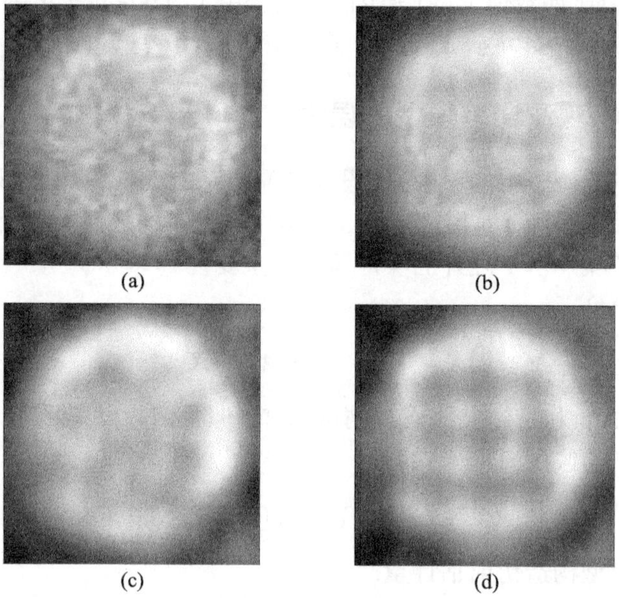

图 5.17　误设的例子. (a) 带纯白噪声误差 ($\nu = 0$) 的观测. (b) 误差协方差一半来自白噪声, 一半来自最坏情况下的误差结构的观测. (c)–(d) 假设白噪声模型时对上述图像的重构

我们同样感兴趣的是估值误差对 ν 的依赖性. 在图 5.18 中, 我们绘制了 v 的两个取法对应的误差估计, 一个如前所述, 另一个取为单位偏移 $v = (1/m)\mathbf{1}$. 因为计算最坏情况偏移误差所基于的近似模型并未被用于数据生成, 实际上噪声误设的

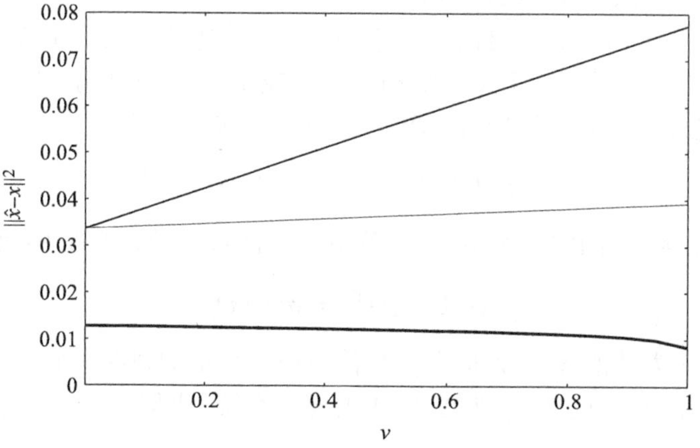

图 5.18　误设观测误差模型的影响: 最坏情况误差 (中等粗细的线) 和偏移误差 (细线). 参数 ν 表示假设的 Gauss 白噪声模型和混合模型之间的比重. 粗线代表估计量基于实际误差模型时的 CM 估计的误差

影响还可能更强. 在本例中, 单位偏移误差造成的误差仅增加了约 28%, 而近似最坏情况的误差增加了约 130%.

如果我们计算 CM 估计或 MAP 估计, 并正确模拟加性误差, 即使用 $\Phi = \Phi_\nu$ 的话, 我们发现事实上秩 1 误差是很容易抑制的. CM 估计的误差仅算到 $\nu = 0.99$ 为止. 可以看到, 估计误差随 ν 的增加而单调减少.

5.6.3 加性 Cauchy 误差

现在假设我们采取的是加性 Gauss 噪声模型, 而真实误差却是 Cauchy 分布的. 这里我们只研究单个实现值而非总体. 我们从光滑密度函数 $\pi_{\rm smooth}$ 抽取真实图像, 观测模型为中等模糊模型, 噪声为 Cauchy 分布的加性噪声而不是 Gauss 加性噪声. 真实图像和观测值如图 5.19 第一行所示. 典型的观测值包含大约 10 个误差明显比其他大的像素, 其中还有一个像素特别突出.

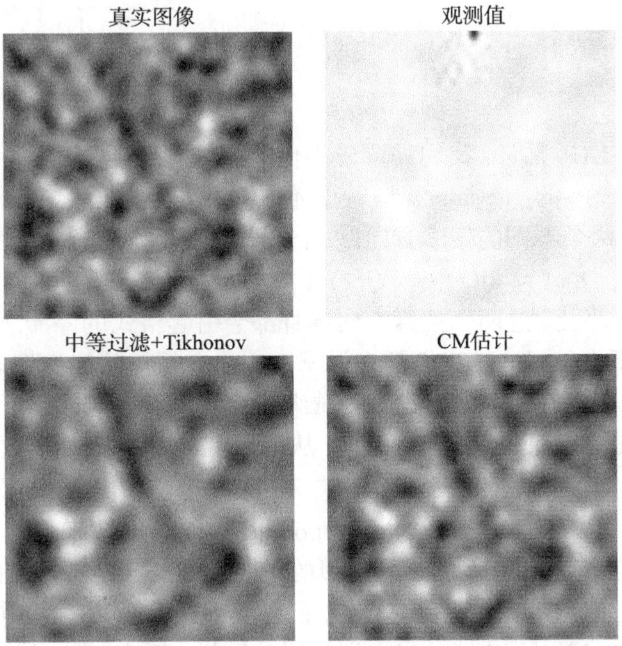

图 5.19 加性 Cauchy 误差. 从左到右, 自上而下: 真实图像、观测值, 用中等过滤和 Gauss 误差逼近获得的近似 CM 估计, 以及用 Metropolis-Hastings 算法获得的 CM 估计

我们选取 Gauss 噪声模型, 使得它在某种意义下与 Cauchy 分布的噪声相吻合. 由于 Cauchy 分布随机变量的方差为无穷大, 故不能放缩方差使之相等. 我们转而用 Taylor 逼近写出 Cauchy 密度函数的近似:

$$\left(\frac{\alpha}{\pi}\right)^m \prod_{j=1}^m \frac{1}{1+\alpha^2 e_j^2} = \prod_{j=1}^m \exp\left(\log\left(\frac{\alpha}{\pi}\frac{1}{1+\alpha^2 e_j^2}\right)\right) \approx \prod_{j=1}^m \exp\left(\log\frac{\alpha}{\pi} - 1 - \alpha^2 e_j^2\right).$$

根据这个近似, Gauss 方差的一个可能的选取就是 $\sigma^2 = 1/2\alpha^2$. 为了抵消 Cauchy 密度函数具有缓降尾部的事实, 我们将 Gauss 方差取为上述值的十倍, 即 $\sigma^2 = 5/\alpha^2$.

我们首先从实际的观点着手处理这个估值问题. 由于 Cauchy 分布体现出具有少量超大抽样的性质, 我们先对观测值进行 3×3 的中等过滤以除去大脉冲噪声. 在此操作后, 我们使用带上述噪声方差的 Gauss 误差模型来计算近似 CM 估计, 其结果亦示于图 5.19 中. 可以看到这个近似估计是合理的, 且可能对大多数问题行之有效. 我们也容易猜到不经过中等过滤预处理就基于 Gauss 近似进行估计的后果.

若需要得到更精确的估计, 我们必须回到真实的噪声模型. 为此我们用正确的似然函数计算 MAP 估计和 CM 估计. 这里同样不存在反演过失, 但我们假设 Cauchy 参数是已知的. 将后验函数写为

$$\begin{aligned}\pi(x \mid y) &\propto \exp\left\{-\frac{1}{2}\left(2\sum_k \log\left(1+\alpha^2(y_k - A_k x)^2\right) + \|L_{\rm pr}(x-x_0)\|^2\right)\right\}\\ &= \exp\left\{-\frac{1}{2}\left(Q(x)^2 + \|L_{\rm pr}(x-x_0)\|^2\right)\right\} = \exp\left\{-\frac{1}{2}F(x)\right\}\end{aligned}$$

的形式.

为了计算 MAP 估计, 我们需要最小化上面的指数项. 然而我们注意到, 因为 Cauchy 部分 $Q(x)^2$ 的 Hessian 矩阵一般不是对称正定的, 故二阶极小化格式不起作用. 我们定义两个不同的搜索方向: 一个是最速下降方向 $-\nabla F$; 另一个是这样确定的: 用一阶项 $Q(x) \approx Q(\overline{x}) + \nabla Q(\overline{x})(x - \overline{x})$ 逼近 $Q(x)$, 并对得到的 $F(x)$ 的半定二次近似做极小化. 这两个搜索方向本身都会引起格式的停滞, 但交替使用却能使极小化进行下去. 每一步我们都查看哪个方向在粗糙的线性搜索最小化中给出更好的点, 然后在更好的方向上进行更精细的线性搜索来迭代到下一步. 这一简单方法的收敛性是有保证的, 但速度极慢, 从近似 CM 估计开始需要大约 200000 次迭代.

我们使用自适应的随机游动 Metropolis-Hastings 格式来取样, 但由于近似协方差矩阵非正定, 基于 $F(x)$ 的二阶近似的建议密度函数是不可行的. 原则上我们能采用混合阶近似, 即线性化上述的 Q, 但事实证明, 这种情况下控制步长的缩放参数必须被调得非常小, 才能给出可以接受的取样. 反之, 我们进行如下的隐式更新: 令 h_z 为中心位于像素 z 的截断 Gauss 密度函数. 定义如下两个随机变量: 设 $e \sim \mathcal{N}(0, I)$, 而 z 为 $\{1, 2, \cdots, n\}$ 上独立于 e 的一致离散型随机变量, 这里 n 是图像中的像素数. 然后, 我们就运用具有建议密度函数

$$q^{(l+1)} = x^{(l)} + c\,\mathrm{vec}(h_z) \odot \left(L_{\rm pr}^{-1} e + x_0 - \frac{1}{2}\Gamma_{\rm pr}\nabla Q\right)$$

的随机游动 Metropolis-Hastings 算法, 其中 $\mathrm{vec}(\cdot)$ 表示矩阵逐列堆叠而成的向量, $\odot$ 为各分量的乘积. 这样, Gauss 密度函数 h_z 就能用来将像素值的更新局限在像

素 z 的邻域内; 而重要的是, 建议密度函数保持了先验模型中的光滑性和可能的跳跃. 若将隐式函数 h_z 取为水平集图像, 则图像在 h_z 支集的边界将失去光滑性, 于是实际上建议将无一能被接受.

Metropolis-Hastings 算法还是从近似 CM 估计开始. 缩放参数 c 被不断调整, 使得接受率约为 0.3, 而预烧需要约 300000 次循环. 从预烧后的 100000 次取样算得的均值如图 5.19 所示. 近似 CM 估计与真实 CM 估计间的估值误差仅相差约 15%, 然而细微之处的差别却很明显. MAP 估计和用 Metropolis-Hastings 算法得到的 CM 估计看起来别无二致, 这里就从略了.

图 5.20 中显示了对两个像素的 30000 个抽样, 它们不在 h_z 支集中的阶段清晰可见. 同样显然的是, 为确保混合得更好, 就需要更可行的建议密度函数. 这个例子说明, 相对于其他问题, 高维空间中的优化和取样可能更偏向于艺术而非科学, 且不存在能解决所有计算问题的成体系的方法.

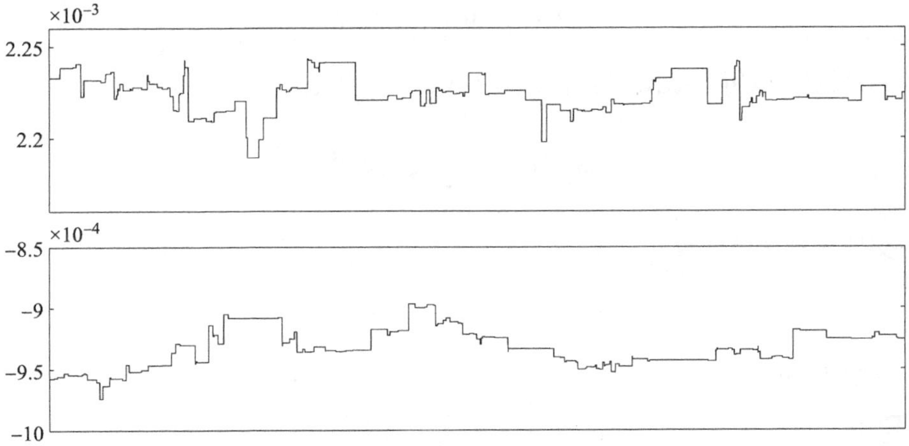

图 5.20 加性 Cauchy 误差, 对两个像素的 30000 个抽样

5.7 离散化与先验模型

本节将更深入地阐述模拟先验函数的问题, 并用一个例子说明, 对离散化的依赖性是个比人们的想象更微妙的问题.

考虑单位区间上的平方可积函数空间, 记为 $L^2(0,1)$. 我们构造闭离散子空间套序列 $V^j \subset L^2(0,1)$ 如下: 令

$$\varphi(t) = \begin{cases} 1, & 0 \leqslant t < 1, \\ 0, & t < 0 \text{ 或 } t \geqslant 1. \end{cases}$$

定义空间 V^j, $0 \leqslant j < \infty$ 为

$$V^j = \operatorname{span}\left\{\varphi_k^j \mid 1 \leqslant k \leqslant 2^j\right\},$$

其中

$$\varphi_k^j(t) = 2^{j/2}\varphi(2^j t - k - 1).$$

容易看到

$$\langle \varphi_k^j, \varphi_\ell^j \rangle = \delta_{k,\ell},$$

即函数 φ_j^k 构成子空间 V^j 的一组正交基. 这些空间还具有如下性质:

1. 对所有 j, $0 \leqslant j < \infty$, 有 $V^j \subset V^{j+1}$;
2. $f(t) \in V^j$ 当且仅当 $f(2t) \in V^{j+1}$;
3. $\overline{\bigcup V^j} = L^2(0,1)$.

这样的子空间序列被称为 $L^2(0,1)$ 的*多分辨率子空间*. φ 的取法不仅限于上述一种. 事实上, 多分辨率子空间是小波分析的基础, 但这里就不对该话题进行深究了.

多尺度空间非常便于计算. 为看到它们的一些性质, 考虑正交投影

$$P^{j,j-1} : V^j \to V^{j-1}.$$

为找到该投影的矩阵表示, 考虑嵌入 $V^{j-1} \subset V^j$, 并记

$$\varphi_k^{j-1}(t) = \sum_{\ell=1}^{2^j} c_{k,\ell}\varphi_\ell^j(t).$$

由正交性容易算得系数 $c_{k,\ell}$, 有

$$c_{k,\ell} = \langle \varphi_k^{j-1}, \varphi_\ell^j \rangle = h_{\ell-2k},$$

其中系数 h_k 由

$$h_k = \begin{cases} 1/\sqrt{2}, & k = 0, 1, \\ 0, & \text{其他} \end{cases}$$

给出. 这样就很容易得到投影矩阵. 实际上, 如果

$$f(t) = \sum_{k=1}^{2^j} x_k^j \varphi_k^j(t),$$

就有

$$P^{j,j-1} f(t) = \sum_{k=1}^{2^{j-1}} \langle f, \varphi_k^{j-1} \rangle \varphi_k^{j-1}(t) = \sum_{k=1}^{2^{j-1}} x_k^{j-1} \varphi_k^{j-1}(t),$$

其中系数 x_k^{j-1} 为

$$x_k^{j-1} = \sum_{\ell=1}^{2^j} h_{\ell-2k} x_\ell^j.$$

在矩阵形式下, 若

$$x^j = [x_1^j, \cdots, x_{2^j}^j]^{\mathrm{T}} \in \mathbb{R}^{2^j}, \quad j \geqslant 0,$$

那么

$$x^{j-1} = H^{j-1,j} x^j,$$

其中系数矩阵可表示为 Kronecker 积的形式. 记 I_{j-1} 为 $2^{j-1} \times 2^{j-1}$ 的单位阵, 并令

$$e_1 = \frac{1}{\sqrt{2}}[1,1],$$

则成立

$$H^{j-1,j} = I_{j-1} \otimes e_1 = \frac{1}{\sqrt{2}} \begin{bmatrix} 1\,1\,0\,0 \cdots 0\,0 \\ 0\,0\,1\,1 \cdots 0\,0 \\ \vdots\,\vdots\,\vdots\,\vdots \quad \vdots\,\vdots \\ 0\,0\,0\,0 \cdots 1\,1 \end{bmatrix} \in \mathbb{R}^{2^{j-1} \times 2^j}.$$

类似地, 投影 $P^{j,j-k} : V^j \to V^{j-k}$ 的矩阵表示为

$$H^{j-k,j} = I_{j-k} \otimes e_k,$$

其中

$$e_k = \left(\frac{1}{\sqrt{2}}\right)^k [1, 1, \cdots, 1] \in \mathbb{R}^{1 \times 2^k}.$$

可以直接验证

$$H^{j-p,j-p-q} H^{j,j-p} = H^{j,j-p-q},$$

即这些投影的作用是保序的.

考察下述反问题: 我们的目标是利用含噪声的数据

$$y_\ell = \int_0^1 K(t_\ell, t) f(t)\,\mathrm{d}t + e_\ell, \quad 1 \leqslant \ell \leqslant L \tag{5.14}$$

来估计函数 $f \in L^2(0,1)$, 其中 e_ℓ 为加性噪声. 由于讨论无限维空间中的概率密度函数超出了本书的范畴, 我们认为存在一个多分辨率基函数的离散化水平 N 能够表示真实信号, 即

$$f(t) = \sum_{k=1}^{2^N} x_k^N \varphi_k^N(t).$$

换句话说, 我们假定上述离散化对连续模型的近似已满足工作精度. 在此假定下, (5.14) 式可以写为矩阵方程

$$y = A^N x^N + e, \tag{5.15}$$

其中矩阵 $A^N \in \mathbb{R}^{L \times 2^N}$ 的元素为

$$A_{\ell k}^N = \int_0^1 K(t_\ell, t) \varphi_k^N(t)\,\mathrm{d}t.$$

假设噪声 e 的概率分布是已知的, 那么相应的随机模型就能写成

$$Y = A^N X^N + E, \tag{5.16}$$

其中 $X^N \in \mathbb{R}^{2^N}$ 和 $E \in \mathbb{R}^L$ 的概率密度函数可假定为已知. 假设它们相互独立且服从零均值 Gauss 分布, 协方差矩阵分别为 $\Gamma_{\rm pr}^N$ 和 Γ_n.

假设我们想用更粗糙的离散化 (例如囿于内存限制) 来求解反问题, 并写出降阶模型

$$Y = A^j \widetilde{X} + \widetilde{E}, \tag{5.17}$$

其中 $\widetilde{X} \in \mathbb{R}^{2^j}$, $j < N$. 两个问题应运而生:

1. 从 (5.15) 式到 (5.17) 的离散粗糙化会产生多少误差?
2. 假设我们知道 X^N 的先验信息, 则应如何将此信息体现在 V^j 里?

将未知量的低维模型定义为

$$\widetilde{X} = X^j = H^{j,N} X^N$$

似乎是顺理成章的, 即模型降阶算子就是平均化矩阵 $H^{j,N} \in \mathbb{R}^{2^j \times 2^N}$. 这一取法就直接定义了降阶模型的先验概率密度函数: X^j 服从均值为零, 协方差为

$$\Gamma^j = H^{j,N} \Gamma^N H^{N,j}, \quad H^{N,j} = (H^{j,N})^{\rm T} \tag{5.18}$$

的 Gauss 分布. 降阶模型矩阵 A^j 的表示也是很自然的, 令

$$A_{\ell k}^j = \int_0^1 K(t_\ell, t) \varphi_k^j(t)\, {\rm d}t,$$

则成立

$$A^j = A^N H^{N,j}, \quad H^{N,j} = (H^{j,N})^{\rm T}. \tag{5.19}$$

尽管定义 (5.18) 看起来并没有错, 但它却不是文献中降阶模型通常的定义方式. 事实上, 假设 X^N 的先验密度函数原本是形如

$$\pi_{\rm pr}(x^N) \propto \exp\left(-\alpha \|L^N x^N\|^2\right)$$

的 Gauss 光滑化先验函数, 其中 L^N 是一个微分算子的离散近似. 为明确起见, 我们将其取为带 Dirichlet 边界条件的二阶导数的三点有限差分近似, 即

$$L^N = 2^{2N} \begin{bmatrix} -2 & 1 & 0 & \cdots & 0 \\ 1 & -2 & 1 & & \\ 0 & 1 & -2 & \ddots & \vdots \\ \vdots & & \ddots & \ddots & 1 \\ 0 & \cdots & & 1 & -2 \end{bmatrix}.$$

在离散化水平 V^j 上, 相应的矩阵自然就是

$$L^j = 2^{2j}\begin{bmatrix} -2 & 1 & 0 & \cdots & 0 \\ 1 & -2 & 1 & & \\ 0 & 1 & -2 & \ddots & \vdots \\ \vdots & & \ddots & \ddots & 1 \\ 0 & \cdots & & 1 & -2 \end{bmatrix} = H^{j,N}L^N H^{N,j},$$

这不难验证. 若不深入分析, 降阶模型向量 $\widehat{X}^j$ 的先验密度函数的一个自然的选取就是

$$\pi_{\rm pr}(x^j) \propto \exp\left(-\alpha\|L^j x^j\|^2\right).$$

现在的问题就在于, 这种自然的构造是否能够再现相同的投影协方差 Γ^j, 即随机变量 $\widehat{X}^j$ 是否与 $X^j = H^{j,N}X^N$ 同分布. 答案在本例中是否定的, $\widehat{X}^j$ 的协方差实际上是

$$\widehat{\Gamma}^j = \left((L^j)^{\rm T}L^j\right)^{-1} \neq H^{j,N}\left((L^N)^{\rm T}L^N\right)^{-1} H^{j,N} = \Gamma^j.$$

如果把矩阵 $\widetilde{L}^j \in \mathbb{R}^{2^j\times 2^j}$ 定义为

$$\widetilde{L}^j = \left[(\Gamma^j)^{-1}\right]^{1/2}, \tag{5.20}$$

形式上我们就能把 X^j 的先验密度函数写成光滑先验函数, 即

$$\pi_{\rm pr}(x^j) \propto \exp\left(-\alpha(x^j)^{\rm T}(\Gamma^j)^{-1}x^j\right) = \exp\left(-\alpha\|\widetilde{L}^j x^j\|^2\right).$$

此时矩阵 $\widetilde{L}^j$ 就不再是一个二阶微分算子的三角离散近似了.

本例说明, 构造具有离散不变性的随机模型并非易事, 而构造先验函数的过程也会影响结果.

上述分析是以嵌套网格为基础的, 而这不总是可得的. 假设我们有两个 $\mathbb{R}^n$ 上的网格, $n = 1, 2$ 或 3, 记作网格 A 和网格 B, 并假定网格 A 过细而不能用于计算. 此外, 假设我们在粗网格 B 上构造了一个可行的先验协方差矩阵, 其每行代表网格化区域上一个协方差函数的离散值. 如果这些函数不剧烈振荡, 我们就能在细网格上对它们进行插值, 从而获得细网格 A 的插值协方差矩阵. 记 $r_\ell^{\rm C}$ 为网格 $\rm C \in \{A, B\}$ 中的一个网格点, 并记 $x_\ell^{\rm C}$ 为该点对应的未知量的离散值. 于是在邻近的网格点, 有

$$\mathrm{cov}(x_\ell^{\rm A} - x_k^{\rm A}) \approx \mathrm{cov}(x_\ell^{\rm B} - x_k^{\rm B}).$$

如果我们不是对协方差矩阵进行插值, 而是对其 Cholesky 因子的逆进行插值的话, 这一性质可能不再成立.

一般可以说, 先验模型的方差通常比似然模型的更大, 所以似然函数的统计模拟的精度往往是一个比模拟先验函数更具有决定性的课题. 5.8 节将讨论离散化诱导的似然函数的模拟误差.

5.8 统计模型降阶、近似误差与反演过失

在 5.8 节, 我们考察了随机模型降阶, 即把问题的维数从人们认为足以精确表示真实测量过程的维数降下来. 相信降阶模型能准确表示整个过程就是一个反演过失; 统计模型降阶是通过将模拟误差纳入分析来抵消反演过失的一种尝试.

我们考虑线性 Gauss 模型

$$Y = AX + E, \quad X \sim \mathcal{N}(x_0, \Gamma_{\rm pr}),\ E \sim \mathcal{N}(0, \Gamma_n), \tag{5.21}$$

并假设这个模型是通过对现实本质进行仔细模拟获得的. 如果这个式子是通过离散化得到的, 我们就假设 $X \in \mathbb{R}^N$ 表示的是充分细的网格上的离散变量, 使得模型的预测与观测值在工作精度下相一致. 我们还假设可以得到可靠的先验模型.

与 5.7 节相同, 假定由于计算上的原因, 我们只能处理低维的降阶模型. 假设模型的降阶对应于一个线性算子

$$P : \mathbb{R}^N \to \mathbb{R}^n, \quad \widetilde{X} = PX.$$

P 通常是一个映到粗网格基函数的投影算子. 记 $\widetilde{A} \in \mathbb{R}^{m\times n}$ 为对应于降阶模型的离散模型, 并记

$$\begin{aligned} Y = AX + E &= \widetilde{A}\widetilde{X} + (A - \widetilde{A}P)X + E \\ &= \widetilde{A}\widetilde{X} + \widetilde{E}. \end{aligned} \tag{5.22}$$

忽略 (5.22) 右端的第二项就犯了一个反演过失, 这相当于假设粗离散的模型加上独立误差就足以描述数据, 即 $\widetilde{E} \approx E$.

计算 $\widetilde{E}$ 的均值和协方差易如反掌. 简单起见, 我们假设 X 和 E 是不相关的, 那么就有

$$\widetilde{E} \sim \mathcal{N}(\widetilde{e}_0, \widetilde{\Gamma}_n), \tag{5.23}$$

其中

$$\widetilde{e}_0 = E\{\widetilde{E}\} = (A - \widetilde{A}P)x_0, \tag{5.24}$$

$$\widetilde{\Gamma}_n = \mathrm{cov}(\widetilde{E}) = (A - \widetilde{A}P)\Gamma_{\rm pr}(A - \widetilde{A}P)^{\rm T} + \Gamma_n. \tag{5.25}$$

我们将噪声模型 (5.23) 称为*增强噪声模型*.

如果 (5.25) 中的某一个协方差项比另一个小很多, 我们就称之为*噪声占优的*或*近似误差占优的*情形. 若成立

$$\mathrm{Tr}(\Gamma_n) \gg \mathrm{Tr}\left((A - \widetilde{A}P)\Gamma_{\rm pr}(A - \widetilde{A}P)^{\rm T}\right),$$

我们可能以为这是噪声占优的情形, 近似误差并不发挥主要作用. 然而我们即将看到, 事实可能并非如此, 因为源自近似误差的协方差结构可能是非平凡的, 即甚至

不接近于白噪声. 这也意味着, 拿白噪声来掩盖模拟误差这种平凡的权宜之计 (即用 $\kappa\sigma^2 I$ 代替 Γ_n, $\kappa > 1$ 充分大) 可能不是个好办法, 因为我们可能必须把 κ 设得很大, 从而导致所有观测值实质上比它们的实际值大得多. 这对信噪比的问题至关重要的严重不适定问题来说是尤其糟糕的.

另一方面, 若成立

$$\operatorname{diag}\Gamma_n \gg \operatorname{diag}(A - \widetilde{A}P)\Gamma_{\mathrm{pr}}(A - \widetilde{A}P)^{\mathrm{T}},$$

那么近似误差的问题就不会很严重, 反演过失也能有效地得到减轻.

利用仿射估计量, 剩余的源自粗离散化的估值误差就能写为

$$\mathcal{B}^{+} = \Phi(\Gamma_n)(A - \widetilde{A}P)\Gamma_{\mathrm{pr}}(A - \widetilde{A}P)^{\mathrm{T}}\Phi(\Gamma)^{\mathrm{T}}$$

的形式, 其中矩阵 $\Phi = \Phi(\Gamma_n)$ 取决于所用的误差模型. 容易看到 $\operatorname{Tr}\mathcal{B}^{+}$ 在 $\Gamma_n \to 0$ 时增大.

增强噪声模型 (5.23) 有助于提高 Tikhonov 正则化的性能. 然而从统计的观点来看, 好处还不止于此. 我们将把误差模型考虑在内, 并导出后验密度函数和条件均值估计.

考虑观测量 Y 和降阶变量 $\widetilde{X}$ 的联合概率分布. 从精确模型 (5.21), 得到

$$E\{Y\} = Ax_0, \quad \operatorname{cov}(Y) = A\Gamma_{\mathrm{pr}}A^{\mathrm{T}} + \Gamma_n.$$

类似地,

$$E\{\widetilde{X}\} = Px_0, \quad \operatorname{cov}(\widetilde{X}) = P\Gamma_{\mathrm{pr}}P^{\mathrm{T}}.$$

它们的互协方差即为

$$E\left\{(\widetilde{X} - Px_0)(Y - Ax_0)\right\} = E\{P(X - x_0)(A(X - x_0) + E)\} = P\Gamma_{\mathrm{pr}}A^{\mathrm{T}}.$$

于是不出所料地, 联合协方差就是

$$\operatorname{cov}\left(\begin{bmatrix}\widetilde{X}\\ Y\end{bmatrix}\right) = \begin{bmatrix}P\Gamma_{\mathrm{pr}}P^{\mathrm{T}} & P\Gamma_{\mathrm{pr}}A^{\mathrm{T}}\\ A\Gamma_{\mathrm{pr}}P^{\mathrm{T}} & A\Gamma_{\mathrm{pr}}A^{\mathrm{T}} + \Gamma_n\end{bmatrix}.$$

从联合概率密度函数, 我们就能立即导出 $\widetilde{X}$ 的后验协方差. 由定理 3.8 可得

$$\pi(\widetilde{x} \mid y) \propto \exp\left(-\frac{1}{2}(\widetilde{x} - \widetilde{x}_0)^{\mathrm{T}}\Gamma_{\mathrm{post}}^{-1}(\widetilde{x} - \widetilde{x}_0)\right),$$

其中

$$\widetilde{x} = Px_0 + P\Gamma_{\mathrm{pr}}A^{\mathrm{T}}(A\Gamma_{\mathrm{pr}}A^{\mathrm{T}} + \Gamma_{\mathrm{noise}})^{-1}(y - Ax_0), \tag{5.26}$$

而

$$\Gamma_{\text{post}} = P\Gamma_{\text{pr}}P^{\text{T}} - P\Gamma_{\text{pr}}A^{\text{T}}(A\Gamma_{\text{pr}}A^{\text{T}} + \Gamma_{\text{noise}})^{-1}A\Gamma_{\text{pr}}P^{\text{T}}.$$

导出的式子形式上和 (5.21) 对应的式子相差不大, 但这里有个决定性的不同: 计算 CM (或 MAP) 估计 (5.26) 需要求解一个 $m \times n$ 大小的方程组, 而且使用的是精确模型的信息. 我们会在例子中看到, 这将对性能产生显著效果.

逼近上述增强误差模型的一个自然的方法可如下得到: 记 $Y = \widetilde{A}\widetilde{X} + \widetilde{E}$, 其中 $\widetilde{E} = E + \varepsilon$, 我们计算协方差矩阵 $\widetilde{\Gamma}_n = \text{cov}(E + \varepsilon)$, 并进一步计算其 Cholesky 因子 $L_{E+\varepsilon} = \text{chol}(\widetilde{\Gamma}_n^{-1})$. 这样我们就能通过考虑形如

$$\min\left\{\|L_{E+\varepsilon}(y - Ax)\|^2 + \|L_{\text{pr}}(x - x_0)\|^2\right\} \tag{5.27}$$

的增广误差问题来修改 Tikhonov 问题. 事实证明, 在很多情况下这不失为一种代替使用原始形式 (5.26) 的好选择. 这里我们指出, 在这个近似中我们隐含了 $(X, \widetilde{E})$ 相互独立的假设.

5.8.1 例子: 全角断层成像与 CGNE

作为一个例子, 考虑使用 CGNR 从全角断层观测来计算一个各向异性的光滑目标的估计. 这样, 本例就将从更传统的设定演示反演过失问题. 我们强调, 下面将看到的结果并不是 CGNR 算法所特有的, 而事实上同样的行为可能出现在所有触犯反演过失的算法上.

真实数据由结构化密度函数生成在 84×84 的网格上, 而所用的观测模型 A 是建立在 42×42 的网格上的. 正确的观测数据是按之前的解释计算的, 而反演过失 (inverse crime, IC) 数据是按 $Y = \widetilde{A}PX + E$ 生成的. 我们设 $E \sim \mathcal{N}(0, \sigma^2 I)$, 并取不同的噪声方差水平 σ^2. 令 κ 表示噪声方差和模拟误差方差的比值, 即

$$\kappa = \frac{\text{噪声方差}}{\text{模拟误差方差}} = \frac{M\sigma^2}{\text{Tr}((A - \widetilde{A}P)\Gamma_{\text{pr}}(A - \widetilde{A}P)^{\text{T}})}.$$

我们让 σ^2 变动, 使得 $0.1 \leqslant \kappa \leqslant 10$, 于是下界 $\kappa = 0.1$ 对应于模拟误差占优的情形, 而上界 $\kappa = 10$ 对应于噪声占优的情形. CGNR 迭代是根据偏差等于 $\tau\sqrt{n}\,\sigma$ 的 Morozov 准则终止的, 其中 n 为像素数, $\tau = 1.1$. 我们对正确数据和 IC 数据进行相同的计算, 且在 CGNR 估计之外, 我们还对正确数据利用标准和增强误差模型计算条件均值估计.

利用标准误差模型的 CM 估计、带 IC 数据的 CGNR 估计以及带正确数据的 CGNR 估计的例子如图 5.21 所示, 第二列所示的是基于 IC 数据的结果. 一旦加性噪声水平降到近似误差水平以下, 使用反演过失数据而产生的过度乐观的剧变水平就一目了然了.

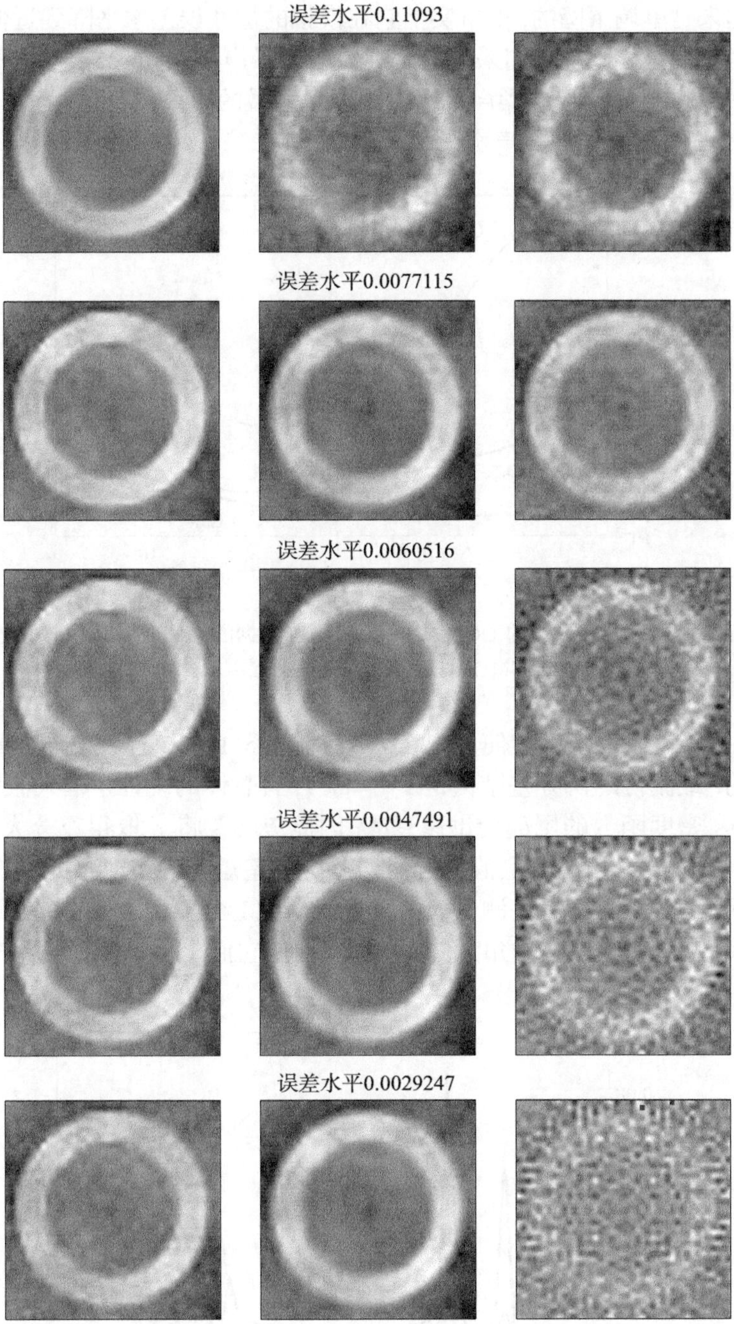

图 5.21 触犯反演过失的效果例. 第一列: 带正确数据的 CM 估计. 第二列: 带不正确 (反演过失) 数据的 CGNE 估计. 第三列: 带正确数据的 CGNE 估计

所有四种情形下估计的总体行为如图 5.22 所示. 除了增强误差 CM 估计, 所有这些情形中的误差模型都仅以加性误差为基础. 带 IC 数据的 CGNR 估计误差表面上看起来是单调下降的, 但事实上它在模拟的加性误差水平降到近似误差水平以下后会短暂爆破. 这里我们采用的是近似增强噪声模型 (5.27), 在本例中它的估值误差水平仅在很低的加性噪声水平上表现出轻微的提高. 值得注意的是, 未修正的 CM 估计的性能同样随噪声水平的下降而降低.

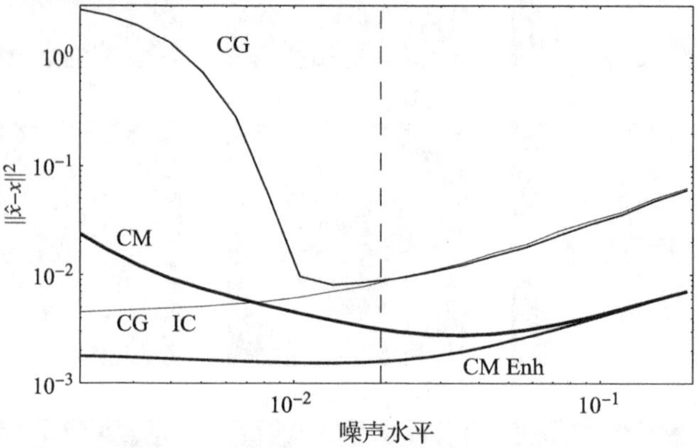

图 5.22 带正确数据和 IC 数据的 CGNE 估计、带正确数据的 CM 估计以及带正确数据但用增强观测误差模型的 CM 估计的估值误差. 垂直虚线代表模拟误差水平

我们在本章前面曾提到, 使用 $\Gamma_{E+\varepsilon} = c\Gamma_E$, $c > 1$ 来权且调整加性噪声水平当然是可能的. 最流行的协方差结构是 $\Gamma_E = \sigma^2 I$, 且总体的统计学框架假设为 Gauss 型的. Gauss 密度函数的尾部会迅速衰减, 因此势必要将 c 取得充分大, 才能掩盖近似误差. 第一投射角的测量值的近似误差协方差矩阵的主对角元和次对角元如图 5.23 所示. 显然, 尽管有些测量值与近似误差相对独立, 但另一些测量值的情况就糟糕很多. 此外, 虽然次对角元并不是太大, 但它们也不是零. 若要将调整参数

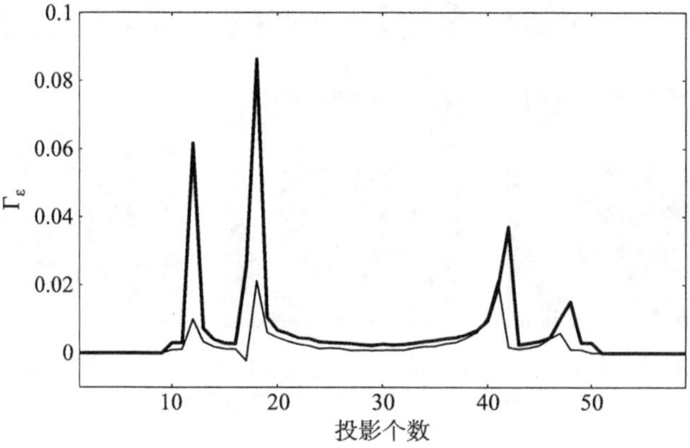

图 5.23 近似误差产生的协方差, 第一投射角: 自协方差 (对角元, 粗线) 和相邻投影的互协方差 (次对角元, 细线)

c 设得足够大来掩盖 $\operatorname{diag}\Gamma_\varepsilon$, 则它应等于 $\max\operatorname{diag}\Gamma_\varepsilon$. 此时我们就有充分理由反驳, 这样所有测量值都相应地变得不可靠了, 而且我们失去了本可在测量值中得到的许多信息.

5.9 注释与评论

纵观本书, 我们力图通过在正向模型中使用比求解反问题时更细的网格生成数据来避免反演过失. 用*连续模型* (直接将积分方程之类的表示称作真实模型) 而不是细网格作为参照物是很吸引人的, 但我们在本书中对此途径避而远之的原因很简单: 无限维 (甚至可能是不可分的) 空间中的随机变量理论是相当复杂难懂的, 这将在某种程度上分散读者对本书核心思想的注意力.

统计估值理论和决策理论的基础教材包括 [88, 120]. 标准估值理论假设真实的统计信息不仅是已知的, 还被用于估计量的构造.

估值一词在不同语境下用法迥异, 比如数值分析中的误差估值. 与统计估值理论是共通的是, 人们关注的是估计的分布及其误差. 适定问题中的未知量能被视作确定性的未知量, 而在不适定问题中我们需要将未知量看作具有某种先验函数的随机变量. 因此, 如果*统计误差分析*是在不适定问题的情况下进行的, 那么误差分布就取决于先验模型. 这时就当然有必要验证先验模型 (不管是隐式还是显式的) 的可行性了.

一个有关正确模拟先验函数的重要问题是能否定义*离散不变的*先验模型, 即能给出与离散水平无关的一致后验估计的模型. 对这一方向的研究参见 [80, 81] 等.

如本章开头所述, 我们的目的并不在于比较经典方法和最优估计量孰优孰劣, 其中后者中的真实统计信息 (尽管只是模拟的) 假设为已知, 并被用于估计量的构造. 反之我们再次强调, 我们想要传递的信息是在更困难的反问题中*进行先验函数的模拟*的相关性. 我们还演示了, 如果先验模型的结构是可行的, 那么放缩误差等引起的估计误差的增长是可容许的. 此外, 先验模型的某些参数能用超先验方法来处理, 这在第 3 章和第 7 章中有所讨论.

抛开先验模型的话题, 有关测量噪声几成定式的假设是: 噪声是加性 Gauss 型的, 均值为零, 协方差形如 $\Gamma_n = \lambda I$; 然而所有这些假设都可能是错的. 事实上可以说, 满足上述假设的测量系统可称作是一种理想化. 现实中的测量系统可以非常复杂, 因而实际的测量误差模型可能相当不平凡. 例如, 弱光源的测量噪声模型就可能融合了少量光子产生的 Poisson 过程, 电能转换引起的 Gauss 噪声以及电接触问题引起的 Cauchy 型噪声. 这三个来源可能相互独立, 抑或是相关的 — 还可能是乘性的.

在统计学文献中, 把稀少的大测量误差考虑在内的噪声方法被称为*鲁棒方法*, 见 [61]. 有一些或多或少特殊的迭代方法, 它们能根据观测模型在前一步迭代对测量值预测的好坏对每个测量值改变权重. 于是, 如果某个测量值与其预测之间的差别明显大于其他测量值的, 则它将在下一步迭代中被赋予更小的权重或更大的方差.

至于测量噪声的相关性, 事实证明在很多情况下, 如果采用的是不相关的噪声模型, 那么相关的噪声就会导致估计的严重恶化. 另一方面, 若相关性结构已知并投入使用, 则噪声对估计的影响就会比不相关噪声的情况大幅降低.

第 6 章 模型问题

在本章中, 我们将对举例说明统计反演方法时 (尤其在第 7 章中) 作为模型问题出现的一些反问题进行详细讨论. 我们将从出现在生物医学应用中的线性反问题开始, 首先讨论 *X 射线断层成像*的反问题; 然后讨论出现在*脑电磁造影* (EEG/MEG) 和*心电磁造影* (ECG/MCG) 中的电磁学反源问题.

这里将研究的两个非线性反问题不仅能应用于生物医学成像, 而且在工业过程监控上也有应用. 第一个是*电阻抗断层成像* (electrical impedance tomography, EIT), 该反问题近年来在理论和应用两方面都得到了广泛研究 (参见本章末尾的"注释和评论"); 第二个是*近红外光学吸收和散射断层成像* (optical absorbtion and scattering tomography, OAST) 问题, 它在形式上和 EIT 问题是有关的.

6.1 X 射线断层成像

X 射线成像是以从不同方向获取物体的一些投影图像为基础的. "断层成像" (tomography) 一词来源于分别表示 "切割" 和 "书写" 的两个希腊单词 $\tau o\mu o\sigma$ 和 $\gamma\rho\alpha\varphi o\sigma$, 传统上指的是试图通过射线在给定的截面上测得的衰减来产生物体内部截面图像的方法. 在现代应用中, 断层成像一词不再局限于截面成像; 相反, 现代 X 射线成像的目的是产生目标的三维重构, 这种过程有时被称为断层合成. 在其当前的应用中, 该词可以指任何对不可达区域的无损成像.

自从 Johann Radon 于 1917 年在积分几何学的经典工作之后, 人们就已知道, 如果能得到物体在某个二维切片周围的所有投影图像, 就能重构物体沿该切片的内部结构. 这一事实在 1960 年代被 Cormack 和 Hounsfield 重新发现, 由此导致了商业化的计算机断层成像 (computerized tomography, CT) 技术的出现.

在实践中, 经常有几何上的限制和辐射剂量的限制, 使得无法采集到完整的投影数据. 这样, 投影数据有可能被限制在一个有限视角中, 这就引出了*有限角断层成像*问题. 辐射剂量的限制通常意味着只能使用很少的照射方向, 此时问题就被称为*稀疏投影数据*问题. 这类的问题可以被总称为*带少量射线图像的 X 射线断层成像*, 对这些问题无法应用 Radon 的经典结果.

6.1.1　Radon 变换

在本小节中, 我们回顾 X 射线成像的基本数学模型以及基于完整投影数据的断层成像的经典结果.

令 $\Omega \subset \mathbb{R}^n$, $n = 2, 3$ 为表示研究对象的一个有界区域 ($n = 3$) 或该对象的一个横截面 ($n = 2$). 假设有一个点状 X 射线源被置于对象的一侧, 射线穿透对象, 并被置于另一侧的 X 射线胶片或数字传感器探测到, 如图 6.1.

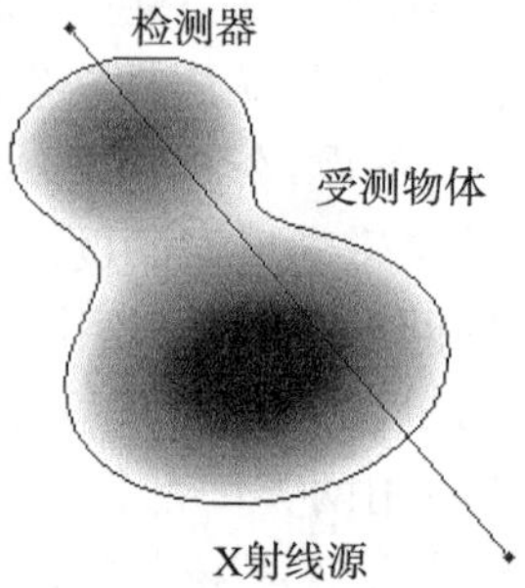

图 6.1　X 射线测量的设定

最常用的模型假设 X 射线穿透材料时发生的散射可忽略不计, 即只会发生吸收, 且射线不会因材料的相互作用而偏斜. 若进一步假设质量吸收系数正比于材料密度, 则射线强度 I 沿线段 $\mathrm{d}\ell$ 的衰减即为

$$\mathrm{d}I = -I\mu\,\mathrm{d}\ell,$$

其中 $\mu = \mu(p) \geqslant 0$, $p \in \Omega$ 为材料的质量吸收系数. 我们假设 μ 在 $\overline{\Omega}$ 内有紧支集且有界. 如果 I_0 为沿直线 ℓ 发射的 X 射线的强度, 那么 X 射线穿透物体后接收到的强度 I 可以由下式得到

$$\log\left(\frac{I}{I_0}\right) = \int_{I_0}^{I} \frac{\mathrm{d}I}{I} = -\int_l \mu(p)\,\mathrm{d}\ell(p).$$

于是, X 射线断层成像的反问题就能表述为一个积分几何问题: 根据函数 $\mu : \Omega \to \mathbb{R}_+$ 沿一组穿过 Ω 的直线的积分值来估计 μ.

X 射线断层成像问题的本质取决于能获得多少条直线上的积分值. 在理想情况下, 我们能获得穿过对象的所有可能的直线上的数据, 而经典结论就是建立在能获得完整数据的基础上的. 下面, 我们简要回顾定义在 $\mathbb{R}^n$ 上的函数的 Radon 变换及其逆变换. 在 $\mathbb{R}^2$ 中, Radon 变换和上述 X 射线断层成像数据完全相一致. 在 $\mathbb{R}^3$ 中, Radon 变换通过一个积分过程与 X 射线数据关联起来, 这将在稍后进行解释.

令 μ 为一分片连续函数, 它在区域 $\Omega \subset \mathbb{R}^n$ 中具有紧支集. 考虑一个 $n-1$ 维的超平面 L. 若 $\omega \in \mathbb{S}^{n-1}$ 是一个垂直于该平面的单位向量, 我们就能将 L 表示为

$$L = L(\omega, s) = \{p \in \mathbb{R}^n \mid \langle \omega, p \rangle = s\},$$

其中 s 是 L 到原点的带符号的距离. 函数 μ 在 (ω, s) 的 Radon 变换就是沿超平面 $L(\omega, s)$ 的积分

$$\mathcal{R}\mu(\omega, s) = \int_{L(\omega,s)} \mu(p)\,\mathrm{d}S(p),$$

其中 $\mathrm{d}S$ 为平面 $L(\omega, s)$ 上的 Lebesgue 表面测度.

下面的定理说明 Radon 变换能唯一决定函数 μ. 我们使用记号

$$\mathcal{R}_\omega\mu : \mathbb{R} \to \mathbb{R}, \quad s \mapsto \mathcal{R}\mu(\omega, s),$$

其中 $\omega \in \mathbb{S}^{n-1}$ 是固定的.

定理 6.1 对一个紧支撑的分片连续函数 μ, 成立等式

$$\widehat{\mathcal{R}_\omega\mu}(\tau) = \widehat{\mu}(\tau\omega),$$

其中帽号表示 Fourier 变换. 特别地, Radon 变换的信息能唯一决定函数 μ.

证明 对任意的 $p \in \mathbb{R}^n$, 有

$$p = \langle \omega, p \rangle \omega + (p - \langle \omega, p \rangle \omega) = \langle \omega, p \rangle \omega + p_\perp,$$

其中 $\langle \omega, p_\perp \rangle = 0$. 利用该分解, μ 的 Radon 变换就能表示为

$$\mathcal{R}\mu(\omega, s) = \int_{\mathbb{R}^{n-1}} \mu(s\omega + p_\perp)\,\mathrm{d}p_\perp,$$

而它的关于 s 的一维 Fourier 变换即为

$$\widehat{\mathcal{R}_\omega\mu}(\tau) = \int_{-\infty}^{\infty} \int_{\mathbb{R}^{n-1}} \mathrm{e}^{-\mathrm{i}\,\tau s} \mu(s\omega + p_\perp)\,\mathrm{d}p_\perp \mathrm{d}s = \int_{\mathbb{R}^n} \mathrm{e}^{-\mathrm{i}\,\langle s\omega, p \rangle} \mu(p)\,\mathrm{d}p = \widehat{\mu}(\tau\omega),$$

这就证明了结论. 因此, 由于 μ 的 Radon 变换决定了其 Fourier 变换, 函数 μ 本身就能够通过下式重构出来:

$$\mu(p) = \frac{1}{2}\left(\frac{1}{2\pi}\right)^n \int_0^{\infty}\int_{\mathbb{S}^{n-1}} \mathrm{e}^{-\mathrm{i}\,\tau\langle p, \omega \rangle} \widehat{\mathcal{R}_\omega\mu}(\tau)\tau^{n-1}\,\mathrm{d}S(\omega)\mathrm{d}\tau, \tag{6.1}$$

这里我们用到了 $\mathcal{R}\mu(-\omega, -s) = \mathcal{R}\mu(\omega, s)$ 这一简单事实. □

我们注意到, 基于公式 (6.1) 设计一个反演算法是可能的. 但这种方法在应用中不常用的主要原因在于, 从矩形网格到球面网格的复相插值在数值上极具挑战性, 且稍有不慎就会在重构时产生很大的误差.

如前所述, $\mathbb{R}^3$ 中的 Radon 变换不是沿单条射线, 而是沿截面给出 X 射线数据的. 令 $L(\omega, s)$ 为这样的平面, 而 θ_1 和 θ_2 为张成这个平面的两个正交单位向量, 则 Radon 变换就能写为

$$\mathcal{R}\mu(\omega, s) = \int_{-\infty}^{\infty}\int_{-\infty}^{\infty} \mu(s\omega + t_1\theta_1 + t_2\theta_2)\,\mathrm{d}t_1\mathrm{d}t_2.$$

由此公式可见, 直线上的积分同样决定了平面上的积分, 即完整 X 射线数据决定了 Radon 变换, 进而根据上面的定理决定了函数 μ.

此外还有一些解析方法能通过完整 Radon 变换数据导出质量吸收函数, 其中最为经典的就是 Radon 逆变换公式, 这可追溯到 Radon 本人的原始工作; 另一个经典方法被称为*滤波反投影*. 这里我们就不详述这些方法了, 相关的参考文献见本章末尾的 "注释与评论".

6.1.2 离散模型

如前所述, 断层成像中的解析反演方法依赖于完整投影数据. 由于在很多应用中无法获得这样的数据 (图 6.2), 在实践中我们需要直接将观测模型离散化, 并从计算角度近似求解该问题.

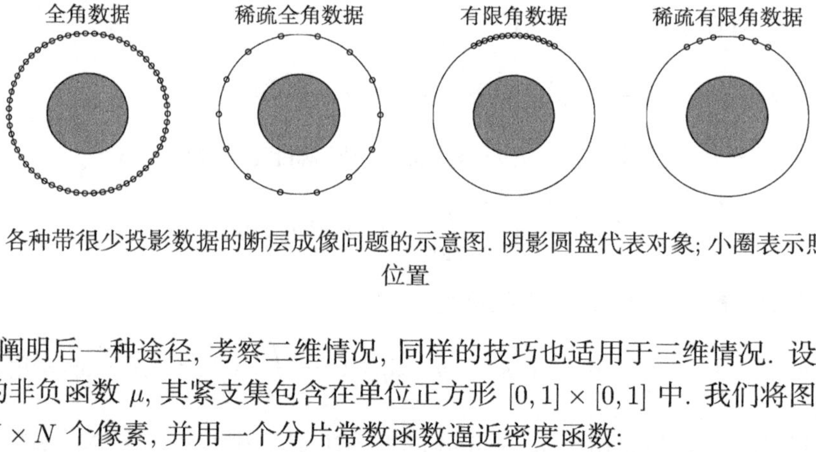

图 6.2 各种带很少投影数据的断层成像问题的示意图. 阴影圆盘代表对象; 小圈表示照射源的位置

为阐明后一种途径, 考察二维情况, 同样的技巧也适用于三维情况. 设有一个 $\mathbb{R}^2$ 上的非负函数 μ, 其紧支集包含在单位正方形 $[0,1]\times[0,1]$ 中. 我们将图像区域分为 $N\times N$ 个像素, 并用一个分片常数函数逼近密度函数:

$$\mu(p) = \mu_{ij}, \quad \text{当 } p \in P_{ij},\ 1 \leqslant i, j \leqslant N \text{ 时}.$$

这里 P_{ij} 表示像素, $(j-1)/N < p_1 < j/N$, $(i-1)/N < 1 - p_2 < i/N$, 即图像由矩阵 (μ_{ij}) 给出.

为了用向量形式描述 X 射线数据将矩阵元素 μ_{ij} 堆叠成一个长为 N^2 的向量 x, 使得

$$x((j-1)N + i) = \mu_{ij}, \quad 1 \leqslant i, j \leqslant N.$$

用 $L_1, \cdots, L_M$ 表示从源发射穿透对象到达探测器的 X 射线对应的直线. 对第 m 条直线 L_m, 我们有

$$y_m = \int_{L_m} \mu(p)\,\mathrm{d}p = \sum_{i,j=1}^{N} |L_m \cap P_{ij}|\mu_{ij} = \sum_{k=1}^{N^2} A_{mk}x_k,$$

其中 $|L_m \cap P_{ij}|$ 表示直线 L_m 与像素 P_{ij} 的交线长度, 并记

$$A_{mk} = |L_m \cap P_{ij}|, \quad k = (j-1)N + i.$$

于是, X 射线成像的离散模型就能写为如下形式:

$$Ax = y.$$

因此, X 射线反问题就能被重塑为一个线性矩阵问题, 其规模通常很大, 但同时具有非常稀疏的模型矩阵 (图 6.3).

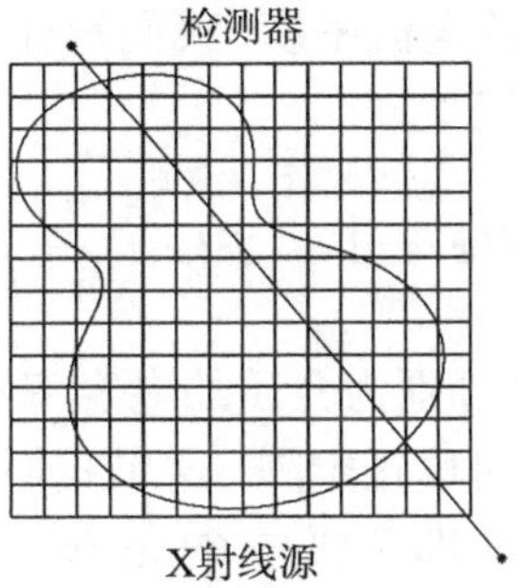

图 6.3　X 射线数据的离散表示

在后面的数值例子中, 我们将考虑有限角断层成像, 其中的照射角会被限制在一个严格小于 π 的角度内. 这种情况下, 矩阵 A 的零空间就会很大, 反问题会变得严重欠定.

6.2 反源问题

在本节中, 我们讨论出现在生物医学应用中的电磁学反源问题, 其目标是通过观测一个不可达区域外的电磁场来估计该区域内的电磁源. 在这里所讨论的应用中, 频率相对较低, 这意味着辐射可以忽略不计, 且可以运用 Maxwell 方程组的静态或准静态近似来描述物理设定.

根据数据获取模式的不同, 可将问题分为两类. 第一类观测的是电压位势, 而第二类测量的是磁场. 第一类问题包括监控心脏功能的心电图 (electrocardiography, ECG) 以及用于研究脑活动的脑电图 (electroencephalography, EEG). 相应地,

利用磁场测量的形式有心磁图 (magnetocardiography, MCG) 和脑磁图 (magnetoencephalography, MEG). 两种测量模式都各有利弊, 对同一现象可以提供互补的信息.

6.2.1 准静态 Maxwell 方程组

令 $\Omega \subset \mathbb{R}^3$ 为一个表示诸如人体或其中一部分的有界区域. 假设 Ω 为单连通的, 其补集是连通的, 且其边界 $\partial\Omega$ 是光滑的. 补集连通的假设意味着 $\partial\Omega$ 由单个曲面构成.

考察 Ω 中的电磁场, 它们是由稍后描述的给定源诱导的. 令 $x \in \Omega$, 并用 $t \in \mathbb{R}$ 表示时间. 令 $\mathcal{E}(x,t)$ 和 $\mathcal{H}(x,t)$ 分别为电场和磁场, $\mathcal{D}(x,t)$ 和 $\mathcal{B}(x,t)$ 分别为电位移密度和磁通量密度. Maxwell-Faraday 定律和 Maxwell-Ampère 定律表明

$$\nabla \times \mathcal{E} = -\frac{\partial \mathcal{B}}{\partial t}, \quad \nabla \times \mathcal{H} = \frac{\partial \mathcal{D}}{\partial t} + \mathcal{J},$$

其中 $\mathcal{J} = \mathcal{J}(x,t)$ 为自由电荷的电流密度. 我们称介质是线性的且各向同性的, 如果各个场通过如下本构关系相互关联:

$$\mathcal{D}(x,t) = \int_{-\infty}^{t} \varepsilon(x,t-s)\mathcal{E}(x,s)\,\mathrm{d}s, \quad \mathcal{B}(x,t) = \int_{-\infty}^{t} \mu(x,t-s)\mathcal{H}(x,s)\,\mathrm{d}s,$$

其中严格正的标量函数 ε 和 μ 分别为介质的电容率和磁导率. 在各向异性介质中, $\varepsilon(x,s)$ 和 $\mu(x,s)$ 为 $\mathbb{R}^{3\times 3}$ 中的对称正定阵. 这里我们只考虑各向同性的情形.

电流密度 $\mathcal{J}$ 由两部分组成, 即源项与 Ohm 项:

$$\mathcal{J} = \mathcal{J}_0 + \mathcal{J}_\Omega,$$

其中 Ohm 项来自电场:

$$\mathcal{J}_\Omega(x,t) = \int_{-\infty}^{t} \sigma(x,t-s)\mathcal{E}(x,s)\,\mathrm{d}s.$$

这里 σ 表示电导率, 为一非负函数. 在各向异性介质中, 它是 $\mathbb{R}^{3\times 3}$ 中的对称半正定阵.

如果电磁场都是时谐的, 就能用复数记号写为

$$\mathcal{E}(x,t) = \mathrm{Re}\left(E(x)\mathrm{e}^{-\mathrm{i}\,\omega t}\right), \quad \mathcal{B}(x,t) = \mathrm{Re}\left(B(x)\mathrm{e}^{-\mathrm{i}\,\omega t}\right), \quad \mathcal{J}_0 = \mathrm{Re}\left(J_0(x)\mathrm{e}^{-\mathrm{i}\,\omega t}\right),$$

其中 $\omega > 0$ 为谐角频率, $\mathrm{Re}(z)$ 表示 z 的实部.

代入 Maxwell 可知, 如果复振幅满足频域方程组

$$\nabla \times E(x) = \mathrm{i}\,\omega\widehat{\mu}(x,\omega)H(x), \tag{6.2}$$

$$\nabla \times H(x) = (-\mathrm{i}\,\omega\widehat{\varepsilon}(x,\omega) + \widehat{\sigma}(x,\omega))E(x) + J_0(x), \tag{6.3}$$

原始的 Maxwell 方程组就成立, 其中介质参数以关于时间的 Fourier 变换后的形式出现:

$$\widehat{\mu}(x,\omega)=\int_0^\infty \mathrm{e}^{\mathrm{i}\,\omega t}\mu(x,t)\,\mathrm{d}t,$$

而 $\widehat{\varepsilon}$ 与 $\widehat{\sigma}$ 可类似定义.

准静态近似对相对较低的频率和非铁磁材料成立, 其中乘积 $\omega\widehat{\mu}$ 可忽略不计, 由此可得

$$\nabla\times E\approx 0.$$

特别地, 由于区域 Ω 是单连通的, 我们可以用标量位势 $u=u(x)$ 将 E 表为

$$E=-\nabla u.$$

将其代入方程 (6.3) 并对两边求散度, 就得到

$$\nabla\cdot\gamma\nabla u=\nabla\cdot J_0, \tag{6.4}$$

其中 γ 表示导纳率:

$$\gamma(x,\omega)=\widehat{\sigma}(x,\omega)-\mathrm{i}\,\omega\,\widehat{\epsilon}(x,\omega). \tag{6.5}$$

γ 的倒数记为 $\rho=1/\gamma$, 它表示物体的阻抗率. 注意到当电磁场是静态的, 即 $\omega\to 0+$ 时, 导纳率是实的, 且等于静态电导率. 此时的阻抗率恰为物体的电阻率. 在本章的其余部分, 我们均假设电磁场是静态的, 即 $\gamma(x)\in\mathbb{R}$.

为了接下来的讨论, 我们也将导纳率与电流密度的容许集选定如下.

定义 6.2 导纳率分布 $\gamma:\Omega\to\mathbb{R}_+$ 以及相应的源项电流密度 $J_0:\Omega\to\mathbb{R}^n$ 在容许集中, 并记为

$$\gamma\in\mathcal{A}(\Omega),\quad J_0\in\mathcal{J}(\Omega),$$

如果以下条件成立:

1. 对某个 $N\geqslant 1$, 有一族无交的开集 $\{\Omega_j\}_{j=1}^N$, $\Omega_j\subset\Omega$, 它们的边界是分片光滑的, 且

$$\overline{\Omega}=\bigcup_{j=1}^N\overline{\Omega_j}\,.$$

另外, 我们要求 $\gamma|_{\Omega_j}, J_0|_{\Omega_j}\in C(\overline{\Omega_j})$, $1\leqslant j\leqslant N$, 即 γ 和 J_0 在每个子集 Ω_j 上的限制都能连续延拓至该子集的边界.

2. 对于某常数 c 和 C, 成立

$$0<c\leqslant\gamma(x)\leqslant C<\infty.$$

3. 电流密度 J_0 的法向分量在子集 Ω_j 的界面上是连续的.

在医学应用中, 子集 Ω_j 在正问题中可以表示器官. 在反问题中, 导纳率的容许集提供了一个自然的离散化基函数.

鉴于导纳率可能不连续, 接下来我们必须按弱形式的意义考虑方程 (6.4).

6.2.2 电学反源问题

首先考虑对 Ω 中给定的 J_0 由方程 (6.4) 求出电压位势 u 的正问题. 为此, 我们要明确边界条件. 在生物医学应用中, 自然假设没有电流通过边界离开物体, 即

$$n \cdot J|_{\partial\Omega} = n \cdot (J_0 - \gamma\nabla u)|_{\partial\Omega} = 0.$$

特别地, 若源项电流 J_0 在边界上的法向分量为零:

$$n \cdot J_0|_{\partial\Omega} = 0 \tag{6.6}$$

(我们在下面也这么假设), 就能得到 Neumann 边界条件

$$n \cdot \gamma\nabla u|_{\partial\Omega} = 0. \tag{6.7}$$

为固定接地电压水平, 可进一步要求

$$\int_{\partial\Omega} u \, \mathrm{d}S = 0. \tag{6.8}$$

在 γ 和 J_0 属于定义 6.2 里的容许集的假设下, 现在就能证明正问题 (6.4), (6.7) 与 (6.8) 按弱形式的意义有唯一解. 事实上, 用 $H^1(\Omega)$ 表示基于 L^2 的 Sobolev 空间, 并进一步定义

$$H^1_{\mathrm{N}}(\Omega) = \left\{u \in H^1(\Omega) \mid n \cdot \gamma\nabla u|_{\partial\Omega} = 0\right\},$$

再引入齐次的 Sobolev 半范数

$$\|u\|_{\dot{H}^1(\Omega)} = \left(\int_\Omega |\nabla u|^2 \, \mathrm{d}x\right)^{1/2}. \tag{6.9}$$

注意到 $\|u\|_{\dot{H}^1(\Omega)} = 0$ 当且仅当 $u =$ 常数, 于是引入商空间

$$\dot{H}^1_{\mathrm{N}}(\Omega) = H^1_{\mathrm{N}}(\Omega)/\mathbb{R},$$

即我们不区分相差一个常数的元素. 在该商空间中, (6.9) 就定义了一个范数.

令 v 为测试函数, 并暂且假设 u 满足方程 (6.4) 和 Neumann 边界条件 (6.7). 由 Green 公式可得

$$\int_\Omega v\nabla \cdot \gamma\nabla u \, \mathrm{d}x = -\int_\Omega \nabla v \cdot \gamma\nabla u \, \mathrm{d}x.$$

类似地, 由方程 (6.4) 的右端以及边界条件 (6.6) 推知

$$\int_\Omega v\nabla \cdot J_0 \, \mathrm{d}x = -\int_\Omega \nabla v \cdot J_0 \, \mathrm{d}x.$$

正问题弱解的唯一性由下述定理给出.

定理 6.3 令 $\gamma \in \mathcal{A}(\Omega), J_0 \in \mathcal{J}(\Omega)$. 则存在唯一的 $u \in \dot{H}^1_{\mathrm{N}}(\Omega)$, 它对所有 $v \in \dot{H}^1_{\mathrm{N}}(\Omega)$ 满足弱形式的方程

$$\mathcal{B}_\gamma(v,u) = \int_\Omega \nabla v \cdot \gamma \nabla u \,\mathrm{d}x = \int_\Omega \nabla v \cdot J_0 \,\mathrm{d}x. \tag{6.10}$$

证明 由导纳率容许集的定义可知

$$c\|u\|^2_{\dot{H}^1(\Omega)} \leqslant \int_\Omega \gamma |\nabla u|^2 \,\mathrm{d}x = \mathcal{B}_\gamma(u,u) \leqslant C\|u\|^2_{\dot{H}^1(\Omega)},$$

即二次型 $\mathcal{B}_\gamma$ 定义了 $\dot{H}^1_{\mathrm{N}}(\Omega)$ 中的一个等价范数. 另外, 因为

$$\left|\int_\Omega \nabla v \cdot J_0 \,\mathrm{d}x\right| \leqslant C\|v\|_{\dot{H}^1(\Omega)},$$

可见 (6.10) 的右端定义了 $\dot{H}^1_{\mathrm{N}}(\Omega)$ 中的一个连续泛函. 于是结论就可由 Riesz 表示定理得到, 参见附录 A. □

注意到上述定理表明解在仅相差一个常数意义下是唯一的, 这种不确定性可由接地条件 (6.8) 消去.

现在, 电学反源问题就能陈述如下.

问题 6.4 假设已知物体 Ω 的导纳率 γ. 给定电压位势在定点 $p_\ell \in \partial\Omega$ 的观测值① $\{u(p_1), \cdots, u(p_L)\}$, 估计 Ω 中的电流密度 J_0.

这一反问题本质上就是 EEG 和 ECG 所要解决的问题. 在脑电图学中, 源项就是脑电活动, 而在心电图学中就要估计心电功能. 逐点测量电压是对用附着在物体表面的接触电极记录电压的理想化.

这里我们指出, 除了上述提法外, EEG/ECG 问题在文献中还有其他提法. 通常人们并不是求出电流源项, 而是试图通过物体外表面的电压分布求出内表面 (心脏或脑) 相应的电压位势分布.

6.2.3 磁学反源问题

磁学正问题与电学正问题基于相同的假设, 即源项电流与 Ohm 项电流的法向分量在边界 $\partial\Omega$ 上为零. 这样, 令 J_0 为 Ω 中满足边界条件 (6.6) 的源项电流密度, 而 u 为相应的满足 Neumann 边界条件 (6.7) 的电压位势. 若假设 $\widehat{\mu}(x,\omega) = \mu_0 =$ 常数, 则方程 (6.3) 在准静态近似适用的情况下给出

$$\nabla \times B = \mu_0 \nabla \times H = \mu_0 J, \quad J = -\gamma \nabla u + J_0.$$

此外, 由方程 (6.2) 可知

$$\nabla \cdot B = \nabla \cdot (\mu_0 H) = 0.$$

① 严格地说, 为了逐点定义解的边值, 应该证明解的附加正则性. 为简便起见, 这里略去这些讨论.

因此 B 满足方程

$$-\Delta B = ((\nabla\times)^2 - \nabla\nabla\cdot)B = \mu_0 \nabla \times J.$$

为了求解该向量值的 Poisson 方程, 我们需要指定磁场的渐近行为: 在无穷远处, 要求

$$|B(x)| = \mathcal{O}\left(\frac{1}{|x|}\right).$$

利用

$$\Phi(x-y) = \frac{1}{4\pi}\frac{1}{|x-y|}, \quad x \neq y$$

为算子 $-\Delta$ 满足所需渐近性时的基本解这一事实, 我们就能将磁场表示为

$$B(x) = \Phi * (\nabla \times J)(x), \quad x \in \mathbb{R}^3 \setminus \overline{\Omega},$$

其中的卷积必须按广义函数的意义来理解, 因为 $\nabla \times J$ 一般是支集在 $\overline{\Omega}$ 中的广义函数. 由广义函数导数的定义, 得到经典的积分表达式

$$B(x) = \frac{\mu_0}{4\pi}\int_\Omega J(y) \times \frac{x-y}{|x-y|^3}\,\mathrm{d}y, \quad x \in \mathbb{R}^3 \setminus \overline{\Omega}. \tag{6.11}$$

这个表达式被称为 Biot-Savart 定律. 进一步, 将 $J = J_0 - \gamma\nabla u$ 代入就有

$$B(x) = B_0(x) - \frac{\mu_0}{4\pi}\sum_{j=1}^{N}\int_{\Omega_j} \gamma(y)\nabla u(y) \times \frac{x-y}{|x-y|^3}\,\mathrm{d}y, \tag{6.12}$$

其中 B_0 为初级电流的磁场:

$$B_0(x) = \frac{\mu_0}{4\pi}\int_\Omega J_0(y) \times \frac{x-y}{|x-y|^3}\,\mathrm{d}y. \tag{6.13}$$

考虑 (6.12) 中的积分在子集 Ω_j 上的限制. 令 $n_j(x)$ 为 $\partial\Omega_j$ 的单位外法向, 则由分部积分即得

$$\begin{aligned}\int_{\Omega_j} \gamma(y)\nabla u(y) \times \frac{x-y}{|x-y|^3}\,\mathrm{d}y = &\int_{\partial\Omega_j} \gamma(y)u(y)n_j(y) \times \frac{x-y}{|x-y|^3}\,\mathrm{d}S \\ &- \int_{\Omega_j} u(y)\nabla\gamma(y) \times \frac{x-y}{|x-y|}\,\mathrm{d}y,\end{aligned}$$

因为

$$\nabla \times \frac{x-y}{|x-y|^3} = \nabla \times \nabla\frac{1}{|x-y|} = 0.$$

令 $\{\Gamma_k \mid 1 \leqslant k \leqslant K\}$ 为子区域 Ω_j 之间有向界面的集合, 又记 $[\gamma]_k$ 为导纳率在界面 Γ_k 两侧的跳跃. 于是, 如果 Γ_k 分隔了子区域 Ω_i 和 Ω_j, 而 n_i 为 Γ_k 的方向, 就有

$$[\gamma]_k(y) = \gamma|_{\Omega_i}(y) - \gamma|_{\Omega_j}(y), \quad j \in \Gamma_k.$$

在外表面 $\partial\Omega$, 我们设 $\gamma=0$. 有了这些记号, 并注意到界面 Γ_k 上的法向量 n_i 和 n_j 方向相反, 由 (6.11) 式就能得到

$$B(x)=B_0(x)+\frac{\mu_0}{4\pi}\left(\sum_{j=1}^{N}\int_{\Omega_j}u(y)\nabla\gamma(y)\times\frac{x-y}{|x-y|^3}\,\mathrm{d}y\right.$$
$$\left.-\sum_{k=1}^{K}\int_{\Gamma_k}[\gamma]_k(y)u(y)n_j(y)\times\frac{x-y}{|x-y|^3}\,\mathrm{d}S\right). \tag{6.14}$$

在每个子区域 Ω_j 中成立 $\nabla\gamma=0$, 即 γ 为分片常数的特殊情形, (6.14) 常被称为 Geselowitz 公式.

磁学反源问题可陈述为如下形式.

问题 6.5 假设已知物体 Ω 中的 γ, 并令 $v_1,\cdots,v_L$ 为一组给定的单位向量. 给定观测值 $\{v_1\cdot B(p_1),\cdots,v_L\cdot B(p_L)\}$, 其中 $p_\ell\notin\Omega$ $(l=1,\cdots,L)$, 估计 Ω 中的源项电流 J_0.

类似于电学反源问题, 待求的电流密度 J_0 代表脑活动 (MEG) 或心脏活动 (MCG). 单位向量 v_j 定义了磁力计的方向, 即用于记录磁场的线圈的轴向.

在一定的几何假设下, 磁场模型可以得到大幅简化. 一种情形是在径向对称的几何结构时, 可设 Ω 为球, 表面 Γ_k 为同心球面, 而 γ 仅依赖于到球心的距离. 将球心设为原点, 就有 $\gamma(y)=g(|y|)$, 且 $\nabla\gamma(y)=g'(|y|)r(y)$, 其中 $r(y)=y/|y|$ 为径向单位向量, 同时 $n_j(y)=r(y)$. 假设磁力计能在 Ω 外测得磁场的径向分量, 即 $v_\ell=r(p_\ell)$. 因为

$$x\cdot(y\times(x-y))=0,$$

我们观察到

$$r(x)\cdot B(x)=r(x)\cdot B_0(x),$$

换言之, 磁场的径向分量对物体的径向传导率是不敏感的.

当物体 Ω 为半空间, 传导率仅依赖于深度, 且观测到的磁场分量为垂直分量时, 类似的结论亦成立.

考察物体 Ω 外的磁场 B_0. 假设关于任意固定的原点, Ω 中的电流密度 J_0 是径向的, 即对某个标量函数 j, 有

$$J_0(y)=r(y)j(y),\quad r(y)=\frac{y}{|y|}.$$

因 $x\cdot(y\times(x-y))=0$, 故由 (6.13) 立即得到 B_0 的径向分量为 0, 即

$$r(x)\cdot B_0(x)=\frac{\mu_0}{4\pi}\int_{\Omega}j(y)\cdot\frac{x\cdot y\times(x-y)}{|x||y||x-y|^3}\,\mathrm{d}y=0.$$

特别地, 对一个球对称物体 Ω, 源项电流的径向分量在对径向分量的观测中是完全不能测得的.

至今我们均假设源项电流 J_0 是属于容许集 $\mathcal{J}(\Omega)$ 的, 该假设很大程度上是由定义了电势的 (6.10) 式的可解性决定的. 然而正如上面所表明的, 在特殊的几何结构下, Ohm 项电流并不起作用, 从而电势亦不起作用. 在这些情况下, 通常用*电流偶极子*来表示源项电流 J_0, 它不属于我们定义的容许集 $\mathcal{J}(\Omega)$.

在 $x = x_0 \in \Omega$ 处带偶极矩向量 q 的电流偶极子定义为一个局部奇异源

$$J_0(x) = q\,\delta(x - x_0).$$

设源项电流包含 N 个电流偶极子, 即

$$J_0(x) = \sum_{n=1}^{N} q_n \delta(x - x_n).$$

如果不存在来自电流 Ohm 项部分的磁场, 我们就能得到磁场的一个离散表达式:

$$B(x) = \frac{\mu_0}{4\pi}\int_\Omega \frac{(x-y)\times J_0(y)}{|x-y|^3}\,\mathrm{d}y = \frac{\mu_0}{4\pi}\sum_{n=1}^{N}\frac{(x-x_n)\times q_n}{|x-x_n|^3}. \tag{6.15}$$

该表达式将被用于本书后面讨论的一些例子中.

注意到在电学和磁学反源问题中, 都假设导纳率 γ 是已知的, 但这个假设在实际问题中却很少成立. 在 Ohm 项部分可忽略不计的特殊情况下, 这当然是没问题的. 然而在恰当的模拟中, 导纳率的估计应被纳入问题的一部分. 这种模拟会使反问题具有很强的非线性, 且比上面考虑的问题要复杂得多.

6.3　电阻抗断层成像

电阻抗断层成像 (EIT) 问题可以从物理上描述如下: 一个物体的电阻率 (或更一般地, 阻抗率分布) 是未知的. 一组接触电极附着于物体表面, 并通过这些电极向该物体注入规定的电流, 而用于维持这些电流的相应电压可以在这些电极上测得. 这个过程可以用不同的电流反复进行, 而目标是利用这组数据估计物体中的电阻率分布.

解决这个问题最重要的思想就是 Ohm *定律*, 即一个简单电阻器的电阻等于电压除以电流. 然而我们考虑的并不是单个电阻, 而可能是很复杂的电阻率分布, 且不存在利用所述的测量数据直接求出它的方法.

对测量设定的数学描述如下: 令 $\Omega \subset \mathbb{R}^n$, $n = 2, 3$ 为一个表示物体的有界区域, 它具有连通补集. 设 Ω 为单连通的且具有光滑边界 $\partial\Omega$. 补集连通的假设意味着 $\partial\Omega$ 由一条曲线 ($n = 2$) 或一个曲面 ($n = 3$) 构成.

考虑 Ω 中的低频时谐电磁场, 它们可以用时谐 Maxwell 方程组 (6.2)–(6.3) 来描述. 在 EIT 中, 我们假设不存在内部电流源, 即 $J_0 = 0$.

与反源问题中的讨论相同, 我们考虑准静态近似, 这样就能用标量位势将电场表示为

$$E(x) = -\nabla u(x).$$

将其代入方程 (6.3), 并对两边求散度, 就得到

$$\nabla \cdot \gamma \nabla u = 0. \tag{6.16}$$

鉴于这里我们仅限于讨论这种静态情形, 即 $\omega \to 0+$, 我们将频率依赖性从记号中除去, 即把电阻率简写为

$$\rho = \rho(x) = \frac{1}{\gamma(x)},$$

且 $\gamma = \gamma(x) = \widehat{\sigma}(x, 0+)$ 就是物体的传导率分布.

我们考虑边界条件. 设有 L 个接触电极附着于物体表面. 数学上, 电极可以模拟为严格不相交的表面小片 $e_\ell \subset \partial\Omega, 1 \leqslant \ell \leqslant L$, 当 $\ell \neq k$ 时有 $\overline{e}_\ell \cap \overline{e}_k = \varnothing$. 在二维情形, 各 e_ℓ 就是不相交线段; 在三维情形, 我们假设电极的边界为分片光滑的正则闭曲线.

设 I_ℓ 为通过电极 e_ℓ 注入的电流. 我们称向量 $I = [I_1, \cdots, I_L]^{\mathrm{T}} \in \mathbb{R}^L$ 为电流模式, 如果它满足电荷守恒条件

$$\sum_{\ell=1}^{L} I_\ell = 0. \tag{6.17}$$

为了描述对应于注入电流的边界条件, 注意到我们只知道通过每个电极注入的总电流, 但不知道电流沿着电极的真实分布. 这样我们再假设电极之间不存在流入或流出物体的电流. 于是我们就能导出边界条件

$$\int_{e_\ell} \gamma \frac{\partial u}{\partial n} \, \mathrm{d}S = I_\ell, \quad 1 \leqslant \ell \leqslant L, \tag{6.18}$$

$$\gamma \frac{\partial u}{\partial n}\bigg|_{\partial\Omega \setminus \bigcup e_\ell} = 0. \tag{6.19}$$

接下来考虑有关电压的边界条件. 记 U_ℓ 为第 ℓ 个电极上的电压, 并取定接地电压使得

$$\sum_{\ell=1}^{L} U_\ell = 0. \tag{6.20}$$

称向量 $U = [U_1, \cdots, U_L]^{\mathrm{T}} \in \mathbb{R}^L$ 为电压模式. 若电极为理想导体, 则沿着电极的切向电场应该为零, 恰当的边界条件就应为

$$u|_{e_\ell} = U_\ell, \quad 1 \leqslant \ell \leqslant L. \tag{6.21}$$

然而实践中的电极并非理想导体; 反之, 在电极与物体之间通常有一层很薄的接触阻抗层. 若设该阻抗为 z_ℓ, 且它沿着电极 e_ℓ 为常数, 则一个比 (6.21) 更精确的边界条件就是

$$\left(u + z_\ell \gamma \frac{\partial u}{\partial n}\right)\bigg|_{e_\ell} = U_\ell, \quad 1 \leqslant \ell \leqslant L. \tag{6.22}$$

现在我们就能将 EIT 正问题陈述如下.

问题 6.6 给定 Ω 中的导纳率分布 γ, 接触阻抗 $z = [z_1, \cdots, z_L]^{\mathrm{T}}$ 和满足电荷守恒条件 (6.17) 的电流模式 $I = [I_1, \cdots, I_L]^{\mathrm{T}}$, 求出满足方程 (6.4) 和边界条件 (6.18), (6.19), (6.22) 的电势 u 以及电极电压向量 $U = [U_1, \cdots, U_L]^{\mathrm{T}}$.

在讨论该问题的可解性或有关 γ 的假设之前, 我们先讨论并明确表达 EIT 反问题.

因为 Maxwell 方程组是线性的, 故电极电压关于电流是线性的. 我们可以定义完整模型的电阻矩阵如下: 若给定导纳率 γ 与接触阻抗 z_ℓ, 则电阻矩阵 $R(\gamma, z)$ 即为具有性质

$$U = R(\gamma, z)I$$

的 $L \times L$ 的复矩阵, 其中 I 为任意满足 (6.17) 的电流模式, 而 U 为相应的满足条件 (6.20) 的电压模式. 令 $\{I^{(1)}, \cdots, I^{(K)}\}$ 为一组线性无关的电流模式. 注意到由电荷守恒条件 (6.17), 有 $K \leqslant L - 1$. 若 $K = L - 1$, 则这个集合是极大的, 被称为标架. 对应的电压向量为 $U^{(k)} = R(\gamma, z)I^{(k)}$, $1 \leqslant k \leqslant K$. EIT反问题可陈述如下.

问题 6.7 给定一组线性无关的电流模式 $\{I^{(1)}, \cdots, I^{(K)}\}$, $K \leqslant L - 1$ 以及相应电压模式的观测值 $\{U^{(1)}, \cdots, U^{(K)}\}$, 估计 Ω 中的导纳率分布 γ 和接触阻抗 z_ℓ.

有了这些基础想法的考虑后, 我们就能着手于更严格地处理该问题. 我们首先确定关于导纳率的假设. 如前所述, 我们假设导纳率和接触阻抗都是实值的且严格正的. 这个假设意味着我们考虑的是静态测量. 于是接下来我们就能将讨论直接推广到复值的参数, 且同时假设导纳率属于定义 (6.2) 的容许集, 即 $\gamma \in \mathcal{A}(\Omega)$.

考虑 EIT 的正问题. 由于 $\gamma \in \mathcal{A}(\Omega)$ 可能不连续, (6.16) 必须按如下弱意义来理解: 令 v 为测试函数, 而 $V = [V_1, \cdots, V_L]^{\mathrm{T}} \in \mathbb{R}^L$. 若 u 满足 (6.16), 则由 Green 公式可知

$$0 = \int_\Omega v \nabla \cdot \gamma \nabla u \, \mathrm{d}x = \int_{\partial\Omega} v\gamma \frac{\partial u}{\partial n} \, \mathrm{d}S - \int_\Omega \gamma \nabla v \cdot \nabla u \, \mathrm{d}x.$$

另一方面, 若 u 满足边界条件 (6.18) 和 (6.19), 则有

$$\int_{\partial\Omega} v\gamma \frac{\partial u}{\partial n} \, \mathrm{d}S = \sum_{\ell=1}^{L} \int_{e_\ell} v\gamma \frac{\partial u}{\partial n} \, \mathrm{d}S = \sum_{\ell=1}^{L} \int_{e_\ell} (v - V_\ell)\gamma \frac{\partial u}{\partial n} \, \mathrm{d}S + \sum_{\ell=1}^{L} V_\ell I_\ell.$$

进一步, 由边界条件 (6.22) 可知, 因 $z_\ell > 0$, 故

$$\gamma \frac{\partial u}{\partial n}\bigg|_{e_\ell} = \frac{1}{z_\ell}(U_\ell - u)\bigg|_{e_\ell}.$$

将该等式代入前一等式就得到

$$\int_\Omega \gamma \nabla v \cdot \nabla u \,\mathrm{d}x + \sum_{\ell=1}^{L} \frac{1}{z_\ell} \int_{e_\ell} (v - V_\ell)(u - U_\ell)\,\mathrm{d}S = \sum_{\ell=1}^{L} V_\ell I_\ell.$$

这就是求解正问题的变分形式. 为了给出严格的表述, 引入记号

$$\mathbb{H} = H^1(\Omega) \oplus \mathbb{R}^L, \tag{6.23}$$

其中 $H^1(\Omega)$ 为基于 L^2 的 Sobolev 空间, 而 $\mathbb{R}^L$ 赋有 Euclid 范数. 进一步令

$$\dot{\mathbb{H}} = \mathbb{H}/\mathbb{R}, \tag{6.24}$$

并赋以商范数

$$\|(u, U)\|_{\dot{\mathbb{H}}} = \inf_{c\in\mathbb{R}} \|(u - c, U - c)\|_{\mathbb{H}}. \tag{6.25}$$

这样, $(u, U) \in \mathbb{H}$ 和 $(v, V) \in \mathbb{H}$ 在 $\dot{\mathbb{H}}$ 中属于同一个等价类, 如果

$$u - v = U_1 - V_1 = \cdots = U_L - V_L = 常数. \tag{6.26}$$

有了这些记号, 下述定理就明确了电极模型弱解的概念.

定理 6.8 *令 $\gamma \in \mathcal{A}(\Omega)$, 则问题 (6.4), (6.18), (6.19) 和 (6.22) 按如下意义具有唯一的弱解 $(u, U) \in \dot{\mathbb{H}}$: 存在唯一的 $(u, U) \in \dot{\mathbb{H}}$, 它对所有 $(v, V) \in \dot{\mathbb{H}}$ 满足等式*

$$\mathcal{B}_{\gamma,z}((u, U), (v, V)) = \sum_{\ell=1}^{L} I_\ell V_\ell, \tag{6.27}$$

其中的二次型 $\mathcal{B}_{\gamma,z}$ 由

$$\mathcal{B}_{\gamma,z}((u, U), (v, V)) = \int_\Omega \gamma \nabla u \cdot \nabla v \,\mathrm{d}x + \sum_{\ell=1}^{L} \frac{1}{z_\ell} \int_{e_\ell} (u - U_\ell)(v - V_\ell)\,\mathrm{d}S \tag{6.28}$$

给出. 另外, 该二次型在 $\dot{\mathbb{H}}$ 中是强制的, 即不等式

$$\alpha_0 \|(u, U)\|_{\dot{\mathbb{H}}}^2 \leqslant \mathcal{B}_{\gamma,z}((u, U), (v, V)) \leqslant \alpha_1 \|(u, U)\|_{\dot{\mathbb{H}}}^2 \tag{6.29}$$

对某常数 $0 < \alpha_0 \leqslant \alpha_1 < \infty$ 成立.

证明　我们要说明二次型 $\mathcal{B}_{\gamma,z}$ 实际上定义了 $\dot{\mathbb{H}}$ 中一个与商范数 (6.25) 等价的范数, 即存在常数 $0 < a \leqslant A < \infty$, 使得对所有 $(u, U) \in \dot{\mathbb{H}}$ 成立

$$a\mathcal{B}_{\gamma,z}(u, U) \leqslant \|(u, U)\|_{\dot{\mathbb{H}}}^2 \leqslant A\mathcal{B}_{\gamma,z}(u, U). \tag{6.30}$$

这样, 定理的断言就能由 Riesz 表示定理得到 (附录 A).

考虑第一个不等式. 令 $(u, U) \in \dot{\mathbb{H}}$, 并取常数 $c \in \mathbb{R}$ 使得

$$\|u - c\|_{H^1}^2 + \|U - c\|^2 < \|(u, U)\|_{\dot{\mathbb{H}}}^2 + \varepsilon,$$

其中 $\varepsilon > 0$ 是任意的. 那么

$$\begin{aligned}\mathcal{B}_{\gamma,z}(u, U) &\leqslant C\left(\int_\Omega |\nabla(u - c)|^2\,\mathrm{d}x + \sum_{\ell=1}^L \int_{e_\ell} |(u - c) - (U_\ell - c)|^2\,\mathrm{d}S\right)\\ &\leqslant C\left(\|u - c\|_{H^1(\Omega)}^2 + 2\int_{\partial\Omega} |u - c|^2\,\mathrm{d}S + 2\sum_{\ell=1}^L |e_\ell||U_\ell - c|^2\right),\end{aligned}$$

其中 $|e_\ell|$ 表示电极的大小. 因为利用 Sobolev 空间的迹定理 (见附录 A) 可得

$$\int_{\partial\Omega} |u - c|^2\,\mathrm{d}S \leqslant \|u - c\|_{H^{1/2}(\partial\Omega)}^2 \leqslant C\|u - c\|_{H^1(\Omega)}^2, \tag{6.31}$$

我们就能得到估计

$$\mathcal{B}_{\gamma,z}(u, U) \leqslant C\left(\|u - c\|_{H^1(\Omega)}^2 + \|U - c\|^2\right) < C\left(\|(u, U)\|_{\dot{\mathbb{H}}}^2 + \varepsilon\right)$$

对所有 $\varepsilon > 0$ 成立. 选取 $a = 1/C$ 就证得了 (6.30) 的第一个不等式.

为证明第二部分, 假设不等式不成立. 这样就能选取一列 $(u^{(n)}, U^{(n)}) \in \dot{\mathbb{H}}$, $1 \leqslant n < \infty$, 使得

$$\|(u^{(n)}, U^{(n)})\|_{\dot{\mathbb{H}}}^2 = 1, \quad \mathcal{B}_{\gamma,z}(u^{(n)}, U^{(n)}) < \frac{1}{n}.$$

令 $\{c^{(n)}\}$ 为一列常数, 使得序列 $(w^{(n)}, W^{(n)}) = (u^{(n)} - c^{(n)}, U^{(n)} - c^{(n)})$ 满足

$$1 \leqslant \|w^{(n)}\|_{H^1(\Omega)}^2 + \|W^{(n)}\|^2 < 1 + \frac{1}{n}. \tag{6.32}$$

根据 Sobolev 空间的紧嵌入定理 (见附录 A), 可以选取在 $L^2(\Omega)$ 中收敛的子列 $\{w^{(n)}\}$. 简单起见, 仍记该子列为 $\{w^{(n)}\}$, 且 $w^{(n)} \to w$ 于 $L^2(\Omega)$. 此外, 由假设

$$\|\nabla w^{(n)}\|_{L^2(\Omega)}^2 = \|\nabla u^{(n)}\|_{L^2(\Omega)}^2 \leqslant C\mathcal{B}_{\gamma,z}(u^{(n)}, U^{(n)}) < \frac{C}{n},$$

可知 $\{w^{(n)}\}$ 为 $H^1(\Omega)$ 中的 Cauchy 序列, 从而 $w \in H^1(\Omega)$, 且 $\nabla w = \lim\limits_{n\to\infty} \nabla w^{(n)} = 0$, 即 $w = c_0$ 为常数.

现在考虑电极上的积分. 对每个 ℓ, 有

$$\begin{aligned}\frac{C}{n} &\geqslant \int_{e_\ell} |(w^{(n)} - c_0) - (W^{(n)} - c_0)|^2 \,\mathrm{d}S \\ &= \int_{e_\ell} |w^{(n)} - c_0|^2 \,\mathrm{d}S - 2|W^{(n)} - c_0| \int_{e_\ell} |w^{(n)} - c_0| \,\mathrm{d}S + |e_\ell||W^{(n)} - c_0|^2 \\ &\geqslant -2|W^{(n)} - c_0| \int_{e_\ell} |w^{(n)} - c_0| \,\mathrm{d}S + |e_\ell||W^{(n)} - c_0|^2.\end{aligned}$$

这个估计和类似于 (6.31) 的不等式一起给出

$$|W^{(n)} - c_0|^2 \leqslant C\left(\frac{1}{n} + |W^{(n)} - c_0|\|w^{(n)} - c_0\|_{H^1(\Omega)}\right).$$

因为由 (6.32) 可知序列 $\{W^{(n)}\}$ 是有界的, 于是事实上当 $n \to \infty$ 时有 $W^{(n)} \to c_0$. 但这就导致了矛盾, 因为由假设可得

$$\|w^{(n)} - c_0\|_{H^1(\Omega)}^2 + \|W^{(n)} - c_0\|^2 \geqslant \|(u^{(n)}, U^{(n)})\|_{\dot{\mathbb{H}}}^2 = 1.$$

这就证明了定理. □

处理 EIT 问题的一个常用方法是使用局部线性化. 假设 $\gamma, \gamma_0 \in \mathcal{A}(\Omega)$, 且接触阻抗是固定的. 对于给定电流模式 I, 记 (u, U) 和 (u_0, U_0) 为相应的正问题的解, 即

$$\mathcal{B}_{\gamma,z}((u, U), (v, V)) = \mathcal{B}_{\gamma_0,z}((u_0, U_0), (v, V)) = \sum_{\ell=1}^{L} I_\ell V_\ell$$

对所有 $(v, V) \in \dot{\mathbb{H}}$ 成立. 记

$$(u, U) - (u_0, U_0) = (w, W), \quad \delta\gamma = \gamma - \gamma_0.$$

相减并利用线性化近似 $\delta\gamma\, w \approx 0$, 就能得到用来计算 (w, W) 的近似等式

$$\mathcal{B}_{\gamma_0,z}((w, W), (v, V)) = -\int_\Omega \delta\gamma \nabla u_0 \cdot \nabla v \,\mathrm{d}x. \tag{6.33}$$

因此, 带扰动的解的线性近似就可以通过与不带扰动的解 u_0 相同的二次型来计算, 但右端项是不同的.

使用有限元求解 EIT 正问题的实际数值实现就不在这里讨论了, 有关数值实现和线性化的参考文献在本章末尾的 "评论与注释" 中给出.

6.4 光学断层成像

在光学断层成像中, 在物体表面对散射和透射近红外光的测量被用于估计物体内部光学性质. 更确切地说, 测量设定如下: 内部光学性质未知的目标受到附着在

物体表面的一个或几个近红外光的照射, 穿透物体的散射场在物体表面的多个位置被记录下来, 需要用这些数据来估计材料的散射性质和吸收性质.

当目标材料具有强散射性时 (一些医学与工业应用中的情况正是如此), 介质中的信号传播是扩散性的, 因而此时我们可以说, 光学断层成像是一种类似于电阻抗断层成像的 *扩散断层成像方法*.

6.4.1 辐射转移方程

近红外光在介质中的传播遵循 Maxwell 方程组, 但近红外波段的波长相较于介质中的特征距离实在太小, 以至于使用精确的波传播模型没什么用. 况且, 因为光的散射通常很强, 所以辐射是完全不相干的. 因此, 光学断层成像中光的传播是用*辐射转移方程* (radiation transfer equation, RTE) 来模拟的, 它也被称为*Boltzmann 方程*, 亦是我们这里的出发点.

我们首先回忆基本记号和概念. 令 $\Omega \subset \mathbb{R}^n$ ($n = 2$ 或 $n = 3$) 为一个具有光滑边界和连通补集的有界物体. 考虑物体 Ω 内的辐射. 我们引入的第一个概念是*辐射通量密度*. 令 $\theta \in \mathbb{S}^{n-1}$ 为一方向向量. 在 $x \in \Omega$ 处和时刻 $t \in \mathbb{R}$ 时, 沿着方向 θ 射向立体角微元 $\mathrm{d}s$ 的辐射通量密度可以写为

$$\mathrm{d}J(x,t,\theta) = I(x,t,\theta)\theta\,\mathrm{d}s(\theta).$$

这里的标量振幅 $I(x,t,\theta)$ 被称为*辐射率*. 在运输理论的框架下, 这个函数满足辐射转移方程. 假设光在介质中的传播速度为常数, 则 RTE 就能写为

$$\begin{aligned}&\frac{1}{c}I_t(x,t,\theta) + \theta\cdot\nabla I(x,t,\theta) + (\mu_{\mathrm{a}}(x) + \mu_{\mathrm{s}}(x))I(x,t,\theta)\\&-\mu_{\mathrm{s}}(x)\int_{\mathbb{S}^{n-1}} f(x,\theta,\omega)I(x,t,\theta)\,\mathrm{d}s(\omega) = q(x,t,\theta),\end{aligned}\tag{6.34}$$

其中右端项 q 为源项, 而 c 可假设为恒定光速. 标量函数 $\mu_{\mathrm{a}} \geqslant 0$ 和 $\mu_{\mathrm{s}} \geqslant 0$ 分别是*散射系数和吸收系数*, 它们代表单位体积内吸收事件或散射事件的概率密度函数. 积分核 $f \geqslant 0$ 被称为*散射相位函数*, 我们可以把 $f(x,\theta,\omega)\,\mathrm{d}s(\omega)$ 看成在方向 θ 上传播的辐射向角度 $\mathrm{d}s(\omega)$ 散射的概率. 该相位函数满足*互反性条件*

$$f(x,\theta,\omega) = f(x,-\omega,-\theta).$$

此外, 不论入射方向如何, 向整个球面散射的概率都是 1, 即

$$\int_{\mathbb{S}^{n-1}} f(x,\theta,\omega)\,\mathrm{d}s(\omega) = \int_{\mathbb{S}^{n-1}} f(x,\theta,\omega)\,\mathrm{d}s(\theta) = 1.\tag{6.35}$$

后一个积分等于 1 是互反性质的推论.

在各向同性的介质中, 散射仅依赖于入射方向和散射方向间的相对夹角, 即

$$f(x,\theta,\omega) = h(x,\theta\cdot\omega)\tag{6.36}$$

对某个函数 $h:\Omega\times\mathbb{R}\to\mathbb{R}_+$ 成立. 如若不然, 则材料就是各向异性的.

给定辐射通量密度, 通过有向曲面微元 $\alpha\,\mathrm{d}S$, $\alpha\in\mathbb{S}^{n-1}$ 的通量就能由对通量密度在所有辐射方向求积分得到

$$\begin{aligned}\mathrm{d}\Phi(x,t)&=\left(\int_{\mathbb{S}^{n-1}}\mathrm{d}J(x,t,\theta)\right)\cdot\alpha\,\mathrm{d}S\\&=\left(\int_{\mathbb{S}^{n-1}}I(x,t,\theta)\theta\,\mathrm{d}s(\theta)\right)\cdot\alpha\,\mathrm{d}S=J(x,t)\cdot\alpha\,\mathrm{d}S,\end{aligned}\tag{6.37}$$

其中的向量场 J 为能量流密度. 我们再定义一个标量函数以备后用:

$$\varphi(x,t)=\int_{\mathbb{S}^{n-1}}I(x,t,\theta)\,\mathrm{d}s(\theta),\tag{6.38}$$

它被称为能量注量.

为了定义边界条件, 令 $\nu=\nu(x)$ 为外表面上一点 $x\in\partial\Omega$ 处的单位外法向量. 在 $x\in\partial\Omega$ 处流入物体的光子通量密度由积分

$$\Phi_-(x,t)=-\int_{\{\theta\cdot\nu(x)<0\}}I(x,t,\theta)\theta\cdot\nu(x)\,\mathrm{d}S(\theta)\tag{6.39}$$

给出, 其中加上负号是为了使这个量为正. 类似地, 流出物体的通量由

$$\Phi_+(x,t)=\int_{\{\theta\cdot\nu(x)>0\}}I(x,t,\theta)\theta\cdot\nu(x)\,\mathrm{d}S(\theta)\tag{6.40}$$

给出. 用 $R=R(x)$ 表示表面上一点 $x\in\partial\Omega$ 处的反射系数, 其中 $0\leqslant R\leqslant 1$. 反射系数描述了因物体和周围材料间折射率的不匹配而被反射回物体的流出光子的比例. 如果没有光子通过表面微元 $\mathrm{d}S(x)$ 被注入物体, 则内向流就全部来自于反射的光子, 即成立边界条件

$$\Phi_-(x,t)=R(x)\Phi_+(x,t),\tag{6.41}$$

而实际流出物体的光子通量就是

$$\Phi_{\mathrm{out}}(x,t)=(1-R(x))\Phi_+(x,t).\tag{6.42}$$

为了描述光源模型, 假设在表面上附着有一组照射物体的光纤, 而另一组光线被用来记录散射光. 我们假设光源和接收器都打开一段时间 $T>0$, 且理想的光纤是点状的. 令 $x_\ell\in\partial\Omega$, $1\leqslant\ell\leqslant L$ 为代表馈给纤维的表面位置, 而 $y_j\in\partial\Omega$, $1\leqslant j\leqslant J$ 代表记录纤维. 在馈给纤维位置, 流入物体的总光子通量包括我们假设为已知的馈给通量 (记为 Φ_{in}), 再加上反射光子. 因此, 用

$$\Phi_-(x_\ell,t)=R(x_\ell)\Phi_+(x_\ell,t)+\Phi_{\mathrm{in}}(x_\ell,t),\quad 1\leqslant\ell\leqslant L\tag{6.43}$$

代替 (6.41) 式. 在光学断层成像实验中, 可以控制馈给函数 Φ_{in}. 现在我们就能在辐射转移方程的基础上陈述光学断层成像反问题.

问题 6.9 假设 $I(x,t,\omega)$ 在 Ω 中满足辐射传导方程 (6.34), 其中 $q(x,t)=0$, 且在 $x\neq x_\ell$ 处成立边界条件 (6.41), 在给定位置 x_ℓ 成立边界条件 (6.43). 问题是利用所有可能的馈给函数 $\Phi_{\rm in}(x_\ell,t)$, $1\leqslant \ell\leqslant L$, $0\leqslant t\leqslant T$ 及相应的光子通量 $\Phi_{\rm out}(y_j,t)$, $0\leqslant j\leqslant J$, $0\leqslant t\leqslant T$ 的信息来估计光学性质 $\mu_{\rm a}(x)$, $\mu_{\rm s}(x)$ 和 $f(x,\theta,\omega)$.

我们在继续讨论之前稍作评注. 首先, 辐射转移方程的可解性一般而言绝非易事. 本书并不详细讨论这个问题, 请参见相关文献 (见本章末尾的 "注释与评论").

在上述问题的提法中, 源项是用边界条件 (6.43) 来模拟的. 在实践中, 往往把 x_ℓ 处通过光纤的光子馈给模拟为物体内部的等价源项 q_ℓ. 这样源项就作为方程 (6.34) 的非零右端项出现, 而边界条件在整个 $\partial\Omega$ 上由 $\Phi_{\rm in}=0$ 给出.

最后, 我们假设反射系数 R 是已知的. 如若不然或我们对它不太清楚, 则 R 的估计也应纳入问题的一部分, 正如阻抗断层成像中对接触阻抗的估计应该纳入反问题中一样.

6.4.2 扩散近似

辐射转移方程作为一个积分–微分方程, 很可能导致数值上规模过大的问题, 除非对其进行简化. 最常见的简化就是*扩散近似*, 它至少对强散射介质的情况是适用的. 其想法是在强散射介质中, 辐射率 $I(x,t,\theta)$ 作为传播方向 θ 的函数时的变化不是很剧烈. 实现这种近似的标准做法是用球面调和函数对函数进行展开, 并对序列作截断. 这里我们用一种略有不同但等价的方法来导出扩散近似.

我们从一个简单的引理开始.

引理 6.10 *记* $\theta=(\theta_1,\cdots,\theta_n)\in\mathbb{S}^{n-1}$, *而*

$$H_1=\operatorname{span}\{1,\theta_j,\ 1\leqslant j\leqslant n\}\subset L^2(\mathbb{S}^{n-1}).$$

则正交投影 $P:L^2(\mathbb{S}^{n-1})\to H_1$ *可由*

$$Pg=\alpha+a\cdot\theta$$

给出, 其中 $\alpha\in\mathbb{R}$, $a\in\mathbb{R}^n$ *由下式给出:*

$$\alpha=\frac{1}{|\mathbb{S}^{n-1}|}\int_{\mathbb{S}^{n-1}}g(\theta)\,{\rm d}s,\quad a=\frac{n}{|\mathbb{S}^{n-1}|}\int_{\mathbb{S}^{n-1}}\theta\, g(\theta)\,{\rm d}s.$$

证明 考察泛函 $F:\mathbb{R}\times\mathbb{R}^n\to\mathbb{R}$,

$$F(\alpha,a)=\|g-\alpha-a\cdot\theta\|^2_{L^2(\mathbb{S}^{n-1})}.$$

显然, 这个泛函在 $Pg=\alpha+a\cdot\theta$ 时达到其最小值. 由对称性就推知

$$\int_{\mathbb{S}^{n-1}}\theta\,{\rm d}s=0$$

以及

$$\int_{\mathbb{S}^{n-1}} \theta_i \theta_j \, \mathrm{d}S(\theta) = \frac{\mathbb{S}^{n-1}}{n} \delta_{ij}. \tag{6.44}$$

后一个等式源于如下事实: 由对称性得

$$\int_{\mathbb{S}^{n-1}} \theta_1^2 \, \mathrm{d}S(\theta) = \cdots = \int_{\mathbb{S}^{n-1}} \theta_n^2 \, \mathrm{d}S(\theta),$$

故而

$$\int_{\mathbb{S}^{n-1}} \theta_j^2 \, \mathrm{d}S(\theta) = \frac{1}{n} \sum_{j=1}^{n} \int_{\mathbb{S}^{n-1}} \theta_j^2 \, \mathrm{d}S(\theta) = \frac{|\mathbb{S}^{n-1}|}{n}.$$

因此,

$$F(\alpha, a) = \|g\|_{L^2(\mathbb{S}^{n-1})}^2 - 2\left(\alpha \int_{\mathbb{S}^{n-1}} g(\theta) \, \mathrm{d}s + a \cdot \int_{\mathbb{S}^{n-1}} \theta \, g(\theta) \, \mathrm{d}s\right) + |\mathbb{S}^{n-1}| \left(\alpha^2 + \frac{\|a\|^2}{n}\right).$$

只要令

$$\nabla_{\alpha, a} F = 0$$

就可知 α 与 a 必须取定理中所述的值. □

现在我们转向辐射转移方程, 它可以简洁地写为

$$\mathcal{B} I = q,$$

其中 $\mathcal{B}$ 代表方程 (6.34) 左端的积分–微分算子.

定义 6.11 辐射转移方程 (6.34) 的一阶多项式近似 (或简称为 P_1 近似) 为

$$P \mathcal{B} P I = P q.$$

注解 6.12 如前所述, P_1 近似是用球面调和函数表示的. 因为一阶多项式在 $\mathbb{R}^n$, $n \geqslant 2$ 中总是调和的, 所以这里不必引入球面调和函数. 然而对高阶近似 (称为 P_k 近似), 球面调和函数是不可或缺的.

根据 6.4.1 小节的定义和引理 6.10, 我们可以立刻写出关于辐射率 I 的方程

$$(PI)(x, t) = \frac{1}{|\mathbb{S}^{n-1}|} (\varphi(x, t) + n J(x, t) \cdot \theta),$$

从而 P_1 近似就变为

$$P \mathcal{B} (\varphi + n J \cdot \theta) = P q.$$

下述引理给出了算子 $P \mathcal{B} P$ 的显式表达式.

引理 6.13 P_1 近似的显式表达式由下式给出:

$$P\mathcal{B}(\varphi+nJ\cdot\theta)=\left(\frac{1}{c}\varphi_t+\mu_{\mathrm{a}}\varphi+\nabla\cdot J\right)+n\left(\frac{1}{c}J_t+\frac{1}{n}\nabla\varphi+(\mu_{\mathrm{a}}+\mu_{\mathrm{s}}(1-B))J\right)\cdot\theta,$$

其中 $B=B(x)\in\mathbb{R}^{n\times n}$ 为对称正定阵, 其元素为

$$B_{ij}(x)=\frac{n}{|\mathbb{S}^{n-1}|}\int_{\mathbb{S}^{n-1}}\int_{\mathbb{S}^{n-1}}\theta_i\omega_j f(x,\theta,\omega)\,\mathrm{d}s(\theta)\mathrm{d}s(\omega).$$

此外, B 的谱落在区间 $[0,1]$ 内.

证明 显然, 只需要考虑辐射转移方程的梯度部分和积分部分即可. 我们有

$$P\theta\cdot\nabla\varphi=\theta\cdot\nabla\varphi$$

以及

$$P(\theta\cdot\nabla(J\cdot\theta))=\frac{1}{|\mathbb{S}^{n-1}|}\left(\int_{\mathbb{S}^{n-1}}\omega\cdot\nabla(J\cdot\omega)\,\mathrm{d}s(\omega)+n\theta\cdot\int_{\mathbb{S}^{n-1}}\omega(\omega\cdot\nabla(J\cdot\omega))\,\mathrm{d}s(\omega)\right).$$

根据对称性, 可知后一个积分等于零, 而前一个积分为

$$\int_{\mathbb{S}^{n-1}}\omega\cdot\nabla(J\cdot\omega)\,\mathrm{d}s=\frac{|\mathbb{S}^{n-1}|}{n}\nabla\cdot J,$$

因此

$$P\theta\cdot\nabla(\varphi+nJ\cdot\theta)=\theta\cdot\nabla\varphi+\nabla\cdot J.$$

接下来考虑 $\mathcal{B}$ 的积分项. 由 (6.35) 得到

$$\int_{\mathbb{S}^{n-1}}\int_{\mathbb{S}^{n-1}}f(\theta,\omega)\varphi\,\mathrm{d}s(\theta)\mathrm{d}s(\omega)=|\mathbb{S}^{n-1}|\varphi,$$

而类似地有

$$\int_{\mathbb{S}^{n-1}}\int_{\mathbb{S}^{n-1}}f(\theta,\omega)J\cdot\omega\,\mathrm{d}s(\theta)\mathrm{d}s(\omega)=\int_{\mathbb{S}^{n-1}}J\cdot\omega\,\mathrm{d}s=0.$$

另外,

$$\int_{\mathbb{S}^{n-1}}\int_{\mathbb{S}^{n-1}}f(\theta,\omega)\varphi\,\theta\,\mathrm{d}s(\theta)\mathrm{d}s(\omega)=\varphi\int_{\mathbb{S}^{n-1}}\theta\,\mathrm{d}s=0,$$

最后得到

$$\int_{\mathbb{S}^{n-1}}\int_{\mathbb{S}^{n-1}}\theta\,f(\theta,\omega)J\cdot\omega\,\mathrm{d}s(\theta)\mathrm{d}s(\omega)=|\mathbb{S}^{n-1}|BJ,$$

其中 $B\in\mathbb{R}^{n\times n}$ 恰如引理所述. 因此,

$$P\int_{\mathbb{S}^{n-1}}f(\theta,\omega)(\varphi+nJ\cdot\omega)\,\mathrm{d}s(\omega)=\varphi+n\theta\cdot BJ.$$

结合上面的结论, 我们就得到了 P_1 近似待求的形式.

最后, 我们证明 B 的谱落在区间 $[0,1]$ 内. 注意到 B 的正定性是因为散射相位是正的, 而其对称性来自 f 的互反性质, 所以它的谱位于正实轴上. 为了证明其特征值以 1 为界, 设 $v \in \mathbb{R}^n$. 则有

$$0 \leqslant v^{\mathrm{T}} B v = \frac{n}{|\mathbb{S}^{n-1}|} \int_{\mathbb{S}^{n-1}} \int_{\mathbb{S}^{n-1}} (v \cdot \theta) f(x,\theta,\omega)(\omega \cdot v)\, \mathrm{d}s(\theta)\mathrm{d}s(\omega).$$

利用散射相位 f 非负的事实, 由 Schwarz 不等式就能得到估计

$$\begin{aligned} v^{\mathrm{T}} B v &\leqslant \frac{n}{|\mathbb{S}^{n-1}|} \left(\int_{\mathbb{S}^{n-1}} \int_{\mathbb{S}^{n-1}} (v \cdot \theta)^2 f(x,\theta,\omega)\, \mathrm{d}s(\theta)\mathrm{d}s(\omega) \right)^{1/2} \\ &\quad \times \left(\int_{\mathbb{S}^{n-1}} \int_{\mathbb{S}^{n-1}} (v \cdot \omega)^2 f(x,\theta,\omega)\, \mathrm{d}s(\theta)\mathrm{d}s(\omega) \right)^{1/2} \\ &= \frac{n}{|\mathbb{S}^{n-1}|} \left(\int_{\mathbb{S}^{n-1}} (v \cdot \theta)^2\, \mathrm{d}s(\theta) \right)^{1/2} \left(\int_{\mathbb{S}^{n-1}} (v \cdot \omega)^2\, \mathrm{d}s(\omega) \right)^{1/2}. \end{aligned}$$

最后一个等号成立是因为相位函数的积分等于 1, 见 (6.35). 与推导等式 (6.44) 同理, 可以推出

$$\int_{\mathbb{S}^{n-1}} (v \cdot \theta)^2\, \mathrm{d}s(\theta) = \int_{\mathbb{S}^{n-1}} (v \cdot \omega)^2\, \mathrm{d}s(\omega) = \frac{|\mathbb{S}^{n-1}|}{n} \|v\|^2.$$

这样我们就得到了上界

$$0 \leqslant v^{\mathrm{T}} B v \leqslant \|v\|^2,$$

因此 B 的谱一定落在区间 $[0,1]$ 内. □

我们称矩阵 B 为**各向异性矩阵**.

从上述结论中可见, P_1 近似导出了一个耦合方程组, 其中一个方程涉及独立于 θ 的部分, 而另一个涉及 θ 的乘子. 事实上, φ 与 J 应满足方程组

$$\frac{1}{c}\varphi_t = -\nabla \cdot J - \mu_{\mathrm{a}}\varphi + q_0, \tag{6.45}$$

$$\frac{1}{c}J_t = -\frac{1}{n}\nabla\varphi - (\mu_{\mathrm{a}} + (1-B)\mu_{\mathrm{s}})J + q_1, \tag{6.46}$$

其中的源项 q_0 与 q_1 为

$$q_0(x,t) = \int_{\mathbb{S}^{n-1}} q(x,t,\theta)\, \mathrm{d}s, \quad q_1(x,t) = \int_{\mathbb{S}^{n-1}} \theta\, q(x,t,\theta)\, \mathrm{d}s.$$

我们可以用这个耦合系统来描述光的传播. 如果假设

$$\frac{1}{c}J_t \approx 0, \tag{6.47}$$

或假设 J_t 正比于 J, 就能实现进一步的简化. 若假设 (6.47) 成立, 则方程 (6.46) 就退化为 Fick 定律的一个等价形式:

$$J = -K\nabla\varphi + n\kappa q_1, \quad K = \frac{1}{n}(\mu_{\mathrm{a}} + (1-B)\mu_{\mathrm{s}})^{-1}. \tag{6.48}$$

注意到 *扩散矩阵* $K \in \mathbb{R}^{n\times n}$ 在 $\mu_\mathrm{a} > 0$ 或者 B 的谱不包含 1 时是明确定义的. 代入方程 (6.45) 就得到一个抛物型方程, 即 *扩散方程*

$$\frac{1}{c}\varphi_t = \nabla \cdot K\nabla\varphi - \mu_\mathrm{a}\varphi + Q, \tag{6.49}$$

其中

$$Q = q_0 - n\nabla \cdot Kq_1. \tag{6.50}$$

在讨论扩散近似中的边界条件之前, 我们指出, 辐射转移方程中的各向异性是与各向异性扩散相关的. 事实上, 若散射相位函数 f 如 (6.36) 式那样仅依赖于入射方向与散射方向间的夹角, 则有

$$B_{ij}(x) = \frac{n}{|\mathbb{S}^{n-1}|}\int_{\mathbb{S}^{n-1}}\int_{\mathbb{S}^{n-1}} \theta_i\omega_j h(x, \theta\cdot\omega)\,\mathrm{d}s(\theta)\mathrm{d}s(\omega) = 0, \quad 若\ i \neq j.$$

这一论断能由对称性得到: 令 ϑ 为 ω 和 θ 间的夹角, 并记

$$\theta = \omega\cos\vartheta + \theta_\perp, \quad \omega\cdot\theta_\perp = 0,$$

我们发现

$$\int_{\mathbb{S}^{n-1}} \theta\, h(x, \theta\cdot\omega)\,\mathrm{d}s(\theta) = \omega\int_{\mathbb{S}^{n-1}} \cos\vartheta\, h(x, \cos\vartheta)\,\mathrm{d}s(\theta),$$

因为 $\omega_\perp$ 在 $\mathbb{S}^{n-2}$ 上的积分相互抵消了. 此外, 利用 $\mathbb{R}^n$ 的球坐标变换就得到

$$\omega\int_{\mathbb{S}^{n-1}} \cos\vartheta\, h(x, \cos\vartheta)\,\mathrm{d}s(\theta) = \omega|\mathbb{S}^{n-2}|\int_{-1}^{1} t(1-t^2)^{(n-3)/2}h(x,t)\,\mathrm{d}t.$$

于是, 我们求得

$$\begin{aligned} B_{jj}(x) &= \frac{n}{|\mathbb{S}^{n-1}|}\left(\int_{\mathbb{S}^{n-1}} \omega_j^2\,\mathrm{d}s(\omega)\right)|\mathbb{S}^{n-2}|\int_{-1}^{1} t(1-t^2)^{(n-3)/2}h(x,t)\,\mathrm{d}t \\ &= |\mathbb{S}^{n-2}|\int_{-1}^{1} t(1-t^2)^{(n-3)/2}h(x,t)\,\mathrm{d}t = b(x). \end{aligned}$$

这说明在各向同性介质中, 各向异性矩阵 B —— 进而扩散矩阵 K —— 也是各向同性的:

$$K(x) = k(x)I, \quad k(x) = \frac{1}{n(\mu_\mathrm{a}(x) + (1-b(x))\mu_\mathrm{s}(x))}.$$

反之, 给定一个对称正定的矩阵值函数 $K(x)$, 就能构造一个散射相位函数, 使得 K 是它的扩散近似. 事实上, 只要将散射相位定义为

$$f(x,\theta,\omega) = \theta^\mathrm{T}B(x)\omega, \quad B(x) = I - \frac{1}{\mu_\mathrm{s}(x)}\left(\frac{1}{n}K(x)^{-1} - \mu_\mathrm{a}(x)\right),$$

就能直接看出相应的扩散矩阵即是 K.

为了给正问题确定恰当的边值, 我们从下面的引理开始入手.

引理 6.14 在 P_1 近似中, 一点 $x \in \partial\Omega$ 处流入 $(-)$ 和流出 $(+)$ 的总光子通量由

$$\Phi_{\pm}(x) = \gamma\varphi \pm \frac{1}{2}\nu \cdot J \tag{6.51}$$

给出, 其中 $\nu = \nu(x)$ 为 $\partial\Omega$ 的单位外法向, 而与维数有关的常数 γ 为

$$\gamma = \gamma_n = \frac{\Gamma(n/2)}{\sqrt{\pi}\,(n-1)\Gamma((n-1)/2)}.$$

特别地, 在维数 $n=2$ 和 $n=3$ 时, 有

$$\gamma_2 = \frac{1}{\pi}, \quad \gamma_3 = \frac{1}{4}.$$

证明 在 P_1 近似中, $x \in \partial\Omega$ 处的总流入通量为

$$\Phi_-(x) = -\frac{1}{|\mathbb{S}^{n-1}|}\int_{\{\nu(x)\cdot\theta<0\}} (\varphi(x,t) + nJ(x,t)\cdot\theta)\theta\cdot\nu(x)\,\mathrm{d}s(\theta).$$

作球坐标变换可得

$$-\int_{\{\nu\cdot\theta<0\}} \theta\cdot\nu\,\mathrm{d}s = |\mathbb{S}^{n-2}|\int_0^1 t(1-t^2)^{(n-3)/2}\,\mathrm{d}t = \frac{|\mathbb{S}^{n-2}|}{n-1}.$$

为了对第二项作积分, 先写为

$$J = (J\cdot\nu)\nu + J_\perp, \quad \nu\cdot J_\perp = 0,$$

这样

$$\int_{\{\nu\cdot\theta<0\}} (J\cdot\theta)(\theta\cdot\nu)\,\mathrm{d}s = (J\cdot\nu)\int_{\{\nu\cdot\theta<0\}} (\nu\cdot\theta)^2\,\mathrm{d}s + \int_{\{\nu\cdot\theta<0\}} (\theta\cdot J_\perp)(\theta\cdot\nu)\,\mathrm{d}s.$$

后一个积分等于零, 因为被积函数在垂直于 ν 的平面上是反对称的. 为了求出前一个积分, 由对称性可以写为

$$\int_{\{\nu\cdot\theta<0\}} (\theta\cdot\nu)^2\,\mathrm{d}s = \frac{1}{2}\int_{\mathbb{S}^{n-1}} (\nu\cdot\theta)^2\,\mathrm{d}s = \frac{|\mathbb{S}^{n-1}|}{2n}.$$

再考虑到公式

$$|\mathbb{S}^{n-1}| = \frac{2\pi^{n/2}}{\Gamma(n/2)},$$

我们就得到

$$\Phi_-(x) = \frac{1}{|\mathbb{S}^{n-1}|}\left(\frac{|\mathbb{S}^{n-2}|}{n-1}\varphi - n(J\cdot\nu)\frac{|\mathbb{S}^{n-1}|}{2n}\right) = \frac{\Gamma(n/2)}{\sqrt{\pi}\,(n-1)\Gamma((n-1)/2)}\varphi - \frac{1}{2}\nu\cdot J,$$

正如引理所述. 流出的通量可通过掉转法向量的方向来得到. □

现在我们就能指定反边值问题的边界数据了. 在 $x \in \partial\Omega$ 处, 总流入通量必须等于来自外部光源的已知输入通量 $\Phi_{\rm in}(x)$ 加上由折射率不匹配造成的反射光子通量. 若 $R = R(x)$, $0 \leqslant R \leqslant 1$ 为 $x \in \partial\Omega$ 处的反射系数, 并假设描述反射的边界条件是局部的, 我们就有

$$\Phi_-(x) = R(x)\Phi_+(x) + \Phi_{\rm in}(x),$$

而测得的数据 (在理想情况下) 为物体表面外的总流出通量

$$\Phi_{\rm out}(x) = (1 - R(x))\Phi_+(x).$$

现在我们就能对强散射介质中的反问题定义边界数据了.

定义 6.15 令 $\Omega \subset \mathbb{R}^n$ 为一个具有光滑连通边界的有界区域. 假设不存在内部光源, 且近似 (6.48) 成立, 则完整边界数据就包括假定为已知的输入通量

$$\Phi_{\rm in} = (1 - R)\gamma\varphi + \frac{1}{2}(1 + R)\nu \cdot K\nabla\varphi \tag{6.52}$$

以及相应测得的输出通量

$$\Phi_{\rm out} = (1 - R)\gamma\varphi - (1 + R)\nu \cdot K\nabla\varphi. \tag{6.53}$$

扩散近似正问题是求出满足 $Q = 0$ 时的方程 (6.49) 以及 Robin 边界条件 (6.52) 的 φ. 我们就不详细证明该边值问题的可解性了, 其证明思路与在前几节中对于准静态 Maxwell 问题给出的证明是如出一辙的.

在实践中, 对目标的照射是使用附着在物体表面的光纤进行的. 这种光源的各向异性很强, 因而直接在光源下作扩散近似是很不准的. 因此, 边界光源通常被模拟为物体内部的等价点光源. 这意味着对应于正问题的边值问题将变为

$$\frac{1}{c}\varphi_t = \nabla \cdot K\nabla\varphi - \mu_{\rm a}\varphi + Q,$$

且成立齐次 Robin 边界条件

$$(1 - R)\gamma\varphi + \frac{1}{2}(1 + R)\nu \cdot K\nabla\varphi = 0,$$

而源项 Q 由馈给光纤下的点光源构成:

$$Q(x) = \sum_{\ell=1}^{L} q_\ell \delta(x - x_\ell).$$

反问题相应的边界数据就是给定接收器位置 $y_k \in \partial\Omega$ 处的流出量

$$\Phi_{\rm out}(y_k) = ((1 - R)\gamma\varphi - (1 + R)\nu \cdot K\nabla\varphi)|_{y=y_k}.$$

6.4.3 时谐测量

在光学断层成像的一些应用中, 会用到时谐的光调制. 这里我们考虑输入场受到固定谐频调制的情况, 即

$$I(x,t,\widehat{\theta}) = \mathrm{e}^{-\mathrm{i}\,\omega t}\widehat{I}(x,\theta).$$

记波数为 $k=\omega/c$, 则 P_1 近似就给出方程组

$$\mathrm{i}\,k\varphi = \nabla\cdot J + \mu_{\mathrm{a}}\varphi + q_0, \tag{6.54}$$

$$\mathrm{i}\,kJ = \frac{1}{n}\nabla\varphi + (\mu_{\mathrm{a}} + (1-B)\mu_{\mathrm{s}})J + q_1, \tag{6.55}$$

其中为简单起见, 我们用相同的符号表示 φ, J 和源项的时谐振幅. 在时谐近似中, 我们不必假设 J 的时间导数可以忽略不计; 相反, 我们可以求解方程 (6.55) 得到 J, 将其代入 (6.54) 即可得到扩散方程

$$\nabla\cdot D\nabla\varphi + (\mu_{\mathrm{a}} - \mathrm{i}\,k)\varphi = Q,$$

其中

$$D = \frac{1}{n}(\mathrm{i}\,k + \mu_{\mathrm{a}} + (1-B)\mu_{\mathrm{s}})^{-1} \tag{6.56}$$

且

$$Q = q_0 - n\nabla\cdot Dq_1.$$

注意到扩散矩阵 D 与 (6.48) 式中的矩阵 K 相差一个因子 $\mathrm{i}\,k$.

6.5 注释与评论

本章中介绍的反问题在文献中已经得到了大量的研究, 当然并不仅仅限于计算方面.

有关 X 射线断层成像及其各种变型的文献不计其数. 关于该课题可参见教材 [96,106] 以及文章 [118]. 前文提到的 Johann Radon 的原始文章可参阅 [104].

关于 Maxwell 方程组的文献可参考经典专著 [93]. 论 MEG 的数学模型的标准参考文献是 [42,110]. 对 MEG 反问题的评论可参考 [52], 而较新的评论是 [9].

电阻抗断层成像是一个得到广泛研究的反问题. 自从 Calderón 的经典文章 [18] 以来, 该问题就经常被表述为如下形式: 令 $u\in H^1(\Omega)$ 满足 Dirichlet 边值问题

$$\nabla\cdot\sigma\nabla = 0 \quad 在\ \Omega\ 内, \qquad u = f \quad 在\ \partial\Omega\ 上,$$

并定义 Dirichlet-to-Neumann 映射

$$\Lambda_\sigma : H^{1/2}(\partial\Omega) \to H^{-1/2}(\partial\Omega), \quad f \mapsto \left.\frac{\partial u}{\partial n}\right|_{\partial\Omega}.$$

能根据 Λ_σ 的信息决定 σ 吗? 关于这一问题已有丰富的结论, 其主要的差别在于对传导率做了何种假设. 该问题在文章 [60, 94, 95, 105, 123] 中取得了重大突破, 它们在 σ 的不同光滑性要求下证明了唯一性. 这些文章是以复几何光学的运用为基础的. 最近, 在传导率有界时, Calderón 原始问题的二维形式已在 [7] 中得到解决.

EIT 问题的电极模型可追溯到文章 [23], 而正问题的可解性是 [119] 证明的. 对复值的导纳率和接触阻抗, 就必须假设 $\mathrm{Re}\,\gamma > 0$ 及 $\mathrm{Re}\, z_\ell > 0$, 而且要运用 Lax-Milgram 定理而非 Riesz 表示定理.

除了一些简单情况, 有限维的数据本质上是不足以决定传导率的.

线性化等式 (6.33) 在推导时并未仔细地分析误差项. 更细致的分析表明映射 $(\gamma, z) \mapsto (u, U)$ 实际上是 Fréchet 可微的, 这可以从文章 [64] 中找到. 该文献还讨论了对解和 Jacobi 行列式的有限元计算.

光学断层成像问题在评论文章 [6] 中有所讨论. 各向异性材料中光学断层成像问题的不唯一性参见 [5].

反问题 6.9 经常被称为*运输理论反问题*, 它在文献中被叙述为*反照算子*的形式:

$$A : I|_{\Gamma_+} \mapsto I|_{\Gamma_-},$$

其中 $\Gamma_\pm = \{(x, t, \omega) \mid x \in \partial\Omega,\ t > 0,\ \pm\nu(x)\cdot\theta > 0\}$. 对这个问题的讨论可参见 [121] 及其中的参考文献.

辐射转移方程的可解性在 [27] 等有所讨论. 辐射转移方程 (6.34) 是以恒定传播速度和直线传播的假设为基础的, 这无异于假设折射率为常数. 用一个对应于底层 Riemann 流形上的测地流的向量场代替对流项 $\theta\cdot\nabla$, 就能去除这些限制, 参见 [100].

强散射介质的假设并不总是好的. 例如, 人脑中包含了充满脑脊液的弱散射区域, 这些非散射区域必须分开来处理, 而不能依赖扩散近似. 文章 [62] 中分析了正问题, 而带非散射区域的反问题在 [28] 中有所讨论.

光学断层成像中对光源的模拟是有待商榷的, 因为表面光源并不会扩散, 从而导致扩散近似失效. 光源可以通过用 RTE 模拟光源附近光的传播来处理, 见 [100, 138].

第 7 章　实例研究

本章致力于大量的实例研究, 其中统计反演理论被用于若干现实中的应用或其原型中. 这些应用是以第 2 章中用经典形式描述的模型问题为基础的. 这里将进一步明确基本模型并通过各种附加特征进行扩展.

7.1　图像去模糊与异常的重构

在之前各章中我们强调, 先验概率密度函数应当反映我们所认为的未知参数具有的典型形式. 构造包含大量信息的先验函数可以基于我们对物理本质的理解, 也可以出自之前对未知量的观测. 然而从实际的角度来看, 这种先验函数可能是有问题的. 在医学成像等应用中, 人们往往对具有典型特征的成像兴趣不大. 反之, 整个过程的目的可能在于寻找不同寻常之处, 比如正常健康组织中的肿瘤或正常骨骼中的断裂. 对人们感兴趣但罕见的异常现象 (统计上称为离群值) 而言, 基于大量正常组织样本的先验密度函数给出的先验概率往往可以忽略不计. 结果, Bayes 方法太偏向于正常情况, 偏到异常现象可能被完全忽视的程度. 在本节中, 我们将介绍一种规避此类带偏问题的可能途径, 同时也将说明正确处理源自模拟的近似误差的重要性.

7.1.1　模型问题

我们考虑的反问题是二维反卷积问题 (去模糊问题). 连续观测模型为

$$g(t) = \int_D K(t-s) f(s)\,\mathrm{d}s + e(t), \quad D \subset \mathbb{R}^2, \tag{7.1}$$

即我们假设的是加性噪声模型. 为明确起见, 设 D 为单位正方形 $D = [0,1] \times [0,1]$, 且真实图像 f 在 D 外为零.

假设模糊图像 $g(t)$ 给定在一个较粗的网格上, 且格点构成的是规则的矩形网格. 令格点为 $(x_i, y_j) = (i/m, j/m) \in D$, $0 \leqslant i, j \leqslant m$. 我们逐列读取矩形图像以给数据点 $t_p \in D$, $1 \leqslant p \leqslant M = (m+1)^2$ 编号, 即

$$t_p = t_{(i-1)(m+1)+m-j+1} = \left(\frac{i}{m}, \frac{j}{m}\right), \quad 0 \leqslant i, j \leqslant m.$$

遵循本书的原则, 我们将上述方程转化为像素化随机模型. 原始图像的重构可以如我们所愿在任意像素网格上进行. 选用精细的离散化会增加计算工作量并导致问题更加欠定; 另一方面, 使用粗网格却会造成近似误差. 在本例中, 我们选择在给定数据的相同点 t_p 上重构 f. 然而, 我们采用第 6 章中降低近似误差影响的思想.

首先我们将问题在更精细的网格上进行离散. 令 n 为数据离散区间数 m 的倍数, 并将图像 D 分割为中点位于 $(x_i, y_j) = (i/n, j/n)$, $0 \leqslant i, j \leqslant n$ 的 $(n+1) \times (n+1) = N$ 个像素. 类似于对模糊图像数据点的再编号, 设

$$s_q = t_{(i-1)(n+1)+n-j+1} = \left(\frac{i}{n}, \frac{j}{n}\right), \quad 0 \leqslant i, j \leqslant n. \tag{7.2}$$

将离散观测模型写为

$$y = \mathcal{A}x + e, \tag{7.3}$$

这里 $y \in \mathbb{R}^M$, $x \in \mathbb{R}^N$, $N > M$, 其中

$$y_p = g(t_p), \quad x_q = f(s_q),$$

且 $\mathcal{A} \in \mathbb{R}^{M \times N}$ 由

$$\mathcal{A}_{pq} = \frac{1}{n^2} K(t_p - s_q), \quad 1 \leqslant p \leqslant M,\ 1 \leqslant q \leqslant N$$

给出. 我们假设该精细网格细到足以将方程 (7.3) 视作精确的离散模型, 并把相应的随机模型记作

$$Y = \mathcal{A}X + E,$$

其中 $X \in \mathbb{R}^N$ 以及 $Y, E \in \mathbb{R}^M$ 为随机向量.

假设 X 在典型情形下的先验信息体现在先验概率密度函数

$$\pi_{\rm pr}(x) = \pi_1(x)$$

中, 但我们有理由相信 X 实际上可能包含了与典型情形大相径庭的特征. 我们还假设在统计意义上知道可能出现哪类偏离. 在本例中, 我们假设正常情况的偏离可以借助于加性模型来表示. 这样我们就假定真实图像能分解为

$$X = U + V, \quad U \sim \pi_1(u),\ V \sim \pi_2(v),$$

其中 U 代表 X 的典型部分, 其分布服从于密度函数 π_1 定义的统计环境; 而 V 为偏离于典型情况的异常部分, 其概率密度函数为 $\pi_2(v)$. 这样观测模型就变为

$$Y = \mathcal{A}U + \mathcal{A}V + E. \tag{7.4}$$

若假定典型部分和异常部分是独立的, 则该模型就给出联合先验密度函数

$$\pi(u,v)=\pi_1(u)\pi_2(v).$$

在进行深入讨论之前, 我们用实例来明确这个问题. 令卷积核 K 为 Gauss 核

$$K(s)=\exp(-\kappa|s|^2), \tag{7.5}$$

其中 $\kappa=80$, 即核函数的半宽为 $2\log 2/\sqrt{2\kappa}\approx 0.2$.

假设真实图像是由代表典型情形的光滑对象加上代表异常部分的极少奇异点状对象组成的. 在图 7.1 (a) 中, 我们绘制了包括三个 Gauss 型隆起的光滑对象, 并在图像中加入一个 Dirac δ 函数作为异常之处, 它在图中的位置用叉号标出. 模糊图像如图 7.1 (b) 所示. 模糊图像中的像素大小为 0.05×0.05, 即 $m=20$, $M=(21)^2=441$, 而原始图像的大小为 $(4m+1)^2=6561$. 在模糊图像中很难将规则对象和异常对象区分开来.

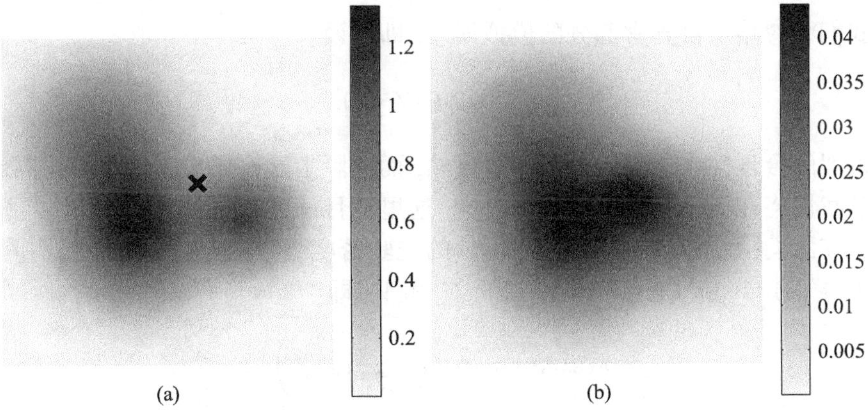

图 7.1 (a) 真实图像 (点状异常部分的位置用叉号标出), (b) 模糊图像给定在一个较粗的网格上

7.1.2 降阶模型与近似误差模型

我们固然能通过模型 (7.4) 来估计变量 U 和 V, 然而当 n 较大时, 问题的计算量就很大, 尤其是使用 MCMC 算法的时候. 这样我们就要对模型进行降阶. 我们的目标是在给出数据的相同格点上估计图像. 最直接的做法莫过于选取 $n=m$ 并离散化, 但事实证明这种对模型方程 (7.1) 的离散化会引进可观的模拟误差, 计算时必须将其考虑在内. 7.1.3 小节将从数值上说明模拟误差的影响.

我们定义降阶模型如下: 设 $n=km$, 即更细的离散区间来自于把粗区间分割为 k 份. 于是, 每个粗像素就包含 k^2 个细像素. 用 $P:\mathbb{R}^N\to\mathbb{R}^M$ 表示对细像素化图像在粗像素上求积分的模型降阶算子. 确切地说, 令 D_p^N $(1\leqslant p\leqslant N)$ 为细离散

化的像素, D_q^M $(1 \leqslant q \leqslant M)$ 为粗离散化的像素, 并设

$$\text{若 } D_q^N \subset D_p^M, \text{ 则 } P_{pq} = \frac{1}{k^2}, \text{ 否则 } P_{pq} = 0.$$

定义

$$\widetilde{U} = PU, \quad \widetilde{V} = PV.$$

此外, 将粗离散化模型矩阵 $A \in \mathbb{R}^{M \times M}$ 定义为

$$A_{pq} = \frac{1}{m^2} K(t_p - s_q), \quad 1 \leqslant p, q \leqslant M.$$

现在降阶模型即为

$$Y = A\widetilde{U} + A\widetilde{V} + \varepsilon,$$

其中的噪声 ε 同时包括加性测量误差和离散误差:

$$\varepsilon = E + (\mathcal{A} - AP)U + (\mathcal{A} - AP)V.$$

下面我们将忽略来自异常部分的模拟误差, 即假设

$$(\mathcal{A} - AP)V \approx 0. \tag{7.6}$$

这一近似的合理性在这一步还不是很显然, 而实际上这么做只是为了简化问题. 关于这点我们将在下一小节进行详细讨论, 这里暂且认为它是对的.

现在我们指定 U, V 及加性误差 E 的先验密度函数. 首先假设 E 是均值为零, 方差为 σ^2 的 Gauss 白噪声, 且独立于 U 和 V, 即

$$\pi_{\text{noise}}(e) \propto \exp\left(-\frac{1}{2\sigma^2}\|e\|^2\right).$$

E 的协方差矩阵记为 $\Gamma_e = \sigma^2 I$.

规则部分 U 同样设为 Gauss 型的. 我们先验地认为图像的规则部分是光滑的, 并将这种认识体现在二阶光滑先验函数中:

$$\pi_1(u) \propto \exp\left(-\frac{\alpha}{2}\|Lu\|_2^2\right), \tag{7.7}$$

其中 L 为带 Dirichlet 边界条件的 Laplace 算子的五点差分近似, 即

$$(Lu)_q = N\left(\sum_{q' \in \mathcal{N}(q)} u_{q'} - 4u_q\right). \tag{7.8}$$

这里 $\mathcal{N}(q)$ 表示 q 的邻接像素的下标集合, 参数 α 假设为已知. 为供后面使用, 我们将 U 的协方差矩阵记为

$$\Gamma_u = \frac{1}{\alpha} L^{-1} (L^{\mathrm{T}})^{-1}.$$

为定义异常部分 $\widetilde{V}$ 的统计环境, 假定我们能认为异常是脉冲型的, 换句话说, 我们认为图像可能包含极少严重偏离背景的像素, 且这些像素间是不相关的. 此外, 我们还假设异常是正值的. 为模拟此类异常, 我们采用 ℓ^1- 先验函数, 即设

$$\pi_2(\widetilde{v}) \propto \pi_+(\widetilde{v}) \exp(-\beta\|\widetilde{v}\|_1), \quad \|\widetilde{v}\|_1 = \sum_{q=1}^{m} |\widetilde{v}_q|.$$

π_+ 还是表示正项约束, 即当 $\widetilde{v}$ 的所有分量均取正值时 $\pi_+(\widetilde{v}) = 1$, 否则 $\pi_+(\widetilde{v}) = 0$.

为构成合适的条件密度函数, 首先考虑给定 $\widetilde{V} = \widetilde{v}$ 时 U 与 V 的联合概率密度函数. 用 $E_{|\widetilde{v}}$ 表示以 $\widetilde{V} = \widetilde{v}$ 为条件的条件期望, 并注意到根据假设 (7.6) 成立

$$Y = \mathcal{A}U + A\widetilde{V} + E,$$

就能得到

$$E_{|\widetilde{v}}\{Y\} = A\widetilde{v}.$$

类似地, $\widetilde{U}$ 和 Y 的条件联合协方差为

$$E_{|\widetilde{v}}\left\{\begin{bmatrix}\widetilde{U}\\ Y - A\widetilde{v}\end{bmatrix}\begin{bmatrix}\widetilde{U}^{\mathrm{T}} & (Y - A\widetilde{v})^{\mathrm{T}}\end{bmatrix}\right\} = \begin{bmatrix}P\Gamma_u P^{\mathrm{T}} & P\Gamma_u \mathcal{A}^{\mathrm{T}}\\ \mathcal{A}\Gamma_u P^{\mathrm{T}} & \mathcal{A}\Gamma_u\mathcal{A}^{\mathrm{T}} + \Gamma_e\end{bmatrix} = \Gamma. \tag{7.9}$$

由于 $\widetilde{U}$ 和 Y 在固定 $\widetilde{V} = \widetilde{v}$ 时是联合 Gauss 型的, 我们能立即写出条件密度函数

$$\pi(\widetilde{u}, y \mid \widetilde{v}) \propto \exp\left(-\frac{1}{2}\begin{bmatrix}\widetilde{u}^{\mathrm{T}} & (y - A\widetilde{v})^{\mathrm{T}}\end{bmatrix}\Gamma^{-1}\begin{bmatrix}\widetilde{u}\\ y - A\widetilde{v}\end{bmatrix}\right). \tag{7.10}$$

这就给出了联合概率密度函数

$$\begin{aligned}\pi(\widetilde{u}, \widetilde{v}, y) &= \pi(\widetilde{u}, y \mid \widetilde{v})\pi_{\mathrm{pr}}(\widetilde{v})\\ &\propto \pi_+(\widetilde{v}) \exp\left(-\frac{1}{2}\begin{bmatrix}\widetilde{u}^{\mathrm{T}} & (y - A\widetilde{v})^{\mathrm{T}}\end{bmatrix}\Gamma^{-1}\begin{bmatrix}\widetilde{u}\\ y - A\widetilde{v}\end{bmatrix} - \gamma\|\widetilde{v}\|_1\right).\end{aligned} \tag{7.11}$$

根据 (7.10) 和 (7.11) 式, 现在我们就能写出后面将要用到的条件概率密度函数 $\pi(\widetilde{u} \mid y, \widetilde{v})$ 和 $\pi(\widetilde{v} \mid y, \widetilde{u})$.

我们用 Γ_{ij}, $1 \leqslant i, j \leqslant 2$ 表示 (7.9) 中 Γ 的分块. 由定理 3.6 可得

$$\pi(\widetilde{u} \mid y, \widetilde{v}) \propto \exp\left(-\frac{1}{2}(\widetilde{u} - \widetilde{u}_0)^{\mathrm{T}}\widetilde{\Gamma}_{22}^{-1}(\widetilde{u} - \widetilde{u}_0)\right), \tag{7.12}$$

其中

$$\widetilde{u}_0 = \Gamma_{12}\Gamma_{22}^{-1}(y - A\widetilde{v}) = P\Gamma_u\mathcal{A}^{\mathrm{T}}(\mathcal{A}\Gamma_u\mathcal{A}^{\mathrm{T}} + \Gamma_e)^{-1}(y - A\widetilde{v}),$$

而 $\widetilde{\Gamma}_{22}$ 为 Γ_{22} 的 Schur 余阵:

$$\widetilde{\Gamma}_{22} = \Gamma_{11} - \Gamma_{12}\Gamma_{22}^{-1}\Gamma_{21}.$$

$\widetilde{v}$ 在 y 和 $\widetilde{u}$ 条件下的密度函数能通过 Bayes 公式和 (7.11) 式得到. 我们用 R_{ij} 表示 Γ^{-1} 的分块, 即

$$\Gamma^{-1}=\begin{bmatrix}\widetilde{\Gamma}_{22}^{-1} & -\widetilde{\Gamma}_{22}^{-1}\Gamma_{12}\Gamma_{22}^{-1}\\ -\widetilde{\Gamma}_{11}^{-1}\Gamma_{21}\Gamma_{11}^{-1} & \widetilde{\Gamma}_{11}^{-1}\end{bmatrix}=\begin{bmatrix}R_{11} & R_{12}\\ R_{21} & R_{22}\end{bmatrix}.$$

由于 $\widetilde{v}_k \geqslant 0$, 我们就有 $\|\widetilde{v}\| = \mathbf{1}^{\mathrm{T}}\widetilde{v}$, 其中 $\mathbf{1}=[1,\cdots,1]^{\mathrm{T}}$. 这样利用 Bayes 公式就得到

$$\begin{aligned}\pi(\widetilde{v}\mid\widetilde{u},y) &\propto \pi_+(\widetilde{v})\exp\left(-\frac{1}{2}\left(\widetilde{v}^{\mathrm{T}}A^{\mathrm{T}}R_{22}A\widetilde{v}-2\widetilde{v}^{\mathrm{T}}(A^{\mathrm{T}}R_{21}\widetilde{u}+A^{\mathrm{T}}R_{22}y)\right)-\gamma\|\widetilde{v}\|_1\right)\\ &=\pi_+(\widetilde{v})\exp\left(-\frac{1}{2}\left(\widetilde{v}^{\mathrm{T}}B\widetilde{v}-2\widetilde{v}^{\mathrm{T}}q\right)\right),\end{aligned}\tag{7.13}$$

其中

$$B=A^{\mathrm{T}}R_{22}A,\quad q=A^{\mathrm{T}}R_{21}\widetilde{u}+A^{\mathrm{T}}R_{22}y-\gamma\mathbf{1}.$$

7.1.3 后验函数的取样

现在我们就具备构建一个估计 $\widetilde{u}$ 和 $\widetilde{v}$ 的 MCMC 算法的所有必要工具了. 为简化记号, 在算法中记 $u=\widetilde{u}$, $v=\widetilde{v}$. 算法的基本结构是一个分块形式的 Gibbs 采样器, 描述如下:

```
初始化 (u,v)=(u^0,v^0), 设 k=0.
直到样本大小满足要求, do
  (u,v)=(u^k,v^k)
  从 \pi(u|v,y) 抽取 u^{k+1}
  for p=1:K
    从 \pi(v_p|u,v_{-p},y) 抽取 v_p^{k+1}
  end
  k\leftarrow k+1
end
```

上面的记号 v_{-p} 表示将分量 v_p 删除后的向量 v.

在讨论具体例子之前, 我们先说明实际中的抽样是如何进行的. 首先考虑固定 $\widetilde{v}$ 时利用 (7.12) 给出的密度函数更新 $\widetilde{u}$. 我们从预计算 $\widetilde{\Gamma}_{22}$ 的 Cholesky 因子

$$\widetilde{\Gamma}_{22}=U_2^{\mathrm{T}}U_2$$

开始着手, 其中 U_2 为上三角阵. 这可以在开始运行 MCMC 之前完成. 给定更新完的 $\widetilde{v}$ 后, 我们先计算

$$\widetilde{u}_0=\Gamma_{12}\Gamma_{22}^{-1}(y-A\widetilde{v}),\tag{7.14}$$

然后更新 $\widetilde{u}$ 如下:

$$\widetilde{u} = \widetilde{u}_0 + U_2^{\mathrm{T}}\xi, \quad \xi \sim \mathcal{N}(0, I).$$

显然 $\widetilde{u}$ 具有恰当的条件密度函数.

给定 $\widetilde{u}$ 和 y, 逐个分量更新 $\widetilde{v}$ 会更复杂些, 这要用到条件密度函数 $\pi(\widetilde{v}_p \mid \widetilde{v}_{-p}, \widetilde{u}, y)$. 为方便起见, 我们考虑 $p = 1$ 的情形, 这在差一个再排序的情况下不失一般性. 我们对 B 和 q 用记号

$$B = \begin{bmatrix} b^2 & \beta^{\mathrm{T}} \\ \beta & B' \end{bmatrix}, \quad q = \begin{bmatrix} q_1 \\ q' \end{bmatrix}$$

进行分块, 其中 $b^2 \in \mathbb{R}$, $\beta \in \mathbb{R}^{M-1}$, $B' \in \mathbb{R}^{(M-1)\times(M-1)}$, 相应地 $q_1 \in \mathbb{R}$, $q' \in \mathbb{R}^{M-1}$. 由 (7.13) 能得到 $\widetilde{v}_1$ 的一维条件密度函数

$$\begin{aligned} \pi(\widetilde{v}_1 \mid \widetilde{v}_{-1}, \widetilde{u}, y) &\propto \pi_+(\widetilde{v}_1) \exp\left(-\frac{1}{2}\left(b^2\widetilde{v}_1^2 - 2(q_1 - \beta^{\mathrm{T}}\widetilde{v}_{-1})\widetilde{v}_1\right)\right) \\ &\propto \pi_+(\widetilde{v}_1) \exp\left(-\frac{1}{2}(b\widetilde{v}_1 - c)^2\right), \end{aligned} \tag{7.15}$$

其中

$$c = \frac{q_1 - \beta^{\mathrm{T}}\widetilde{v}_{-1}}{b}.$$

在开始 MCMC 迭代之前, 我们预计算矩阵 B, $A^{\mathrm{T}}R_{22}$ 以及

$$q_0 = A^{\mathrm{T}}R_{22}y - \gamma\mathbf{1}.$$

在每个循环中, 更新完 $\widetilde{u}$ 后, 计算

$$q = q_0 + A^{\mathrm{T}}R_{21}\widetilde{u}.$$

为更新分量 $\widetilde{v}_1$, 我们计算相应的数 b 和 c, 并从密度函数 (7.15) 抽取 $\widetilde{v}_1$. 令

$$t_0 = -\frac{c}{\sqrt{2}},$$

然后从密度函数

$$\pi(t) \propto \pi_+(t - t_0)\,\mathrm{e}^{-t^2} \tag{7.16}$$

中抽取一个随机数 $t \in \mathbb{R}$, 并设

$$\widetilde{v}_1 = \frac{1}{b}(\sqrt{2}\,t + c).$$

这样, 我们就将更新简化为从密度函数 (7.16) 抽样的简单任务. 若使用记号

$$\mathrm{Erf}(t) = \frac{2}{\sqrt{\pi}}\int_0^t \mathrm{e}^{-s^2}\mathrm{d}s,$$

我们发现 t 的分布函数为

$$\Phi(t)=\int_{t_0}^{t}\pi(s)\,\mathrm{d}s=\frac{1}{1-\mathrm{Erf}(t_0)}(\mathrm{Erf}(t)-\mathrm{Erf}(t_0)),\quad t\geqslant t_0.$$

这样变量 t 就能通过

$$t=\Phi^{-1}(\xi)=\mathrm{Erf}^{-1}(\mathrm{Erf}(t_0)+(1-\mathrm{Erf}(t_0))\xi),\quad \xi\sim\mathcal{U}(0,1) \tag{7.17}$$

来抽取. 这里值得注意的是, 当 $-c$ 很大, 于是 t_0 也很大时, (7.17) 式就没用了, 原因是当 $t\geqslant 5$ 时, 在 16 位机器精度下 $\mathrm{Erf}(t)=1$, 这样 (7.17) 式就会产生舍入误差. 因此, 对较大的 t_0, 应该写成诸如

$$\Phi(t)=\int_{t_0}^{\infty}\pi(s)\,\mathrm{d}s-\int_{t}^{\infty}\pi(s)\,\mathrm{d}s=1-\frac{\mathrm{Erfc}(t)}{\mathrm{Erfc}(t_0)}$$

的形式, 其中 Erfc 为补余误差函数

$$\mathrm{Erfc}(t)=\frac{2}{\sqrt{\pi}}\int_{t}^{\infty}\mathrm{e}^{-s^2}\mathrm{d}s.$$

此外, 若定义尺度缩放补余误差函数

$$\mathrm{Erfcx}(t)=\mathrm{e}^{t^2}\frac{2}{\sqrt{\pi}}\int_{t}^{\infty}\mathrm{e}^{-s^2}\mathrm{d}s,$$

就有

$$\Phi(t)=1-\mathrm{e}^{-(t^2-t_0^2)}\frac{\mathrm{Erfcx}(t)}{\mathrm{Erfcx}(t_0)},$$

这就能得到一个稳定的数值估计. 我们注意到 Φ 的反函数只能从数值上来估值.

现在考虑一个数值例. 假设规则部分和奇异部分分别由 Gauss 函数和 Dirac δ 函数构成, 即

$$f(s)=\sum_{\ell=1}^{L}c_\ell\exp(-\alpha_\ell|s-s_\ell|^2)+\sum_{k=1}^{K}d_k\delta(s-s_k).$$

真实图像与 (7.5) 给出的 Gauss 核 $\mathcal{K}$ 的卷积可以解析地求得, 即

$$\mathcal{K}*f(t)=\sum_{\ell=1}^{L}\frac{\pi c_\ell}{\alpha_\ell+\kappa}\exp(-\gamma_\ell|t-s_\ell|^2)+\sum_{k=1}^{K}d_k\exp(-\kappa(t-s_k)^2),$$

其中

$$\gamma_k=\frac{\kappa\alpha_k}{\alpha_k+\kappa}.$$

在本例中, 我们选取的真实图像如图 7.1 所示, 并加上标准差为模糊图像无噪声信号最大值 1% 的 Gauss 噪声.

首先, 我们考虑以真实图像仅包含光滑对象的假设为基础进行重构, 即假设 X 以 π_1 为先验密度函数. 为完整起见, 我们用两种不同方法计算估计值. 我们首先忽略模拟误差, 并把矩阵 A 用作真实模糊核. 此时的 MAP 估计即为

$$x_{\mathrm{MAP}} = \begin{bmatrix} \sigma^{-1}A \\ \sqrt{\alpha}\,L \end{bmatrix}^{\dagger} \begin{bmatrix} \sigma^{-1}y \\ 0 \end{bmatrix}.$$

一个更精巧的方法是将模拟误差考虑在内, 并利用 $\widetilde{u}$ 和 y 的联合概率密度函数计算 MAP 估计, 同时假设不存在异常之处. 这相当于运用 (7.14) 式并取 $\widetilde{v}=0$. 图 7.2 中的结果清晰地表明, 不论哪种情况, 不可行的先验模型都会导致异常本质的缺失.

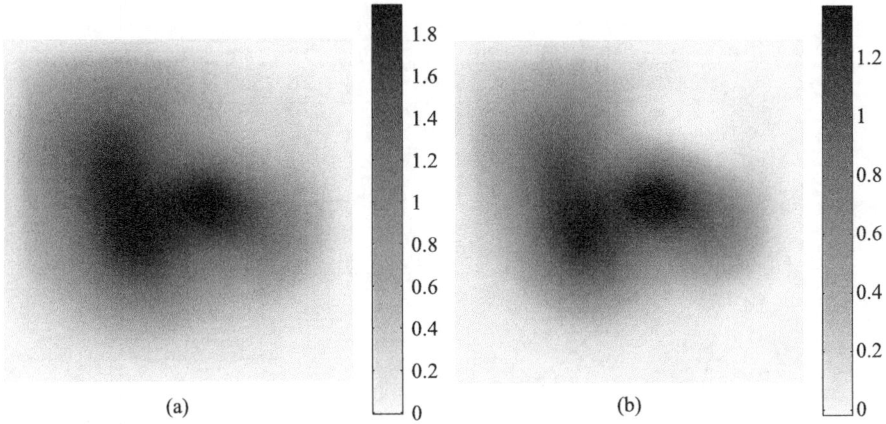

图 7.2 使用光滑先验函数的 MAP 估计. (a) 忽略了模拟误差, 而 (b) 中将其考虑在内

下面我们运行提出的 MCMC 算法. 在计算协方差矩阵时, 定义数据和重构网格的参数 m 取为 $m=20$, 而用于模拟离散化误差的细网格为 $n=4m=80$. 我们从初始状态 $[\widetilde{u}^0;\widetilde{v}^0]=[0;0]$ 开始运行 MCMC 算法并生成大小为 10000 的样本. 预烧期间, 即被排除在开始取样之前的迭代数取作 $n_{\text{burn-in}}=300$.

图 7.3 显示了规则部分和异常部分像素历史的自相关性, 这些像素代表了图像的不同特征. 我们选取三个像素: 第一个像素取自平坦背景; 第二个取自规则部分的最大值; 第三个位于投射图像 $\widetilde{v}$ 的异常处. 我们在这些像素上计算规则与异常像素值两者的比例缩放时间序列自协方差 (3.42). 显然异常处的像素值是强相关的, 从而估得的像素值比背景的像素值更加不可靠.

图 7.4 显示了基于 MCMC 取样的规则部分和异常部分的条件均值估计以及自协方差.

结果清楚地说明, 该算法能够从光滑背景中对异常进行定位. 图 7.3 中不同像素历史的时间序列自协方差表明, 异常像素的像素值在取样之间的相关性相对来说

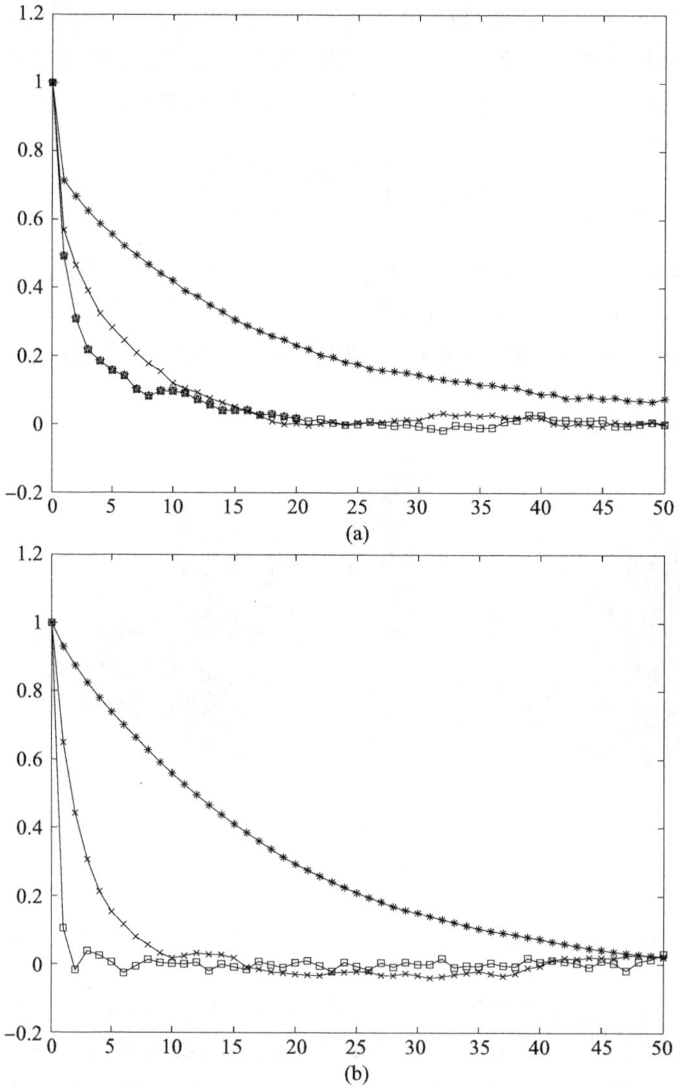

图 7.3　各种像素值的自协方差: (a) 规则部分, (b) 异常部分. 包含异常的像素标为星号 (*); 规则部分最大值处的像素标为加号 (+); 背景像素标为方块 (□)

更强. 由此可以得到的结论是, 在异常处估得的像素值是不太可靠的, 而这一结论也能从算得的自协方差中获得佐证: 异常像素的自协方差相较背景像素的自协方差而言相对更大. 然而, 我们也能认为异常的位置能可靠地找到. 事实上, 由于背景像素历史的相关性较弱, 它们的估计值更值得信赖. 这样我们就能非常自信地断言, 它们不是异常之处, 即可能的异常一定在它们之外.

如果我们对异常像素的实际值感兴趣, 我们也能设计一个快速的搜索算法进行估计.

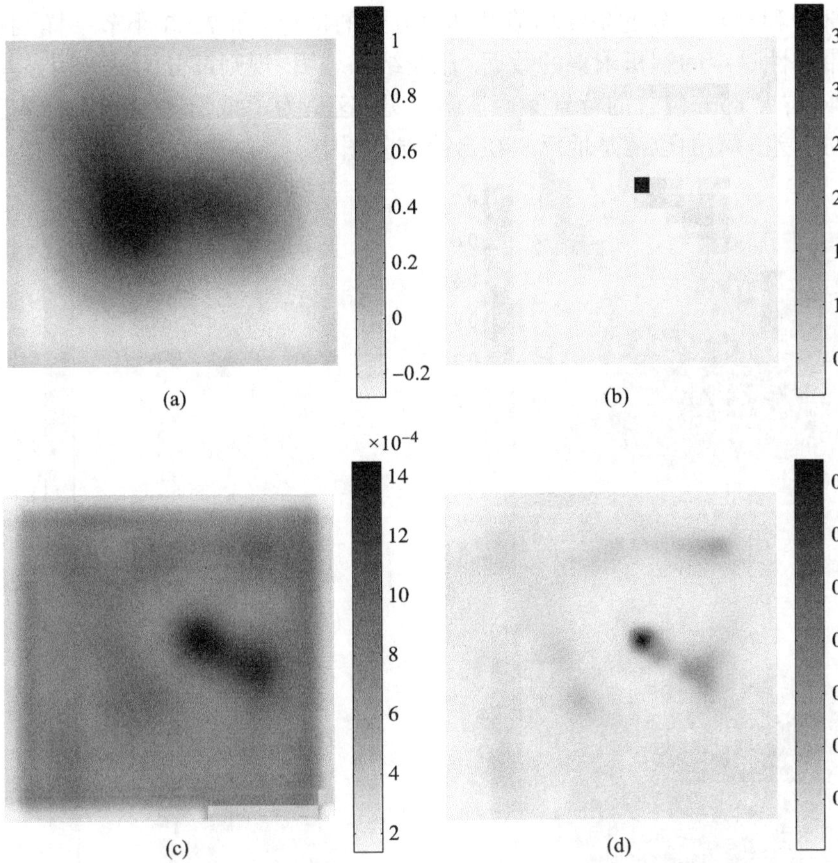

图 7.4 基于MCMC的规则部分和异常部分的CM估计 (a) 与 (b) 及相应的自协方差 (c) 与 (d). 规则部分的边界效应清晰可见, 这是因为在光滑先验函数的定义中强加了 Dirichlet 边界条件

7.1.4 模拟误差的影响

在 7.1.3 小节中, 为计算简便起见, 我们忽略了异常部分的离散化误差, 但模拟了源于规则部分的离散化误差. 这里我们研究不同模拟误差的影响, 并用数值证据来证明上述选择的正确性.

首先我们考虑模拟规则部分离散化误差的重要性. 此时假定直接在粗网格上写出模型

$$Y = AU + AV + E,$$

其中 $A \in \mathbb{R}^{M\times M}$, 而加性误差 E 为独立的 Gauss 测量噪声. 进一步假设先验模型也在该网格下用 $(m+1)\times(m+1)$ 像素图上的离散 Laplace 算子 (7.8) 直接写为 (7.7). 这个看起来朴素的简化仅仅改变了 (7.9) 中的条件协方差矩阵 Γ.

利用这一简化, 我们运行与前述相同的 MCMC 算法. 在图 7.5 中, 我们画出了规则部分和异常部分的条件均值及其协方差的估计. 和 7.1.3 小节一样, 我们使用的是带加性噪声的解析求得的数据. 比较结果表明, 规则部分的估计明显差了很多. 此外, 异常部分包含的背景噪声清晰可见, 这是为了抵消规则部分的误差. 估值误差协方差的增加也清楚地反映在自协方差图中.

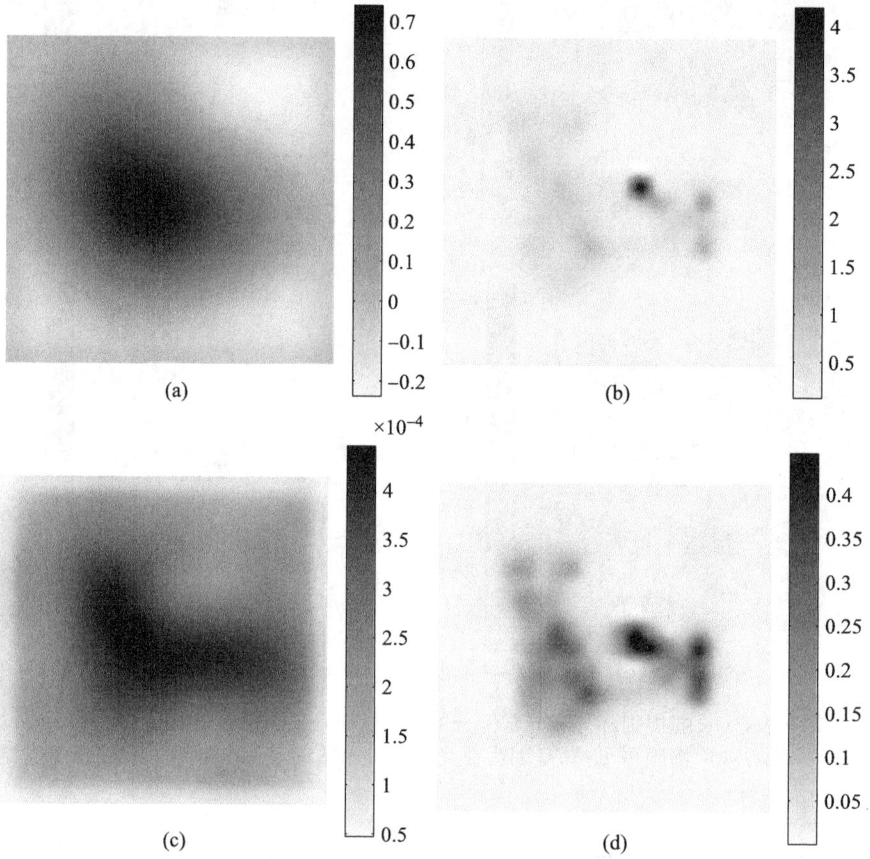

图 7.5 使用未模拟离散化误差的线性模型得到的规则部分和异常部分的 CM 估计 (a) 与 (b) 以及相应的自协方差 (c) 与 (d)

现在我们估计来自异常部分 V 的离散化误差. 令 D_q^N $(1 \leqslant q \leqslant N)$ 和 D_p^M $(1 \leqslant p \leqslant M)$ 分别表示将 D 分成 N 份或 M 份的像素. 假设真实的异常由位于点 $t^* \in D$ 的单个 Dirac δ 函数构成, 且这点包含在像素 $D_{q^*}^N \subset D_{p^*}^M$ 中. 这样就有

$$v_q = n^2 \delta_{q,q^*}, \quad \widetilde{v}_p = Pv = m^2 \delta_{p,p^*}.$$

此时的模拟误差即为

$$|[(\mathcal{A} - AP)v]_p| = \left|\mathrm{e}^{-\kappa|t_p - s_{q^*}|^2} - \mathrm{e}^{-\kappa|t_p - t_{p^*}|^2}\right| \leqslant \left|1 - \mathrm{e}^{-\kappa(|t_p - s_{q^*}|^2 - |t_p - t_{p^*}|^2)}\right|. \quad (7.18)$$

从这个估计中, 我们观察到若 $s_{q^*} = t_{p^*}$, 则模拟误差为零. 根据像素图的嵌套细化

构造, 上述条件仅当像素 s_{q^*} 在 (7.2) 中的指标 (i,j), $0 \leqslant i,j \leqslant n$ 是细化因子 k 的倍数时得到满足, 这在几何上意味着奇性允许出现在 D_p^M 的特定子像素上.

不难看到, 上界 (7.18) 当 $p = p^*$ 时达到最大. 因 $D_{q^*}^N \subset D_{p^*}^M$, 故有 $|t_{p^*} - s_{q^*}| < 1/\sqrt{2}\,m$, 且

$$|[(\mathcal{A} - AP)V]_p| \leqslant |1 - \mathrm{e}^{-\kappa/(2m^2)}|.$$

这个误差通常不容忽视. 在本例带单个 δ 峰值的情形, 该上界的阶约为 0.09, 即约为信号的 9%.

为观察实际中近似误差的严重程度, 我们生成数据使条件 $s_{q^*} = t_{p^*}$ 不成立, 并将细网格中的异常像素设置的距离离网格的格点 t_q 尽量远. 在图 7.6 中, 我们画出了此时对规则部分和异常部分的重构. 可以看到差别仅局限于异常像素的周围, 这就说明异常部分的离散化误差并不会对算法的定位性能造成显著影响.

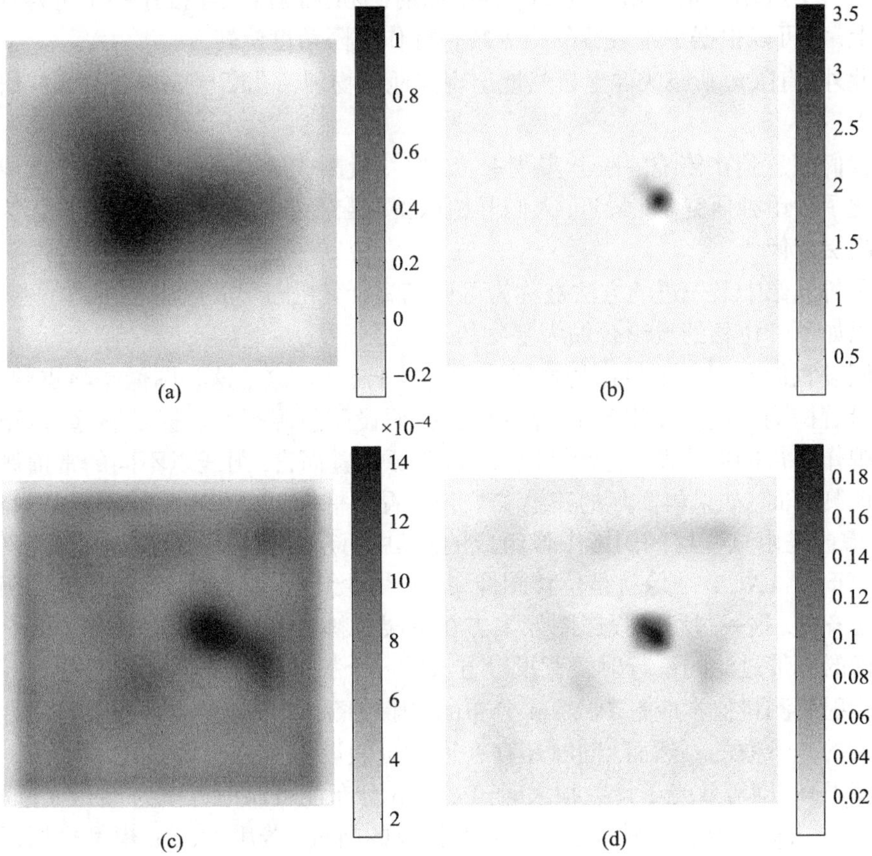

图 7.6 当细网格中的异常信号与粗网格的格点不一致时的 CM 估计以及规则部分和异常部分的自协方差

7.2 有限角断层成像: 牙科 X 射线成像

在第 6 章中, 我们考虑了由测量 X 射线的衰减来重构质量吸收系数的问题. 那时我们假设目标的解剖学结构已知为一个头骨型的层, 且能构造 Gauss 结构先验模型. 在本节中, 我们考虑一个类似但更困难的情形, 即我们知道目标包含若干个复杂子区域, 每个里面的质量吸收系数几乎为常数. 该情形在光子能充分高的医学 X 射线断层成像中有重要作用, 此时 X 射线本质上能完全穿透肌肉和其他软组织. 这样的投影本质上就包含了各种骨骼类型的信息.

在医学应用中通常能得到全角数据, 但有些个例却并非如此. 第一个是牙科 X 射线成像, 在患者口腔中只能将探测器放置在牙齿后面. 与传统 CT 的几何环境不同, 探测平面就此固定, 而照射源一般只能旋转 60° 角, 即关于探测平面的法线旋转 $\pm30^\circ$ 角. 此外, 我们只能获得少量的投影.

另一个应用则是手术 X 射线, 其中照射源和探测器被连接在一个可移动的 C 形弧上, 它可以根据手术装置的指令绕目标作有限角度旋转.

此外, 有限角断层成像也自然地出现在地球物理钻孔断层成像以及大气研究的应用中.

我们注意到在传统的医学实践中, X 射线投影成像是通过传统 X 射线成像的可视化手段单独研究的. 最近, 人们开始以得于自受控几何环境的传统投影为基础进行断层成像.

牙科成像中最先进的方法被称为可调光圈计算机断层成像法 (TACT, 见 [140]), 它是以如下带位移的投影叠加为基础的.

假设我们有同一个目标的投影图像 y_k, $1 \leqslant k \leqslant K$, 这些图像是将点状 X 射线源沿着探测平面移动得到的. 简单起见, 假设照射源距离目标足够远, 以至于能将其视作平行的射线源; 这就是说, 对每个源位置而言, 射线以不同的常值倾斜角到达探测平面. 如果将实际的三维参数分布看作平行于探测平面的层, 就能将图像 y_k 考虑成是由这些层的阴影图像组成的, 其中每层的位移正比于它与探测平面的距离. 于是, TACT 图像就是位移图像 y_k 的线性组合, 而每层材料上 y_k 的阴影图像是对齐的. 这一过程将投影图像聚焦在每层材料上. 这原则上是用于 CT 全角断层成像的不带过滤的平行射线背投影方法的一个粗糙版本.

X 射线测量值本应是 Poisson 分布的, 因为探测器电流至少理想上是线性依赖于吸收的光子数的. 然而, 同时还存在通常可假设为 Gauss 型的电子噪声. 在透射强度很高, 即等效光子计数很大时, Poisson 分布能可靠地近似为 Gauss 分布. 令 $y = [y_1, \cdots, y_m]$ 表示探测器电流的对数构成的向量. 若用 Gauss 模型来逼近似然密度函数并假设电子噪声的影响可以忽略不计, 就能立即将似然函数近似为

$$\pi(y \mid x) \propto \exp\left(-\frac{1}{2}(y - Ax)^{\mathrm{T}}\Gamma_{\mathrm{n}}^{-1}(y - Ax)\right),$$

其中 $\Gamma_n = \text{diag}(cy)$, 常数 c 取决于探测器的特性以及入射光强度. 如果电子噪声并非微不足道但独立于光子计数, 我们能作近似 $\Gamma_n = \text{diag}(cy) + \sigma_e^2 I$, 其中 σ_e^2 为电子噪声方差.

在先验模型中, 我们的任务是体现如下认识: 目标是由未知子区域构成的, 而质量吸收系数在子区域内部的变化很小. 如果目标子区域的几何构造足够简单, 就能进行再参数化: 我们可以估计子区域的边界面而非像素图. 这种模型将在本章稍后同光学断层成像一起进行讨论. 在像牙齿这种目标的情形, 区域可能太过复杂以至于不能直接再参数化. 另外, 如果质量吸收系数在所有子区域中只取很少几个值, 那么就能运用水平集方法. 然而, 目前标准的选择是采用全变差先验函数或某种其他的"长尾"密度函数(图 7.6).

7.2.1 层估计

在本例中, 我们以少量投影数据为基础考虑估计牙齿的三维质量吸收系数的问题. X 射线源是点状的, 它沿着一个圆弧围绕探测器移动. 圆弧的张角为 60%, 记录下来的是对应于等间隔源位置的 7 个投影.

三维正向算子矩阵 A 的计算在很多情况下由于问题维数太大而不可行. 因此, 我们将估计质量吸收系数 x 的问题转化为如下一连串的二维问题.

用 X 表示三维立体像素化的质量吸收系数, 即我们把体积分割为立体像素层, 这些层垂直于探测平面而平行于照射源轨道. 令 $X^{(k)}$ 为第 k 层的质量吸收系数, 其中立体像素层是从上到下编号的.

为模拟先验函数, 我们首先写出顶层 $X^{(1)}$ 的二维 TV 先验模型. 然后, 我们就能将后续切片 $X^{(k)}$ 的先验模型写为该层内部的二维 TV 先验函数及一个描述与上一层估计之间小偏差的 ℓ^1 先验函数的组合. 更确切地说, 即

$$\pi(x^{(1)}) \propto \pi_+(x^{(1)}) \exp\left(-\alpha \, \text{TV}(x^{(1)})\right),$$
$$\pi(x^{(k)} \mid x^{(k-1)}) \propto \pi_+(x^{(k)}) \exp\left(-\alpha \, \text{TV}(x^{(k)}) - \gamma \|x^{(k)} - x^{(k-1)}\|_1\right), \quad k < 1.$$

在我们的模型中, 每层中的像素大小约为 0.16 mm, 每个 $X^{(k)}$ 的二维图像大小为 166 mm × 166 mm, 层数为 600, 因此层厚就是 0.045 mm.

本例中如此选取切片像素大小是为了使切片厚度对应于用来提供数据的器械成像公司的 X 射线传感器 Sigma 的探测器阵列的一行.

为了模拟数据, 考虑吸收系数为 $X^{(k)}$ 的单个切片. 如果 X 射线源距离目标很远的话, 穿过该层立体像素的射线就会照射在探测器阵列的同一行上. 我们用 $Y^{(k)}$ 表示模拟对应于切片 $X^{(k)}$ 的数据的随机向量, 用 $A^{(k)}$ 表示对应于从 $X^{(k)}$ 到 $Y^{(k)}$ 的二维正向映射的矩阵. 如果探测器阵列很小, 且它与 X 射线源的距离如本例一样足够远的话, 我们就能对所有层用单个矩阵 A 来逼近 $A^{(k)}$. 于是第 k 层的后验

函数就是

$$\pi(x^{(k)} \mid y^{(k)}, x^{(k-1)}) \propto \pi_+(x^{(k)}) \exp\left(-F(x^{(k)}; y^{(k)}, x^{(k-1)})\right),$$

其中

$$\begin{aligned} F(x^{(k)}; y^{(k)}, x^{(k-1)}) = & \frac{1}{2}(y^{(k)} - Ax^{(k)})^{\mathrm{T}}\Gamma_{\mathrm{n}}^{-1}(y^{(k)} - Ax^{(k)}) \\ & + \alpha\,\mathrm{TV}(x^{(k)}) + \gamma\|x^{(k)} - x^{(k-1)}\|_1. \end{aligned}$$

参数 α 和 γ 可以选为此前在第 3 章中讨论过的分层随机变量. 然而在诸如此类的问题中, 这些参数也能通过诸如使用全角数据和精确三维重构的辅助方法来选取, 从而确定可行的 α 和 γ. 测量误差可以在大量重复测量的基础上进行估计. 这里我们取 $\alpha = \gamma = 1250$, $\Gamma_{\mathrm{n}} = \mathrm{diag}(\sigma_1^2, \cdots, \sigma_N^2) \approx 4 \cdot 10^{-4} I$.

我们求解一系列二维问题来估计向量 X, 这是从顶层切片开始并沿着立体像素向下进行的.

7.2.2 MAP 估计

从优化的角度来看, TV 范数和 ℓ^1 范数都由于不可微而不易处理. 因此用

$$|t| \approx h_\beta(t) = \beta^{-1} \log\cosh(\beta t)$$

来逼近两个范数中的绝对值函数, 其中 $\beta > 0$. 尽管 β 越大近似效果越好, 但 h_β 的二阶导数在原点处的增长是 $1/\beta$ 阶的. 所以, 为了数值稳定性, 我们最终着眼于基于梯度的方法而舍弃二阶方法.

在 $x^{(k)} \geqslant 0$ 时最小化 F 是一个典型的非线性规划问题. 在本例中, 我们采用一种外部点算法, 它对泛函 F 加上一个随迭代修正罚项. 这里的外部点算法可如下描述: 令 G_j 为惩罚泛函

$$G_j(z) = \sum_{\ell=1}^{N} \varphi_j(z(\ell)), \quad z \in \mathbb{R}^N,$$

其中

$$\varphi_j(z(l)) = \begin{cases} \zeta_j z^2(l), & z(l) < 0, \\ 0, & z(l) \geqslant 0. \end{cases}$$

选取一列递增参数 ζ_j 并尝试计算泛函

$$\Phi_j(x^{(k)}) = F(x^{(k)}; y^{(k)}, x^{(k-1)}) + G_j(x^{(k)})$$

的极小化变量 $x_j^{(k)}$ 的序列. 当参数 ζ_j 的值递增时, 罚项会迫使迭代更偏向于可行域, 而在 j 固定时求 Φ_j 的极小化变量 $x_j^{(k)}$ 还需要一个迭代. 我们既能先将上述问

题看作两重嵌套循环并通过极小化 Φ_j 来求解, 再增加 j, 也可以先在每个内层迭代循环中极小化 Φ_j, 再增加 ζ_j.

一旦我们将问题转化为一个无约束极小化问题, 就能通过带线性搜索的梯度方向方法来求解它. 在不用每个搜索方向都估计多个函数就能自动选取步长的可能途径中, Barzilai-Borwein 算法 (见 [11]) 是如下进行的: 令 d_j 为第 j 次迭代的搜索方向, 这里 d_j 取作增广泛函 Φ_j 的负梯度. 则 Barzilai-Borwein 步长参数就取为

$$\kappa_j = \frac{\|x_j - x_{j-1}\|^2}{(x_j - x_{j-1})^{\mathrm{T}}(d_j - d_{j-1})},$$

其中 x_j 为第 j 次迭代后的估计.

我们用真实的 X 射线医学数据来演示该方法. 平行于探测平面的一层的典型 TACT 图像与相应的 MAP 估计如图 7.7 所示. TACT 图像中由原始 X 射线图像位移产生的垂直条纹清晰可见.

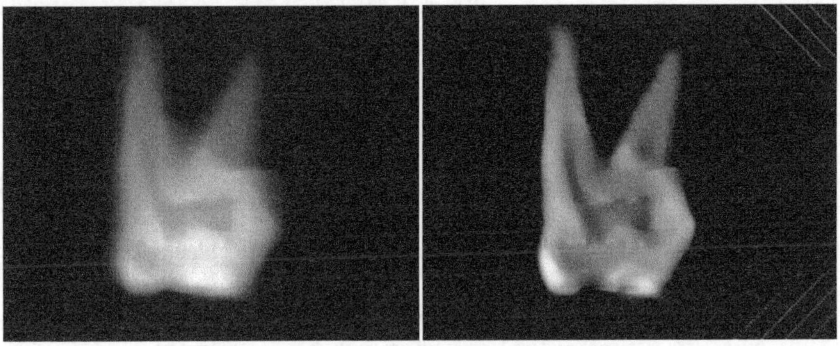

(a) (b)

图 7.7 聚焦在一层上的 TACT 图像 (a) 与相应的 MAP 估计 (b)

MAP 估计的搜索是以嵌套的 Barzilai-Borwein 迭代为基础的. 在适当选取递增的 ζ_j 值的情况下, 本质上的收敛会出现在五次外部迭代和六次内部迭代 (即固定 ζ_j) 之后. 同样的步骤在每一层都反复进行.

两种重构之间的区别是一目了然的. 一行依稀可见的小型圆形物体来自加在目标内的标记, 它被用来对齐 TACT 图像中的位移.

7.2.3 取样: Gibbs 采样器

由于问题的维数太高, 我们很难实现 Metropolis-Hastings 格式来得到可行的取样. 于是我们采用 Gibbs 采样器, 尽管可能很慢, 但它是可行的. 鉴于维数问题, 这里我们将各层视为独立的, 即我们将耦合参数设为 $\gamma = 0$. 与 MAP 估计截然相反, 我们不必逼近绝对值函数或采用罚函数来强加正项约束. Gibbs 采样器是通过在每步样本更新时计算整个条件密度函数的数值近似实现的.

为了初始化, 我们计算单层 MAP 估计并将其用作取样的初值. 有了这样选取的初值, 就不必去除预烧序列了. 我们抽取 15000 个样本, 并计算样本均值以及逐个像素的边缘密度函数. 在此情况下得到的 CM 估计看起来比 MAP 估计略差一些, 因为贯穿各层之间的信息并没有被用到.

然而如前所述, MCMC 取样最重要的特征之一就是它使我们能够计算各种统计量, 比如像素的边缘密度函数, 这对检验重构精度是尤其重要的.

两个像素的边缘密度函数如图 7.8 所示. 第一个像素取自齿骨中间且位于法线几乎垂直于探测平面法线的边界的附近. 可以解析地证明, 在这种位置的有限角重构比法线一致的情况更加精确. 第二个像素取自 "无骨" 区域且位于基本平行于探测器的边界部分附近, 其密度函数的右侧尾部因为不确定性而开始上翘.

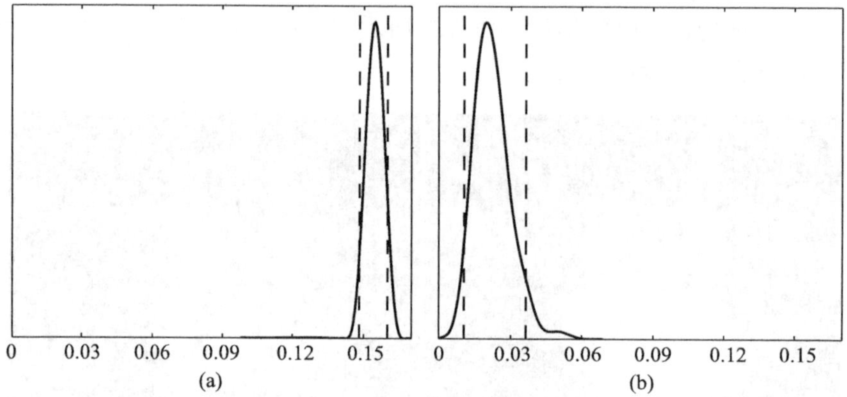

图 7.8 两个像素的边缘密度函数. (a) 密度函数对应于坚固骨骼中的像素, (b) 对应于骨骼组织外更不确定区域中的像素. 虚线代表 90% 信度区间

7.3 生物磁学反问题: 源定位

正如第 6 章所阐释的, 生物磁学反问题的目标是通过观测人体外部磁场来提取体内 (尤其是心脏和脑部) 有关电磁活动的信息. 在本节中, 我们考虑关于这个反问题的两个方面. 第一个方面是分布源的定位.

考虑如下的简化模型: 一束与时间无关的平面电流密度流过一个已知平面. 在这个平面上的固定位置, 能将垂直于该平面的磁场分量记录下来. 我们的任务是利用这些位置的磁场信息来估计电流密度. 在本模型中, 我们忽略可能的 Ohm 体积电流. 这种做法不仅在真空中是合理的, 在电导率水平分层的情况下亦是如此. 正如第 6 章中看到的, 此时体积电流对数据没有任何影响. 我们还回忆到, 只有电流密度的水平分量才会产生垂直于平面的磁场.

我们进一步假设关于未知数的定量先验信息是: 电流密度很可能是充分局部的, 这就是说有效源项的尺寸通常很小. 在实际应用中, 这种信息可能是以脑部活动的生理学模型等为基础的.

处理局部源问题的流行而经典的方法是使用偶极子拟合, 即在最小二乘的意义下用一个或几个偶极子源来拟合数据. 注意到在这种过程中往往不需要进行正则化, 因为把问题限制于几个偶极子模型这种降维本身就具有很强的正则化效果. 在本节中, 我们选用一个不同的方法以体现某一先验密度函数在这些应用中的意义.

7.3.1 使用 Gauss 白噪声先验模型的重构

我们在磁力计下方的成像区域上定义一个 $m \times m$ 大小的网格对该问题进行离散, 格点记为 $p_j = [p_{jx}; p_{jy}]$. 在每个格点上, 我们放置一个偶极子 $q_j = [q_{jx}; q_{jy}]$, 因而能假设偶极子是共面的, 且该平面就是真实电流密度所在的平面. 这一离散化就导出了电流密度的一个像素化近似. 在本模型中, 假设磁场的垂直分量是在电流密度平面上方的点 r_ℓ $(1 \leqslant \ell \leqslant L)$ 测量的. 于是, 无噪声数据的模型就是

$$b_\ell = \frac{\mu_0}{4\pi} \sum_{j=1}^{N} \frac{e_z \cdot (q_j \times (r_\ell - p_j))}{|r_\ell - p_j|^3}, \quad 1 \leqslant \ell \leqslant L, \tag{7.19}$$

其中向量 e_z 为垂直于源平面的单位向量. 本问题中待估计的未知向量就由偶极子分量

$$x = [q_{1x}, q_{2x}, \cdots, q_{Nx}, q_{1y}, \cdots, q_{Ny}] \in \mathbb{R}^{2N}, \quad N = m^2$$

构成. 这里我们假设测量噪声是加性 Gauss 型的, 这就能导出简单的线性统计观测模型

$$Y = AX + E, \quad E \sim \mathcal{N}(0, \Gamma_{\text{noise}}).$$

利用 (7.19) 式能轻易构造矩阵 $A \in \mathbb{R}^{L \times 2N}$. 我们假设 $\Gamma_{\text{noise}} = \sigma^2 I$, 即噪声为白噪声.

首先忽略源项应该是局部的这一先验信息, 转而考虑 X 的白噪声先验函数

$$\pi_{\text{pr}}(x) \propto \exp\left(-\frac{1}{2\gamma^2}\|x\|^2\right),$$

其中 $\|x\|$ 表示通常的 Euclid 范数. 在这一先验函数下, CM 估计和 MAP 估计就等于 Tikhonov 正则化解

$$x_\alpha = \begin{bmatrix} A \\ \sqrt{\alpha}\, I \end{bmatrix}^{\dagger} \begin{bmatrix} y \\ 0 \end{bmatrix}, \tag{7.20}$$

其中 Tikhonov 解的正则化参数为 $\alpha = (\sigma/\gamma)^2$. 我们来观察这些估计的行为. 在本例中, 我们数值上生成的数据对应于两个偶极子源. 为了避免最明显的反演过失, 原始偶极子的位置不在任何格点上. 此外, 我们还将其中一个偶极子设置在稍微偏离重构平面的地方.

真实电流如图 7.9 所示, 其中磁力计的位置用十字标出. 磁力计与平面的距离为 3 个单位长度, 而图像区域的边长为 10 个单位. 我们对解析算得的数据加上均值为零, 标准差为无噪声信号最大值的 5% 的 Gauss 噪声.

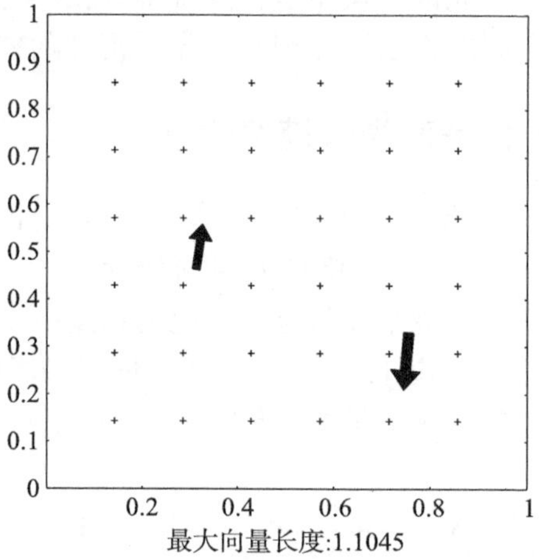

图 7.9　真实电流密度由两个电流偶极子组成. 右边的偶极子位于重构平面下方 0.5 个单位长度处

图 7.10 显示了三个带相差悬殊的 Tikhonov 正则化参数 α, 即 $\alpha = 0.01$, $\alpha = 1$ 和 $\alpha = 100$ 的重构. 我们并未尝试运用诸如经验 Bayes 方法或偏差类型的方法估计先验方差. 我们注意到, 这些重构看起来在结构上惊人地相似, 唯一的不同在于电流偶极子的绝对大小. 因此, 该结果似乎在暗示, 对应于 Tikhonov 正则化的白噪声先验函数相当于一种解为螺线管型的结构先验信息. 我们尤其注意到, 偶极子的方向对参数 α 的选取相当不敏感. 我们将在下面利用这一特性.

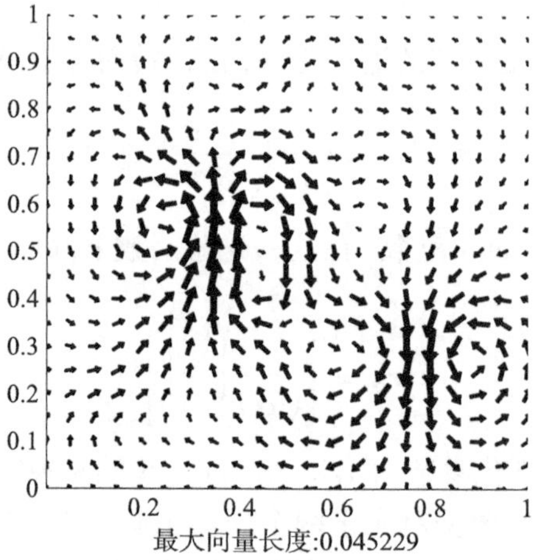

(a)

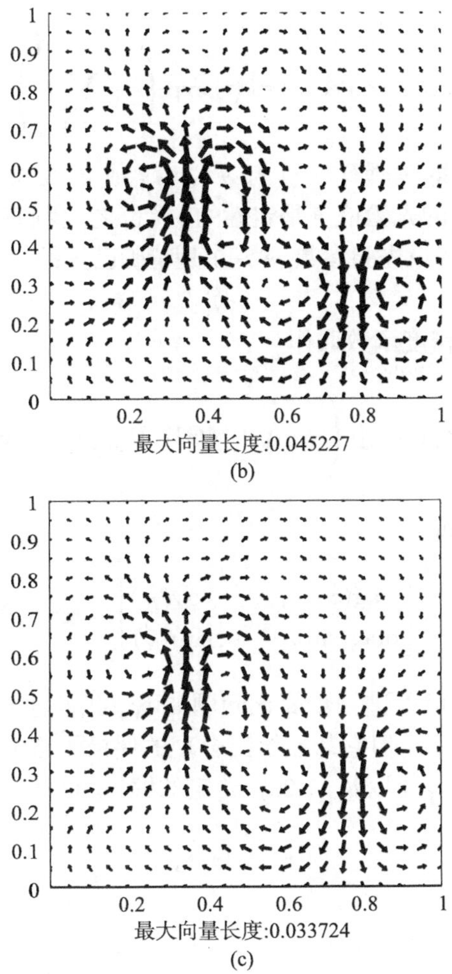

图 7.10 使用白噪声先验函数得到的三个电流密度的 MAP 估计. 参数 $\alpha = \sigma/\gamma$ 分别为 (a) $\alpha = 0.01$, (b) $\alpha = 1$ 和 (c) $\alpha = 100$

7.3.2 使用 ℓ^1-先验模型的偶极子强度重构

为了体现有关源项局部性的先验信息, 我们选用第 3 章讨论过的 ℓ^1 先验函数. 随机抽样可以证实, 这种先验函数更青睐仅含少量非零成分的密度函数. 这里我们记

$$[q_{jx}, q_{jy}] = t_j[\cos\theta_j, \sin\theta_j],$$

其中

$$t_j = \sqrt{q_{jx}^2 + q_{jy}^2} \geqslant 0.$$

我们选取

$$\pi_{\rm pr}(x \mid \gamma) \propto \gamma^N \pi_+(t) \exp\left(-\gamma \sum_{j=1}^N t_j\right),$$

其中 π_+ 为正项约束, 即对所有 j $(1 \leqslant j \leqslant N)$ 成立 $t_j \geqslant 0$ 时 $\pi_+(t) = 1$, 否则 $\pi_+(t) = 0$. 注意到这里的先验信息是定性的, 换言之, 我们只能期望源项的支集很小. 这样, 我们就不能假设先验参数 $\gamma > 0$ 是精确已知的, 它的决定也是问题的一部分.

在此实例中, 后验密度函数取作

$$\pi(x \mid y, \gamma) \propto \gamma^N \pi_+(t) \exp\left(-\frac{1}{2}(y - A\Theta t)^{\rm T} \Gamma_{\rm noise}^{-1}(y - A\Theta t) - \gamma \sum_{j=1}^N t_j\right),$$

其中 Θ 为方向余弦矩阵

$$\Theta = \begin{bmatrix} {\rm diag}(\cos\theta_1, \cdots, \cos\theta_N) \\ {\rm diag}(\sin\theta_1, \cdots, \sin\theta_N) \end{bmatrix} \in \mathbb{R}^{2N \times N}.$$

为了降低计算复杂度, 可以进一步简化问题如下: 我们注意到尽管白噪声先验函数不能产生局部化的源项, 但它却能给出合理的偶极子方向. 于是, 我们固定矩阵 $\Theta = \Theta_\alpha$, 使得对某个 $\alpha > 0$ 以及 (7.20) 给定的解 x_α, 有

$$x_\alpha = \Theta_\alpha t_\alpha,$$

然后考虑条件密度函数

$$\pi(t \mid y, \Theta_\alpha, \gamma) \propto \gamma^N \pi_+(t) \exp\left(-\frac{1}{2}(y - A\Theta_\alpha t)^{\rm T} \Gamma_{\rm noise}^{-1}(y - A\Theta_\alpha t) - \gamma \sum_{j=1}^N t_j\right).$$

为了得到参数 γ, 我们将 Rayleigh 分布的密度函数

$$\pi_{\rm hyper}(\gamma) \propto \gamma \exp\left(-\frac{1}{2}\left(\frac{\gamma}{\gamma_0}\right)^2\right)$$

用作超先验函数, 其中 $\gamma_0 > 0$. 事实证明 γ_0 的选取是无关紧要的, 只要把它取得充分大. 这样, 代入 $\Gamma_{\rm noise} = \sigma^2 I$ 就能得到

$$\begin{aligned}\pi(t, \gamma \mid y, \Theta_\alpha) &= \pi(t \mid y, \Theta_\alpha, \gamma)\pi_{\rm hyper}(\gamma) \\ &\propto \pi_+(t) \exp\left(-\frac{1}{2\sigma^2}\|y - A\Theta_\alpha t\|^2 - \gamma \sum_{j=1}^N t_j - \frac{1}{2}\left(\frac{\gamma}{\gamma_0}\right)^2 + (N+1)\log\gamma\right).\end{aligned}$$

现在, 以 $\Theta = \Theta_\alpha$ 为条件的最大后验解 $(t_{\mathrm{MAP}}, \gamma_{\mathrm{MAP}})$ 就能通过极小化目标泛函

$$F(t,\gamma) = \frac{1}{2\sigma^2}\|y - A\Theta_\alpha t\|^2 + \gamma\sum_{j=1}^{N} t_j + \frac{1}{2}\left(\frac{\gamma}{\gamma_0}\right)^2 - (N+1)\log\gamma, \quad t_j \geqslant 0$$

来求得. 这个极小化可以用内点法等来进行. 类似地, 条件均值 $(x_{|y,\Theta_\alpha}, \gamma_{|y,\Theta_\alpha})$ 可以用 Gibbs 采样器等来估计. 本例中我们就选用了 Gibbs 采样器, 其算法是如下构造的:

```
初始化 (t,\ga)=(t^0,\ga^0), 设 k=0.
直到样本大小满足要求, do
(t,\ga)=(t^k,\ga^k)
  for j=1:N
    从 \pi(t_j|y,t_{-j},\Th_\al,\ga) 抽取 t_j^{k+1}\ge 0
  end
  从 \pi(\ga|y,\Th_\al,\ga) 抽取 \ga^{k+1}
  k\leftarrow k+1
end
```

为了逐个分量更新向量 t, 记

$$\pi(t \mid y, \Theta_\alpha, \gamma) \propto \pi_+(t)\exp\left(-\frac{1}{2}(t^{\mathrm{T}}Bt - 2t^{\mathrm{T}}q)\right), \tag{7.21}$$

其中

$$B = \frac{1}{\sigma^2}\Theta^{\mathrm{T}}A^{\mathrm{T}}A\Theta, \quad q = \frac{1}{\sigma^2}\Theta^{\mathrm{T}}A^{\mathrm{T}}y - \gamma\mathbf{1}.$$

(7.21) 类似于 (7.13), 因此 Gibbs 采样器可依照 7.2 节如法炮制, 这里就不再重复细节了.

为了更新 γ, 我们使用条件密度函数

$$\pi(\gamma \mid y, \Theta_\alpha, t) \propto \exp\left(-\gamma\sum_{j=1}^{N} t_j - \frac{1}{2}\left(\frac{\gamma}{\gamma_0}\right)^2 + (N+1)\log\gamma\right).$$

注意到若 γ_0 很大, 就能忽略指数项中的二次项, 这实际上对应了不假设除了 γ 是正数之外的先验信息的情况. 事实上, 如果我们将超先验函数选为反常的平坦密度函数, 即 $\pi_{\mathrm{hyper}}(\gamma) \propto \pi_+(\gamma)$ 的话, 就有

$$\pi(\gamma \mid y, \Theta_\alpha, t) \propto \exp\left(-\gamma\sum_{j=1}^{N} t_j + N\log\gamma\right). \tag{7.22}$$

在此计算例中, 我们考虑前面描述过的平面几何构形. 数据对应于图 7.9 的真实电流分布, 并受 5% 加性噪声的侵蚀. 在图 7.11 中, 我们用像素图表示了向量 t

的 CM 估计, 这一估计是从 10000 个 MCMC 样本中算得的. 向量 t 的自协方差估计亦示于图 7.11 中. γ 值的总体曲线图如图 7.12 所示.

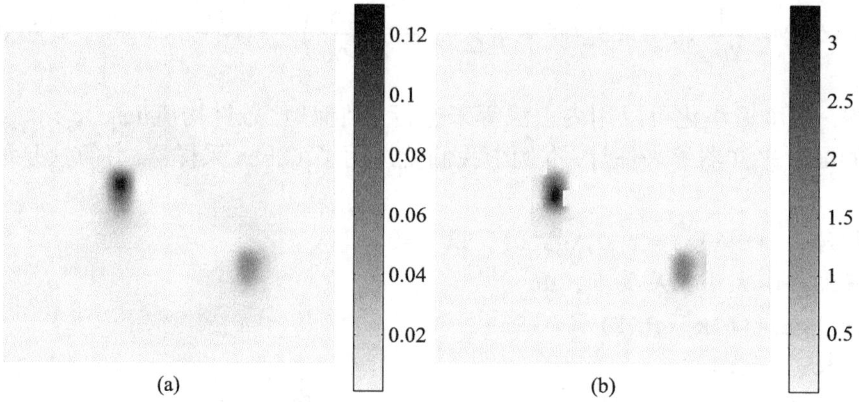

图 7.11　向量 t 的基于 MCMC 的 (a) CM 估计及其自协方差

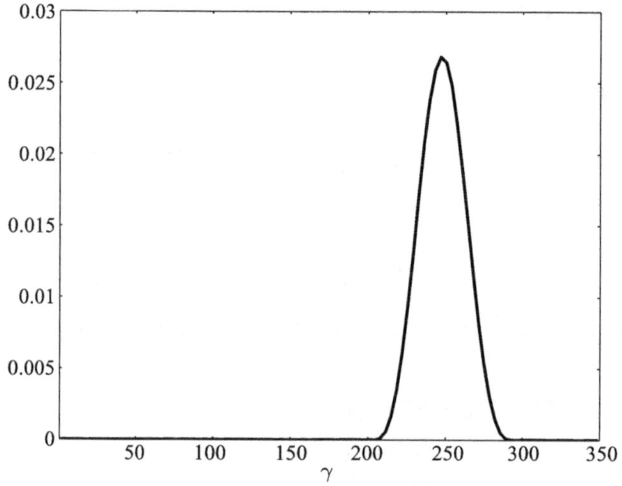

图 7.12　先验参数 γ 估计的密度函数

作为本节的总结, 我们指出, 上述类型的电流估计在生物医学文献中被称作最小电流估计. 它们正在变得越来越受欢迎, 因为与传统的最小范数估计 (见 [53]) 相比, 它们能定位脑活动发生的位置. 文献 [131] 演示了现实几何构形中的重构以及活体数据. 该方法被证实在三维情形也行之有效.

7.4 基于 Bayes 滤波的动态 MEG

生物磁学反问题并不受困于总是出现在诸如电阻抗断层成像或光学断层成像中的复杂性之苦, 那些问题中的数据非线性地依赖于感兴趣的参数. 生物磁学中的问题主要分为两类: 一是问题的解不唯一, 二是单次测量中的噪声水平与真实信号的大小相当. 此外, 该噪声有相当一部分来自目标本身, 即来自人体. 由于这个原因, 信号与噪声之间的区别就变得有点模糊不清了.

生物磁源的频谱被假设为低到能使准静态近似成立. 大部分有关生物磁学反问题的文献都集中笔墨于瞬时重构算法: 在特定的一瞬间测得的数据被用于估计那一时刻的源项.

为了降低瞬时数据中的噪声水平, 诱发反映测量中的惯常做法是重复测量序列并对各次重复取平均. 这种做法只有当源项不随测量序列改变时才可行. 另外, 在测量自发事件时, 在完全相同或甚至是类似条件下进行反复测量通常都是不可能的. 为此, 就很有必要开发对高噪声水平不太敏感的动态反演算法. 这里的动态算法是指目标的时间发展被包含在模型中.

动态方法的裨益体现在两方面: 动态模型可以视为目标的先验模型, 因此它能消除解的不唯一性; 同时, 它也能减轻计算不适定性, 从而降低对高测量噪声水平的敏感度. 这些想法在第 4 章中有所讨论.

7.4.1 单偶极子模型

在本节中, 我们考虑处理简单几何构形中单个偶极子的动态模型这一最基本的情形. 假设单个平面偶极子在平面 $P = \{p = [p_1; p_2; 0]\}$ 上移动, 其产生的磁场的垂直分量可以在平面上方观测到. 如第 6 章所示, 无噪声数据的表达式就是

$$b(x) = [b_1(x), \cdots, b_m(x)]^{\mathrm{T}} \in \mathbb{R}^m, \quad b_j(x) = \frac{\mu_0}{4\pi} \frac{e_z \cdot q \times (r_j - p)}{|r_j - p|^3}, \tag{7.23}$$

其中将模型参数记为

$$x = [p_1, p_2, q_1, q_2] \in \mathbb{R}^4.$$

假设我们在时刻 $t_j, t_1 < t_2 < \cdots$ 对磁场进行测量. 在 $t = t_k$ 时, 偶极子源是用模型参数 $x_k \in \mathbb{R}^4$ 来刻画的. 如果进一步假设源电流的变化相对较慢, 我们就能用准静态模型来模拟磁场. 这样, $t = t_k$ 时的无噪声观测值就是 (7.23) 定义的 $b(x_k) \in \mathbb{R}^m$.

我们想要把 Bayes 滤波应用于这一问题, 为此就要定义发展-观测模型. 这里, 我们假设没有关于源项时间发展的特殊生理学模型可供利用. 当没有更好的模型可用之时, 标准的选择就是假定一个随机游动模型, 其中 x_k 的所有分量在发展中始终是相互独立的.

若将时刻 t_k 时的向量 x 视作一个随机变量 $X_k \in \mathbb{R}^4$ 的实例, 就有

$$X_{k+1} = X_k + W_{k+1}, \tag{7.24}$$

其中 W_{k+1} 是与 X_k 独立的零均值 Gauss 型随机向量, 其协方差矩阵为

$$\Gamma_w = \mathrm{diag}(\lambda^2, \lambda^2, \delta^2, \delta^2) \in \mathbb{R}^{4\times 4},$$

这里 $\lambda > 0$ 控制空间发展的步长, $\delta > 0$ 控制振幅发展的步长. 按第 4 章的术语, 我们就得到 Markov 转移核

$$\pi(x_{k+1} \mid x_k) \propto \exp\left(-\frac{1}{2}(x_{k+1} - x_k)^{\mathrm{T}}\Gamma_w^{-1}(x_{k+1} - x_k)\right).$$

此时的观测模型为

$$Y_k = b(X_k) + E_k, \tag{7.25}$$

其中我们假设加性噪声 E_k 与 X_j $(j \leqslant k)$ 独立且为 Gauss 型的, 均值为零, 方差为已知的可逆 $m \times m$ 矩阵 Γ_{n}. 这样似然函数就是

$$\pi(y_k \mid x_k) \propto \exp\left(-\frac{1}{2}(y_k - b(x_k))^{\mathrm{T}}\Gamma_{\mathrm{n}}^{-1}(y_k - b(x_k))\right). \tag{7.26}$$

为初始化滤波, 我们需要定义 X_0 的概率密度函数. 在下面的数值算例中, 我们使用 Gauss 概率密度函数, 即

$$X_0 \sim \pi_0(x_0) \propto \exp\left(\frac{1}{2}(x_0 - \overline{x}_0)^{\mathrm{T}}\Gamma_0^{-1}(x_0 - \overline{x}_0)\right). \tag{7.27}$$

处理单个偶极子的粒子滤波算法可以概括如下.

```
选取样本大小 N, 从 \pi_0 中抽取 x_0^1,\cdots,x_0^N\in\mathbb{R}^4,
  并设 k=0. do
 抽取 v^1,\cdots,v^N\sim\mathcal{N}(0,\Gamma_w) 并定义
  z^j=x_k^j+v^j, 1\le j\le N
 计算相对似然函数 w^j=\pi(y_k|z^j)/c, c=\sum_{j=1}^N\pi(y_k|z^j)
 从 \{z^1,\cdots,z^N\} 抽取 x_{k+1}^j (1\le j\le N), z^j 的概率为
  w^j.
 k\leftarrow k+1
end
```

只要新的观测值 y_k 持续传入, 上述循环就不断重复.

我们用一个简单的例子来演示该算法. 在图 7.13 中, 我们画出了一个移动偶极子的轨迹, 并显示了它在 20 个观测时刻的振幅和方向. 该偶极子从图中离观测点 (c) 最近的点开始逆时针移动. 磁场被偶极子平面上方的 10×10 磁力计阵列记

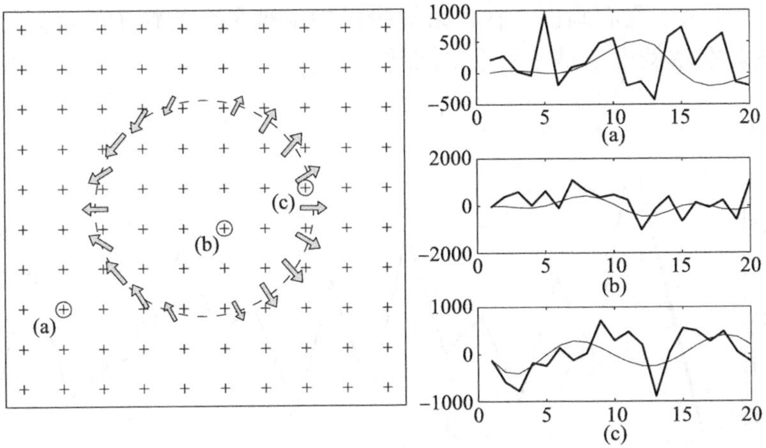

图 7.13 单个移动偶极子模型以及用圆圈标出的位置处的无噪声数据和含噪声数据

录下来, 它们的位置用十字标出. 若将相邻磁力计之间的距离取为单位长度, 那么磁力计到偶极子平面的距离就是 3 个单位长度.

我们对解析算得的数据加上均值为零, 标准差为无噪声信号在时空两个方向上的最大值的 80%. 三个测量位置上的含噪声信号和无噪声信号如图 7.13 所示.

我们对相同的数据运行十次独立的粒子滤波, 每次运行中的粒子数为 200000. 偶极子位置的随机游动模型中的步长取为 $\lambda = 1$. 图像区域的长度为 10 个单位, 而偶极子振幅的步长设为 $\delta = 0.25$ 个单位, 这大约是数值模拟中真实偶极子最大尺寸的 20%. 步长的选取可以看作是一种有关动力学的先验信息, 太大或太小的步长都不能很好地追踪发展. 初始密度函数 (7.27) 对性能的影响不大, 唯一的要求是它要足够宽, 使得初始取样能在初始位置附近生成粒子.

在图 7.14 中, 我们绘制了偶极子位置和振幅的真实轨迹, 同时显示了 10 个独立的例子滤波的 CM 估计.

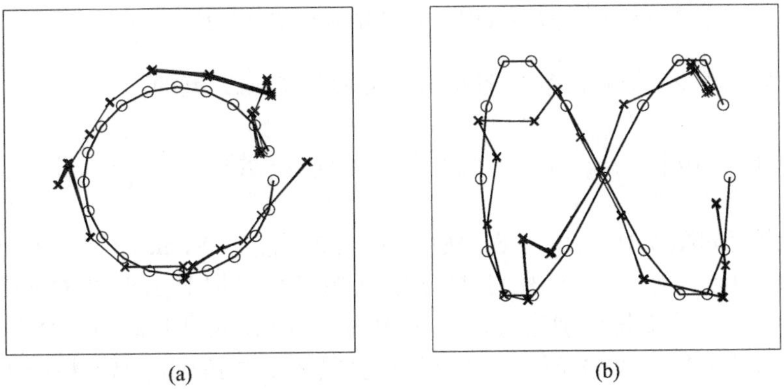

图 7.14 位置和振幅的平均估计. 图像显示了 10 次独立的运行结果

在图 7.15 中, 我们画出了在再采样阶段中未被舍弃的粒子的百分比. 该图说明, 样本贫化在本例中不是一个重要问题.

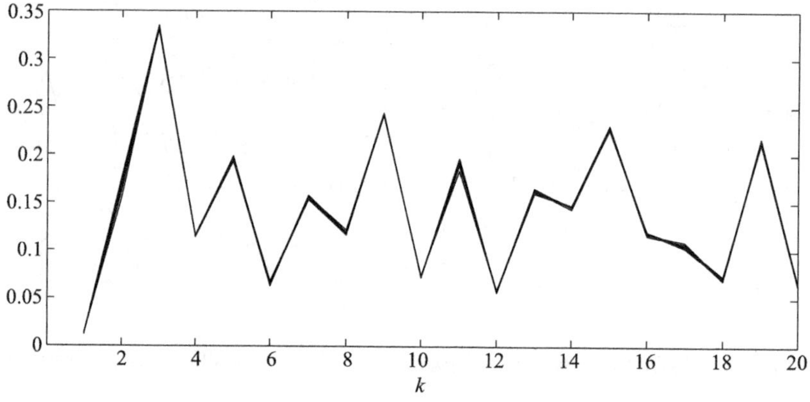

图 7.15 在再采样阶段至少又被采样一次的粒子的相对数量

7.4.2 更现实的几何构形

接下来我们考察在一个更现实地描述 MEG 设定的几何构形下处理单个偶极子的问题. 假设磁力计附着在上半平面中的一个半径为 r_{meas} 的半球面上. 假定我们已经知道, 电活动是限制在上半平面中一个由半径分别为 $r_{\min}$ 和 $r_{\max}$ 的两个球壳决定的区域 V 内的, 其中 $r_{\min} < r_{\max} < r_{\text{meas}}$. 自由度是由位置和偶极矩的 Descartes 分量的形式给出的, 即 $[p;q] \in \mathbb{R}^6$. 然而, 由于偶极子的径向分量不影响由磁场径向分量构成的数据, 我们对转移核加上偶极矩的径向分量为零的约束. 记 $q^{\text{t}} = [q_\varphi; q_\theta]$ 为偶极矩的切向分量, 设 $x = [p; q^{\text{t}}] \in \mathbb{R}^5$, 并将转移核写为

$$\pi(x_{k+1} \mid x_k) \propto \chi_V(p_{k+1})\pi(p_{k+1} \mid p_k)\pi(q^{\text{t}}_{k+1} \mid q^{\text{t}}_k),$$

其中 χ_V 为区域 V 的特征函数, 且部分转移核是 Gauss 型的:

$$\pi(p_{k+1} \mid p_k) \propto \exp\left(-\frac{1}{2\lambda^2}\|p_{k+1} - p_k\|^2\right), \quad \pi(q^{\text{t}}_{k+1} \mid q^{\text{t}}_k) \propto \exp\left(-\frac{1}{\delta^2}\|q^{\text{t}}_{k+1} - q^{\text{t}}_k\|^2\right).$$

几何设定如图 7.16 所示. 在本例中, 我们取 $r_{\min} = 8\,\text{cm}$, $r_{\max} = 9\,\text{cm}$, $r_{\text{meas}} = 11\,\text{cm}$, 而磁力计共有 133 个. 我们对模拟的无噪声信号加上 80% 的 Gauss 噪声, 而随机游动模型中的步长分别为 $\lambda = 1\,\text{cm}$ 和 $\delta = 0.15\,\text{cm}$. 用 300000 个粒子进行的粒子滤波的结果如图 7.17 所示. 此时的估计就不如二维情况那么精确了, 其原因可能在于数据采样更稀疏了, 也可能在于数据对源项和探测器之间的距离不甚敏感这一事实. 偶极子位置的径向方向误差可以通过增大偶极矩的振幅来抵消.

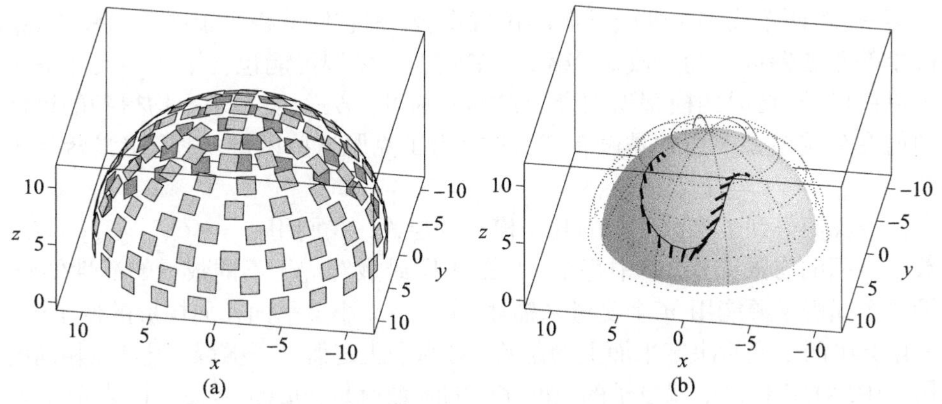

图 7.16　三维测量的几何构形 (a) 以及真实的偶极子轨迹 (b)

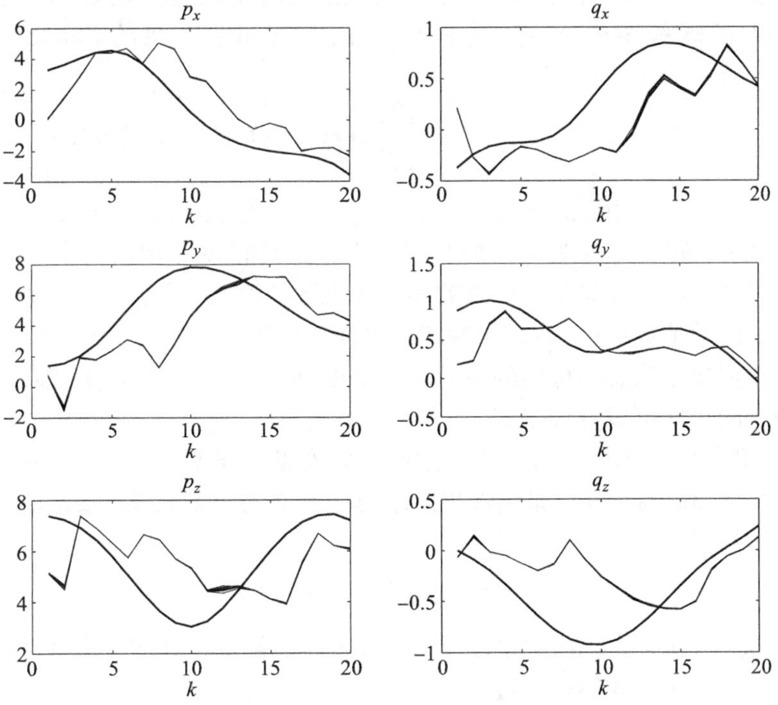

图 7.17　用 300000 个粒子得到的平均位置和振幅

7.4.3　多偶极子模型

在多偶极子模型中, 我们要构造一个允许偶极子的数量随时间点而改变的分层模型. 决定存在多少活性偶极子有时被称作模型识别问题.

构造分层的多偶极子模型从概念上讲很简单, 但在诠释结果时却需要尤其谨慎, 原因如下.

第一, 若两个或多个偶极子源的位置重合, 则它们就相当于单个偶极子源, 其偶极矩等于各偶极子的合成矩. 第二, 多偶极子模型可能包含矩为零或几乎为零的幽灵偶极子, 此时的模型识别会变得模棱两可. 第三, 直接求平均得到的近似条件均值在分层模型中通常是没有意义的. 为了克服这些困难, 我们定义活性密度函数.

假设我们得到了维数不同的几个模型的层次. 我们用 $\mathcal{C} = \{C_k\}_{1\leqslant k\leqslant K}$ 表示多参数子空间的有限集族, 其中每个 C_j 的不同维数对应于不同数量的活性偶极子. 假设单个偶极子源能用 n 个变量来描述. 在 7.4.2 小节平面几何构形的例子中, 有 $n = 4$, 其中两个变量决定平面上的位置, 另两个决定偶极子振幅. 于是在相同的几何构形中, 对应于 k 个偶极子的空间 C_k 的维数就是 kn. 记号 $x \in \mathcal{C}$ 表示 x 恰好属于一个子空间 C_k.

现在我们定义一个允许在不同维数的模型之间转换的状态发展模型. 假设移动 $C_j \to C_\ell$ 的概率由 $P_{j\ell}$ 给定, 其中 $\sum_{\ell=1}^{K} P_{j\ell} = 1$. 时间发展的 Markov 模型就由转移核

$$\pi(x_{k+1} \in \mathcal{C} \mid x_k \in C_j) = \sum_{\ell=1}^{K} \pi(x_{k+1} \in C_\ell \mid x_k \in C_j) P_{j\ell}$$

的形式给出, 其中密度函数 $\pi(x_{k+1} \in C_\ell \mid x_k \in C_j)$ 是从一点 $x_k \in C_j$ 到 ℓ 个偶极子的子空间 C_ℓ 的条件转移概率密度函数. 因此, 我们必须指定不同模型空间之间的转移概率 $P_{j\ell}$ 以及以关于初始维数和最终维数的信息为条件的特定跳跃规则.

在下面的数值算例中, 我们再次考虑平面几何构形, 并仅限于讨论只有单偶极子状态和双偶极子状态的可能的最简单分层模型, 即 $\mathcal{C} = \{C_1, C_2\}$. 涉及更多个多偶极子模型的扩展可以直接得到.

首先, 我们定义不同维数子空间之间的状态发展模型. 这里, 同一个模型内的移动 $C_1 \to C_1$ 和 $C_2 \to C_2$ 是用随机游动模型定义的. 这样, 若 $x_k \in C_1$ 为单个偶极子, 我们就通过

$$X_{k+1} = X_k + V_{k+1}$$

来定义 $\pi(x_{k+1} \in C_1 \mid x_k \in C_1)$, 见 (7.24). 类似地, 若 $x_k = (x_k^{(1)}, x_k^{(2)}) \in C_2$ 为双偶极子状态, $x_k^{(j)} \in \mathbb{R}^4$, 我们就通过

$$X_{k+1} = (X_{k+1}^{(1)}, X_{k+1}^{(2)}) = (X_k^{(1)}, X_k^{(2)}) + (V_{k+1}^{(1)}, V_{k+1}^{(2)})$$

定义条件转移核 $\pi(x_{k+1} \in C_2 \mid x_k \in C_2)$, 其中 $V_{k+1}^{(1)}$ 和 $V_{k+1}^{(2)}$ 是与单偶极子模型完全一致的相互独立的 Gauss 随机变量.

现在考虑 C_1 和 C_2 之间的状态转移模型. 对移动 $C_1 \to C_2$ 而言, 必须构造一个新的偶极子. 我们将偶极子倍增定义为

$$X_{k+1} = (X_{k+1}^{(1)}, X_{k+1}^{(2)}) = (X_k + W_{k+1}^{(1)}, X_{k+1}^{(2)}),$$

其中新的偶极子 $X_{k+1}^{(2)}$ 是从概率密度函数 $\pi_{\rm new}(x)$ 中独立生成的. 该密度函数关于位置和振幅都被取为 Gauss 密度函数.

现在考虑逆向移动 $C_2 \to C_1$, 这里要删除一个偶极子. 我们随机选取两个偶极子中的一个, 将其删除, 并按照随机游动模型移动剩下的那个. 于是传播步骤就是

$$X_{k+1} = tX_k^{(1)} + (1-t)X_k^{(2)} + W_{k+1},$$

其中 $t \in \{0, 1\}$ 取 0 或 1 的概率相同, W_{k+1} 为 Gauss 型的. 对于转移概率 $P_{j\ell}$, 最简单的取法就是取其相等, 即不存在对任一模型的先验倾向性. 这里就是这么做的.

最后, 我们要定义初始分布. 这里的做法是假定

$$P\{X_0 \in C_1\} = P\{X_0 \in C_2\} = \frac{1}{2},$$

即粒子含有一个或两个偶极子的概率相同. 和 7.4.2 小节中的单个偶极子一样, 我们从较宽的 Gauss 密度函数中抽取初始位置和振幅.

现在我们就准备好定义活性密度函数了. 为了解释运行粒子滤波的结果, 考察给定时刻 $t = t_k$ 的后验函数. 我们在记号中省略时间变量, 并记 $\mathcal{C} = \{C_1, C_2\}$ 中的密度函数为 $\pi = \pi_1 \oplus \pi_2$, 其中 π_k 为 C_k 中的密度函数. π_1 的粒子滤波近似为

$$\pi_1(x) = \pi_1(p, q) \approx \sum_{x^n \in C_1} w^n \delta(p - p^n)\delta(q - q^n),$$

即这一近似是用单偶极子粒子计算的. 这样相应的单偶极子位置的边缘密度函数就是

$$\pi_1(p) = \int \pi_1(p, q)\,\mathrm{d}q \approx \sum_{x^n \in C_1} w^n \delta(p - p^n).$$

同理, 由于 C_2 包含了两倍的 C_1, 我们能写作

$$\begin{aligned}\pi_2(x) &= \pi_2(p^{(1)}, q^{(1)}, p^{(2)}, q^{(2)}) \\ &\approx \sum_{x^n \in C_2} w^n \Big(\delta(p^{(1)} - (p^{(1)})^n)\delta(q^{(1)} - (q^{(1)})^n) \oplus \delta(p^{(2)} - (p^{(2)})^n)\delta(q^{(2)} - (q^{(2)})^n)\Big),\end{aligned}$$

并在关于偶极矩求边缘密度函数后得到

$$\pi_1(p^{(1)}, p^{(2)}) \approx \sum_{x^n \in C_2} w^n \left(\delta(p^{(1)} - (p^{(1)})^n) \oplus \delta(p^{(2)} - (p^{(2)})^n)\right).$$

利用这些边缘密度函数, 就能将活性密度函数 $\pi_{\rm act}(p)$ 定义为

$$\begin{aligned}\pi_{\rm act}(p) &= \pi_1(p) + \pi_2(p, p) \\ &\approx \sum_{x^n \in C_1} w^n \delta(p - p^n) + \sum_{x^n \in C_2} w^n \left(\delta(p - (p^{(1)})^n) + \delta(p - (p^{(2)})^n)\right).\end{aligned}$$

这一密度函数给出了所有活性偶极子空间位置的后验函数, 它与模型无关. 在实际中, 活性密度函数的估计是作为 p- 平面上指定像素图中的粒子发生直方图计算的.

作为数值测试, 我们考察如图 7.18 所描述的两个平面偶极子. 模拟的无噪声信号中还是加上标准差为无噪声数据最大值 80% 的噪声. 数值模拟中的随机游动步长为 $\lambda = 0.5$ 和 $\delta = 0.5$. 用于生成新偶极子的密度函数 $\pi_{\rm new}$ 是 Gauss 型的, $\pi_{\rm new} \sim \mathcal{N}(\overline{x}_{\rm new}, \gamma_{\rm new}^2 I)$. 只要该密度函数宽到使得出现的真实偶极子位于它的数值支集之内, 算法对参数的选取就不太敏感.

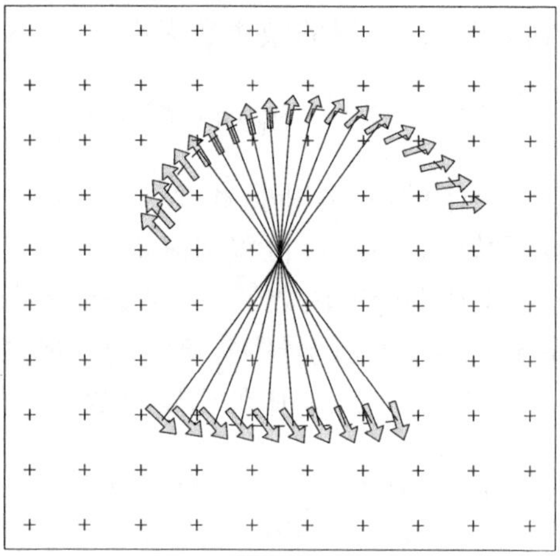

图 7.18 两个移动的偶极子的轨迹. 图中相连的线代表事件的同时性

图 7.19 中绘制了估计的活性密度函数. 这一结论清楚地表明, 基于活性密度函数的模型识别的可行的, 而单偶极子和双偶极子状态间的粒子分布可能会造成误导.

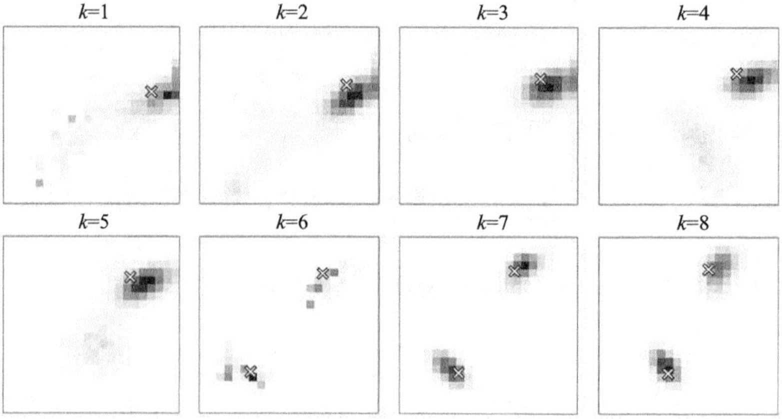

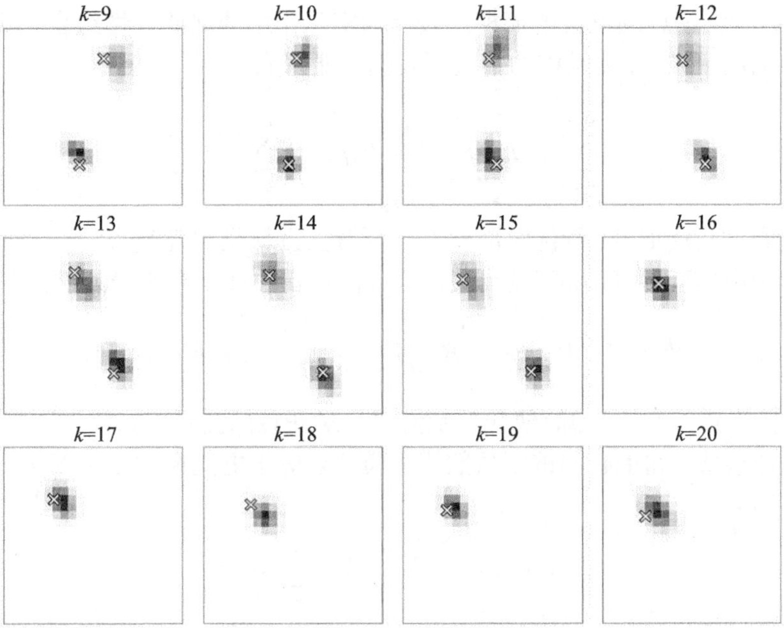

图 7.19　估计的活性密度函数. 真实的偶极子位置用叉号标出

7.5　电阻抗断层成像: 最优电流模式

这里我们讨论一个有关电阻抗断层成像的最优试验设计的问题. 我们将说明如何将统计理论应用于根据目标的先验信息来决定什么是最优的或信息量最大的测量设定. 这也是一般所说的 Bayes 试验设计问题的一个例子.

考察电流反馈为静态的 EIT 问题, 其中物体 Ω 的电导率分布为 σ. 假设我们通过 L 个已知接触阻抗为 $z_1, \cdots, z_L$ 的接触电极在表面 $\partial\Omega$ 上作用 K 个电流模式 $I^{(1)}, \cdots, I^{(K)}$, 并测量相应的电压. 如果不存在噪声, 则电压就通过阻抗矩阵 $R(\sigma)$ 与电流模式相关联:

$$U^{(k)} = R(\sigma)I^{(k)}, \quad 1 \leqslant k \leqslant K,$$

其中我们省略了阻抗矩阵对接触阻抗的依赖性. 本节中我们想要提出的问题就是:

在电导率分布 σ 的一些先验信息的假设下, 应该如何选定电流模式 $I^{(1)}, \cdots, I^{(K)}$ 才能最大程度地得到有关电导率的补充信息?

上面*补充*一词指的是可以描述为已知先验信息的附加信息的那些信息.

7.5.1　后验合成电流模式

在更明确地表述该问题之前, 我们作几点说明. 假定我们作用的是电流密度的完整结构 $\{I^{(k)}\}_{k=1}^{L-1}$, 并想要选取最佳的可能结构. 因为可行电流密度的空间是线性的, 我们能将任意的可行电流模式表示为实际作用的那些线性组合. 因此, 若 I 为所求的电流模式, 在无噪声的情况下我们就能写成

$$I=\sum_{k=1}^{L-1}\alpha_k I^{(k)},\quad U=R(\rho)I=\sum_{k=1}^{L-1}\alpha_k U^{(k)}.$$

从线性代数的角度而言, 最优电流模式问题看上去就是按部就班的. 然而, 上述讨论是以无噪声模型为基础的. 现在我们假设测量受加性噪声所侵蚀, 即成立

$$V^{(k)}=U^{(k)}+E_k=R(\sigma)I^{(k)}+E_k,\quad 1\leqslant k\leqslant L-1,$$

其中 E_k 为噪声. 此外, 为简便起见我们假设对任意的测量, 噪声协方差都独立于作用的电流模式. 如果我们试图从数值上模拟对应于电流模式 $I=\sum\alpha_k I^{(k)}$ 的观测值, 就会得到

$$V=R(\sigma)I+E,\quad E=\sum_{k=1}^{L-1}\alpha_k E_k.$$

尽管我们实际作用的模式是 I, 但算出的噪声向量 E 的振幅还是可能比测量噪声的更大. 在实际应用中, 这一效果将会比看上去的更严重, 因为计算是在有限精度下进行的. 举例而言, 考虑 L 个电极的测量. 假设结构由电流模式

$$[I^{(1)},\cdots,I^{(L-1)}]=\begin{bmatrix}1&0&\cdots&0&0\\-1&1&\cdots&0&0\\0&-1&\cdots&0&0\\\vdots&\vdots&&\vdots&\vdots\\0&0&\cdots&-1&1\\0&0&\cdots&0&-1\end{bmatrix}\in\mathbb{R}^{L\times(L-1)}$$

构成, 即同时只存在两个相邻的活性电极. 假如我们想要合成电流模式

$$I=[1,0,\cdots,0,\overset{(\ell)}{-1},0,\cdots,0],$$

即活性电极为第一个和第 ℓ 个的双电极模式. 我们发现

$$I=\sum_{k=1}^{\ell}I^{(k)},$$

因此以对应于电流模式 $I^{(k)}$ 的测量为基础算得的合成数据就是

$$V_{\rm synth}=R(\sigma)I+\sum_{k=1}^{\ell}E_k.$$

假设噪声向量 E_k 相互独立且协方差为 $\gamma^2 I$, 那么合成噪声的协方差就是

$$E\{EE^{\mathrm{T}}\} = \sum_{k=1}^{\ell}\sum_{j=1}^{\ell} E\{E_k E_j^{\mathrm{T}}\} = \ell\gamma^2 I,$$

即为直接测量噪声大小的 ℓ 倍. 在实际中, 这种情况可能更加糟糕: 如果对应于电流模式 $I^{(k)}$ 的电压的振幅比 I 对应的电压更小, 那么合成测量的信号与噪声比值就会比直接测量数据的小很多, 因为信号放大是正比于信号振幅的, 而低振幅测量亦会造成噪声水平的放大. 在实际中, 这意味着数据中有效数字的减少.

这一发现促使我们主张: 如果我们确信某个电流模式能比其他的给出更多信息, 那么最好就作用那个电流模式而不是在数值上合成它.

7.5.2 最优准则

我们提出的下一个问题在于, 信息量最大的电流模式指的是什么. 这里我们照例假设电导率是离散的, 表示为向量 $\sigma \in \mathbb{R}^n$. 给定先验概率密度函数 $\pi_{\mathrm{pr}}(\sigma)$, 且假设我们寻找的是 m 个信息量最大的电流模式. 电流模式堆叠在单个向量中, 记为 $I = [I^{(1)}, \cdots, I^{(m)}] \in \mathbb{R}^{mL}$. 下面我们将把 I 和 $I^{(\ell)}$ 都称为电流模式.

根据 Bayes 公式, 对应于作用的电流模式 I 的后验函数为

$$\pi(\sigma \mid V, I) \propto \pi_{\mathrm{pr}}(\sigma)\pi(V \mid \sigma, I). \tag{7.28}$$

我们观察到在 (7.28) 式中, 不能通过篡改先验函数来影响后验概率密度函数的形状: 先验信息是由我们对 σ 的认识决定的. 然而, 可供我们自由支配的电流密度却能用作控制参数, 而且它只出现在似然函数的部分. 我们希望从电流模式的可行集中这样选取模式: 似然函数能在尽可能有效地消除先验函数可能的不明确性这一意义下成为对先验函数的补充. 这种情形的直观示意如图 7.20 所示.

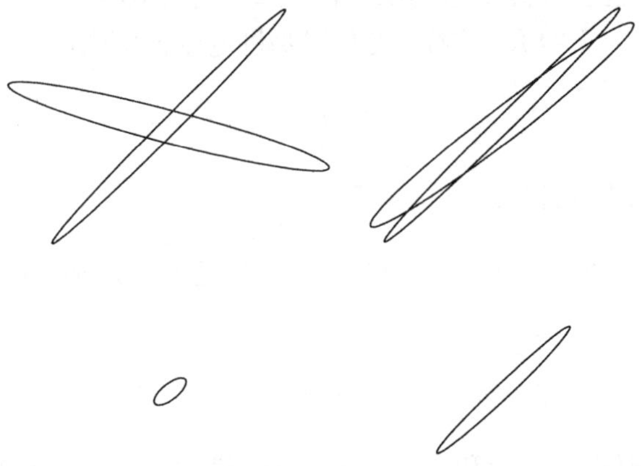

图 7.20 先验函数与似然函数的不同的相对位置及其对后验函数影响的示意图

事实上, 假设先验概率密度函数如图 7.20 中一样细长, 或者甚至在某个子空间或更一般的子流形方向 $M \subset \mathbb{R}^n$ 上是不定的. 比如在先验函数为光滑先验函数时, 就会遇到这种情况. 对不适定问题而言, 我们也知道似然函数通常是沿着某个子空间或流形 $N \subset \mathbb{R}^n$ 的细长密度函数. 这里, N 当然依赖于测量设定, 进而也依赖于作用的电流模式 I. 现在 Bayes 试验设计的目标就是旋转 $N = N(I)$, 使得空间 M 和 $N(I)$ 相交的横截面尽可能小, 这就是说, 似然函数成为一个在先验函数的方差很大 (从而不能提供信息) 的那些方向上很窄的密度函数.

为了更明确地表述这一任务, 用 $\widehat{\sigma} = \widehat{\sigma}(V, I)$ 表示基于观测值 V 的 σ 的任一估计. 在 5.1 节中, 我们证明了条件均值估计 $\sigma_{\rm CM}$ 等于均方估计量, 即它能最小化以观测值为条件的均方误差:

$$\sigma_{\rm CM} = \arg\min_{\widehat{\sigma}} E\{\|\sigma - \widehat{\sigma}\|^2 \mid V\} = \arg\min_{\widehat{\sigma}}({\rm Tr}({\rm cov}(\sigma - \widehat{\sigma} \mid V))),$$

其中

$${\rm cov}(\sigma - \widehat{\sigma} \mid V) = E\{(\sigma - \widehat{\sigma})(\sigma - \widehat{\sigma})^{\rm T} \mid V\}$$

为 $\widehat{\sigma}$ 的估值误差协方差.

上述将条件均值表述为一个极小化问题的解就提供了最优电流模式的一个自然定义. 我们试图关于 $\widehat{\sigma}$ 与电流模式 I 两者来极小化均方误差. 在实际中, 我们通过寻找使 σ 的 CM 估计量的均方误差达到最小的电流模式循序地进行极小化. 这一过程使我们能够将最小化问题表示为后验协方差矩阵的形式.

这里必须对电流模式强加两个约束. 第一个是线性约束, 这来自电荷守恒定律:

$$\sum_{j=1}^{L} I_j^{(\ell)} = 0. \tag{7.29}$$

另外, 我们必须约束电流强度, 原因很显然: 我们假设观测噪声的协方差是固定的, 从而增大电极电势也会提高信号与噪声的比值. 因为电势与注入的电流成正比, 所以最优电流模式应为无穷大. 这样, 我们就要将电流强度限制为

$$\|I^{(\ell)}\| = 1. \tag{7.30}$$

将 m 个可行的电流模式记为

$$\mathcal{J}_m = \{I = [I^{(1)}; \cdots ; I^{(m)}] \mid I^{(\ell)} \text{ 满足 (7.29) 和 (7.30)}\},$$

并定义

$$I_{\rm opt} = \arg\min_{I \in \mathcal{J}_m}({\rm Tr}({\rm cov}(\sigma - \sigma_{\rm CM}(I)))). \tag{7.31}$$

换言之, 最优电流模式就是能和 MSE 意义下的最优估计量一起产生最小均方估计量误差的那个电流模式. 在几何上, 误差协方差的迹衡量了后验协方差的宽度. 上

述准则当然不是唯一可以应用的; 另一个选取 I 的自然准则是寻找能使函数

$$I \mapsto \lambda_1(\mathrm{cov}(\sigma - \sigma_{\mathrm{CM}}(I)))$$

达到最小的电流, 其中 λ_1 为估值误差协方差矩阵的最大特征值.

一般来说, 目标泛函会依赖于未知电导率 σ, 因而最优化就相当具有挑战性. 在一般情况下从统计上攻克该问题是可能的, 但计算任务将很容易变得不可能完成. 为简化问题, 我们假定 Gauss 模型并运用全局线性化.

假设先验函数是 Gauss 型的:

$$\pi_{\mathrm{pr}}(\sigma) \propto \exp\left(-\frac{1}{2}(\sigma - \sigma_0)^{\mathrm{T}}\Gamma_{\mathrm{pr}}^{-1}(\sigma - \sigma_0)\right),$$

且施加了电流模式 $I^{(\ell)}$ $(1 \leqslant \ell \leqslant m)$, 而对应的观测值 $V^{(\ell)}$ 被均值为零, 协方差为 $\Gamma_{\mathrm{n}}^{(\ell)}$ 且独立于电流模式 $I^{(\ell)}$ 的加性 Gauss 噪声所侵蚀. 在这些假设下, 后验函数就形如

$$\pi(\sigma \mid V) = \exp\left(-\frac{1}{2}Q(\sigma; I)\right), \tag{7.32}$$

其中

$$Q(\sigma; I) = \sum_{\ell=1}^{m}(V^{(\ell)} - R(\sigma)I^{(\ell)})^{\mathrm{T}}(\Gamma_{\mathrm{n}}^{(\ell)})^{-1}(V^{(\ell)} - R(\sigma)I^{(\ell)}) + (\sigma - \sigma_0)^{\mathrm{T}}\Gamma_{\mathrm{pr}}^{-1}(\sigma - \sigma_0). \tag{7.33}$$

在先验函数的中点 σ_0 附近对映射 $\sigma \to R(\sigma)$ 作线性化后, 就得到

$$R(\sigma)I^{(\ell)} \approx R(\sigma_0)I^{(\ell)} + J_\ell(\sigma - \sigma_0),$$

其中 $J_\ell = J(\sigma_0, I^{(\ell)})$ 为映射 $\sigma \to R(\sigma)I^{(\ell)}$ 在 $\sigma = \sigma_0$ 处的 Jacobi 矩阵. 从这个近似就能导出后验协方差矩阵的近似为

$$\mathrm{cov}(\sigma - \sigma_{\mathrm{CM}}(I) \mid V) \approx \Gamma_{\sigma|V}(I) = \left(\sum_{\ell=1}^{m} J_\ell(\Gamma_{\mathrm{n}}^{(\ell)})^{-1}J_\ell + \Gamma_{\mathrm{pr}}^{-1}\right)^{-1}.$$

我们需要求解如下带非线性约束的非线性优化问题:

$$I_{\mathrm{opt}} = \arg\min_{I \in \mathcal{J}_m}\left(\sum_{\ell=1}^{m} J_\ell(\Gamma_{\mathrm{n}}^{(\ell)})^{-1}J_\ell + \Gamma_{\mathrm{pr}}^{-1}\right)^{-1}.$$

这一极小化可以使用投影梯度法来完成. 给定一个电流估计 $I_{\mathrm{opt}}^{(j)}$, 我们能用有限差分近似来计算梯度 $\nabla_I\Gamma_{\sigma|V}(I_{\mathrm{opt}}^{(j)})$. 用 $\mathcal{D}_{\|}\Gamma_{\sigma|V}(I_{\mathrm{opt}}^{(j)})$ 表示该梯度在满足条件 (7.29) 的电流模式的线性子空间上的正交投影, 那么新的迭代解就是沿着曲线

$$t \mapsto \frac{I_{\mathrm{opt}}^{(j)} - t\,\mathcal{D}_{\|}\Gamma_{\sigma|V}(I_{\mathrm{opt}}^{(j)})}{I_{\mathrm{opt}}^{(j)} - t\,\mathcal{D}_{\|}\Gamma_{\sigma|V}(I_{\mathrm{opt}}^{(j)})}, \quad t > 0$$

上的极小化子. 作为电流模式的初始猜测 $I_{\mathrm{opt}}^{(0)}$, 我们使用从两个约束定义的搜索空间中得到的随机采样.

我们指出, 最优电流模式不是唯一的. 比如说, 如果 $I_{\mathrm{opt}}^{(\ell)}$ 是一个最优电流模式, 那么 $-I_{\mathrm{opt}}^{(\ell)}$ 就具有与 $I_{\mathrm{opt}}^{(\ell)}$ 相同的后验函数. 实际上这两种模式本质上是一致的, 因为改变符号只是改变电流的相位, 而不改变振幅.

7.5.3 数值算例

作为第一个数值算例, 考虑圆形物体 $\Omega \subset \mathbb{R}^2$ 内的二维 EIT 问题, 该物体表面均匀分布着 $L = 16$ 个接触电极. 先验概率密度函数为 $\mathcal{N}(\sigma_0, \Gamma_{\mathrm{pr}})$, 其中

$$\sigma_0 = \text{常数}, \quad \Gamma_{\mathrm{pr}} = \mathrm{diag}(d), \ d \in \mathbb{R}^n.$$

向量 d 表示像素 p_j 的电导率值 σ_j 的自协方差. 在本例中, d 在一个偏心的圆形区域 $D \subset \Omega$ 之外都很小, 而在 D 中的分量很大. 这意味着在 D 之外的像素是不相关的, 且 σ 是事先为人熟知的, 而 D 内的不确定性很强. 更确切地说, 我们设

$$d_j = \begin{cases} \sigma_*^2, & p_j \in D, \\ (0.05\sigma_*)^2, & p_j \notin D. \end{cases}$$

直观上, 我们期望最优电流模式能向不确定区域 D 输入尽量多的电流.

首先考察寻找单个最优模式的问题, 即 $m = 1$. 图 7.21 将先验自协方差描绘为物体 Ω 的图像, 同时也显示了算得的最优电流模式以及该电流模式对应的后验自协方差. 结果与直观想象不谋而合. 后验自协方差与先验协方差是等比例绘制的, 这表明不确定性在不确定区域 D 中得以减轻. 注意到为了得到这些结果, 我们不必定义真实的电导率分布.

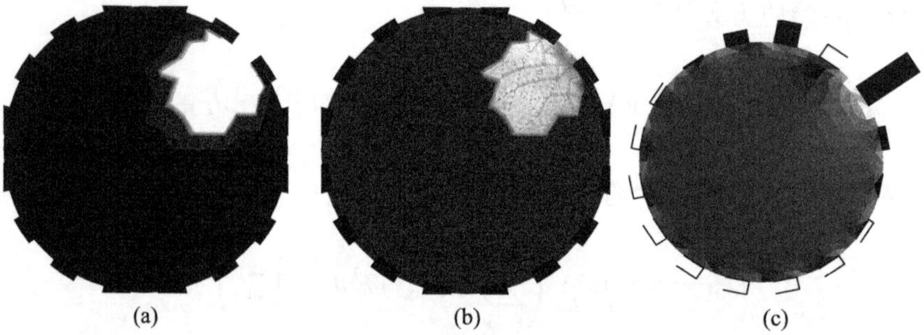

图 7.21 先验自协方差 (a) 以及测量单个优化后的电流模式反馈之后的后验自协方差 (b). 最优模式中的正电流用黑柱表示, 负电流用白柱表示 (c)

作为比较, 我们再考察 $m = 2$ 的情形, 即决定两个电流模式. 最优模式如图 7.22 所示. 注意到这两个最优模式都不同于图 7.21 中的单个最优电流模式, 这反映出该极小化问题是非线性的, 也说明最优模式不能按顺序逐次算得.

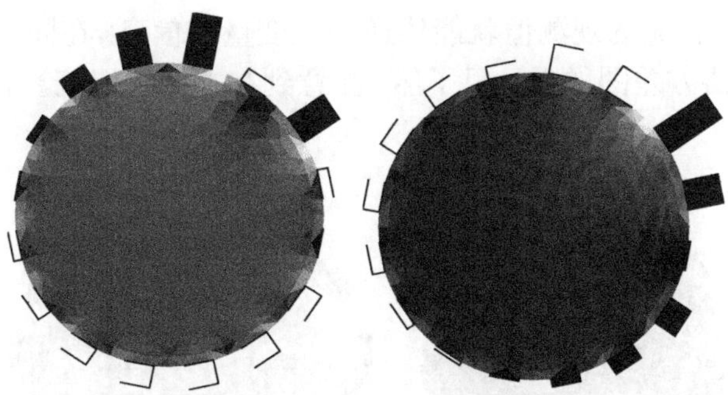

图 7.22 两个最优电流模式

在下一个例子中, 我们考虑比先验函数更为复杂的二维模型. 区域 Ω 被分割为两半: $\Omega = \Omega_{\text{up}} \cup \Omega_{\text{down}}$. 我们假设 Ω_{up} 中的像素与其他所有像素都不相关; 在 Ω_{down} 中, 我们使用对应于 Gauss 光滑先验函数的 Markov 随机场模型. 将像素编号为 $p_j \in \Omega_{\text{up}}$ $(1 \leqslant j \leqslant n')$ 和 $p_j \in \Omega_{\text{down}}$ $(n'+1 \leqslant j \leqslant n)$, 这使得先验协方差形如

$$\Gamma_\sigma = \begin{bmatrix} \Gamma_{\text{up}} & 0 \\ 0 & \Gamma_{\text{down}} \end{bmatrix},$$

其中 $\Gamma_{\text{up}} = \alpha_{\text{up}}^2 I \in \mathbb{R}^{n' \times n'}$, 而 $\Gamma_{\text{down}} \in \mathbb{R}^{(n-n') \times (n-n')}$ 得自于 Markov 模型

$$\pi_{\text{pr}}(\sigma_{n'+1}, \cdots, \sigma_n) \propto \exp\left(-\alpha_{\text{down}} \sum_{j=n'+1}^{n} \left(\sigma_j - \sum_{k \in \mathcal{N}_j} a_{jk} \sigma_k \right)^2 \right).$$

参数 α_{up} 和 α_{down} 被调整为使得先验自协方差在整个区域上都近乎常数, 且平均电导率 σ_0 也在 Ω 中假设为常数. 图 7.23 分别显示了一个选自上半圆盘或下半圆盘的像素与其他像素值的先验相关性.

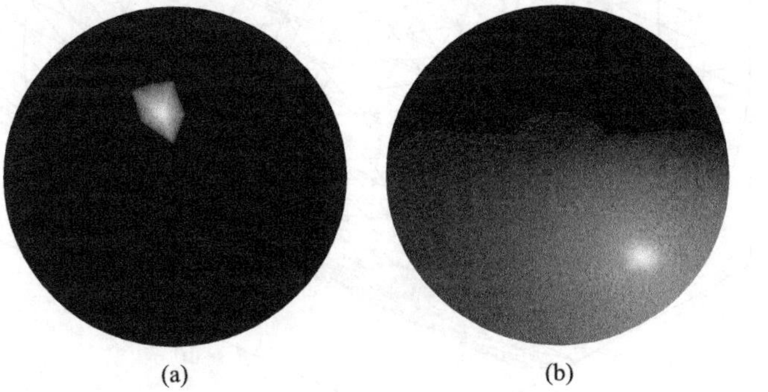

图 7.23 (a) 位于上半部且具有 Gauss 白噪声先验函数以及 (b) 位于下半部且先验函数为 Gauss 光滑先验函数的单个像素的相关性

我们计算这一先验函数对应的单个最优电流模式. 最优电流如图 7.24 所示. 我们观察到电流输入集中在物体的下半部, 其原因在于, 这样的电流输入能有效降低

后验协方差, 因为相应的观测值就能传递相关变量的信息. 在同一幅图中, 这一点在求得的后验自协方差图像中一目了然. 注意到在本例中, 先验自协方差在整个物体上都是常数.

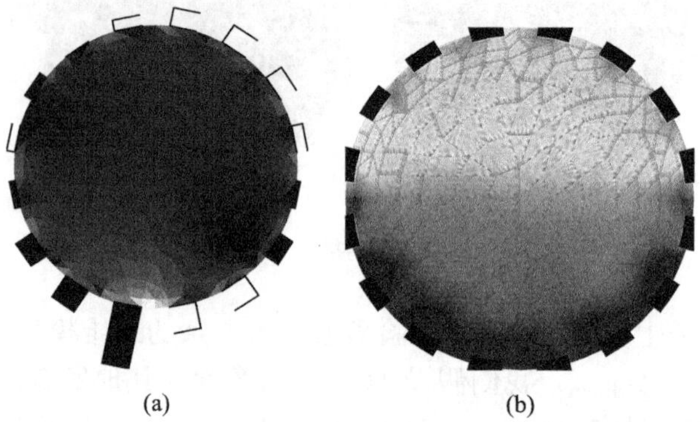

图 7.24　位于上半部且具有 Gauss 白噪声先验函数 (a) 以及位于下半部且先验函数为 Gauss 光滑先验函数 (b) 的单个像素的相关性

作为最后一个例子, 我们将最优化应用于一个三维问题, 其中的物体是一个底部为圆形的圆柱形槽罐. 本例中共有 8 个电极, 其位置如图 7.25 所示.

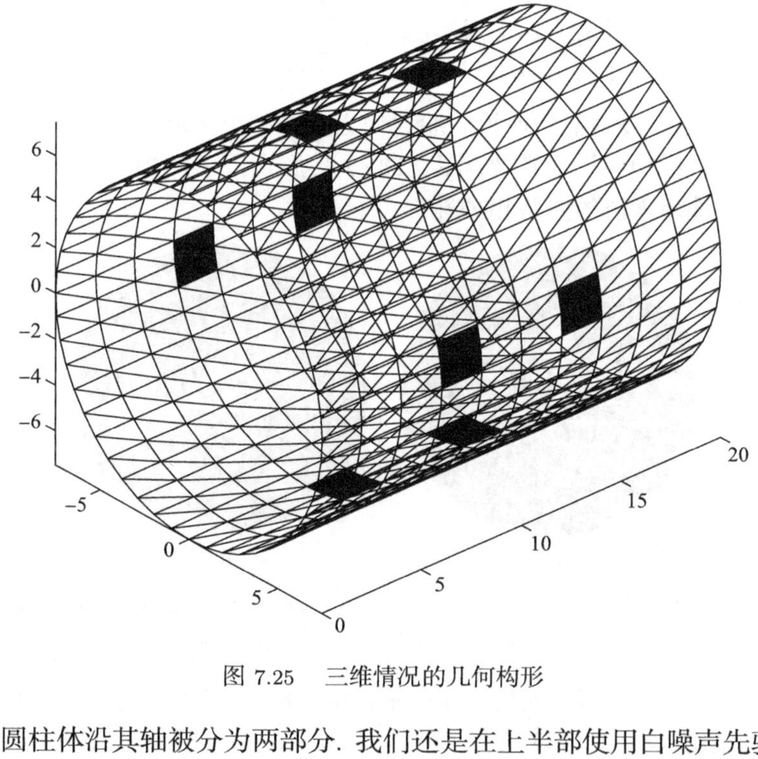

图 7.25　三维情况的几何构形

这个圆柱体沿其轴被分为两部分. 我们还是在上半部使用白噪声先验函数, 在下半部使用 Markov 场光滑先验函数, 并调整这些先验函数使得先验自协方差在各立体像素中为常数.

和前面的二维例子一样, 单个最优电流模式集中在区域中假设了先验光滑性的下半部.

为说明不确定性的下降, 图 7.26 显示了沿着横截槽罐的三个切面的后验协方差矩阵的对角元. 我们再次观察到, 方差只有在强相关的下半部得以有效减小.

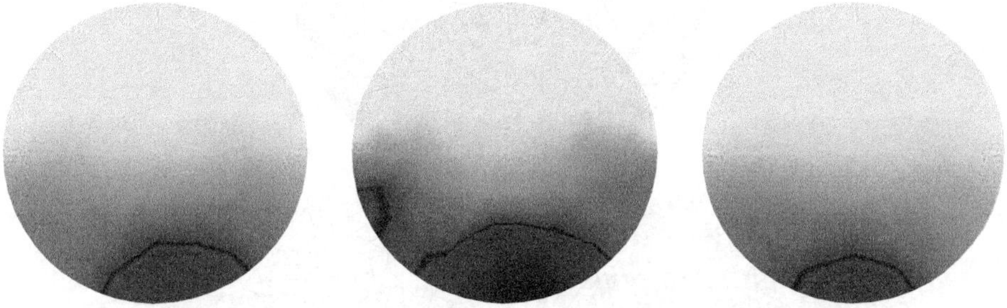

图 7.26 沿着槽罐的三个横截面的后验协方差, 切面沿着槽罐从左端开始 1/10, 1/2 和 9/10 处的平面

7.6 电阻抗断层成像: 近似误差的处理

第 5 章介绍了近似误差对低噪声反问题造成影响的一个例子. 另外, 一个更复杂的情形也在本章稍早之前研究过. 结果表明, 可以构造一个增强的似然模型, 它提供了对于除传统加性误差之外的近似误差的近似统计量. 另外的误差模型是在两个计算正向模型的基础上建立的. 其中一个模型的计算复杂度适中, 它被用于进行反演. 另一个模型则要精确得多, 它过于复杂而不能被用于实时应用. 然而, 较精确的模型只需被计算一次, 因为它只是用来构造近似误差统计量的二阶模型的.

在本节中, 我们将在更困难的电阻抗断层成像环境中提出这一课题. 从问题的非线性中产生的额外难点在于二阶统计量无法不通过模拟而算得.

7.6.1 网格与投影

首先我们定义网格以及相关的正向模型. 在本节中, 记 $\Omega \subset \mathbb{R}^2$ 为单位圆盘, 并以此作为导电体的模型. 物体边界 $\partial\Omega$ 上附着了 16 个均匀分布的接触电极.

我们用三种不同方法将物体 Ω 剖分为三角形元. 记元素的集合为 $\mathcal{M}^k$ $(k=1,2,3)$, 并把这些集合称为网格. 网格 $\mathcal{M}^k$ 的单个元素记为 $\Omega_j^k \in \mathcal{M}^k$ $(1 \leqslant j \leqslant n_k)$, 元素 Ω_j^k 的质心记为 r_j^k.

网格 $\mathcal{M}^k$ 如图 7.27 所示. 它们是特意取成不嵌套的. 就所关心的 EIT 正问题的数值解法而言, 只有网格 $\mathcal{M}^1$ 具有所需的特征: 它在电势会经历剧烈变化的电极附近的子区域更为密集.

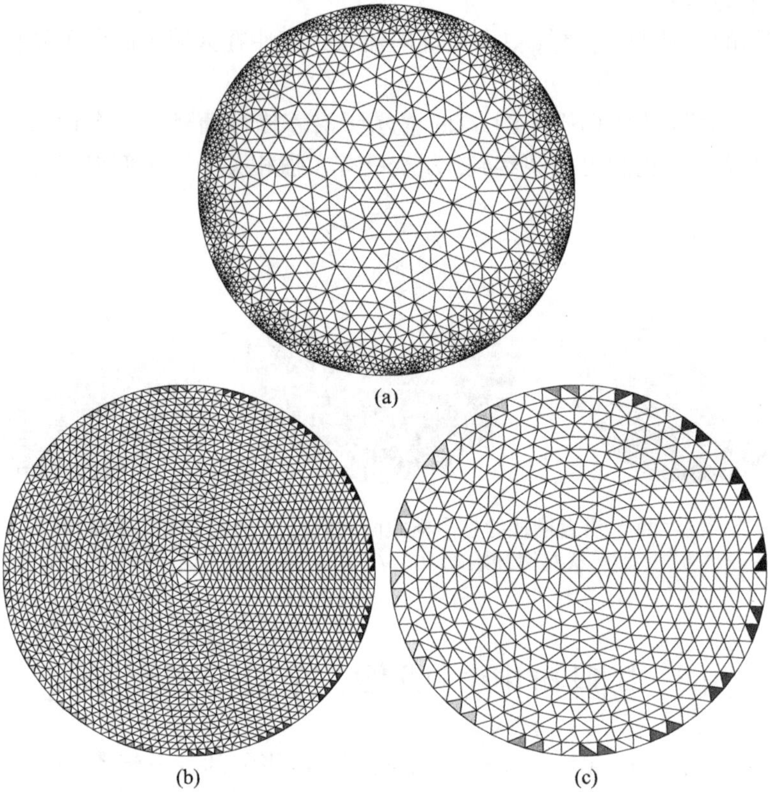

图 7.27　三种网格: (a) 用于计算精确无噪声测量值的 $\mathcal{M}^1$, (b) 用于表示真实电导率分布的 $\mathcal{M}^2$ 与 (c) 用于反演的模型对应的 $\mathcal{M}^3$

考虑电导率分布 $\sigma:\Omega\to\mathbb{R}_+$. 我们将电导率表示为它在 $\mathcal{M}^k$ 的元素质心处的值:

$$\sigma^k=[\sigma(r_1^k),\sigma(r_2^k),\cdots,\sigma(r_{n_k}^k)]^{\mathrm{T}}\in\mathbb{R}^{n_k}.$$

我们需要允许在电导率的不同表示之间切换的映射. 我们把这些映射

$$P^{jk}:\mathbb{R}^{n_k}\to\mathbb{R}^{n_j},\quad \sigma^k\mapsto\sigma^j$$

称作投影, 它们在这里被定义为具有元素

$$P_{pq}^{jk}=\begin{cases}1, & |r_p^j-r_q^k|=\min\limits_{q'}|r_p^j-r_{q'}^k|,\\ 0, & 其他\end{cases}$$

的矩阵. 我们指出, 上述定义中的最小值在这里考虑的网格上是唯一确定的. 这样, 数值就从一个网格元最近的中心点复制到另一个上. 注意到也能通过不同途径定义这些映射, 比如在使用嵌套网格时, 求平均就常用于缩减采样. 我们考虑的是相对光滑的电导率分布, 此时上述取法似乎始终奏效.

用表示 σ^k 给定一个电导率 σ, 我们将正问题的解记为 $U^k(\sigma^k)$. 在正问题的求解中, 可以理解为电导率是用分片常数电导率逼近的. 我们采用两个求解正向模型的不同版本, 它们分别用一阶和二阶有限元基函数来表示 Ω 中的位势 u. 我们将指明使用哪个版本来求解正问题.

误差将始终被模拟为加性 Gauss 零均值噪声, 协方差为 $\Gamma_{\rm n} = \lambda^2 I$, 其中 λ 在一个对应于大量模拟下得到的最大无误差测量值的 0.1% 到 10% 的噪声水平范围中变动. 尽管在传统 EIT 应用的情况下, 加性噪声水平鲜少能被抑制在 1% 以下, 但在有些应用中的测量时间实际上是没有限制的, 这就能产生相当精确的数据. 这类情况就包括地球物理学和材料测试等. 在这些情况下, 误差水平及误差结构就几乎全部来自模拟误差和近似误差.

7.6.2 先验函数与先验模型

在数值模拟中, 我们用网格 $\mathcal{M}^2$ 来表示真实的电导率分布. 鉴于这个网格与测量设定是独立的, 这样它就是一个忠实体现先验信息的基盘. 我们使用的光滑先验函数是按 3.4.1 小节构造的. 为简化记号, 暂记 $\sigma = \sigma^2$, 即本节中的电导率是理解为表示在网格 $\mathcal{M}^2$ 上的.

首先考虑原始的 Gauss 光滑密度函数

$$\widetilde{\pi}(\sigma) \propto \left(-\frac{1}{2}\alpha^2\|L\sigma\|^2\right). \tag{7.34}$$

矩阵 αL 是邻接元素间的加权差分矩阵. 上述密度函数是反常的, 即矩阵 $L^{\rm T}L$ 不可逆. 为了得到一个常义的密度函数, 我们随机选取少量的元素. 若 $I = \{1, 2, \cdots, n_2\}$, 我们作分割 $I = I_1 \cup I_2$, 其中被选的下标属于 I_2. 利用密度函数 (7.34), 我们计算条件密度函数 $\widetilde{\pi}(\sigma_{I_1} \mid \sigma_{I_2})$, 其中 σ_{I_j} 包含了下标属于集合 I_j 的那些分量. 这个条件密度函数关于 σ_{I_1} 就是常义的密度函数了. 定义

$$\pi_{\rm pr}(\sigma) \propto \pi_+(\sigma - \sigma_*)\widetilde{\pi}(\sigma_{I_1} \mid \sigma_{I_2})\pi_0(\sigma_{I_2}).$$

这里 π_+ 为正项密度函数, σ_* 为可容许的电导率的正下界, 而密度函数 π_0 为白噪声先验函数

$$\pi_0(\sigma_{I_2}) \propto \exp\left(-\frac{1}{2\gamma^2}\|\sigma_{I_2} - \widetilde{\sigma}\|^2\right).$$

最后, 我们要调整参数. 取 $\widetilde{\sigma} = 1/400$, $\sigma_* = \widetilde{\sigma}/10$, 而方差 γ^2 使得下界 σ_* 与中点 $\widetilde{\sigma}$ 的距离为标准差的三倍. 此外, 原始密度函数 (7.34) 里的权重参数 α 取作使得

$$P\{\sigma_{I_1} > \sigma_* \mid \sigma_{I_2}\} \approx 0.99.$$

指定了先验函数 $\pi_{\mathrm{pr}}(\sigma)=\pi_{\mathrm{pr}}(\sigma^2)$, 即

$$\pi_{\mathrm{pr}}(\sigma^2)\propto\pi_+(\sigma^2-\sigma_*)\exp\left(-\frac{1}{2}(\sigma^2-\overline{\sigma})^{\mathrm{T}}\Gamma_{\mathrm{pr}}^{-1}(\sigma^2-\overline{\sigma})\right)=\pi_+(\sigma^2-\sigma_*)\mathcal{N}(\overline{\sigma},\Gamma_{\mathrm{pr}})$$

之后, 我们就能将其投影到其他网格上, 从而得到

$$\pi_{\mathrm{pr}}(P^{j2}\sigma^2)=\pi_+(P^{j2}(\sigma^2-\sigma_*))\mathcal{N}\left(P^{j2}\overline{\sigma},P^{j2}\Gamma_{\mathrm{pr}}(P^{j2})^{\mathrm{T}}\right).$$

模拟的观测值是用网格 $\mathcal{M}^1$ 计算的. 显然, 这个网格就是为了求解正问题给出精确结果而设计的. 估计电导率分布的反问题是基于网格 $\mathcal{M}^3$ 的.

7.6.3 误差增强模型

用 $\sigma=\sigma^2$ 表示真实电导率分布的模型. 如前所述, 我们使用网格 $\mathcal{M}^1$ 来算出电极电压的一个精确的有限元近似. 为此, 我们要把电导率投影到这个网格上去. 这样, 在加性噪声存在的情况下, 电压的一个精确模型就是

$$V=U^1(P^{12}\sigma^2)+E.$$

假定我们要用粗网格 $\mathcal{M}^3$ 来求解反问题, 则粗网格必将引起不容小觑的近似误差, 正如我们即将演示的那样. 于是一个使用网格 $\mathcal{M}^3$ 导致模拟误差的模型就是

$$V=U^3(P^{32}\sigma^2)+\left(U^1(P^{12}\sigma^2)-U^3(P^{32}\sigma^2)\right)+E=U^3(P^{32}\sigma^2)+\epsilon+E,\qquad(7.35)$$

其中 ϵ 为模拟误差, 我们想要分析这一误差的统计性质. 和第 5 章一样, 我们称模型 (7.35) 为*增强误差模型*. 然而, 我们将只采用一个近似的版本, 其中我们忽略未知量与模拟的加性误差之间的互相关性.

由于映射 $\sigma\mapsto U$ 是非线性的, 该增强误差模型无法从第 5 章讨论的线性理论直接推得. 作为替代, 我们必须像前面提到的那样通过网格 $\mathcal{M}^j$ 上的模拟来估计二阶统计量.

我们从 7.6.2 小节引入的密度函数 $\pi_{\mathrm{pr}}(\sigma^2)$ 中生成 $N=50$ 个采样的集合, 并将它们记为 σ_n^2 $(1\leqslant n\leqslant N)$, 这个总体规模是相当小的. 规模上的限制是由后面相对严苛的计算决定的. 取出样本之后, 我们对每个 σ_n^2 计算相应的电压 $U^j(P^{j2}\sigma_n^2)$, $j=1,3$.

然后, 我们计算近似误差 ε 的均值 η_ε 以及协方差 Γ_ε:

$$\eta_\varepsilon=\frac{1}{N}\sum_{n=1}^{N}\left(U^1(P^{12}\sigma_n^2)-U^3(P^{32}\sigma_n^2)\right),$$

$$\Gamma_\varepsilon=\frac{1}{N}\sum_{n=1}^{N}\left(U^1(P^{12}\sigma_n^2)-U^3(P^{32}\sigma_n^2)\right)\left(U^1(P^{12}\sigma_n^2)-U^3(P^{32}\sigma_n^2)\right)^{\mathrm{T}}-\eta_\epsilon\eta_\epsilon^{\mathrm{T}}.$$

总体误差的协方差为

$$\Gamma_{e+\epsilon} = \Gamma_{\rm n} + \Gamma_{\varepsilon} = \lambda^2 I + \Gamma_{\epsilon}.$$

我们用 $L_{e+\varepsilon}$ 表示算得的协方差的逆的 Cholesky 分解以备后用:

$$(L_{e+\varepsilon})^{\rm T} L_{e+\varepsilon} = (\Gamma_{e+\epsilon})^{-1}.$$

第一个值得注意的是平均近似误差不为零, 而线性问题中的先验函数和误差的均值都是零. 对应于三角电流模式的估计均值如图 7.28 所示. 可以看到, 均值不能被看成微不足道的小量, 尤其是当加性噪声水平更低时. 我们也注意到使用一阶基和二阶基之间存在天壤之别.

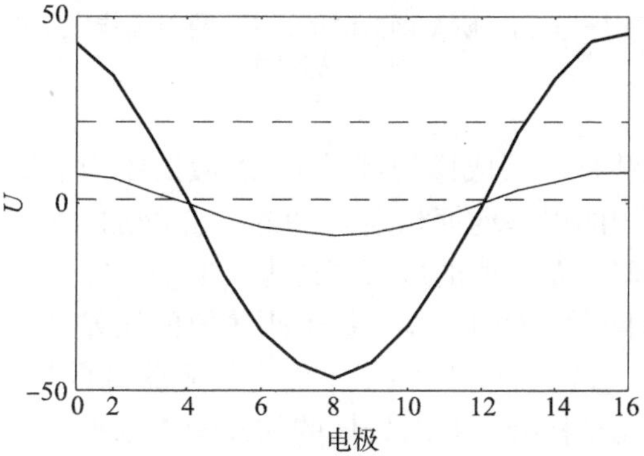

图 7.28 对应于第一个三角电流模式的近似误差均值. 粗线和细线分别表示使用一阶和二阶基函数时的误差. 两条虚线表示加性误差水平为 0.1% 和 2% 的标准差

第一个三角模式相应的近似误差的自协方差, 即 Γ_ϵ 的对角元如图 7.29 所示. 正向模型的精确性之于近似误差的重要性依然是显而易见的. 对应于第一个三角模式的相邻电极之间的互协方差如图 7.30 所示.

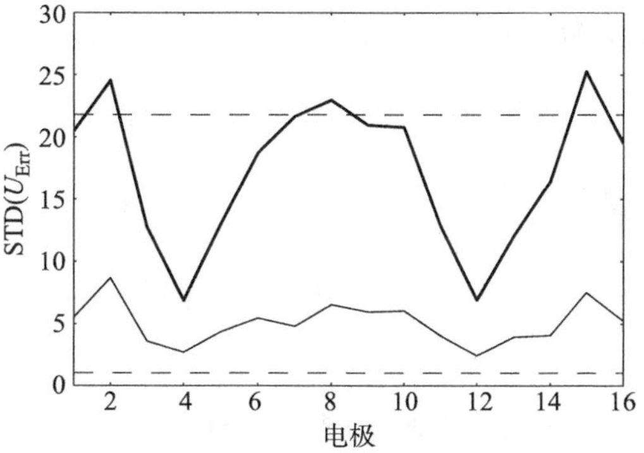

图 7.29 对应于第一个三角电流模式的近似误差的自协方差平方根 (标准差). 粗线和细线分别表示使用一阶和二阶基函数时的误差. 两条虚线表示加性误差水平为 0.1% 和 2% 的标准差

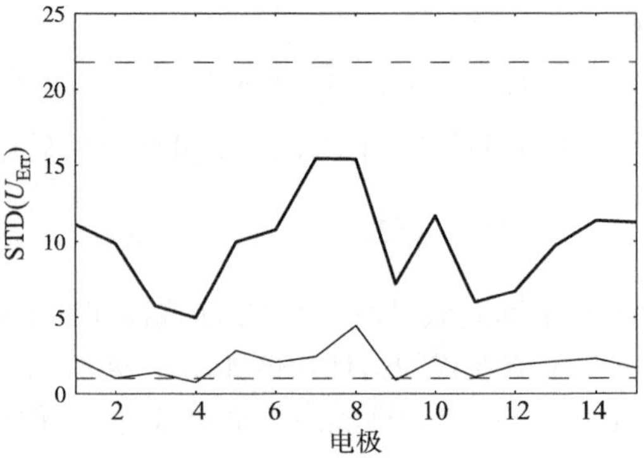

图 7.30 对应于第一个三角电流模式的近似误差的相邻电极之间的互协方 (绝对值的平方根). 粗线和细线分别表示使用一阶和二阶基函数时的误差. 两条虚线表示加性误差水平为 0.1% 和 2% 的标准差

在 5.8.1 小节的线性断层成像的例子中, 近似误差均值要比协方差小很多, 而与之相反的是, 本例中的误差均值相当大. 2% 左右的加性噪声误差水平相当常见, 而使用一阶基时, 近似误差均值的最大值约为 4%. 另外, 模拟误差的标准差在 2% 的水平. 和断层成像问题的例子一样, 各个测量值的误差并不是均衡的, 尽管在本例中差别不是很明显 (这一部分归因于本例中的先验函数是光滑的). 同样明显的是, 协方差的非对角元结构处于相对较低的加性噪声水平.

7.6.4 MAP 估计

在这一小节, 我们比较包含模拟误差时与不包含时的 MAP 估计. 一个基于 $\mathcal{M}^3$ 但未包含模拟误差的模型就是

$$V = U^3(\sigma) + E, \quad \sigma = \sigma^3,$$

而相应的增强误差模型为

$$V = U^3(\sigma) + \epsilon + E, \quad \sigma = \sigma^3.$$

两个模型的先验函数都是

$$\sigma \sim \pi_+(\sigma - \sigma_*)\mathcal{N}(\overline{\sigma}^3, \Gamma^3),$$

其中

$$\overline{\sigma}^3 = P^{32}\overline{\sigma}, \quad \Gamma^3 = P^{32}\Gamma(P^{32})^{\mathrm{T}}.$$

我们将先验协方差的逆的 Cholesky 因子记为 L_σ:

$$(L_\sigma)^{\mathrm{T}} L_\sigma = (\Gamma^3)^{-1}.$$

上述传统误差模型和增强误差模型的 MAP 估计就能分别作为泛函

$$F_1(\sigma) = \|L_e(V - U(\sigma))\|^2 + \|L_\sigma(\sigma - \overline{\sigma}^3)\|^2,$$
$$F_2(\sigma) = \|L_{e+\epsilon}(V - U(\sigma) - \eta_\epsilon)\|^2 + \|L_\sigma(\sigma - \overline{\sigma}^3)\|^2$$

在约束 $\sigma \geqslant \sigma_*$ 下的极小化子来计算.

极小化是运用线性搜索的 Gauss-Newton 迭代来进行的. 在传统误差模型的情形, 更新 $\sigma^{(j)} \to \sigma^{(j+1)}$ 的搜索方向为

$$d^{(j+1)} = \begin{bmatrix} L_e J(\sigma^{(j)}) \\ L_\sigma \end{bmatrix}^\dagger \begin{bmatrix} L_e(V + J(\sigma^{(j)})\sigma^{(j)}) \\ L_\sigma \overline{\sigma}^3 \end{bmatrix} - \sigma^{(j)},$$

增强误差模型的式子也是类似的. 迭代通常分别能在 4—8 步和 6—10 步收敛.

将利用上述任一模型算得的 MAP 估计记为 $\sigma_{n,\mathrm{MAP}}$, 它对应于真实电导率 σ_n^2, $1 \leqslant n \leqslant N$. 为了估计这些方法的性能, 我们计算真实电导率 σ^2 与算出的 MAP 估计 $\sigma_{n,\mathrm{MAP}}^3$ 的投影之间差的期望均方, 并对样本求平均, 即

$$\mathcal{D} = \frac{1}{N}\sum_{n=1}^{N} \|\sigma_n^2 - P^{32}\sigma_{n,\mathrm{MAP}}^3\|^2.$$

考虑到 σ^2 的维数以及少量的取样, 我们注意到可靠的推断是不能实现的, 但能得到一个试探性的粗略量级估计.

对作为加性噪声水平的函数的均方误差的估计如图 7.31 和图 7.32 所示. 模拟的近似误差均值与协方差两者的贡献包含在下方的曲线中. 这些曲线之所以崎岖不平是由于样本规模很小.

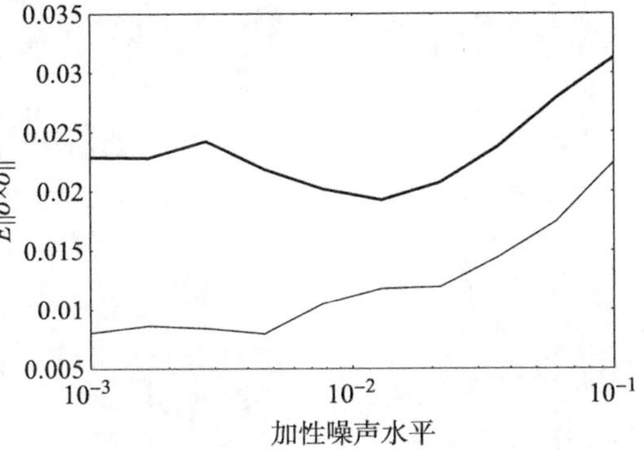

图 7.31 使用传统误差模型 (粗线) 和增强误差模型 (细线) 时对作为加性噪声水平的函数的均方误差的估计. 位势是用一阶基函数计算的

采用增强误差模型的益处是不言而喻的. 无论使用的是一阶基还是二阶基, 用上增强误差模型的估值误差本质上是相同的. 事实上, 就算使用本身很差的一阶基,

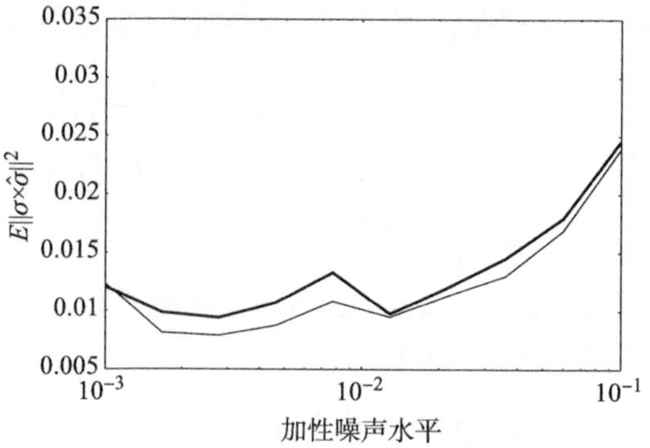

图 7.32 使用传统误差模型 (粗线) 和增强误差模型 (细线) 时对作为加性噪声水平的函数的均方误差的估计. 位势是用二阶基函数计算的

用上增强误差模型的 MAP 估计实际上还比使用二阶基和传统误差模型的 MAP 估计略胜一筹. 这正是模型降阶所追求的: 计算上更简单的模型与更精确, 更复杂的方法一样奏效.

了解误差的分布以及进一步将误差分解为系统 (或有偏) 部分和随机部分是很有意思的. 对 0.1% 和 2% 的噪声水平, 估值误差的相应于系统部分的均值以及自协方差如图 7.33–图 7.36 所示.

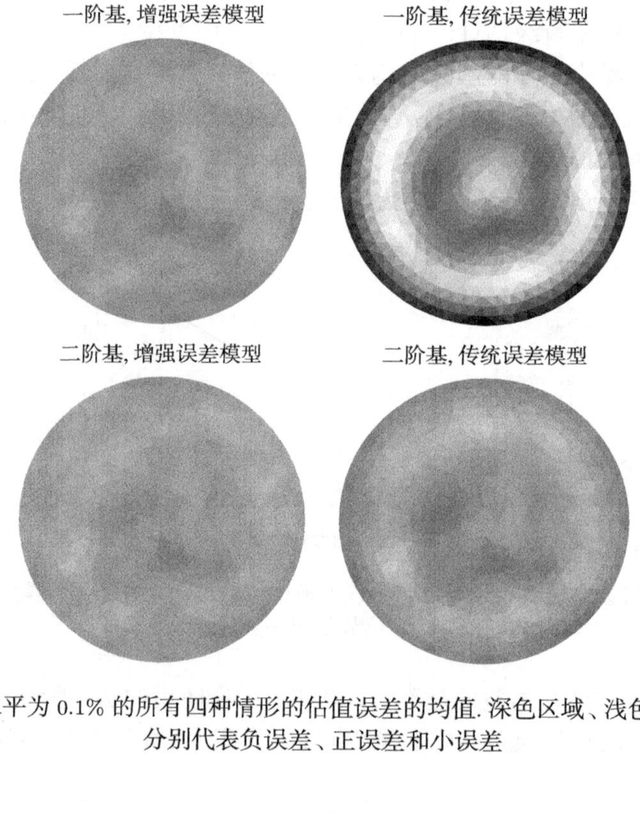

图 7.33 噪声水平为 0.1% 的所有四种情形的估值误差的均值. 深色区域、浅色区域和灰色区域分别代表负误差、正误差和小误差

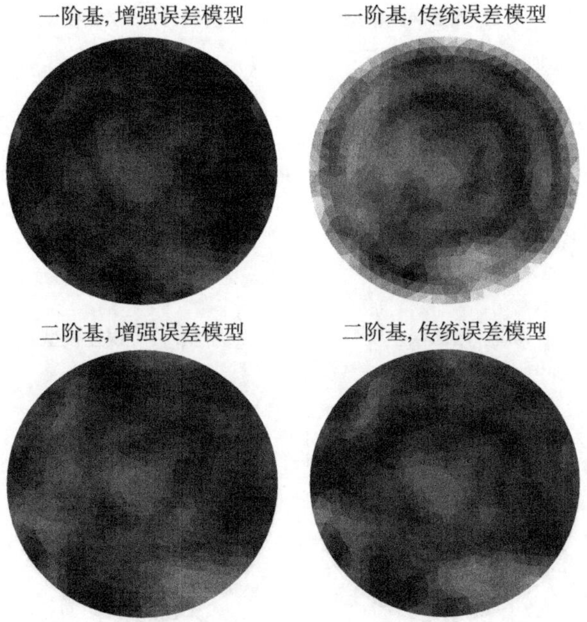

图 7.34 噪声水平为 0.1% 的所有四种情形的估值误差的自协方差. 深色区域和浅色区域分别代表小误差和大误差

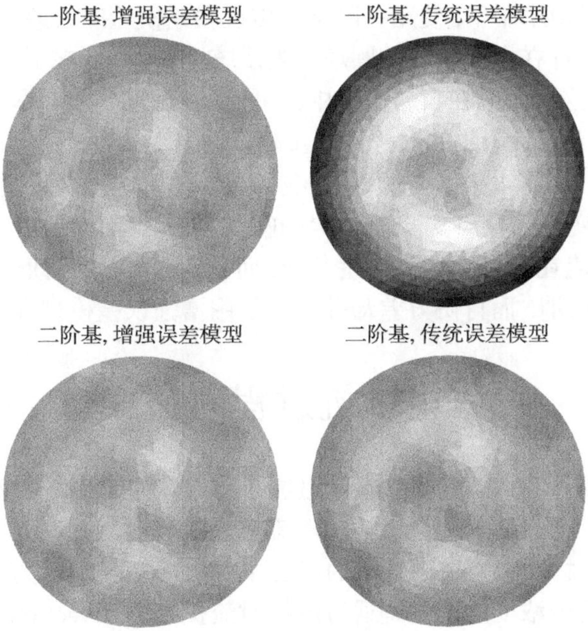

图 7.35 噪声水平为 2% 的所有四种情形的估值误差的均值. 深色区域、浅色区域和灰色区域分别代表负误差、正误差和小误差

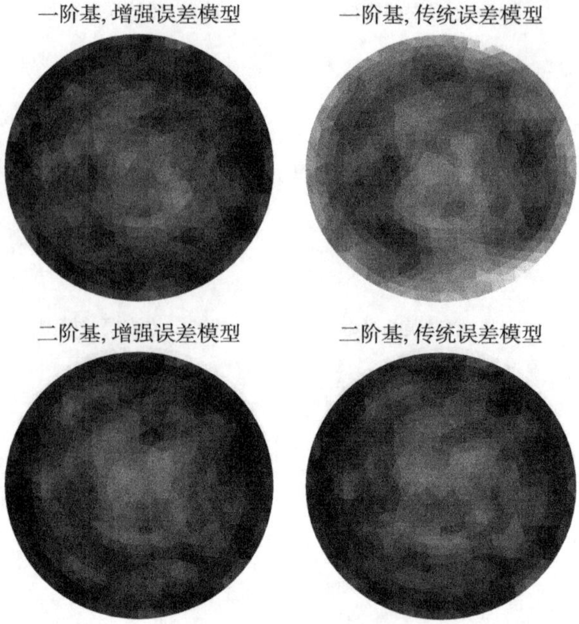

图 7.36 噪声水平为 2% 的所有四种情形的估值误差的自协方差. 深色区域和浅色区域分别代表小误差和大误差

在 0.1% 的噪声水平下, 使用一阶基或传统误差模型时误差均值的振铃效应都很明显: 电导率估计在电极附近的圆环上被系统地低估, 而在下一个圆环上被过度抵消, 以此类推. 这一效应在自协方差中亦可见端倪 (图 7.34), 尽管不是很显著. 注意到对称性来源于先验函数的对称性以及测量的群对称性.

误差在 2% 的噪声水平下变得更大, 我们认为使用增强误差模型的优势会减小, 因为此时反问题变得受噪声支配了. 事实正是如此. 然而, 使用一阶基或传统误差模型时的误差均值在外侧圆环依旧是负的, 而且比 0.1% 的情形更宽, 低估的部分在内侧圆环得以抵消. 而自协方差却并未比使用增强误差模型和二阶基时更差.

7.7 电阻抗过程断层成像

在本节中, 我们考察如下非稳态电阻抗断层成像的应用: 一组接触电极附着在一段管道的表面. 通过从这些电极输入电流并测量电压, 我们想要估计管道内导电物质的浓度. 这一物质在管道内流动的速度非常快, 以至于目标在各电流输入之间不是稳态的. 管道内浓度的演化是通过随机对流扩散 (convection-diffusion, CD) 方程和稳态不可压 (Navier-Stokes, NS) 流来模拟的.

我们的讨论包含两个重要方面. 一方面, 事实表明浓度分布估值的性能强烈依赖于对动态系统的正确模拟. 然而, 估值方法关于流速场等却相对具有鲁棒性. 这一特征是至关重要的, 因为有关速度场的信息总是不完整的. 另一方面, 在鲁棒性之外, 数据对速度场也不是完全不敏感的. 我们将说明它们也包含足够信息对速度进行估值.

7.7.1 发展模型

我们从描述流的动力模型开始入手. 我们运用随机微分方程但不深究颇为复杂的技术细节.

用 $c = c(x,t)$ ($x \in \Omega$, $t \in (0,T)$) 表示导电物体的浓度分布, 其中 Ω 是一段有限长的管道, $t > 0$. 设浓度满足对流扩散方程

$$\frac{\partial c}{\partial t} = \nabla \cdot \kappa \nabla c - v \cdot \nabla c + \mu, \tag{7.36}$$

其中 $\kappa = \kappa(x)$ 为扩散系数, $v = v(x)$ 为流速, 而 μ 是表示 CD 流模型中模拟不确定性的随机过程.

对于时间行为, 我们假设速度场是近似已知的, 因而不把它处理为变量. 在本例中, 速度场是不可压流体的 Navier-Stokes 方程的近似稳态解. 在直管中, 速度剖面为抛物线, 管壁上的速度为零.

我们分别将管壁、管道的输入端和输出端记为 $\partial\Omega_{\rm wall}$, $\partial\Omega_{\rm in}$ 和 $\partial\Omega_{\rm out}$. 管壁处的自然边界条件表示不存在穿过管壁的扩散, 即

$$\left.\frac{\partial c}{\partial \nu}\right|_{\partial\Omega_{\rm wall}} = 0, \tag{7.37}$$

其中 ν 为 $\partial\Omega_{\rm wall}$ 的单位外法线.

管道两端的边界条件显然是主要未知量. 如果它们连同 μ 都是已知的, 那我们不借助任何测量就能直接求解 CD 方程. 由于它们是未知的, 按照 Bayes 的范式它们就要被模拟为随机变量.

考虑管道段内总浓度的时间变化. 利用散度定理, 不可压性质 $\nabla \cdot v = 0$ 以及 $\partial\Omega_{\rm wall}$ 处的边界条件 $\nu \cdot v = 0$, 我们得到

$$\begin{aligned}
\frac{\partial}{\partial t}\int_\Omega c\,\mathrm{d}x &= \int_\Omega (\nabla \cdot \kappa\nabla c - v \cdot \nabla c + \mu)\,\mathrm{d}x \\
&= \left(\int_{\partial\Omega_{\rm in}} + \int_{\partial\Omega_{\rm out}}\right)\left(\kappa\frac{\partial c}{\partial \nu} - \nu \cdot vc\right)\mathrm{d}S + \int_\Omega \mu\,\mathrm{d}x \\
&= \Phi_{\rm in} - \Phi_{\rm out} + \int_\Omega \mu\,\mathrm{d}x,
\end{aligned}$$

其中 $\Phi_{\rm in}$ 和 $\Phi_{\rm out}$ 分别为输入端和输出端的通量. 我们假设 μ 的均值为零, 且 $\int_\Omega \mu\,\mathrm{d}x$ 与通量相比很小. 另外, 如果通量能被精确模拟, 那么该积分不为零就意味着物质会在管道段 Ω 内凭空出现或消失.

我们假设输出通量是受对流项支配的. 因此, 假定如下的近似边界条件是合理的:

$$\left(\kappa\frac{\partial c}{\partial \nu} - \nu\cdot vc\right)\bigg|_{\partial\Omega_{\rm out}} = -\nu\cdot vc|_{\Omega_{\rm out}} \quad 或 \quad \frac{\partial c}{\partial \nu}\bigg|_{\partial\Omega_{\rm end}} = 0. \tag{7.38}$$

对于输入, 我们将输入边界的浓度假设为未知的 Dirichlet 边界条件. 若记 t 为映到输入端的迹映射 (见附录 A), 我们就设

$$tc = c|_{\partial\Omega_{\rm in}} = c_{\rm in}, \tag{7.39}$$

其中输入函数 $c_{\rm in}(x,t)$ 为一随机函数. 简单起见, 假设 $c_{\rm in}(x,0)=0$. 记 P 为迹映射 t 的右逆, 即 $tPc_{\rm in}=c_{\rm in}$. 我们假设在 $\partial\Omega_{\rm wall}\cup\partial\Omega_{\rm out}$ 的邻域中成立 $Pc_{\rm in}=0$. 现在就能写成

$$c = u + Pc_{\rm in}, \quad tu = 0.$$

最后, 将 $t=0$ 时浓度的初值表为 $c(x,0)=c_0(x)$.

我们利用解析半群来导出 u 的发展模型. 由于模型包含随机过程, 这里的推导只能看作从形式上对想法的阐释.

用 $\mathcal{L}$ 代表微分算子

$$\mathcal{L}:\mathcal{D}(\mathcal{L})\to L^2(\Omega), \quad \mathcal{L}=\nabla\cdot\kappa\nabla - v\cdot\nabla,$$

其中

$$\mathcal{D}(\mathcal{L}) = \left\{u\in H^2(\Omega)\ 满足\ \frac{\partial u}{\partial \nu}\bigg|_{\partial\Omega_{\rm wall}} = \frac{\partial u}{\partial \nu}\bigg|_{\partial\Omega_{\rm out}} = 0, u|_{\partial\Omega_{\rm in}} = 0\right\}.$$

我们试图找到满足

$$\frac{\partial u}{\partial t} = \mathcal{L}u + q, \quad q = \left(\nabla\cdot\kappa\nabla - v\cdot\nabla - \frac{\partial}{\partial t}\right)Pc_{\rm in} + \mu$$

的 $u\in\mathcal{D}(\mathcal{L})$. 记 $\mathcal{U}(t)$ 为无穷小生成元 $\mathcal{L}$ 生成的算子半群. 这样解 $c=c(x,t)$ 就能写为

$$c = u + Pc_{\rm in} = \mathcal{U}(t)c_0 + \int_0^t \mathcal{U}(t-s)q(s)\,{\rm d}s + Pc_{\rm in}.$$

现在考虑采样自离散时刻 t_k 的浓度分布, $k=0,1,\cdots$. 记 $c_k(x)=c(x,t_k)$ 并利用群性质 $\mathcal{U}(t_{k+1})=\mathcal{U}(\delta t_k)\mathcal{U}(t_k)$, 其中 $\delta t_k = t_{k+1}-t_k$, 就得到

$$\begin{aligned} c_{k+1} &= \mathcal{U}(\delta t_k)\left(\mathcal{U}(t_k)c_0 + \int_0^{t_{k+1}}\mathcal{U}(t_k-s)q(s)\,{\rm d}s\right) + Pc_{\rm in}(t_{k+1}) \\ &= \mathcal{F}_k c_k + \varepsilon_{k+1}, \end{aligned} \tag{7.40}$$

其中 $\mathcal{F}_k=\mathcal{U}(\delta t_k)$, 而

$$\varepsilon_{k+1} = \int_{t_k}^{t_{k+1}}\mathcal{U}(t_{k+1}-s)q(s)\,{\rm d}s - \mathcal{U}(\delta t_k)Pc_{\rm in}(t_k) + Pc_{\rm in}(t_{k+1})$$

包含了随机项对于浓度变化的贡献. 此外, 我们还假设输入 c_{in} 是作为一个确定性部分加上一个零均值随机部分之和给出的:

$$c_{\text{in}} = \overline{c}_{\text{in}} + \eta.$$

换言之, 我们有 $\overline{c}_{\text{in}} = E\,c_{\text{in}}$, 它是已知的. 把所有随机项聚集起来之后, 我们就得到发展模型

$$c_{k+1} = \mathcal{F}_k c_k + s_{k+1} + w_{k+1}, \tag{7.41}$$

其中 s_{k+1} 是对应于 $\overline{c}_{\text{in}}$ 的决定性部分, w_{k+1} 为所得的离散时间状态噪声过程.

7.7.2 观测模型与计算格式

观测值是以 EIT 试验为基础的. 用 σ_t 表示 $t = t_k$ 时刻 Ω 内的电导率分布. 浓度分布 c_t 与电导率 σ_t 之间的关系依赖于解的物理性质, 例如强弱电解质的行为就相差悬殊. 这里我们假定一个简化模型 $\sigma_t = c_t$.

设测量装置含有 L 个接触电极, 并用 $R(\sigma_t) \in \mathbb{R}^{L\times L}$ 表示 $t = t_k$ 时刻的电阻矩阵. 如果我们输入电流模式 $I_t \in \mathbb{R}^L$, 得到的电压模式就是 $U_t = R(\sigma_t)I_t \in \mathbb{R}^L$. 我们在一致长时间平均电导率 $\overline{\sigma}$ 处对映射 $\sigma_t \mapsto U_t$ 进行线性化, 并将平均浓度记为 $\overline{c}$. 现在的无噪声线性化观测模型即为

$$U_t = U_{t,0} + J_t(\overline{c})(c_t - \overline{c}),$$

若定义 $\widetilde{U}_t = U_t - U_{t,0} + J_t(\overline{c})\overline{c}$, 这就等价于

$$\widetilde{U}_t = J_t(\overline{c})c_t.$$

这里, J_t 是映射 $\sigma_t \mapsto U_t$ 的 Jacobi 矩阵.

用有限元对模型进行离散, 并用 $X_t \in \mathbb{R}^n$ 表示离散后的浓度. 我们将测量噪声假设为 Gauss 白噪声, 于是观测模型即为

$$Y_t = G_t X_t + E_t, \quad E_t \sim \mathcal{N}(0, \text{diag}(\beta_e)),$$

其中 G_t 为 $J_t(\overline{c})$ 的矩阵近似, 向量 β_e 各分量的取值在无噪声测量向量各分量的 2.5%–10%, 这与现实的测量模型相一致.

我们指出, 这个误差模型并未将模拟误差考虑在内. 这里的模拟误差同时包含了源于离散化的近似误差和线性化误差.

为了写出离散发展模型, CD 方程是用传统的半离散 Petrov-Galerkin 格式求解的 (见 [16]). 输入流边界上的边界条件是 Dirichlet 的, 除此之外的边界条件都模拟为 Neumann 的. 这就得出

$$M\frac{\partial X_t}{\partial t} = \widetilde{F}X_t + \widetilde{S}_t + \widetilde{W}_t,$$

其中各项都与连续发展模型 (7.41) 中的相对应. 我们需要对这个方程从一个观测时刻到另一个求积分. 但由于这是个刚性系统, 故要采用隐式多步积分. 在测量区间上积分后得到的系统就给出了时间发展模型

$$X_{t+1} = F_{t+1}X_t + S_{t+1} + W_{t+1}. \tag{7.42}$$

时间下标 $t, t+1$ 表示前后的观测时刻. 矩阵 F_{t+1}, S_{t+1} 和 W_{t+1} 依赖于速度场 v, 它在这里被处理作已知参数. 状态噪声 W_{t+1} 为零均值的状态噪声过程, 其协方差将在后面讨论.

对流扩散模型和 EIT 模型分别是用一阶和二阶有限元基来求解的, 对正问题和反问题都是如此. 此外, 由于浓度是用分片线性基表示的, 我们也在同一组基上表示电导率. 注意到在传统的 EIT 应用中, 电导率是表示在分片常数基上的. 我们将在后面考虑与网格有关的问题.

状态噪声 W_{t+1} 包含了过程 μ, η 及其时间导数 η' 的贡献. 根据假设, 状态噪声的均值为零, 而协方差矩阵由三部分组成:

$$\Gamma_{w_{t+1}} = Y\Gamma_\mu Y^{\mathrm{T}} + D\Gamma_\eta D^{\mathrm{T}} + H\Gamma_{\eta'}H^{\mathrm{T}},$$

其中矩阵 Y, D 和 H 是从 Petrov-Galerkin 格式中产生的, 而矩阵 Γ_μ, Γ_η 和 $\Gamma_{\eta'}$ 为相应离散过程的协方差矩阵. 我们假设这些过程是稳态且不相关的. 这里我们采用的模型是

$$\Gamma_\mu = \beta_\mu I, \quad \Gamma_\eta = \beta_\eta I, \quad \Gamma_{\eta'} = 0. \tag{7.43}$$

这一模型是大幅简化了的. 在现实中, β_μ 应取决于所用离散模型引起的近似误差以及 CD 发展模型的*总体模型误差*的估计. 它应该考虑到实际速度场中的误差以及在可能的多相情况中使用单相模型的误差. 至于 (7.43) 中另两个协方差, 现实中的 η 和 η' 是光滑函数, 从而它们的离散值应该是相关的. 另外, 它们不仅是相关的, 在时间上的相关性也不为零. 但是, 这些模拟瑕疵并不像看上去的那么严重. 描述流的算子半群是光滑性的, 从而 (7.43) 中的矩阵 Y, D 和 H 能抚平模拟误差. 从实际的角度来说, 重要的特征在于发展噪声模型的纠错结构; 参数 β_μ 和 β_η 随着模拟被纠正过来. 扰动分析表明估计量的表现并非很大程度上取决于这些参数的选取, 而这正是该方法可行的先决条件.

在 Ω_{in} 上模拟的时变 Dirichlet 数据如图 7.37 所示.

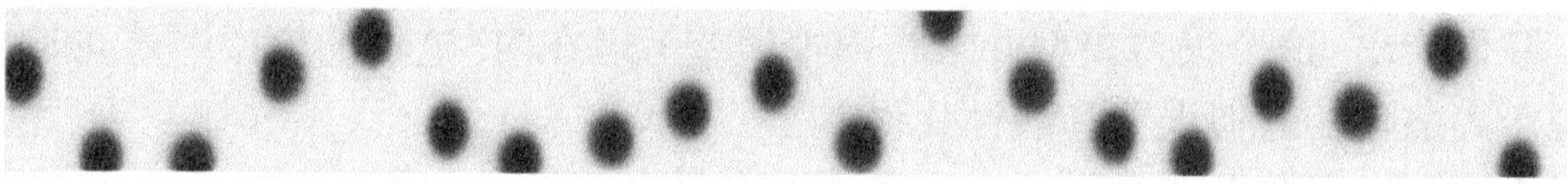

图 7.37 模拟的输入. 横坐标是时间, 图中所绘的是在每一时刻管道段输入端的 Dirichlet 数据

不同的子问题对有限元网格的要求稍有不同. 对于 CD 问题和用到的速度场, 所需的是基本一致的网格, 而对于 EIT 问题, 网格在电极附近, 尤其是在电极边界

附近应该更细,那里位势的梯度很大. 另外,位势在远离电极的地方变化缓慢,较粗的网格就足够了. 使用不同的网格就要求在网格间进行插值,这就会进一步增加模拟误差.

7.7.3 固定滞后状态估计

在导出发展-观测模型时,我们对电压测量值使用全局线性化以降低计算复杂度,这在现实应用中往往是最具决定性的因素. 在诸如工业过程监控的应用中,需要的通常是即时估值. 这样,固定间隔光滑器就是不可行的,我们必须运用 Kalman 滤波器或者固定滞后光滑器. 这里我们考虑固定滞后光滑器,其中我们每获得一个新的测量值就计算一个新的估计,而状态则要早几个时间步计算.

试验显示,使用滞后参数 $q=8$ 产生的估计本质上就和固定间隔估计的一样好了. 计算模拟数据所用的网格与用于反演的网格是不同的,且 CD 求解器和 EIT 求解器所用的网格也互不相同.

模拟是以二维模型进行的. 16 个电极被分为两组,它们沿管道等距排列,使得大约 30% 长度的管道处于两端电极的外侧. 电流模式使得同时只有两个电极是输入电流. 每一时刻的活性电极位于管道的相反两侧,电流模式的顺序是随机化的.

整个模拟扩充到了 32 个电流模式输入. 通过观察图 7.38 中的目标我们不难发现,以 15 个线性无关的电流模式为基础的传统稳态 EIT 重构是没有意义的,目标在一个电流模式期间的时间发展对应于前 8 行.

为了评价估值格式对错误指定管道中平均速度的敏感性,我们以正确的平均流速 $450\,\mathrm{cm\,s^{-1}}$ 以及被严重低估的平均流速 $200\,\mathrm{cm\,s^{-1}}$ 进行计算. 固定滞后估计如图 7.38 所示. 在第 3–5 行,来自初始瞬变的估值误差清晰可见,这里我们指的是对初始状态的错误估计和较大的初始误差协方差.

另外,因为流向是从左到右的,左端的估计受输入流不确定性的影响更大些. 这点不仅与直观相符,亦能通过检查估计误差协方差来验证. 如前所述,除了点估计之外还能进行 CM 估计或 MAP 估计这类分散估计一般是统计反演方法中最重要的优点. 估计误差方差的时间平均

$$\overline{\gamma}=\frac{1}{T}\sum_{t=k+1}^{k+T}\operatorname{diag}\Gamma_{t|t+q}$$

如图 7.39 所示.

我们回忆到,基于任何统计反演格式的估计误差方差本身只有当所有底层模型均正确时才能成为正确的估计. 然而,只要模型可行,这些估计就是有用的. 我们还观察到,因为线性化的缘故,估计误差协方差并不依赖于数据. 这样就有可能关于先验函数 (相当于这里的发展模型) 对测量进行优化,此时的电流模式将会像 7.5 节中一样.

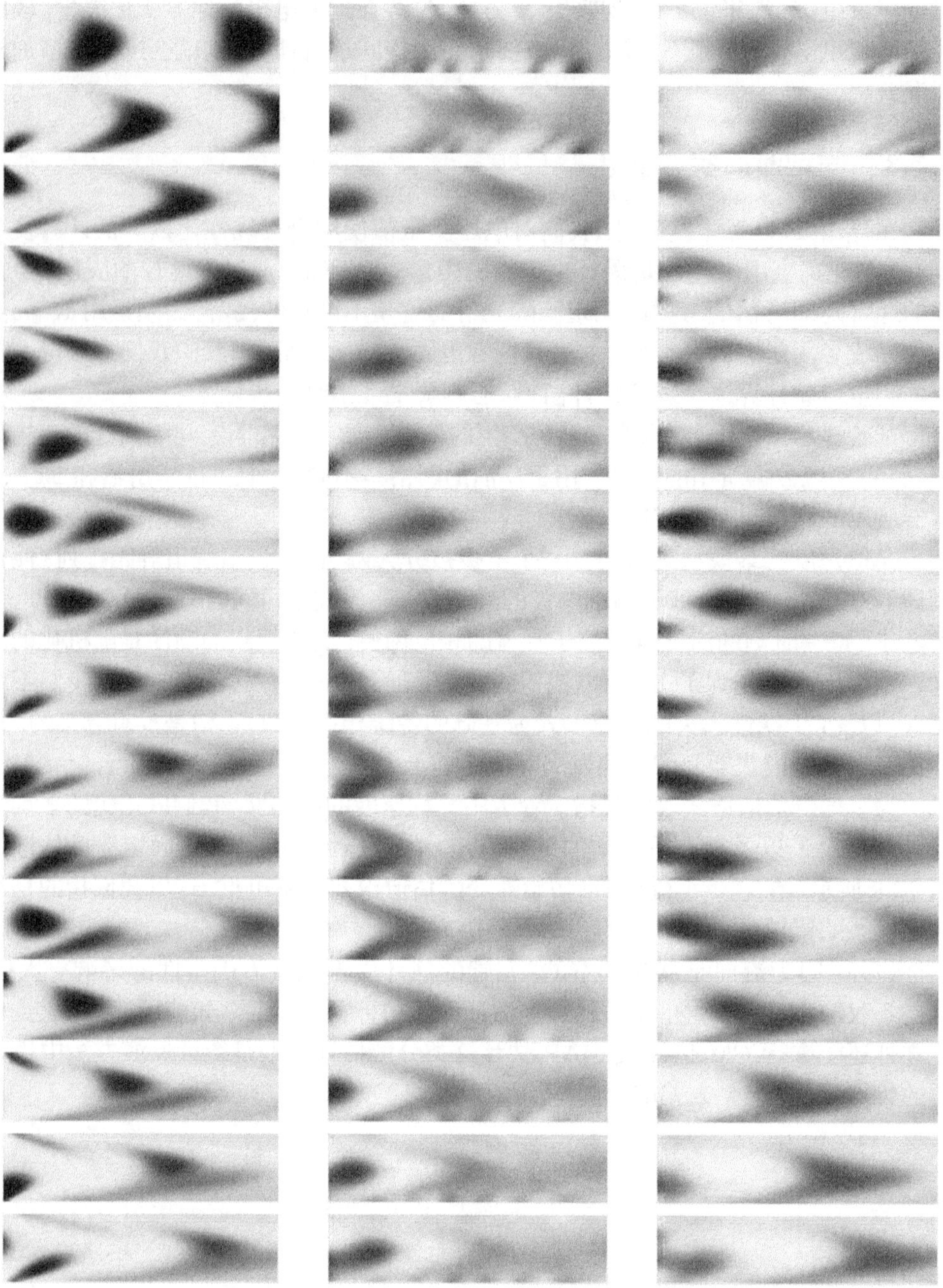

图 7.38　从左到右: 真实电导率分布以及在发展模型中以 $200\,\mathrm{cm}\cdot\mathrm{s}^{-1}$ 和 $450\,\mathrm{cm}\cdot\mathrm{s}^{-1}$ 的平均速度重构的分布. 电导率分布对应于第 $2, 4, \cdots, 32$ 个电流输入的时刻

(a) (b)

图 7.39 Kalman 滤波器 (a) 和固定滞后光滑器 (b) 给出的估计误差的时间平均方差

7.7.4 流剖面的估值

7.7.3 小节的例子表明, EIT 数据携带了足以估计浓度分布的信息, 且固定滞后估计也不会过分敏感于对速度场的错误模拟.

进一步的问题在于 EIT 测量是否具有足够的信息使得对速度场和浓度的同时估值成为可能. 这一估值问题的难点取决于关于速度场的假设. 在最简单的情形下, 速度是稳态的, 这就导出了所谓的状态空间识别问题. 这类问题通常是在给出所有观测值时对未知参数使用最大似然型的算法来求解的.

这里我们假设速度场是非稳态的, 即 $v = v(x,t)$, 并将它处理作另一个状态向量. 这个二维速度的离散表示由

$$v(x,t) = \sum_{k=1}^{p}\sum_{\ell=1}^{2} b_{t,k,\ell}\phi_k(x)e_\ell, \quad t \in (0,T)$$

给出, 其中函数 ϕ_k 为有限元的基函数, e_ℓ 为正交基向量. 这样的表示需要一个速度场的先验模型.

下面我们仅限于讨论一个更简单的情形, 即假设时变的速度场在横截方向的分量为零. 由于管道是直的, 对于不可压流这就意味着流的剖面沿着管道是处处相同的, 即 $v(x,t) = v_t = b_t\phi(x_2)e_1$. 这里, x_2 是管道横截面方向的变量, 标量函数 $\phi(x_2)$ 表示流的剖面.

对浓度和速度进行同时估值的关键想法是, 只要我们能写出发展模型与观测模型, 就能定义任何可以想到的状态. 这里, 新的状态向量是 $z_t = (c_t, v_t)$ 的离散形式. 注意到由于 CD 模型中 $v \cdot \nabla c$ 这一项的出现, 关于 z_t 的发展方程变成非线性的了.

为了将问题离散, 我们选取适当的函数逼近剖面:

$$v(x,t) \approx \sum_{j=1}^{q} b_{t,j}\phi_j(x_2)e_2.$$

我们把这一表达式代入 CD 方程的变分形式中.

系数向量表示为 $B_t = [b_{t,1}, \cdots, b_{t,q}]$.

相应于 (7.42), 现在我们就有

$$\begin{aligned} X_{t+1} &= \overline{F}(B_t, X_t) + S_{t+1}(B_t) + W_{t+1}(B_t) \\ &= F(B_t)X_t + S_{t+1}(B_t) + W_{t+1}(B_t), \end{aligned} \tag{7.44}$$

其中协方差 $\mathrm{cov}(W_{t+1})$ 依赖于 B_t. 在计算正问题以得到模拟的测量值时, 速度场是用指定的 v 而不是它在 $\mathrm{span}\{\varphi_j\}$ 上的投影计算的.

对于系数 B_t 的时间发展, 假定随机游动模型

$$B_{t+1} = B_t + W'_{t+1}, \quad \mathrm{cov}(W'_{t+1})\lambda I.$$

Z_t 的发展方程为

$$Z_{t+1} = \begin{bmatrix} X_{t+1} \\ B_{t+1} \end{bmatrix} = \begin{bmatrix} \overline{F}(B_t, X_t) \\ B_t \end{bmatrix} + \begin{bmatrix} S_{t+1}(B_t) \\ 0 \end{bmatrix} + \begin{bmatrix} W_{t+1}(B_t) \\ W'_{t+1} \end{bmatrix}. \tag{7.45}$$

现在考虑假设滤波后的均值 $z_{t|t}$ 和协方差 $\Gamma_{t|t}$ 已知时 Kalman 滤波中的预测步. 为了计算 Kalman 滤波器和光滑器中的预测量均值 $z_{t+1|t}$, 可以利用方程 (7.45) 而无需用到线性化. 我们有

$$z_{t+1|t} = \begin{bmatrix} x_{t+1|t} \\ b_{t+1|t} \end{bmatrix} = \begin{bmatrix} \overline{F}(b_{t|t}, x_{t|t}) + S_{t+1}(b_{t|t})_{t+1} \\ b_{t|t} \end{bmatrix}.$$

相应协方差 $\Gamma_{t+1|t}$ 的近似就需要线性化了. 函数 $\overline{F}$ 在给定点 (x_t^*, b_t^*) 处的一阶 Taylor 近似给出

$$\overline{F}(X_t, B_t) \approx F(b_t^*)x_t^* + F(b_t^*)(X_t - x_t^*) + \left.\frac{\partial \overline{F}}{\partial b}\right|_{(x_t^*, b_t^*)} (B_t - b_t^*). \tag{7.46}$$

囿于多步隐式 Euler 算法强加的结构, 导数 $F_b = \partial\overline{F}/\partial b$ 的计算在矩阵微分学中是一项艰巨的任务.

根据 (7.46), 我们仅需要一阶项就能逼近由

$$\Gamma_{t+1|t} = \begin{bmatrix} F(b_t^*) & F_b(x_t^*, b_t^*) \\ 0 & I \end{bmatrix} \Gamma_{t|t} \begin{bmatrix} F(b_t^*) & F_b(x_t^*, b_t^*) \\ 0 & I \end{bmatrix}^{\mathrm{T}} + \begin{bmatrix} \Gamma_{w_{t+1}} & 0 \\ 0 & \lambda I \end{bmatrix}$$

给出的预测量协方差. 至于计算预测量协方差时的线性化点 (x_t^*, b_t^*), 我们采用最佳可行估计, 即

$$x_t^* = x_{t|t} \quad 与 \quad b_t^* = b_{t|t}.$$

在根据预测量和 $t+1$ 时刻的观测值计算均值 $z_{t+1|t+1}$ 和协方差 $\Gamma_{t+1|t+1}$ 时, 我们使用带内层 Gauss-Newton 迭代的扩展 Kalman 滤波器. 若分别用 $U_t(z_t) = U_t(c-t)$ 和 y_t 表示 t 时刻的无噪声观测值和含噪声观测值, 我们就能将测量更新写成一个极小化问题:

$$z_{t+1|t+1} = \arg\min_{z} \|L_e(y_{t+1} - U_t(z))\|^2 + \|L_{t+1|t}(z - z_{t+1|t})\|^2,$$

其中 $L_{t+1|t}$ 和 L_e 分别为矩阵 $\Gamma_{t+1|t}^{-1}$ 和 Γ_e^{-1} 的 Cholesky 因子.

一旦求解上述极小化问题的内层迭代结束，我们就计算其 Jacobi 矩阵并像扩展 Kalman 滤波器一样装配后验协方差 $\Gamma_{t+1|t+1}$. 我们指出，上面的阐述只是形式上的，真实的数值格式用不到求逆和因子分解.

固定滞后估计的计算是以 Kalman 预测器和滤波器估计为基础的，而协方差则是用类似于线性的固定滞后公式的改进版计算的.

上面介绍的格式旨在评估方法的可行性. 在实时的应用中，它的计算量可能太大了. 以全局线性化为基础减小计算量的版本在诸如浓度对比较低的情况下是可以实现的.

我们感兴趣的是在稳定状态流中估计的跟踪行为以及稳定性，即估计多快能够跟上速度剖面的变化，以及估计有多稳定. 为了评估格式的跟踪行为，事实上我们不必考虑时变流，而只需从一个错误的初始猜测开始并观察收敛性即可. 很显然，参数 λ 是控制跟踪性质和收敛性质的关键参数.

作为数值试验，我们考察如下情形：流的剖面是非对称的，而正确的平均速度为 $450\,\mathrm{cm\,s^{-1}}$. 我们从彻底错误的平均速度初始值 $200\,\mathrm{cm\,s^{-1}}$ 及一个对称的剖面开始，并对 $v(x_2)$ 使用三个四阶的多项式基函数以进行估值.

我们计算 Kalman 滤波器估计和 8 步滞后的固定滞后光滑器估计，两者中都使用两个不同的速度剖面变化的方差 λ. 平均速度的变化如图 7.40 所示. 这里 λ 之于估计的渐近方差的效果一目了然. 这里我们尚未看到的是渐近方差与收敛速度之间的权衡：如果 λ 取得非常小，收敛会变得很慢，但渐近估计的方差会很低. 然而，对 v 假定高阶发展模型的话，就有可能部分遇到这个问题：我们能很快得到光滑的发展，但估计却不会突然变化.

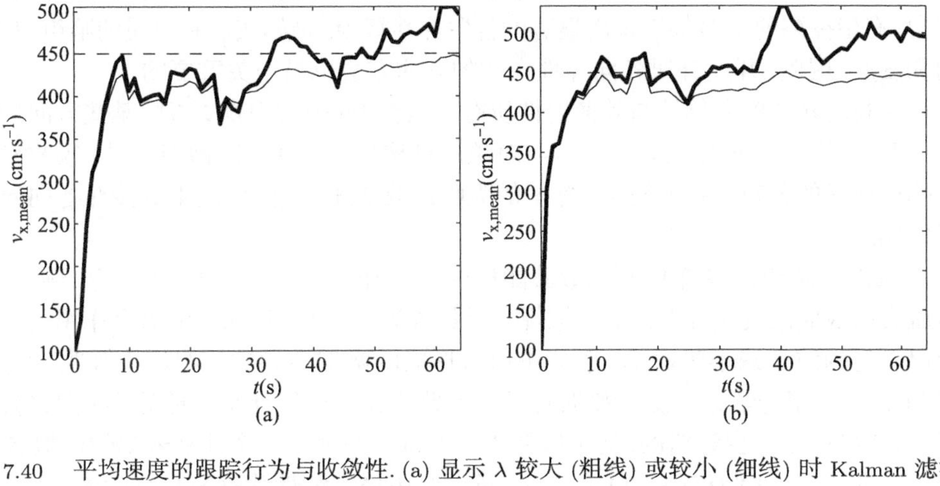

图 7.40 平均速度的跟踪行为与收敛性. (a) 显示 λ 较大 (粗线) 或较小 (细线) 时 Kalman 滤波器的表现. 带 8 步滞后平滑器的相应结果如 (b) 所示

基函数以及真实剖面和估计的剖面如图 7.41 所示. 该剖面至少被定量地重构出来了. 另一方面，增加基函数的个数显然会降低问题的整体稳定性.

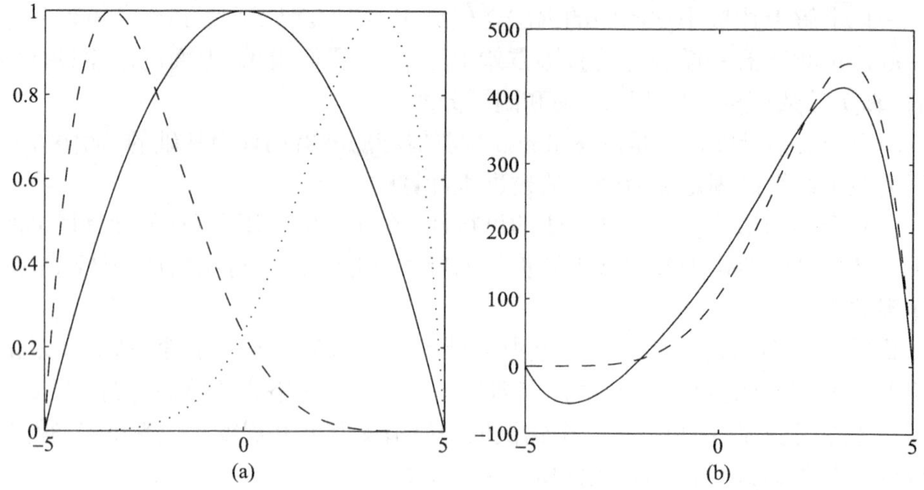

图 7.41　(a) 用于剖面估值的基函数. (b) 正确的剖面 (虚线) 和观测时刻间隔最后的估计

7.8　各向异性介质中的光学断层成像

在本节中, 我们考虑强散射各向异性介质中的时谐光学断层成像问题, 其数学模型是在 6.4 节中导出的.

众所周知, 材料的各向异性是获得反问题的唯一性的严重障碍. 从这个意义上来说, 光学断层成像是无一例外的. 这里我们不详细讨论非唯一性的问题, 有关这些问题的文献参见本章末的 "注释与评论". 在光学断层成像无数的潜在可能的应用中, 有待探测的材料都表现出显著的各向异性行为, 例如灰质和白质的脑组织, 肌肉和皮肤. 因此, 开发针对各向异性介质的反演方法也是至关重要的.

材料的光学各向异性与其散射性质有关, 比如纤维结构就更青睐某些方向的散射. 于是, 描述各向异性的参数就与对象的结构信息有关. 除散射之外, 吸收率会影响透射光的分布. 吸收率是用标量的吸收系数描述的, 因此它不直接对各向异性起作用.

在若干应用中, 单单吸收系数就能提供对象内部性质的有价值的信息. 例如, 脑溢血会在脑部血液成分上升的区域提高近红外光的吸收率, 而血液氧合作用的降低会以一定的波长减小吸收率. 肿瘤中血管形成的增加会导致该组织中吸收率的提高. 因此, 利用光学边界测量数据对吸收系数单独进行估计是合理的. 我们将会看到, 各向异性是不容忽略的, 但可以在统计上将它处理作一个几乎未知的模拟参数.

在本节中, 我们仅限于讨论二维模型, 并用局部线性化来简化反问题. 本节强调的是老生常谈的主题, 即对模拟误差及不确定性的统计处理.

7.8.1 各向异性模型

记 $\Omega \subset \mathbb{R}^2$ 为一具有连通光滑边界的有界区域. 假设物体受到沿着边界的一组谐波调制的点状激光源的照射, 而散射光和透射光在一组固定的边界点处接受测量. 假设该物体是强散射的, 于是光传播就能用 6.4 节导出的漫射模型来近似. 在这个模型中, 介质的光学性质是通过标量的吸收系数 $\mu_{\rm a}$ 和 (6.56) 给出的漫射张量 D 来描述的. 这两个未知量在这里被处理作独立变量, 而散射系数 $\mu_{\rm s}$ 和矩阵 B 则是相关变量.

为了用参数表示材料的各向异性, 考察在固定点 $x \in \Omega$ 处的各向异性矩阵 $B = B(x) \in \mathbb{R}^{2\times 2}$. 引入 B 的特征值分解

$$B = USU^{\rm T},$$

其中矩阵 $U = U(x)$ 和 $S = S(x)$ 分别为

$$U(x) = [v_1(x), v_2(x)], \quad S(x) = \begin{bmatrix} b_1(x) & 0 \\ 0 & b_2(x) \end{bmatrix},$$

其中 $v_j(x) \in \mathbb{R}^2$ 为特征值 $b_j(x) > 0$ 对应的正规化特征向量, 且假设 $b_1(x) \geqslant b_2(x)$. 继而, 漫射张量 $D = D(x)$ 的特征值分解为

$$D = U\Lambda U^{\rm T},$$

其中对角阵 Λ 的非零对角元为

$$\lambda_j(x) = \frac{1}{2({\rm i}\,k + \mu_{\rm a}(x) + (1 - b_j(x))\mu_{\rm s})}.$$

用于实际中的调制频率通常长到能够作实数近似

$$\lambda_j(x) \approx \frac{1}{2(\mu_{\rm a}(x) + (1 - b_j(x))\mu_{\rm s})} > 0. \tag{7.47}$$

这里我们也假设其成立. 固定一个 Euclid 坐标系后, 我们就用单个方向角 $\theta = \theta(x)$ 对特征向量 $v_j(x)$ 进行参数化:

$$v_1(x) = \begin{bmatrix} \cos\theta(x) \\ \sin\theta(x) \end{bmatrix}, \quad v_2(x) = \begin{bmatrix} -\sin\theta(x) \\ \cos\theta(x) \end{bmatrix}.$$

特征向量的方向取为使得 $0 \leqslant \theta(x) < \pi$. 注意到当矩阵各向同性, 即 $\lambda_1(x) = \lambda_2(x)$ 时, 角度参数就不能明确定义了.

有了这些定义, 我们就能用四个标量场对材料的光学性质进行参数化:

$$\Omega \to \mathbb{R}_+ \times \mathbb{R}_+ \times \mathbb{R}_+ \times [0, \pi), \quad x \mapsto (\mu_{\rm a}, \lambda_1, \lambda_2, \theta).$$

反问题就是根据边界测量来估计这些参数. 边界测量包括对应于不同输入的输出通量 Φ_{out} 在指定点 $p_j \in \partial\Omega$ 处的含噪声观测值. 我们照例将所有观测值堆叠在一个长向量中.

由于漫射张量和标量系数 $\mu'_{\mathrm{a}} = \mu_{\mathrm{a}} - \mathrm{i}\,k$ 本质上是复数的, 观测值也是复向量. 在实际中, 这意味着只要记录输出光的振幅以及相对于入射相位的相位滞后即可. 于是数据就由两个实的观测向量组成, 即振幅与相位. 根据 6.4 节的漫射模型, 写出振幅和相位两者的观测模型易如反掌. 由于光学断层成像中输出通量振幅的动态范围在几十左右, 考虑振幅的对数通常更为方便. 这里我们采用这一惯例.

考察观测模型

$$y = G(\mu_{\mathrm{a}}, \lambda_1, \lambda_2, \theta) + e,$$

其中 $G(\mu_{\mathrm{a}}, \lambda_1, \lambda_2, \theta)$ 是振幅的对数或者相位角, y 为其含噪声的测量值. 简单起见, 这里我们假设加性 Gauss 型噪声独立于待估计的参数. 在这个应用中细致分析真实噪声的统计结构是一个颇为复杂的问题, 这里就不予讨论了.

在上述假设下, Bayes 公式就能给出后验函数

$$\begin{aligned}\pi(\mu_{\mathrm{a}}, \lambda_1, \lambda_2, \theta \mid y) \propto \exp\Big\{ -\frac{1}{2}\big((y - G(\mu_{\mathrm{a}}, \lambda_1, \lambda_2, \theta))^{\mathrm{T}} \Gamma_{\mathrm{n}}^{-1} (y - G(\mu_{\mathrm{a}}, \lambda_1, \lambda_2, \theta)) \\ + (\mu_{\mathrm{a}} - \mu_{\mathrm{a}}^*)^{\mathrm{T}} \Gamma_{\mu}^{-1} (\mu_{\mathrm{a}} - \mu_{\mathrm{a}}^*) + (\lambda_1 - \lambda_1^*)^{\mathrm{T}} \Gamma_{\lambda_1}^{-1} (\lambda_1 - \lambda_1^*) \\ + (\lambda_2 - \lambda_2^*)^{\mathrm{T}} \Gamma_{\lambda_2}^{-1} (\lambda_2 - \lambda_2^*) + (\theta - \theta^*)^{\mathrm{T}} \Gamma_{\theta}^{-1} (\theta - \theta^*) \big) \Big\}.\end{aligned}$$

在继续讨论之前, 我们考虑模拟各向异性的重要性. 更准确地说, 假设各向异性矩阵 D 是已知的, 且吸收系数 μ_{a} 能从数据中被估计出来. 于是我们假设在二次型的意义下协方差矩阵 $\Gamma_{\lambda_j}, \Gamma_\theta \to 0$, 即 $\lambda_j = \lambda_j^*$ 和 $\theta = \theta^*$ 依概率 1 成立, 这就是关于各向异性的先验信息. 在此假设下, 我们计算 μ_{a} 的最大后验估计, 它是泛函

$$V(\mu_{\mathrm{a}}) = (y - G(\mu_{\mathrm{a}}, \lambda_1^*, \lambda_2^*, \theta^*))^{\mathrm{T}} \Gamma_{\mathrm{n}}^{-1} (y - G(\mu_{\mathrm{a}}, \lambda_1^*, \lambda_2^*, \theta^*)) + (\mu_{\mathrm{a}} - \mu_{\mathrm{a}}^*)^{\mathrm{T}} \Gamma_{\mu}^{-1} (\mu_{\mathrm{a}} - \mu_{\mathrm{a}}^*)$$

的极小化子. V 的极小化可通过 Gauss-Newton 极小化格式来进行. 确切地说, 设 μ_{a}^j $(j = 0, 1, \cdots)$ 为吸收系数的当前估计. 记 $G^j = G(\mu_{\mathrm{a}}^j, \lambda_1^*, \lambda_2^*, \theta^*)$ 为映射 G 的当前值, J^j 为映射 $\mu_{\mathrm{a}} \mapsto G(\mu_{\mathrm{a}}^j, \lambda_1^*, \lambda_2^*, \theta^*)$ 在点 μ_{a}^j 处估得的 Jacobi 矩阵. 我们利用记号 $\delta\mu_{\mathrm{a}} = \mu_{\mathrm{a}} - \mu_{\mathrm{a}}^j$ 写出 V 的线性化近似:

$$\begin{aligned}V(\mu_{\mathrm{a}}) \approx \widetilde{V}(\mu_{\mathrm{a}}) = (y - G^j - J^j \delta\mu_{\mathrm{a}})^{\mathrm{T}} \Gamma_{\mathrm{n}}^{-1} (y - G^j - J^j \delta\mu_{\mathrm{a}}) \\ + (\delta\mu_{\mathrm{a}} - (\mu_{\mathrm{a}}^* - \mu_{\mathrm{a}}^j))^{\mathrm{T}} \Gamma_{\mu}^{-1} (\delta\mu_{\mathrm{a}} - (\mu_{\mathrm{a}}^* - \mu_{\mathrm{a}}^j)).\end{aligned}$$

这个二次型在

$$\delta\mu_{\mathrm{a}} = \left((J^j)^{\mathrm{T}} \Gamma_{\mathrm{n}}^{-1} J^j + \Gamma_{\mu}^{-1} \right)^{-1} \left(\Gamma_{\mathrm{n}}^{-1} (y - G^j) + \Gamma_{\mu}^{-1} (\mu_{\mathrm{a}}^* - \mu_{\mathrm{a}}^j) \right)$$

时取到最小值. 我们通过设

$$\mu_{\mathrm{a}}^{j+1}=\mu_{\mathrm{a}}^{j}+t\,\delta\mu_{\mathrm{a}}$$

对吸收系数的当前值进行更新, 其中标量 t 的取值为函数

$$t\mapsto V(\mu_{\mathrm{a}}^{j}+t\,\delta\mu_{\mathrm{a}}),\quad t>0$$

在正项约束

$$\mu_{\mathrm{a}}^{j}+t\,\delta\mu_{\mathrm{a}}\geqslant 0$$

下的极小化子.

在数值算例中, 我们计算对应于 "正确的和错误的" 先验信息的 MAP 估计. 为了生成数据, 我们要确定几何构形. 用于数据生成的物体结构如图 7.42 所示. 直线表示各向异性的方向, 较大的特征值 λ_1 对应的特征向量是各向异性直线的切线方向. 带阴影的圆盘表示吸收系数有别于背景的区域.

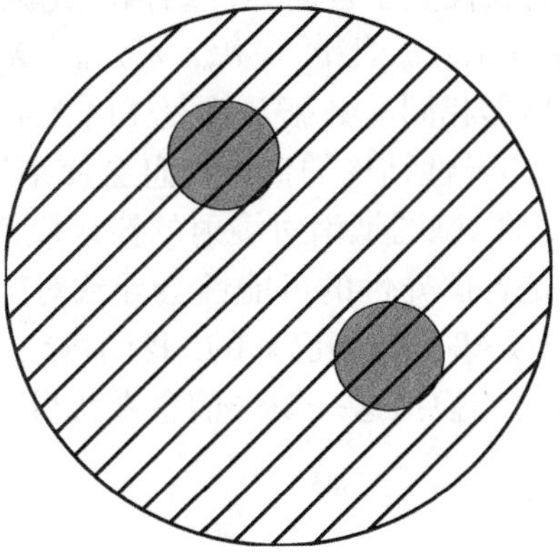

图 7.42 各向异性模型. 直线沿着较大特征值相应的特征向量的方向. 用于模型中的特征值为 $\lambda_{1,\mathrm{true}}=0.025\,\mathrm{cm}^{-1}$ 和 $\lambda_{2,\mathrm{true}}=0.0083\,\mathrm{cm}^{-1}$, 方向角为 $\theta_{\mathrm{true}}=\pi/4$, 背景与阴影区域的吸收系数分别为 $\mu_{\mathrm{a,true}}=0.25\,\mathrm{cm}^{-1}$ 和 $\mu_{\mathrm{a}}=1\,\mathrm{cm}^{-1}$

我们把用于数据生成的真值表示为 $\lambda_{j,\mathrm{true}}$ 和 θ_{true}, 吸收系数的真实背景值也类似地记为 $\mu_{\mathrm{a,true}}$. 用于模拟的数值示于图 7.42 的标题中. 我们进一步假设噪声为白噪声, 即 $\Gamma_{\mathrm{n}}=\sigma^2 I$. 同样地, 我们将先验函数取成中点为 μ_{a}^{*}, 协方差为 $\Gamma_{\mu}=\gamma_{\mu}^{2}I$ 的白噪声先验函数.

这里我们采用完全非线性模型来生成数据, 且只考虑由振幅的对数组成的数据. 为了避免触犯最明显的反演过失, 我们生成数据时所用的有限元网格不同于求解反问题时使用的网格, 并加上标准差 σ 等于无噪声振幅的 5% 噪声水平的正态分布噪声.

在图 7.43 中, 我们画出了两种情形中吸收系数的 MAP 估计. 在第一种情形中, 我们假设参数 λ_j 与 θ 以及背景吸收系数的真值实际上是已知的, 即 $\lambda_j^{*}=\lambda_{j,\mathrm{true}}$, $\theta^{*}=\theta_{\mathrm{true}}$ 且 $\mu_{\mathrm{a}}^{*}=\mu_{\mathrm{a,true}}$. 此时的估计相对来说与真实的吸收系数吻合得较好.

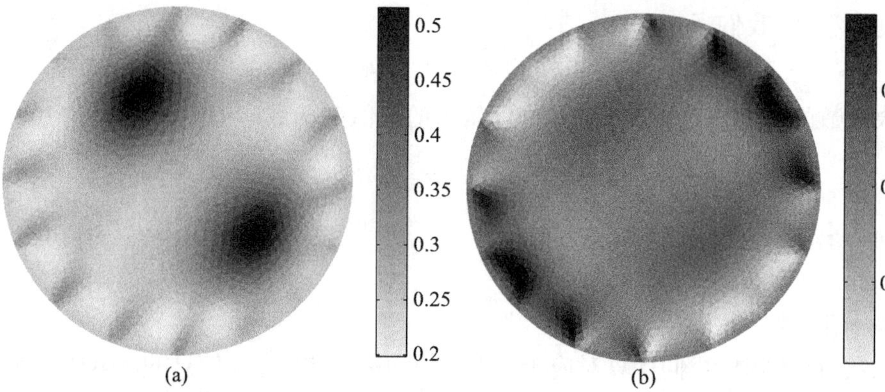

图 7.43 基于 Gauss-Newton 法以及正确的 (a) 和错误的 (b) 先验信息的 MAP 估计. 在错误的情形中, 我们的取值为 $\mu_{\rm a}^* = \mu_{\rm a,true}$, $\lambda_1^* = \lambda_{1,\rm off} = 0.0167$, $\lambda_2^* = \lambda_{2,\rm off} = 0.0125$ 和 $\theta^* = \theta_{\rm off} = \pi/2$

在第二个试验中, 我们假设关于各向异性结构的先验信息是有瑕疵的, 即假定 $\mu_{\rm a}^* = \mu_{\rm a,true}$ 但 $\lambda_j^* = \lambda_{j,\rm off} \neq \lambda_{j,\rm true}$ 且 $\theta^* = \theta_{\rm off} \neq \theta_{\rm true}$. $\lambda_{j,\rm off}$ 与 $\theta_{\rm off}$ 的取值示于图 7.43 中. 我们使用与前一情形相同的数据并重复 MAP 估值, 这些结果亦如图 7.43 所示. 我们观察到, 关于各向异性结构的错误信息会使结果失真; MAP 估计会通过相应地提高或降低吸收系数以试图抵消对漫射的错误模拟.

综上所述, 忽略背景是各向异性的可能性会导致对吸收系数严重错误的估计. 遗憾的是, 各向异性通常不是事先精确已知的. 我们将在 7.8.2 小节中说明, 即使在这种情况下我们也能通过适当模拟这一缺失信息来获得合理的结果.

7.8.2 线性化模型

为了简化问题, 这里我们考虑一个线性化模型. 本小节最后将简要讨论线性化造成的模拟误差. 在某参照值

$$(\mu_{\rm a}, \lambda_1, \lambda_2, \theta) = (\mu_{\rm a}^*, \lambda_1^*, \lambda_2^*, \theta^*)$$

附近, 我们写出近似模型

$$y \approx y^* + J_{\mu_{\rm a}}\delta\mu_{\rm a} + J_{\lambda_1}\delta\lambda_1 + J_{\lambda_2}\delta\lambda_2 + J_\theta\delta\theta + e,$$

其中 $y^* = G(\mu_{\rm a}^*, \lambda_1^*, \lambda_2^*, \theta^*)$, 而 J_μ, $\mu \in S = \{\mu_{\rm a}, \lambda_1, \lambda_2, \theta\}$ 表示映射 G 关于变量 μ 在参照点处的 Jacobi 矩阵.

假设我们在 S 中指定了变量的先验信息, 即设它们相互独立且为 Gauss 型的:

$$\eta \sim \mathcal{N}(\eta^*, \Gamma_x), \quad \eta \in S.$$

我们想要通过线性化模型估计 $\mu_{\rm a}$ 这一个参数, 而将错误指定其他参数的影响处理作模拟误差, 这就是说并不对它们的值进行估计. 我们引入线性化模型

$$y = y^* + J_{\mu_{\rm a}}\delta\mu_{\rm a} + \varepsilon,$$

其中噪声项 ε 为

$$\varepsilon = J_{\lambda_1}\delta\lambda_1 + J_{\lambda_2}\delta\lambda_2 + J_\theta\delta\theta + e.$$

显然, ε 在这些近似下是 Gauss 型的, 均值为零, 独立于变量 μ_{a}, 且其协方差为

$$\Gamma_\varepsilon = E\{\varepsilon\varepsilon^{\mathrm{T}}\} = J_{\lambda_1}\Gamma_{\lambda_1}J_{\lambda_1}^{\mathrm{T}} + J_{\lambda_2}\Gamma_{\lambda_2}J_{\lambda_2}^{\mathrm{T}} + J_\theta\Gamma_\theta J_\theta^{\mathrm{T}} + \Gamma_{\mathrm{n}}.$$

这时变量 $\delta\mu_{\mathrm{a}}$ 的 CM 估计 (在线性 Gauss 型的情形等于 MAP 估计) 为

$$(\delta\mu_{\mathrm{a}})_{|y} = \Gamma_{\mu_{\mathrm{a}}}J_{\mu_{\mathrm{a}}}\left(J_{\mu_{\mathrm{a}}}^{\mathrm{T}}\Gamma_{\mu_{\mathrm{a}}}J_{\mu_{\mathrm{a}}} + \Gamma_\varepsilon\right)^{-1}(y - y^*).$$

注意到可以对集合 S 的任一变量写出类似的方程. 此外, 还可以同时估计几个或所有变量而不仅仅是 μ_{a}, 但这会增加计算量.

我们用数值算例来解释上述估值在实际中是如何进行的. 我们所用的对应于一个各向异性对象的数据与上一小节例子中的相同.

在第一个测试中, 我们假设参照值 (即先验概率密度函数的中点) 等于参数的真值, 即 $(\mu_{\mathrm{a}}^*, \lambda_1^*, \lambda_2^*, \theta^*) = (\mu_{\mathrm{a,true}}, \lambda_{1,\mathrm{true}}, \lambda_{2,\mathrm{true}}, \theta_{\mathrm{true}})$, 而各变量的标准差示于图 7.45 的标题中. 得到的重构比利用正确各向异性信息的 MAP 估计还要好. 接下来, 我们测试当先验函数的中点偏离于真实背景值时会怎么样. 我们对 Gauss 先验函数使用与前面相同的方差, 并将先验函数的中点从真值移动到 $(\mu_{\mathrm{a}}^*, \lambda_1^*, \lambda_2^*, \theta^*) = (\mu_{\mathrm{a,true}}, \lambda_{1,\mathrm{off}}, \lambda_{2,\mathrm{off}}, \theta_{\mathrm{off}})$. 先验函数如图 7.44 所示, 其中的竖线表示用于数据生成

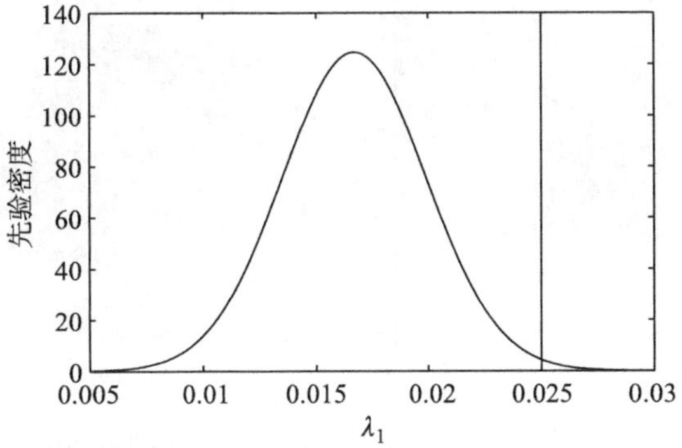

(a)

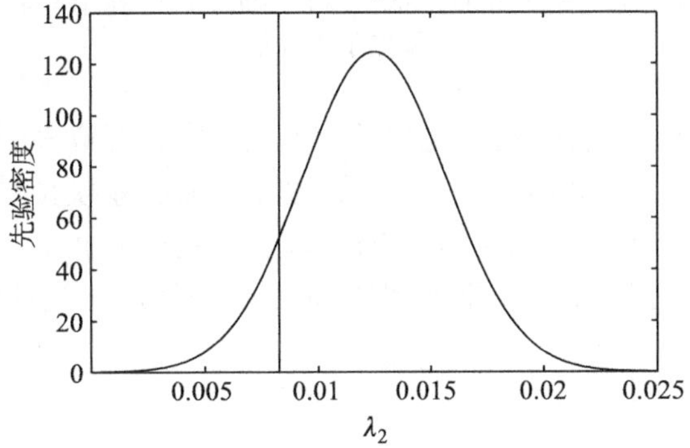

(b)

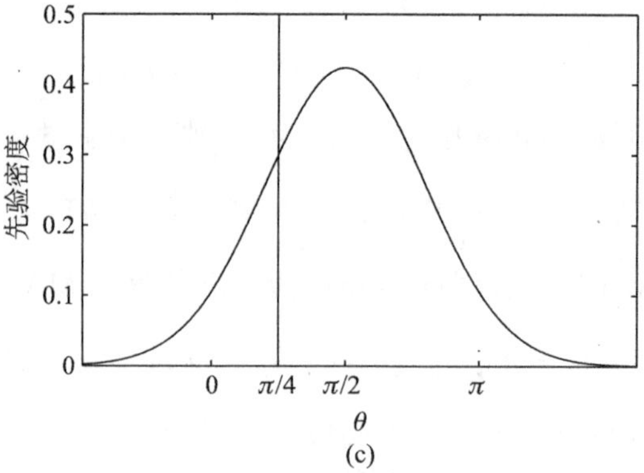

(c)

图 7.44　各向异性参数 λ_j 和 θ 的先验函数. 竖线表示真实系数

的参数真值. 估得的吸收系数亦示于图 7.45 中. 尽管重构的质量不如用中点位置正确的先验函数获得的那么好, 正确的结构却依然一目了然. 然而, 注意到特别是 λ_1 的先验函数取值 $\lambda_{1,\text{true}}$ 的概率非常小. 但除了这一事实之外, 图 7.45 中的重构是相对精确的.

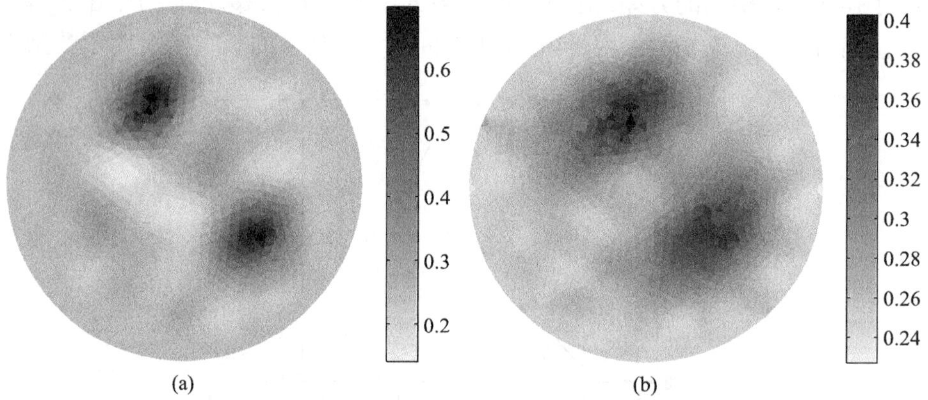

图 7.45　当未知各向异性被模拟为噪声 μ_{a} 的估计时. 在 (a) 的重构中, 先验函数的中点等于真实参数值, λ_j 和 θ 的标准差分别为 $0.0032\,\text{cm}^{-1}$ 和 $0.735\,\text{cm}^{-1}$. 在 (b) 的重构中, 先验函数的中点偏离于正确值

最后, 我们浅谈一下有关线性化误差的问题. 数值模拟表明, 线性化所引进噪声的大小是不容忽视的. 如前所述, 它们能通过增强误差模型被考虑在内. 在这里的计算中, 在似然函数中未被适当模拟的伪误差是通过降低 μ_{a} 的先验方差来抵消的. 先验方差可以用分层方法来确定, 但此时就必须采用非线性模型或增强误差线性化模型了.

7.9 光学断层成像: 边界重构

在成像型的问题中, 也许有人会认为基于像素的先验函数是最为万能的, 部分是因为它们能通过对随机场最一般的表示进行离散化来构造. 然而基于像素的先验函数在很多情况下都难当其任, 因为先验函数的描述是作为某些参数的密度函数给出的, 这不一定适合像素化表示.

为了阐明这一问题, 我们考虑如下简单的例子. 用 x_k $(k = 0, \cdots, N)$ 表示 $[0, 1]$ 区间上一个分段常数函数在 $t_k = k/N$ 处的值. 定义一个整数值的随机变量 $\ell \in \{1, \cdots, N-1\}$, 使得对所有 $k \in \{1, \cdots, N-1\}$ 成立 $\mathrm{P}\{\ell = k\} = 1/(N-1)$. 令 x_0 和 x_N 的边缘密度函数相互独立且为 Gauss 型的, 并令 $x_j \sim \mathcal{N}(\eta_j, 1)$, 其中 $j = 0, \cdots, N$ 独立于 ℓ. 然后设

$$\mathrm{P}\{x_0 = \cdots = x_{\ell-1} \mid \ell\} = 1 \quad 与 \quad \mathrm{P}\{x_\ell = \cdots = x_N \mid \ell\} = 1,$$

即变量在像素边界 $(x_{\ell-1}, x_\ell)$ 两侧是常数且为 Gauss 型的, 而边界位置服从均匀分布. 此时要逐个像素地描述 x 的密度函数就不那么简单了, 实际上该密度函数还是奇异的.

比如假定一个 Gauss 线性观测模型时, 先验函数和后验函数的不连续性使我们很难实现求出 MAP 估计的算法. 另一方面, 此时的取样却变得极其容易, 只要将先验函数用作候选密度函数即可. 将区间 $[0, 1]$ 划分为两个子区间 $[0, z]$ 与 $[z, 1]$, 其中 $z \sim \mathcal{U}(0, 1)$, 并用上述相互独立的 Gauss 分布对两个子区间上的常数参数赋值, 这样未知量的数目就从 $N+1$ 个降为三个, 而且相应的后验函数对 MAP 和取样而言都易于处理.

基于像素的先验函数有几种替代方案, 但正问题的计算往往颇具挑战性. 这一点在观测模型来源于高维偏微分方程时尤其如此.

在本节中, 我们考察边界重构问题, 即上面讨论的问题的二维类推. 我们首先讨论一般椭圆情形, 其中的正问题是以有限元方法求解的. 进而我们将该手法应用于频域中的光学漫射断层成像.

7.9.1 一般椭圆情形

记 $\Omega \subset \mathbb{R}^2$ 为一有界区域. 我们在系数 a 和 b 为分片常数这一特殊情形下考虑椭圆边值问题

$$\begin{aligned} -\nabla \cdot a \nabla \Phi + b\Phi &= f \quad 在\ \Omega\ 中, \\ c\Phi + d\frac{\partial \Phi}{\partial n} &= g \quad 在\ \partial\Omega\ 上. \end{aligned} \tag{7.48}$$

假设 Ω 被划分为 $L+1$ 个无交区域 A_k:

$$\Omega=\bigcup_{k=0}^{L}A_k,$$

它们被不相交的光滑闭曲线所包围. 进一步设系数函数 a 和 b 在各子区域中为常数, 即 $\{a,b\}|_{A_k}=\{a_k,b_k\}$. 令 χ_k 为 A_k 的特征函数, 并用 $\mathcal{C}_\ell\subset\Omega$ $(\ell=1,\cdots,L)$ 表示 A_ℓ 的光滑外边界. 假设背景区域 A_0 的外边界为 $\partial\Omega$.

外边界 $\partial\Omega$ 和 $\{a_k,b_k\}$ 的值事先可能是已知或未知的, 但关于区域 $\{A_k\}$ 的精确几何信息无论在何种情况下都是缺失的, 缺失的信息可以是形状、大小或位置, 有时甚至可能是区域的个数.

我们考虑典型的有限元三角剖分, 其中区域 Ω 被划分为 M 个无交元素 $\bigcup_{p=1}^{M}\Omega_p$, 它们相交于 D 个顶点节点 N_i. 写出 (7.48) 的变分形式, 进而应用标准 Galerkin 格式就能导出方程组

$$(K(a)+C(b)+R(a))=G(a)+F,\tag{7.49}$$

其中系数矩阵的元素由

$$K_{ij}=\int_\Omega a\nabla\varphi_i\cdot\nabla\varphi_j\,\mathrm{d}r,\quad C_{ij}=\int_\Omega b\varphi_i\varphi_j\,\mathrm{d}r,\quad R_{ij}=\int_{\partial\Omega}\frac{ac}{d}\varphi_i\varphi_j\,\mathrm{d}S\tag{7.50}$$

给出. (7.49) 式的右端项形如

$$F_j=\int_\Omega f\varphi_j\,\mathrm{d}r,\quad G_j=\int_{\partial\Omega}\frac{a}{d}g\varphi_j\,\mathrm{d}S.\tag{7.51}$$

有关详情可查阅 “注释与评论” 给出的参考文献.

根据上述定义, 我们就能记

$$a(r)=\sum_{k=0}^{L}a_k\chi_k(r),\quad b(r)=\sum_{k=0}^{L}b_k\chi_k(r).\tag{7.52}$$

这样就得到

$$K_{ij}=\sum_{k=0}^{L}\int_{\mathrm{supp}(\varphi_i\varphi_j)\cap A_k}a_k\nabla\varphi_i\cdot\nabla\varphi_j\,\mathrm{d}r,\tag{7.53}$$

$$C_{ij}=\sum_{k=0}^{L}\int_{\mathrm{supp}(\varphi_i\varphi_j)\cap A_k}b_k\varphi_i\varphi_j\,\mathrm{d}r,\tag{7.54}$$

其中 $\mathrm{supp}(\varphi_i\varphi_j)$ 表示基函数 φ_i 与 φ_j 的支集的交集, 这即同时包含节点 N_i 与 N_j 的元素的并集:

$$\mathrm{supp}(\varphi_i\varphi_j)=\bigcup_{\{N_i\in\overline{\Omega}_\ell,N_j\in\overline{\Omega}_\ell\}}\Omega_\ell.$$

我们假设 A_ℓ 是单连通的星形区域, 且边界 $\mathcal{C}_\ell$ 均充分光滑, 使得它们能用参数化模型近似为

$$\mathcal{C}_\ell : r_\ell(s) = \begin{bmatrix} r_{1,\ell}(s) \\ r_{2,\ell}(s) \end{bmatrix} = \sum_{n=1}^{N_\theta} \begin{bmatrix} \gamma_n^{1,\ell}\theta_n^1(s) \\ \gamma_n^{2,\ell}\theta_n^2(s) \end{bmatrix}, \quad \ell = 1, \cdots, L, \tag{7.55}$$

其中 θ_n^j 是周期为 1 的可微基函数.

用 γ 表示所有边界形状的系数向量. 从现在起, 设 $a = (a_1, \cdots, a_L)$ 与 $b = (b_1, \cdots, b_L)$. 下一个目标是建立系数矩阵的计算方法, 即

$$\gamma, a, b \mapsto K \text{ 与 } C.$$

这能通过如下几步实现. 首先, 我们对所有节点根据它们在每个边界 $\mathcal{C}_\ell$ 的内部或外部进行分类, 然后对所有元素根据它们在 $\{\mathcal{C}_\ell\}$ 的内部, 外部或与之相交进行分类. 对于完全位于内部或外部的元素, 它们对系数矩阵中积分项的贡献可以照常计算. 对于相交的元素, 可以用线段来逼近相交边界, 于是该元素被进一步划分为如图 7.46 所示的三个子元素. 在这些子元素上对积分 $\int \varphi_i \varphi_j \, \mathrm{d}r$ 和 $\int \nabla\varphi_i \cdot \nabla\varphi_j \, \mathrm{d}r$ 的近似是用 Gauss 求积公式计算并相应地装配的.

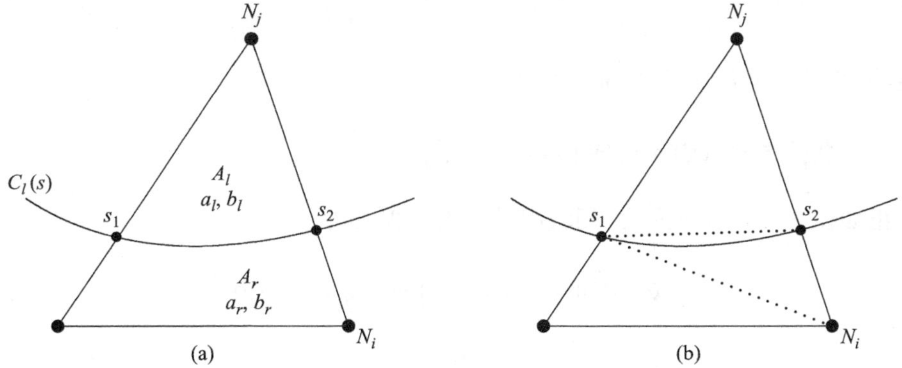

图 7.46 (a) 一个有限元元素 Ω_m 被区域边界 $\mathcal{C}_\ell(s)$ 截断的示意图. 数对 (a_ℓ, b_ℓ) 和 (a_r, b_r) 分别是 (7.48) 式中区域 A_ℓ 内部和邻接区域 A_r 中的系数, $\mathcal{C}_\ell(s_1)$ 和 $\mathcal{C}_\ell(s_2)$ 为边界 $\mathcal{C}_\ell(s)$ 与该元素边界的交点. (b) 将 Ω_m 划分为三个子三角形

令 $F(\gamma, a, b)$ 表示求和

$$F(\gamma, a, b) = K(\gamma, a) + C(\gamma, b). \tag{7.56}$$

现在有限元方程 (7.49) 就能写成如下形式:

$$(F(\gamma, a, b) + R(a_0))\Phi = G(a_0) + F. \tag{7.57}$$

注意到我们假设 $\mathcal{C}_\ell$ $(\ell > 0)$ 不与 $\mathcal{C}_0 = \partial\Omega$ 相交, 因而有 $R = R(a_0)$, $G = G(a_0)$. 相应的 Jacobi 矩阵也是平凡的, 因为 $R(a_0) = a_0\widetilde{R}$, $G(a_0) = a_0\widetilde{G}$.

若记 M 为测量算子, 那么我们对无噪声观测就得到 $y=(M\circ\Phi)(\gamma,a,b)=A(\gamma,a,b)$. 为了使用 Gauss-Newton 算法计算 MAP 估计, 我们需要计算 y 关于参数 γ, a 与 b 的 Jacobi 矩阵. 归根结底这要用到 F 关于各个参数的导数, 它们是

$$\left(\frac{\partial F}{\partial\gamma_n^{1,\ell}}\right)_{ij}=\sum\left\{[b]\int_{s_1}^{s_2}\varphi_i\varphi_j\dot{r}_{1,\ell}\theta_n^1\,\mathrm{d}s+[a]\int_{s_1}^{s_2}\nabla\varphi_i\cdot\nabla\varphi_j\dot{r}_{1,\ell}\theta_n^1\,\mathrm{d}s\right\},$$
$$\left(\frac{\partial F}{\partial\gamma_n^{2,\ell}}\right)_{ij}=-\sum\left\{[b]\int_{s_1}^{s_2}\varphi_i\varphi_j\dot{r}_{2,\ell}\theta_n^2\,\mathrm{d}s+[a]\int_{s_1}^{s_2}\nabla\varphi_i\cdot\nabla\varphi_j\dot{r}_{2,\ell}\theta_n^2\,\mathrm{d}s\right\}.$$

上面的和式是关于被边界曲线 $\mathcal{C}_\ell$ 分割且满足 $\Omega_m\cap\mathrm{supp}(\varphi_i\varphi_j)\neq\varnothing$ 的元素 Ω_m 求和的. 参数 a 和 b 在曲线两侧的跳跃表为

$$[a]=a_\ell-a_r,\quad [b]=b_\ell-b_r.$$

上面的积分限 s_1 和 s_2 是每个元素 Ω_m 的边界与边界曲线 $\mathcal{C}_\ell$ 的交点的曲线参数, 进一步的说明参见图 7.46. 另外, $\dot{r}(s)$ 表示 $\mathrm{d}r/\mathrm{d}s$.

类似地, 成立

$$\left(\frac{\partial F}{\partial a_k}\right)_{ij}=\int_{\mathrm{supp}(\varphi_i\varphi_j)\cap A_k}\nabla\varphi_i\cdot\nabla\varphi_j\,\mathrm{d}r,\quad \left(\frac{\partial F}{\partial b_k}\right)_{ij}=\int_{\mathrm{supp}(\varphi_i\varphi_j)\cap A_k}\varphi_i\varphi_j\,\mathrm{d}r.$$

现在, 我们将这些结果应用到具体实例中.

7.9.2 在光学扩散断层成像中的应用

正如在 6.4 节所讨论的, 频域中的漫射近似形如

$$-\nabla\cdot a\nabla\Phi+\left(b+\frac{\mathrm{i}\omega}{c}\right)\Phi=q\quad 在\ \Omega\ 中, \tag{7.58}$$

$$\Phi+2a\vartheta\frac{\partial\Phi}{\partial n}=g\quad 在\ \partial\Omega\ 上. \tag{7.59}$$

在本例中我们设 $\omega=300\,\mathrm{MHz}$. 我们采用漫射边界源模型, 它是通过设 $q=0$ 及

$$g_j(x)=\begin{cases}-4g_0, & x\in r_{\mathrm{s},j},\\ 0, & x\in\partial\Omega\setminus r_{\mathrm{s},j}\end{cases}$$

得到的, 其中 $r_{\mathrm{s},j}$ 表示光源 j 的边界小片. 令 Φ_j 为小片 j 处的光源处于活性态时的光子密度. 测量值就是边界位置 $z_i\neq r_{\mathrm{s},j}$ 处的通量

$$y_{i,j}=-(a\nu\cdot\nabla\Phi_j)|_{x=z_i}.$$

注意到由于在光源之外的表面施加的是 Robin 边界条件, 输出通量可以表示为 Neumann 数据的形式.

因为再参数化的缘故, 现在先验函数要以所用参数 γ, a 和 b 的形式写出来. 首先, 假设 γ 与 (a,b) 相互独立是合理的. 在大多数的生物医学和工业应用中, 根据组织的解剖数据或材料样本等获得 (a,b) 的合理先验模型是可能的. 其次, 若能得到解剖图谱, 就能合理地选取 θ 和 N_θ, 进而构造 γ 的先验函数.

一个使得构造 γ 的最终先验模型绝非易事的问题在于, 不是所有的 $\gamma \in \mathbb{R}^{N_\theta}$ 都对应于区域边界的一个可行集. 为了避免决定 γ 的先验函数时的困难, 我们假设 N_θ 小到能将 γ 的先验函数视作是完全不能提供信息的, 以此来简化问题. 换言之, 我们降低了问题的维数, 并依赖于那些具有足够信息以提供可行曲线参数的测量值. 此外, 我们还取 $(a,b) \sim \pi_+(a,b)$.

这样, 后验函数就是截断 Gauss 型的:

$$\pi_{\text{post}} = \pi_+(a,b)\mathcal{N}(y - A(\gamma,a,b),\Gamma_e),$$

其中我们取 $\Gamma_e = 10^{-4}\text{diag}(y_{i,j}^2)$. 这就是说, 我们假设所进行的测量使得所有测量值的噪声水平均为 1%.

测试目标除了背景之外还包含两个区域. 圆形外边界上等角度地分布着 16 个交错放置的光源和探测器. 由此能得到 $M = 256$ 个测量值.

对于 MAP 的计算, 我们采用的是线性搜索的 Gauss-Newton 迭代法. 数据依旧是在不同于构造反问题时用的另一个网格上计算的, 这对于基函数的数量亦是如此. 映射 $\gamma, a, b \mapsto y$ 的 Jacobi 矩阵 J 是如下逐行得到的: 令 f_k 为任一未知参数. 对 (7.57) 求微分后, 我们对第 j 个光源得到

$$F\frac{\partial \Phi_j}{\partial f_k} = -\frac{\partial F}{\partial f_k}\Phi_j,$$

进而对 J 的第 j 列中的第 k 块得到

$$J_{k,j} = \frac{\partial \Phi_j}{\partial f_k} = -F^{-1}\frac{\partial F}{\partial f_k}\Phi_j.$$

在 Gauss-Newton 迭代法中对参数找到合理的初值是很困难的. 这里, 我们首先利用带 Gauss 光滑先验函数的标准 Tikhonov 格式算出逐个像素的重构, 然后初始猜测就能通过将边界曲线拟合为曲线 $b \approx (b_{\max} + b_{\min})/2$ 来得到.

目标以及基于像素的重构, 初始猜测和最终的估计都示于图 7.47 中. 基于像素的格式能够探测出两个目标, 其精度可以满足光学断层成像, 所采用的先验模型以及边界约束情形的要求. 此时目标能被很好地定位, 这使得边界重构能迅速收敛. 显然当目标与背景的对比很小时, 它的形状就不能被精确地重构. 这一点从右下角目标的形状重构不如左上角目标的那么精确反映了出来.

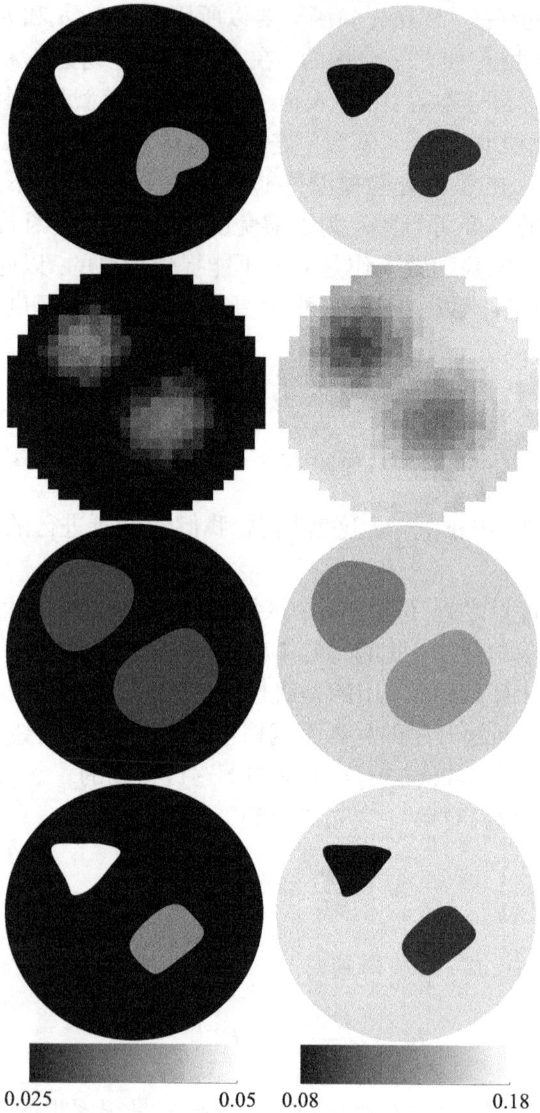

图 7.47　带两个子区域的测试例. 左列和右列分别显示了 a 和 b 的图像. 从上到下的各行: 实际参数分布, 逐个像素的重构, 初始估计和最终的估计. 未知数有 40 个

7.10　注释与评论

图像去模糊与异常　带异常先验函数的图像去模糊在 [65] 中有所讨论. 但本书的内容超出了这篇文章的范围, 且该书并未讨论模拟误差和不同网格的影响.

有限角断层成像　7.2 节是以文章 [74, 116] 为基础的. 有关外部点优化的讨论基于 [36]. [116] 也更详细地讨论了 X 射线成像的噪声模型. 我们还就 X 射线投影数据对于质量吸收系数中不连续性的敏感度参考了 [103]. Barzilai-Borwein 优化算法描述于文章 [11] 中.

注意到一个 X 射线问题通常在角度可能张到 160° (仅略小于 180°) 的时候就被视为有限角问题了, 这使得问题只是适度不适定的.

稳态情况下的源定位 在 MEG 问题中使用 ℓ^1 正则化泛函或最小电流重构的想法在 [87,131] 中有所讨论. 本书中的版本是以文章 [131] 之后的工作为基础的. 在那篇文章中, ℓ^1 准则被用作 Tikhonov 型的罚项, 而估计是通过约束线性最优化计算的. 该文章还包含了利用真实数据与偶极子拟合算法的比较. 本书中讨论的创新之处在于运用了带采样的 Bayes 框架以及对先验参数的超先验模型.

我们指出, 也有针对偶极子拟合与模型选取问题的完全 Bayes 方法, 见 [51,111].

非稳态情况下的源定位 本章讨论过的多偶极子动态问题与模型决定问题密切相关, 后者是从 Bayes 的角度进行研究的. 人们开发出*可逆跳跃* MCMC 方法以处理维数不同的模型空间之间的移动, 见 [48].

电流模式的最优化 7.5 节中的电流模式优化是以 [67] 为基础的. 该方法类似于 Bayes 试验设计, 例如 D-最优性准则 (见 [8]). 严格地说, 为了满足协方差迹的准则, 我们不应在先验均值处对问题进行线性化, 而应该通过 MCMC 型的途径考察整体行为. 然而, 这在计算上只有当问题的维数很低时才是可行的.

7.5 节中的最优电流模式问题在文献中是从非统计的角度进行讨论的, 见参考文献 [22,63]. 这些文章是基于*可识别性*这一概念的: 设 σ 为物体的真实电导率, $\widetilde{\sigma}$ 是它的一个先验估计. 电流模式 I 的可识别性就定义为

$$d(I)=d(I;\sigma,\widetilde{\sigma})=\frac{\|R(\sigma)I-R(\widetilde{\sigma})I\|}{\|I\|},$$

其中的范数为通常的 L^2 范数. [22] 将最优电流模式定义作

$$I_{\text{opt}}=\arg\min_I(d(I;\sigma,\widetilde{\sigma})),\quad \text{满足}\quad \sum_{\ell=1}^{L}I_\ell=0.$$

其想法就是使用对实际电导率和估计电导率间的差别最为敏感的电流模式. 该文章中提出了一个寻找这种电流模式的自适应算法, 它基于如下发现: 根据定义, 最优电流模式是算子 $|R(\sigma)-R(\widetilde{\sigma})|$ 的最大特征值相应的特征向量. 特征值的搜索可以用幂迭代法 (见 [47]) 来进行. 若用测出的电压模式代替 $R(\sigma)I$, 就能自适应地实现幂迭代法, 进而得到一个类似于时间反转镜像法 (见 [37]) 的过程.

本章介绍的 Bayes 电流模式优化的结果与可识别性准则是不能直接比较的, 因为它们建立在不同的最优性定义之上. 一些比较见于 [67] 中.

非稳态 EIT 的情况要比稳态情形更复杂几分. 然而, 如果发展模型是线性的, 且观测模型可以线性化, 那么估计协方差就不依赖于测量值. 于是, 对于最优化,

Kalman 递归可以简化为仅包含发展模型的状态协方差, 它满足所谓的 Riccati 方程, 这是一个二阶矩阵微分方程. 有证据显示, 只有几种线性独立的电流模式应该被用于某些非稳态 EIT 情形 (见 [76]).

EIT 逼近误差 7.6 节的内容尚未发表. 这里我们想传递的主要讯息是, 在传统中所使用的网格下, 近似误差甚至会比通常假设的 1%–2% 水平的加性噪声大得多. 当然, 估值误差看似能通过对问题的过正则化得以避免.

当测量时间不受限制时, 噪声水平就能被抑制, 且误差几乎完全来自模拟误差与近似误差. 在地球物理学 (见 [99]) 和材料测试 (见 [137]) 中都能看到这种试验的例子.

在采用线性化方法或单步方法时, 统计方法亦能被用于误差模拟. 实现全局线性化方法只需计算精确正问题以及线性化近似

$$V^{(\ell)} = U(\overline{\sigma}) + J(\overline{\sigma})(\sigma^{(\ell)} - \overline{\sigma}),$$

然后用这些来估计相应的均值与协方差即可.

[141] 等按照与经典的测量误差范数分析中相同的形式 (即 $\|\overline{A} - A\| = \delta_A$) 考察了模型误差. 这一分析与考虑测量误差范数的相同问题在于: 它缺乏结构及关于近似误差的可变性.

过程成像和有关 EIT 的非稳态模型 7.7.1 小节中的处理是以 [113–115] 为基础的. 除了相对冗长但富含信息的对流扩散模型与计算流体模型的耦合之外, 有些情况下简单很多的发展模型被证实是可行的. 例如, [134] 在此前与 EIT 一起研究了状态估值方法, 其中对电导率使用了低维参数化, 从而使得标准随机游动成为可能. 这里的关键在于对未知量进行低维数的参数化. 类似地, 边界的再参数化能使问题的维数比逐个像素的参数化低很多, 进而使随机游动模型成为可能. 对 7.9 节讨论过的方法的拓展参见 [76], 而另一种网格扰动方法见 [133].

状态估值方法亦被应用于光学漫射断层成像 (见 [73]), 它包含了基于像素的高维参数化; [101] 考察了一个涉及随机游动与伪周期分量的关于未知量的更复杂的时间序列模型.

[112, 136] 中通过 EIT 测量对这些方法在实际中进行了实验上的评估.

各向异性光学断层成像 7.8 节中的讨论是以文章 [58, 59] 为基础的, 但这些文章并未讨论源自线性化的模拟误差. 数值证据显示, 与 EIT 一样, 线性化产生了无法以白噪声模型模拟的可观误差. 因此, 这里的讨论应该被视为对于用 Bayes 方法模拟各向异性的重要性的 "概念性证明".

光学断层成像中的边界重构 7.9 节是以 [71, 72, 75] 为基础的, 其中我们只考虑了 MAP 估计. 如果还要考虑 CM 估计的取样和计算以及分散估计, 就要注意以下几点. (γ, a, b) 的 MAP 估计相当于对空间系数分布的不连续估计. 当我们进行采

样来考察作为 Ω 上函数的 a 和 b 的后验函数时, 显然参数 γ 本身是不那么有趣的. 然而, 参数 γ 能决定子区域 A_k, 但对于子区域边界 $\mathcal{C}_\ell(s)$ 在点 s 处可变性的评估就不那么直接了. 另一方面, 计算样本 $(\gamma, a, b)_j$ 的均值是毫无意义的. 反之, 对后验函数的考察可以如下进行: 作一个密集 (通常是矩形的) 网格来投影样本, 使得样本具有系数分布的形式 $(a(r_k), b(r_k))$, 其中 r_k 可以是网格元素的中点. 在此形式下考察样本的均值与其他统计量就有意义了. 与 MAP 估计不同, (a, b) 的空间分布非但不是分片常数, 还在子区域边界两侧呈现出渐变区域, 而此时的边界也不再能清晰定义的了. 这可能归因于子区域边界两侧系数的对比度很低的情形时的内在不确定性. 类似的步骤也曾用于 7.4 节中, 那时偶极子的个数是可变的. [3,38] 中实现了一种与 EIT 有关的称作 "有色多边形模型" 的参数化以及相关的后验函数取样与估值.

如前所述, 在非稳态情况下基于扩展 Kalman 滤波器的 MAP 估值也是可行的, 尽管计算量相当大 (见 [76]). 使用粒子滤波器实际上只能处理单个内含物.

附录 A　线性代数与泛函分析

我们在此附录中收集了泛函分析和矩阵代数的一些结论. 鉴于本书把计算方面放在首要位置, 尽管有限维空间是 Hilbert 空间的特殊情况, 我们还是分别对线性代数和泛函分析给出证明.

A.1　线 性 代 数

关于本节中结论的一般参考书见 [47]. 下述定理给出了任意实矩阵的奇异值分解.

定理 A.1　每个矩阵 $A \in \mathbb{R}^{m\times n}$ 都可分解为

$$A = U\Lambda V^{\mathrm{T}},$$

其中 $U \in \mathbb{R}^{m\times m}$ 与 $V \in \mathbb{R}^{n\times n}$ 为正交阵, $\Lambda \in \mathbb{R}^{m\times n}$ 为具有非负对角元 λ_j 的对角阵, 满足 $\lambda_1 \geqslant \lambda_2 \geqslant \cdots \geqslant \lambda_{\min(m,n)} \geqslant 0$.

证明　在开始证明之前, 我们回忆当 $m \leqslant n$ 时, 对角阵的形式为

$$\Lambda = \begin{bmatrix} \lambda_1 & 0 & \cdots & 0 & 0\cdots 0 \\ 0 & \lambda_2 & \cdots & 0 & 0\cdots 0 \\ \vdots & & \ddots & & \\ 0 & \cdots & & \lambda_m & 0\cdots 0 \end{bmatrix} = [\mathrm{diag}(\lambda_1, \cdots, \lambda_m), 0],$$

其中 0 表示一个 $m\times(n-m)$ 的零矩阵. 类似地, 若 $m > n$, 则 Λ 的形式为

$$\Lambda = \begin{bmatrix} \lambda_1 & 0 & \cdots & 0 \\ 0 & \lambda_2 & & 0 \\ \vdots & & \ddots & \\ 0 & \cdots & & \lambda_n \\ 0 & \cdots & & 0 \\ \vdots & & & \vdots \\ 0 & \cdots & & 0 \end{bmatrix} = \begin{bmatrix} \mathrm{diag}(\lambda_1, \cdots, \lambda_n) \\ 0 \end{bmatrix},$$

其中 0 表示一个 $(m-n)\times n$ 的零矩阵. 我们简记为 $\Lambda=\mathrm{diag}(\lambda_1,\cdots,\lambda_{\min(m,n)})$.

令 $\|A\|=\lambda_1$, 并假设 $\lambda_1\neq 0$. 取 $x\in\mathbb{R}^n$ 为满足 $\|Ax\|=\|A\|$ 的单位向量, 并作 $y=(1/\lambda_1)Ax\in\mathbb{R}^m$, 则 y 也是单位向量. 我们选取向量 $v_2,\cdots,v_n\in\mathbb{R}^n$ 与 $u_2,\cdots,u_m\in\mathbb{R}^m$, 使得 $\{x,v_2,\cdots,v_n\}$ 与 $\{y,u_2,\cdots,u_m\}$ 分别为 $\mathbb{R}^n$ 与 $\mathbb{R}^m$ 的标准正交基. 若命

$$V_1=[x,v_2,\cdots,v_n]\in\mathbb{R}^{n\times n},\quad U_2=[y,u_2,\cdots,u_m]\in\mathbb{R}^{m\times m},$$

则易知它们均为正交阵, 且成立

$$A_1=U_1^{\mathrm{T}}AV_1=\begin{bmatrix}y^{\mathrm{T}}\\u_2^{\mathrm{T}}\\\vdots\\u_m^{\mathrm{T}}\end{bmatrix}[\lambda_1 y,Av_2,\cdots,Av_n]=\begin{bmatrix}\lambda & w^{\mathrm{T}}\\0 & B\end{bmatrix},$$

其中 $w\in\mathbb{R}^{n-1}$, $B\in\mathbb{R}^{(m-1)\times(n-1)}$. 由于

$$A_1\begin{bmatrix}\lambda_1\\w\end{bmatrix}=\begin{bmatrix}\lambda_1^2+\|w\|^2\\Bw\end{bmatrix},$$

因此

$$\left\|A_1\begin{bmatrix}\lambda_1\\w\end{bmatrix}\right\|\geqslant\lambda_1^2+\|w\|^2,$$

或等价地

$$\|A_1\|\geqslant\sqrt{\lambda_1^2+\|w\|^2}.$$

另一方面, 由正交变换保持矩阵范数不变可知

$$\|A\|=\|A_1\|\geqslant\sqrt{\lambda_1^2+\|w\|^2},$$

从而 $w=0$.

现在我们用归纳法. 令 $\lambda_2=\|B\|_2$, 有

$$\lambda_2\leqslant\|A_1\|=\|A\|=\lambda_1.$$

若 $\lambda_2=0$, 即 $B=0$, 则定理证毕. 假定 $\lambda_2>0$ 并重复上述过程, 就能找到正交阵 $\widetilde{U}_2\in\mathbb{R}^{(m-1)\times(m-1)}$ 与 $\widetilde{V}_2\in\mathbb{R}^{(n-1)\times(n-1)}$, 使得

$$\widetilde{U}_2^{\mathrm{T}}B\widetilde{V}_2=\begin{bmatrix}\lambda_2 & 0\\0 & C\end{bmatrix},$$

其中 $C\in\mathbb{R}^{(m-2)\times(n-2)}$. 定义

$$U_2=\begin{bmatrix}1 & 0\\0 & \widetilde{U}_2\end{bmatrix},\quad V_2=\begin{bmatrix}1 & 0\\0 & \widetilde{V}_2\end{bmatrix},$$

我们就得到了具有如下性质的正交阵:

$$U_2^{\mathrm{T}}U_1^{\mathrm{T}}AV_1V_2=\begin{bmatrix}\lambda_1 & 0 & 0\\ 0 & \lambda_2 & 0\\ 0 & 0 & C\end{bmatrix}.$$

归纳地, 通过一系列正交变换进行相同的部分对角化, 定理最终得证. □

定理 A.2　令 $A=U\Lambda V^{\mathrm{T}}\in\mathbb{R}^{m\times n}$ 为上述的奇异值分解, 并假设 $\lambda_1\geqslant\lambda_2\geqslant\cdots\geqslant\lambda_p>\lambda_{p+1}=\cdots=\lambda_{\min(m,n)}=0$. 若设

$$U=[u_1,\cdots,u_m],\quad V=[v_1,\cdots,v_n],$$

则有

$$\begin{aligned}\mathrm{Ker}(A)&=\mathrm{span}\{v_{p+1},\cdots,v_n\}=\mathrm{Ran}(A^{\mathrm{T}})^{\perp},\\ \mathrm{Ker}(A^{\mathrm{T}})&=\mathrm{span}\{u_{p+1},\cdots,u_m\}=\mathrm{Ran}(A)^{\perp}.\end{aligned}$$

证明　利用 U 的正交性, 可知 $Ax=0$ 当且仅当

$$\Lambda V^{\mathrm{T}}x=\begin{bmatrix}\lambda_1v_1^{\mathrm{T}}x\\ \vdots\\ \lambda_pv_p^{\mathrm{T}}x\\ 0\\ \vdots\\ 0\end{bmatrix}=0,$$

由此即知结论成立. 进一步, 因为 $A^{\mathrm{T}}=V\Lambda^{\mathrm{T}}U^{\mathrm{T}}$, 将 U 和 V 互换就能对转置得到类似的结论.

另一方面, 易知 $x\in\mathrm{Ker}(A)$ 等价于

$$(Ax)^{\mathrm{T}}y=x^{\mathrm{T}}A^{\mathrm{T}}y=0$$

对任何 $y\in\mathbb{R}^m$ 成立, 即 x 垂直于 A^{T} 的值域. □

特别地, 如果将 U 和 V 分解为

$$\begin{aligned}U&=[[u_1,\cdots,u_p],[u_{p+1},\cdots,u_m]]=[U_1,U_2],\\ V&=[[v_1,\cdots,v_p],[v_{p+1},\cdots,v_n]]=[V_1,V_2],\end{aligned}$$

则正交投影 $P:\mathbb{R}^n\to\mathrm{Ker}(A)$ 和 $\widetilde{P}:\mathbb{R}^m\to\mathrm{Ker}(A^{\mathrm{T}})$ 就具有如下简单形式:

$$P=V_2V_2^{\mathrm{T}},\quad \widetilde{P}=U_2U_2^{\mathrm{T}}.$$

A.2 泛函分析

我们仅限于讨论 Hilbert 空间.

定义 A.3 设 $A: H_1 \to H_2$ 为 Hilbert 空间 H_1 与 H_2 之间的一个连续线性算子. 若对每个有界集 $U \in H_1$, 集合 $\overline{A(U)} \subset H_2$ 都是紧的, 就称该算子是紧的.

在下面的简单引理中, 用 $X^\perp$ 表示子空间 $X \subset H$ 的正交补.

引理 A.4 设 $X \subset H$ 为 Hilbert 空间 H 的一个闭子空间, 则 $(X^\perp)^\perp = X$.

证明 令 $x \in X$, 则对任意 $y \in X^\perp$, 有 $\langle x, y\rangle = 0$, 这即 $x \in (X^\perp)^\perp$.

为证明反向包含关系, 令 $x \in (X^\perp)^\perp$, 并用 $P: H \to X$ 表示正交投影, 则有 $x - Px \in X^\perp$. 另一方面, 由 $Px \in X \subset (X^\perp)^\perp$ 即知 $x - Px \in (X^\perp)^\perp$, 从而 $x - Px$ 与自身正交, 进而 $x = Px \in X$. □

引理 A.5 设 $X \subset H$ 为一个子空间, 则 $\overline{X}^\perp = X^\perp$.

该引理的证明是显然的, 在此从略.

引理 A.6 设 $A: H_1 \to H_2$ 为一个有界线性算子, 则

$$\mathrm{Ker}(A^*) = \mathrm{Ran}(A)^\perp, \quad \mathrm{Ker}(A) = \mathrm{Ran}(A^*)^\perp.$$

证明 容易知道, $x \in \mathrm{Ker}(A^*)$ 当且仅当

$$0 = \langle A^*x, y\rangle = \langle x, Ay\rangle$$

对任意 $y \in H_1$ 成立, 这就证明了结论. □

利用以上三个引理, 就能证明命题 2.1 的第 1 部分. 事实上, 由于 $\mathrm{Ker}(A) \subset H_1$ 是闭集, 根据引理 A.6 可知

$$H_1 = \mathrm{Ker}(A) \oplus \mathrm{Ker}(A)^\perp = \mathrm{Ker}(A) \oplus (\mathrm{Ran}(A^*)^\perp)^\perp,$$

再由引理 A.4 和引理 A.5 就得到

$$(\mathrm{Ran}(A^*)^\perp)^\perp = \left(\overline{\mathrm{Ran}(A^*)}^\perp\right)^\perp = \overline{\mathrm{Ran}(A^*)}.$$

命题 2.1 的第 2 部分基于如下事实: 紧算子的谱是离散的, 且其唯一可能的聚点只有原点. 若 $A: H_1 \to H_2$ 是紧的, 则 $A^*A: H_1 \to H_1$ 是紧的正算子. 用 λ_n^2 表示其正特征值, 并令相应的标准化特征向量为 $v_n \in H_1$. 由于 A^*A 是自伴的, 这些特征向量可以取为相互正交的. 定义

$$u_n = \frac{1}{\lambda_n} A v_n,$$

我们发现

$$\langle u_n, u_k \rangle = \frac{1}{\lambda_n \lambda_k} \langle v_n, A^* A v_k \rangle = \delta_{nk},$$

因而向量 u_n 也是标准正交的. (v_n, u_n, λ_n) 称为算子 A 的奇异系统.

接下来, 我们证明在 2.4.1 节中用到的不动点定理 (命题 2.10).

命题 2.10 的证明　令 $T: H \to H$ 为一个映射, $S \subset H$ 为满足 $T(S) \subset S$ 的一个不变闭集, 并设 T 为 S 中的压缩映射, 即

$$\|T(x) - T(y)\| < \kappa \|x - y\| \quad 对所有\ x, y \in S,$$

其中 $\kappa < 1$. 对任意 $j > 1$, 有如下估计:

$$\|x_{j+1} - x_j\| = \|T(x_j) - T(x_{j-1})\| < \kappa \|x_j - x_{j-1}\|,$$

由归纳法即得

$$\|x_{j+1} - x_j\| < \kappa^{j-1} \|x_2 - x_1\|.$$

因而对任意 $n, k \in \mathbb{N}$, 利用几何级数求和公式就有

$$\|x_{n+k} - x_n\| \leqslant \sum_{j=1}^{k} \|x_{n+j} - x_{n+j-1}\| < \sum_{j=1}^{k} \kappa^{n+j-2} \|x_2 - x_1\| \leqslant \frac{\kappa^{n-1}}{1-\kappa} \|x_2 - x_1\|.$$

因此 $\{x_j\}$ 是一个 Cauchy 序列, 从而收敛, 且由 S 是闭集可知其极限在 S 中.　□

作为本节的结尾, 我们不加证明地给出 Riesz 表示定理的一个版本.

定理 A.7　设 $B: H \times H \to \mathbb{R}$ 为一个双线性二次型, 它对常数 $0 < c \leqslant C < \infty$ 满足

$$\begin{aligned} |B(x,y)| &\leqslant C\|x\|\|y\| \quad 对所有\ x, y \in H, \\ B(x,x) &\geqslant c\|x\|^2 \qquad 对所有\ x \in H. \end{aligned}$$

则存在唯一的有界线性算子 $T: H \to H$, 使得

$$B(x,y) = \langle Tx, y \rangle \quad 对所有\ y \in H.$$

上述定理在复系数 Hilbert 空间中的变型称为 Lax-Milgram 引理, 其证明参见 [142].

A.3　Sobolev 空间

在本节中, 我们回忆有关 Sobolev 空间的核心定义和结论.

对平方可积函数 $f:\mathbb{R}^n\to\mathbb{R}$, 定义其在 $\mathbb{R}^n$ 上的 L^2- 范数为

$$\|f\|=\left(\int_{\mathbb{R}^n}|f(x)|^2\,\mathrm{d}x\right)^{1/2}<\infty. \tag{A.1}$$

由平方可积函数构成的线性空间表示为 $L^2=L^2(\mathbb{R}^n)$. 范数 (A.1) 定义了一个内积

$$\langle f,g\rangle=\int_{\mathbb{R}^n}\overline{f(x)}\,g(x)\,\mathrm{d}x,$$

这就定义了 L^2 的 Hilbert 空间结构.

$\mathbb{R}^n$ 上可积函数的 Fourier 变换定义为

$$(\mathcal{F}f)(\xi)=\widehat{f}(\xi)=\int_{\mathbb{R}^n}\mathrm{e}^{-\mathrm{i}\,\langle\xi,x\rangle}f(x)\,\mathrm{d}x.$$

Fourier 变换可以扩展到 L^2 上, 且由其定义了一个双射 $\mathcal{F}:L^2\to L^2$, 这可参见 [108]. 这样其逆变换即为

$$(\mathcal{F}^{-1}\widehat{f}\,)(x)=f(x)=\left(\frac{1}{2\pi}\right)^n\int_{\mathbb{R}^n}\mathrm{e}^{-\mathrm{i}\,\langle\xi,x\rangle}\widehat{f}(\xi)\,\mathrm{d}\xi.$$

在 L^2 中, Fourier 变换在差一个常数的意义下是等距同构, 且满足如下恒等式:

$$\|\widehat{f}\,\|=(2\pi)^{n/2}\|f\|\quad(\text{Parseval 等式}),$$

$$\langle\widehat{f},\widehat{g}\,\rangle=(2\pi)^n\langle f,g\rangle\quad(\text{Plancherel 等式}).$$

定义函数的卷积如下:

$$f*g(x)=\int f(x-y)g(y)\,\mathrm{d}y,$$

只要该积分收敛, 就有

$$\mathcal{F}(f*g)(\xi)=\widehat{f}(\xi)\widehat{g}(\xi).$$

设 α 为一个多重指标, 即 $\alpha=(\alpha_1,\alpha_2,\cdots,\alpha_n)\in\mathbb{N}^n$. 将多重指标的长度 $|\alpha|$ 定义为 $|\alpha|=\alpha_1+\cdots+\alpha_n$, 并定义

$$D^\alpha f(x)=(-\mathrm{i})^{|\alpha|}\frac{\partial^{\alpha_1}}{\partial x_1^{\alpha_1}}\frac{\partial^{\alpha_2}}{\partial x_2^{\alpha_2}}\cdots\frac{\partial^{\alpha_n}}{\partial x_n^{\alpha_n}}f(x)=(-\mathrm{i})^{|\alpha|}\frac{\partial^{|\alpha|}}{\partial x_1^{\alpha_1}\cdots\partial x_n^{\alpha_n}}f(x).$$

类似地, 对 $x\in\mathbb{R}^n$, 定义

$$x^\alpha=x_1^{\alpha_1}x_2^{\alpha_2}\cdots x_n^{\alpha_n}.$$

Fourier 变换具有性质

$$\mathcal{F}(D^\alpha f)(\xi)=\xi^\alpha\widehat{f}(\xi). \tag{A.2}$$

$\mathbb{R}^n$ 上的经典 Sobolev 空间 W^k $(k \geqslant 0)$ 定义为由如下函数 $f \in L^2$ 构成的线性空间:

$$D^\alpha f \in L^2 \quad \text{对所有满足 } |\alpha| \leqslant k \text{ 的多重指标 } \alpha.$$

在该空间上赋有范数

$$\|f\|_{W^k} = \left(\sum_{|\alpha| \leqslant k} \int_{\mathbb{R}^n} |D^\alpha f(x)|^2 \, \mathrm{d}x \right)^{1/2}. \tag{A.3}$$

利用等式 (A.2), Sobolev 空间的定义可以推广到非整数连续指标的情形. 对任意 $s \in \mathbb{R}$, 将空间 $H^s = H^s(\mathbb{R}^n)$ 定义为由满足下述条件的函数①构成的线性空间:

$$\|f\|_{H^s} = \left(\int_{\mathbb{R}^n} |\widehat{f}(\xi)|^2 (1 + |\xi|^2)^s \, \mathrm{d}\xi \right)^{1/2} < \infty. \tag{A.4}$$

可以证明, 当 $k \in \mathbb{N}$ 时成立 $H^k = W^k$, 且范数 (A.3) 与 (A.4) 是等价的. 此外, 由 Parseval 等式可知 $H^0 = L^2$.

设 $\Omega \subset \mathbb{R}^n$ 为一个开区域, 并为简单起见假设 Ω 的边界是光滑的. 由定义在 Ω 中的函数构成的 Sobolev 空间 $H^s(\Omega)$ 为

$$H^s(\Omega) = \{ f \mid f = g|_\Omega, \ g \in H^s(\mathbb{R}^n) \}.$$

$H^s(\Omega)$ 的范数是所有在 Ω 上的限制为 f, 且属于 $H^s(\mathbb{R}^n)$ 函数 g 的范数的下确界.

显然, 对 $s_1 > s_2$ 成立 $H^{s_1}(\Omega) \subset H^{s_2}(\Omega)$. 有界区域上的 Sobolev 空间具有如下重要的紧嵌入性质.

定理 A.8　设 $\Omega \subset \mathbb{R}^n$ 为一个具有光滑边界的有界开区域, 并令 $s_1 > s_2$. 则嵌入

$$I: H^{s_1}(\Omega) \to H^{s_2}(\Omega), \quad f \mapsto f$$

是紧的, 即 $H^{s_1}(\Omega)$ 中的任何有界集在 $H^{s_2}(\Omega)$ 中都是相对紧的.

特别地, 任一有界的 H^{s_1}- 函数列必包含一个在 H^{s_2} 中收敛的子列. 这一结论的证明可参阅 [2].

若 $\Omega \subset \mathbb{R}^n$ 具有光滑边界, 我们可以定义由在边界 $\partial\Omega$ 上取值的函数构成的 Sobolev 空间. 若 $U \subset \partial\Omega$ 为开集, 且 $\psi: U \to \mathbb{R}^{n-1}$ 是一个光滑的微分同胚, 则一个具有紧支集的函数 $f: U \to \mathbb{C}$ 属于 Sobolev 空间 $H^s(\partial\Omega)$, 如果

$$f \circ \psi^{-1} \in H^s(\mathbb{R}^{n-1}).$$

① 这里的 "函数" 是指适度广义函数. 另外, 这里的导数也应从广义函数的意义来解释, 其确切的表述可参阅 [108].

更一般地，通过 $\partial\Omega$ 上的单位分解，我们可以给出定义 $f \in H^s(\partial\Omega)$ 的条件，其支集可不局限于与 $\mathbb{R}^{n-1}$ 微分同胚的集合. 其细节这里就省略了.

我们不加证明地给出如下 Sobolev 空间的迹定理，其证明可在 [49] 找到.

定理 A.9　对 $\mathbb{R}^n$ 中的连续函数定义的迹映射 $f \mapsto f|_{\partial\Omega}$ 可延拓为连续映射 $H^s(\Omega) \to H^{s-1/2}(\partial\Omega)$, $s > 1/2$. 此外，该映射还具有连续的右逆.

附录 B　概率论基础

统计反演理论中的基础概念是随机变量和概率分布. 本附录将简要地概括基本概念以确定符号的记法. 在附录中, 我们尽量避免深入到公理化的概率论里, 并推荐读者查阅概率论的标准教材以获得证明, 如 [24, 32, 43].

B.1　基本概念

设 Ω 为一个抽象空间, $\mathfrak{S}$ 为由其子集构成的集类. 我们称 $\mathfrak{S}$ 为由 Ω 的子集构成的一个 σ-代数, 如果它满足以下条件:

1. $\Omega \in \mathfrak{S}$.

2. 若 $A \in \mathfrak{S}$, 则 $A^{\mathrm{c}} = \Omega \setminus A \in \mathfrak{S}$.

3. 若 $A_i \in \mathfrak{S}$, $i \in \mathbb{N}$, 则 $\bigcup\limits_{i=1}^{\infty} A_i \in \mathfrak{S}$.

设 $\mathfrak{S}$ 为空间 Ω 上的一个 σ-代数. 我们称映射 $\mu : \mathfrak{S} \to \mathbb{R}$ 为一个测度, 如果它满足以下条件:

1. $\mu(A) \geqslant 0$ 对所有 $A \in \mathfrak{S}$ 成立.

2. $\mu(\varnothing) = 0$.

3. 若集合 $A_i \in \mathfrak{S}$ 互不相交, $i \in \mathbb{N}$ (即 $A_i \cap A_j = \varnothing$ 对任意 $i \neq j$ 成立), 则

$$\mu\left(\bigcup_{i=1}^{\infty} A_i\right) = \sum_{i=1}^{\infty} \mu(A_i).$$

最后一个条件经常表述为 μ 是 σ-可加的.

我们称一个 σ-代数是完备的, 如果它包含所有测度为零的集合, 即若 $A \subset B$, 且 $B \in \mathfrak{S}$ 满足 $\mu(B) = 0$, 则必有 $A \in \mathfrak{S}$. 我们总是可以通过加入一些零测集而使一个 σ-代数完备化.

如果 $\mu(\Omega) < \infty$, 则称测度 μ 为有限的. 我们称一个测度是 σ-有限的, 如果存在一列子集 $A_n \in \mathfrak{S}$, $n \in \mathbb{N}$, 它们具有性质

$$\Omega = \bigcup_{n=1}^{\infty} A_n, \quad \mu(A_n) < \infty \text{ 对任意 } n.$$

满足下述条件的测度是特别重要的:

$$\mu(\Omega) = 1.$$

这样的测度被称为概率测度.

设 $\mathfrak{S}$ 为 Ω 上的 σ-代数, P 为概率测度. 我们称 $(\Omega, \mathfrak{S}, P)$ 为概率空间, 称抽象空间 Ω 为样本空间, 称 $\mathfrak{S}$ 为事件的集合, 称 $P(A)$ 为事件 $A \in \mathfrak{S}$ 的概率.

σ-代数的一个具体的例子就是 $\mathbb{R}^n$ 上的 Borel σ-代数 $\mathfrak{B} = \mathfrak{B}(\mathbb{R}^n)$, 它被定义为包含 $\mathbb{R}^n$ 中所有开集的最小 σ-代数. 我们称 Borel σ-代数是由 $\mathbb{R}^n$ 中的开集生成的. 在本书中, $\mathbb{R}^n$ 总是被赋上 Borel σ-代数. 我们称 Borel σ-代数中的元素为 Borel 集.

作为 σ-代数的另一个例子, 设 I 为一个离散集, 即由有限个或可列个元素组构成的集合. 一个自然的 σ-代数是集类 $\mathfrak{S} = \{A \mid A \subset I\}$, 即包含 I 的所有子集的 I 的幂集.

定义在 $\mathbb{R}^n$ 上 Borel σ-代数的 σ-有限测度的一个重要例子是 Lebesgue 测度 m, 它给出一个集合的体积. 对

$$Q = [a_1, b_1] \times \cdots \times [a_n, b_n], \quad a_j \leqslant b_j,$$

有

$$m(Q) = \int_Q \mathrm{d}x = (b_1 - a_1) \cdots (b_n - a_n).$$

在本书中, 我们仅限于考虑在 $\mathbb{R}^n$ 或其离散子集中取值的随机变量. 因此, 我们实质上只需要上述具体的 σ-代数. 在更一般情况下建立理论也是可能的, 但这需要更多测度理论上的考量, 超出了本书的范围.

独立性是概率论的一个核心概念. 设 $(\Omega, \mathfrak{S}, P)$ 为一个概率空间. 称事件 $A, B \in \mathfrak{S}$ 是独立的, 如果

$$P(A \cap B) = P(A)P(B).$$

更一般地, 对任意一个指标集 T, 一族 $\{A_i \mid i \in T\} \subset \mathfrak{S}$ 是独立的, 如果

$$P\left(\bigcap_{i=1}^{m} A_{t_i}\right) = \prod_{i=1}^{m} P(A_{t_i})$$

对任意指标 $t_i \in T$ 的有限样本成立.

给定一个概率空间 $(\Omega, \mathfrak{S}, P)$, 一个在 $\mathbb{R}^n$ 上取值的随机变量是可测映射

$$X : \Omega \to \mathbb{R}^n,$$

即对每个开集 $B \subset \mathbb{R}^n$, 成立 $X^{-1}(B) \in \mathfrak{S}$. 在离散集 I 上取值的随机变量也可类似地定义.

在本节中任何可能的情况, 采用通常的符号使用惯例, 用大写字母表示随机变量, 用小写字母表示它们的实现值. 因此, 可写为 $X(\omega) = x$, $\omega \in \Omega$. 以下我们稍微滥用一下符号, 将随机变量 $X : \Omega \to \mathbb{R}^n$ 的值域简记为 $X \in \mathbb{R}^n$.

随机变量 $X \in \mathbb{R}^n$ 能通过公式

$$\mu_X(B) = P(X^{-1}(B)), \quad B \in \mathfrak{B}$$

在赋有 Borel σ-代数的 $\mathbb{R}^n$ 上生成一个概率测度 μ_X, 该测度被称为 X 上的概率分布.

随机变量 $X = (X_1, \cdots, X_n) \in \mathbb{R}^n$ 的分布函数 $F: \mathbb{R}^n \to [0,1]$ 定义为

$$F(x) = P(X_1 \leqslant x_1, X_2 \leqslant x_2, \cdots, X_n \leqslant x_n), \quad x = (x_1, x_2, \cdots, x_n).$$

一个随机变量的期望定义为

$$E\{X\} = \int_\Omega X(\omega)\,\mathrm{d}P(\omega) = \int_{\mathbb{R}^n} x\,\mathrm{d}\mu_X(x),$$

只要该积分收敛. 类似地, 随机变量的相关系数和协方差矩阵由

$$\mathrm{corr}(X) = E\{XX^{\mathrm{T}}\} = \int_\Omega X(\omega)X(\omega)^{\mathrm{T}}\mathrm{d}P(\omega) = \int_{\mathbb{R}^n} xx^{\mathrm{T}}\mathrm{d}\mu_X(x) \in \mathbb{R}^{n\times n}$$

以及

$$\begin{aligned}\mathrm{cov}(X) &= \mathrm{corr}(X - E\{X\}) = E\big\{(X - E\{X\})(X - E\{X\})^{\mathrm{T}}\big\} \\ &= \int_\Omega (X - E\{X\})(X - E\{X\})^{\mathrm{T}}\mathrm{d}P(\omega) \\ &= \int_{\mathbb{R}^n} (x - E\{X\})(x - E\{X\})^{\mathrm{T}}\mathrm{d}\mu_X(x) = \mathrm{corr}(X) - E\{X\}(E\{X\})^{\mathrm{T}}\end{aligned}$$

给出, 这里同样假定这些积分存在.

设 $\{X_n\}$ 为一列随机变量, 并令

$$S_n = \sum_{j=1}^n X_j. \tag{B.1}$$

下述定理是中心极限定理的一种版本.

定理 B.1　假设随机变量 X_n 独立同分布, 且

$$E\{X_n\} = \mu, \quad \mathrm{cov}(X_n) = \sigma^2.$$

则 (B.1) 中的随机变量 S_n 在下式的意义下渐近地趋向正态分布:

$$\lim_{n\to\infty} P\left\{\frac{S_n - n\mu}{\sigma\sqrt{n}} < x\right\} = \frac{1}{\sqrt{2\pi}}\int_{-\infty}^x \mathrm{e}^{-t^2/2}\,\mathrm{d}t.$$

称一个随机变量是绝对连续的, 如果其概率分布关于 $\mathbb{R}^n$ 上的 Lebesgue 测度绝对连续, 即

$$m(B) = 0 \Rightarrow \mu_X(B) = 0,$$

其中 $B \in \mathfrak{B}$. 称一个随机变量及其概率分布是奇异的, 如果它们关于 Lebesgue 测度不是绝对连续的.

在此不加证明地给出 Radon-Nikodym 定理, 由它可以推得连续型随机变量的概率分布的一条重要性质.

命题 B.2 设 μ_1 和 μ_2 为 $\mathbb{R}^n$ 中定义在 Borel σ-代数上的两个 σ-有限测度, 其中 μ_1 关于 μ_2 绝对连续, 记为 $\mu_1 \prec \mu_2$. 则必存在一个可测函数 $\pi : \mathbb{R}^n \to \mathbb{R}$, 使得

$$\mu_1(B) = \int_B \pi(x)\,\mathrm{d}\mu_2(x)$$

对所有 $B \in \mathfrak{B}$ 成立. 我们称函数 π 为 μ_1 关于 μ_2 的 Radon-Nikodym 导数, 并记为

$$\pi = \frac{\mathrm{d}\mu_1}{\mathrm{d}\mu_2}.$$

由上述命题可知, 绝对连续的随机变量 X 可以通过下式定义一个概率密度函数 π_X:

$$\mathrm{P}(X^{-1}(B)) = \mu_X(B) = \int_B \pi_X(x)\,\mathrm{d}x, \quad B \in \mathfrak{B}.$$

设 $X_1 \in \mathbb{R}^n$ 与 $X_2 \in \mathbb{R}^m$ 为定义在同一概率空间 Ω 上的两个随机变量, 则其联合概率分布定义为

$$\mu_{X_1X_2} : \mathfrak{B}(\mathbb{R}^n) \times \mathfrak{B}(\mathbb{R}^m) \to \mathbb{R}_+, \quad (B_1, B_2) \mapsto P(X_1^{-1}(B_1) \cap X_2^{-1}(B_2)).$$

换言之, 联合概率分布就是乘积随机变量

$$X_1 \times X_2 : \Omega \to \mathbb{R}^n \times \mathbb{R}^m, \quad \omega \mapsto (X_1(\omega), X_2(\omega))$$

的概率分布. 这一定义可以推广到任意个随机变量的情形.

我们称随机变量 X_1 与 X_2 是独立的, 如果

$$\mu_{X_1X_2}(B_1, B_2) = \mu_{X_1}(B_1)\mu_{X_2}(B_2),$$

或等价地, 对所有 Borel 集 B_j, 事件 $X_j^{-1}(B_j) \in \mathfrak{S}$ 都是独立的. 若两个随机变量都是绝对连续的, 则它们的独立性可以通过其概率密度函数表述为

$$\pi_{X_1X_2}(x_1, x_2) = \pi_{X_1}(x_1)\pi_{X_2}(x_2)$$

对几乎所有 $(x_1, x_2) \in \mathbb{R}^n \times \mathbb{R}^m$ 成立.

基于命题 B.2 所述的 Radon-Nikodym 定理, 就能定义随机变量的条件概率分布和条件概率密度函数. 然而, 为使讨论更易理解, 我们将这个一般的定义先搁置一旁, 而首先考虑一类更受限的分布.

B.2 条件概率

条件概率在统计反演理论中扮演着核心的角色, 因而我们更加详细地讨论这一问题.

条件概率的基本概念是事件的条件概率. 设 $A, B \in \mathfrak{S}$, 且 $P(B) > 0$, 则事件 B 发生的条件下, 事件 A 发生的条件概率定义为

$$P(A \mid B) = \frac{P(A \cap B)}{P(B)},$$

且成立

$$P(A) = P(A \mid B)P(B) + P(A \mid B^{\mathrm{c}})P(B^{\mathrm{c}}), \quad B^{\mathrm{c}} = \Omega \setminus B.$$

更一般地, 若 $\Omega = \bigcup\limits_{i \in I} B_i$, 其中 I 是可数集, 则有

$$P(A) = \sum_{i \in I} P(A \mid B_i)P(B_i).$$

我们想把条件概率的概念推广到随机变量中. 一般的定义可以通过命题 B.2 所述的 Radon-Nikodym 定理给出, 但为了使我们的想法更加直观且更易理解, 我们首先仅限于讨论随机变量是绝对连续的, 且具有连续概率密度函数的简单情形. 一般结论将在之后不加证明地简要给出.

首先考虑两个随机变量 $X_i : \Omega \to \mathbb{R}^{n_i}$, $i = 1, 2$. 我们采用如下的简化记号: 若 $B_i \subset \mathbb{R}^{n_i}$ 为两个 Borel 集, 则将 $B_1 \times B_2$ 的联合概率表示为

$$\mu_{X_1X_2}(B_1, B_2) = \mu(B_1, B_2) = P(X_1 \in B_1, X_2 \in B_2),$$

即我们略去测度的下标, 转而使用集合的下标来标记哪个集合对应于哪个随机变量. 类似地, 如果 (X_1, X_2) 绝对连续, 则记

$$\mu(B_1, B_2) = \int_{B_1 \times B_2} \pi(x_1, x_2)\,\mathrm{d}x_1\mathrm{d}x_2.$$

运用这些记号, 我们首先将 X_1 的边缘概率分布定义为

$$\mu(B_1) = \mu(B_1, \mathbb{R}^{n_2}) = \mathrm{P}(X_1 \in B_1),$$

这即是与 X_2 的取值无关的 $X_1 \in B_1$ 的概率.

现在假设 (X_1, X_2) 绝对连续, 则有

$$\mu(B_1) = \int_{B_1 \times \mathbb{R}^{n_2}} \pi(x_1, x_2)\,\mathrm{d}x_1\mathrm{d}x_2 = \int_{B_1} \pi(x_1)\,\mathrm{d}x_1,$$

其中边缘概率密度函数由下式给出:

$$\pi(x_1) = \int_{\mathbb{R}^{n_2}} \pi(x_1, x_2)\,\mathrm{d}x_2.$$

与事件的条件概率的定义类似, 给出如下定义.

定义 B.3 假设 $B_i \subset \mathbb{R}^{n_i}$, $i = 1, 2$ 为 Borel 集, 其中 B_2 具有正的边缘测度, 即 $\mu(B_2) = P(X_2^{-1}(B_2)) > 0$. 把在 B_2 的条件下 B_1 的条件测度定义为

$$\mu(B_1 \mid B_2) = \frac{\mu(B_1, B_2)}{\mu(B_2)}.$$

特别地, 若两个随机变量是绝对连续的, 则有

$$\pi(x_1 \mid B_2) = \frac{1}{\mu(B_2)} \int_{B_2} \pi(x_1, x_2)\, \mathrm{d}x_2,$$

其中

$$\mu(B_2) = \int_{B_2} \pi(x_2)\, \mathrm{d}x_2 = \int_{\mathbb{R}^{n_1} \times B_2} \pi(x_1, x_2)\, \mathrm{d}x_1 \mathrm{d}x_2 > 0.$$

注意到对固定的 B_2, 映射 $B_1 \mapsto \mu(B_1 \mid B_2)$ 为一个概率测度.

注解 B.4 若随机变量 X_1 与 X_2 是独立的, 则由定义可知

$$\mu(B_1 \mid B_2) = \mu(B_1), \quad \mu(B_2 \mid B_1) = \mu(B_2),$$

即对其中一个随机变量作任何限制都不影响另一个的分布.

现在我们的目标是在一个固定值, 即 $X_2 = x_2$ 的条件下定义条件测度, 但问题是一般来说, 可能会发生 $P(X_2 = x_2) = 0$ 的情况, 从而上面定义的条件就失效了. 因此, 我们必须进行取极限的过程.

引理 B.5 假设随机变量 X_1 与 X_2 绝对连续且具有连续的密度函数, 而一点 $x_2 \in \mathbb{R}^{n_2}$ 满足

$$\pi(x_2) = \int_{\mathbb{R}^{n_1}} \pi(x_1, x_2)\, \mathrm{d}x_1 > 0.$$

进一步, 设 $\{B_2^{(j)}\}_{1 \leqslant j < \infty}$ 为 $\mathbb{R}^{n_2}$ 中一列递减的区间套, 使得 $B_2^{(j)} \downarrow \{x_2\}$, 即 $B_2^{(j+1)} \subset B_2^{(j)}$ 且 $\bigcap B_2^{(j)} = \{x_2\}$. 则极限

$$\lim_{j \to \infty} \mu(B_1 \mid B_2^{(j)}) = \mu(B_1 \mid x_2)$$

存在, 且其值可由如下积分给出:

$$\mu(B_1 \mid x_2) = \frac{1}{\pi(x_2)} \int_{B_1} \pi(x_1, x_2)\, \mathrm{d}x_1.$$

证明 我们仍用 $m(B)$ 来表示一个可测集 B 的 Lebesgue 测度, 这样就有

$$\begin{aligned}
\mu(B_1 \mid B_2^{(j)}) &= \frac{1}{\mu(B_2^{(j)})} \int_{B_1 \times B_2^{(j)}} \pi(x_1, x_2')\, \mathrm{d}x_1 \mathrm{d}x_2' \\
&= \left(\frac{1}{m(B_2^{(j)})} \int_{B_2^{(j)}} \pi(x_2')\, \mathrm{d}x_2' \right)^{-1} \frac{1}{m(B_2^{(j)})} \int_{B_2^{(j)}} \left(\int_{B_1} \pi(x_1, x_2')\, \mathrm{d}x_1 \right) \mathrm{d}x_2'.
\end{aligned}$$

由假设可知, 函数 $x_2' \mapsto \pi(x_2')$ 与 $x_2' \mapsto \int_{B_1} \pi(x_1, x_2')\,\mathrm{d}x_1$ 均连续, 因而

$$\lim_{j\to\infty} \frac{1}{m(B_2^{(j)})} \int_{B_2^{(j)}} \pi(x_2')\,\mathrm{d}x_2' = \pi(x_2) > 0,$$

且有

$$\lim_{j\to\infty} \frac{1}{m(B_2^{(j)})} \int_{B_2^{(j)}} \left(\int_{B_1} \pi(x_1, x_2')\,\mathrm{d}x_1 \right) \mathrm{d}x_2' = \int_{B_1} \pi(x_1, x_2)\,\mathrm{d}x_1,$$

由此就得到了结论. □

根据上述引理, 就能将条件测度的概念推广到包括 $B_2 = \{x_2\}$ 在内的情形. 因此我们就说, 如果 $\pi(x_2) > 0$, 则在 $X_2 = x_2$ 的条件下, $B_1 \in \mathbb{R}^{n_1}$ 的条件概率为极限

$$\mu(B_1 \mid x_2) = \int_{B_1} \frac{\pi(x_1, x_2)}{\pi(x_2)}\,\mathrm{d}x_1.$$

从以上引理不难发现, 条件概率分布 $\mu(B_1 \mid x_2)$ 是由概率密度函数

$$\pi(x_1 \mid x_2) = \frac{\pi(x_1, x_2)}{\pi(x_2)}, \quad \pi(x_2) > 0$$

定义的. 作为推论, 得到了联合概率分布的一个有用的公式.

推论 B.6　(X_1, X_2) 的联合概率密度函数为

$$\pi(x_1, x_2) = \pi(x_1 \mid x_2)\pi(x_2) = \pi(x_2 \mid x_1)\pi(x_1).$$

该公式本质上就是 Bayes 公式, 它奠定了用 Bayes 理论诠释反问题的基础.

最后, 我们简要阐述如何将条件概率定义在更一般的情形上.

取定一个可测集 $B_1 \subset \mathbb{R}^{n_1}$, 设其测度 $\mu(B_1) = P(X_1^{-1}(B_1))$ 是正的. 考虑映射

$$\mathfrak{B}(\mathbb{R}^{n_2}) \to \mathbb{R}_+, \quad B_2 \mapsto \mu(B_1, B_2).$$

该映射显然是个有限测度, 且进一步有

$$\mu(B_1, B_2) \leqslant \mu(B_2),$$

即它关于边缘测度 $B_2 \mapsto \mu(B_2)$ 是一个绝对连续测度. 由 Radon-Nikodym 定理可知, 必存在一个可测函数 $x_2 \mapsto \rho(B_1, x_2)$, 使得

$$\mu(B_1, B_2) = \int_{B_2} \rho(B_1, x_2)\,\mathrm{d}\mu(x_2).$$

我们很想把条件概率就定义为 $\mu(B_1 \mid x_2) = \rho(B_1, x_2)$; 若不进行深入推敲, 该论断基本上已是正确的. 但这里的问题在于, 映射 $x_2 \mapsto \rho(B_1, x_2)$ 的定义只是几乎处处的, 即它可能在某个 $\mathrm{d}\mu(x_2)$- 零测集没有定义. 另一方面, 这个集合可能与 B_1 有关.

由于不同子集 B_1 的数量是不可数的, 这些例外集合的并集就很可能具有正测度, 在最坏的情况下会达到 1. 然而, 严格地从测度论的考虑出发, 我们可以定义函数

$$\mathfrak{B}(\mathbb{R}^{n_1}) \times \mathbb{R}^{n_2} \to \mathbb{R}_+, \quad (B_1, x_2) \mapsto \mu(B_1 \mid x_2),$$

使得

1. 对所有的 x_2, 在一个可能的 $\mathrm{d}\mu(x_2)$- 零测集之外, 映射 $B_1 \mapsto \mu(B_1 \mid x_2)$ 为概率测度;

2. 映射 $x_2 \mapsto \mu(B_1 \mid x_2)$ 是可测的;

3. 等式 $\mu(B_1, B_2) = \int_{B_2} \mu(B_1 \mid x_2)\mu(\mathrm{d}x_2)$ 成立.

这里我们略去细节, 有兴趣的读者可以参考相关文献.

索　　引

H

J

K

L

参考文献

[1] Björck, Å., Numerical Methods for Least Squares Problems, SIAM, Philadelphia, 1996.

[2] Adams, R. A., Sobolev Spaces, Academic Press, New York, 1975.

[3] Anderson, K. E., Brooks, S. P. and Hansen, M. B., Bayesian inversion of geoelectrical resistivity data, *J. R. Stat. Soc. Ser. B Stat. Methodol.*, **65**(3), 2003, 619–642.

[4] Anderson, B. D. O. and Moore, J. B., Optimal Filtering, Prentice-Hall, Englewood Cliffs, 1979.

[5] Arridge, S. R. and Lionheart, W. R. B., Nonuniqueness in diffusion-based optical tomography, *Opt. Lett.*, **23**(11), 1998, 882–884.

[6] Arridge, S. R., Optical tomography in medical imaging, *Inverse Problems*, **15**(2), 1999, R41–R93.

[7] Astala, K. and Päivärinta, L., Calderón's inverse conductivity problem in the plane, *Ann. of Math.* (2), **163**(1), 2006, 265–299.

[8] Atkinson, A. C. and Donev, A. N., Optimum Experimental Design, Oxford University Press, Oxford, 1992.

[9] Baillet, S., Mosher, J. C. and Leahy, R. M., Electromagnetic brain mapping, *IEEE Signal Process. Mag.*, **18**(6), 2001, 14–30.

[10] Baroudi, D., Kaipio, J. and Somersalo, E., Dynamical electric wire tomography: a time series approach, *Inverse Problems*, **14**(4), 1998, 799–813.

[11] Barzilai, J. and Borwein, J. M., Two-point step size gradient methods, *IMA J. Numer. Anal.*, **8**(1), 1988, 141–148.

[12] Bertero, M. and Boccacci, P., Introduction to Inverse Problems in Imaging, Institute of Physics Publishing, Bristol, 1998.

[13] Besag, J., Spatial interaction and the statistical analysis of lattice systems, *J. R. Stat. Soc. Ser. B Stat. Methodol.*, **36**(2), 1974, 192–236.

[14] Besag, J., On the statistical analysis of dirty pictures, *J. R. Stat. Soc. Ser. B Stat. Methodol.*, **48**(3), 1986, 259–302.

[15] Box, G. E. P. and Tiao, G. C., Bayesian Inference in Statistical Analysis, Wiley, New York, 1992.

[16] Brenner, S. C. and Scott, L. R., The Mathematical Theory of Finite-element Methods, Springer-Verlag, New York, 1994.

[17] Brockwell, P. J. and Davis, R. A., Time Series: Theory and Methods (Second Edition), Springer-Verlag, New York, 1991.

[18] Calderón, A. P., On an inverse boundary value problem, Seminar on Numerical Analysis and Its Applications to Continuum Physics, W. H. Meyer and M. A. Raupp (eds.), Brazilian Mathematical Society, Rio de Janeiro, 1980, 65–73.

[19] Calvetti, D., Lewis, B. and Reichel, L., On the regularizing properties of the GMRES method, *Numer. Math.*, **91**(4), 2002, 605–625.

[20] Calvetti, D. and Reichel, L., Tikhonov regularization of large linear problems, *BIT*, **43**(2), 2003, 263–283.

[21] Carpenter, J., Clifford, P. and Fearnhead, P., An improved particle filter for nonlinear problems, *IEE Proc. Radar Sonar Navig.*, **146**(1), 1999, 2–7.

[22] Cheney, M. and Isaacson, D., Distinguishability in impedance imaging, *IEEE Trans. Biomed. Eng.*, **39**(8), 1992, 852–860.

[23] Cheng, K.-S., Isaacson, D., Newell, J. C. et al., Electrode models for electric current computed tomography, *IEEE Trans. Biomed. Eng.*, **36**(9), 1989, 918–924.

[24] Chow, Y. S. and Teicher, H., Probability Theory: Independence, Interchangeability, Martingales, Springer-Verlag, New York, 1978.

[25] Cramer, H., Mathematical Methods of Statistics, Princeton University Press, Princeton, 1946.

[26] Curtain, R. F. and Zwart, H., An Introduction to Infinite-Dimensional Linear Systems Theory, Springer-Verlag, New York, 1995.

[27] Dautray, R. and Lions, J.-L., Mathematical Analysis and Numerical Methods for Science and Technology, Volume 6: Evolution Problems II, Springer-Verlag, Berlin, 1993.

[28] Dehghani, H., Arridge, S. R., Schweiger, M. and Delpy, D. T., Optical tomography in the presence of void regions, *J. Opt. Soc. Amer. A*, **17**(9), 2000, 1659–1670.

[29] Van der Merwe, R., Doucet, A., de Freitas, N. and Wan, E., The unscented particle filter, Technical Report CUED/F-INFENG/TR 380, Cambridge University Engineering Department, 2000.

[30] Dobson, D. C. and Santosa, F., Recovery of blocky images from noisy and blurred data, *SIAM J. Appl. Math.*, **56**(4), 1996, 1181–1198.

[31] Donoho, D. L., Johnstone, I. M., Hoch, J. C. and Stern, A. S., Maximum entropy and the nearly black object *J. R. Stat. Soc. Ser. B Stat. Methodol.*, **54**(1), 1992, 41–81.

[32] Doob, J. L., Stochastic Processes (Reprint of the 1953 Original), Wiley-Interscience, New York, 1990.

[33] Doucet, A., de Freitas, N. and Gordon, N., Sequential Monte Carlo Methods in Practice, Springer-Verlag, New York, 2001.

[34] Elliot, R. J., Aggoun, L. and Moore, J. B., Hidden Markov Models: Estimation and Control, Springer-Verlag, New York, 1995.

[35] Engl, H. W., Hanke, M. and Neubauer, A., Regularization of Inverse Problems, Kluwer Academic Publishers, Dordrecht, 1996.

[36] Fiacco, A. V. and McCormick, G. P., Nonlinear Programming: Sequential Uncon-

strained Minimization Techniques, SIAM, Philadelphia, 1990.

[37] Fink, M., Time-reversal of ultrasonic fields—Part I: Basic principles, *IEEE Trans. Ultrason. Ferroelectr. Freq. Control*, **39**(5), 1992, 555–567.

[38] Fox, C. and Nicholls, G., Sampling conductivity images via MCMC, The Art and Science of Bayesian Image Analysis, Proceedings of the Leeds Annual Statistics Research Workshop, K. V. Mardia, C. A. Gill and R. G. Aykroyd (eds.), 1997, 91–100.

[39] Golub, G. H., Heath, M. and Wahba, G., Generalized cross-validation as a method for choosing a good ridge parameter, *Technometrics*, **21**(2), 1979, 215–223.

[40] Gelfand, A. E. and Smith, A. F. M., Sampling-based approaches to calculating marginal densities, *J. Amer. Statist. Assoc.*, **85**(410), 1990, 398–409.

[41] Geman, S. and Geman, D., Stochastic relaxation, Gibbs distributions and the Bayesian restoration of images, *IEEE Trans. Pattern Anal. Mach. Intell.*, **6**(6), 1984, 721–741.

[42] Geselowitz, D. B., On the magnetic field generated outside an inhomogenous volume conductor by internal current sources, *IEEE Trans. Magn.*, **6**(2), 1970, 346–347.

[43] Gikhman, I. I. and Skorokhod, A. V., Theory of Stochastic Processes I, Springer-Verlag, New York, 1980.

[44] Gilks, W. R., Richardson, S. and Spiegelhalter, D. J., Markov Chain Monte Carlo in Practice, Chapmann & Hall, London, 1996.

[45] Giusti, E., Minimal Surfaces and Functions of Bounded Variation, Birkhäuser, Boston, 1984.

[46] Godsill, S., Doucet, A. and West, M., Maximum a posteriori sequence estimation using Monte Carlo particle filters, *Ann. Inst. Statist. Math.*, **53**(1), 2001, 82–96.

[47] Golub, G. H. and van Loan, C. F., Matrix Computations (Second Edition), The Johns Hopkins University Press, Baltimore, 1989.

[48] Green, P. J., Reversible jump Markov chain Monte Carlo computation and Bayesian model determination, *Biometrika*, **82**(4), 1995, 711–732.

[49] Grisvard, P., Elliptic Problems in Nonsmooth Domains, Pitman Advanced Publishing, Boston, 1985.

[50] Groetsch, C. W., Inverse Problems in the Mathematical Sciences, Vieweg, Braunschweig, 1993.

[51] Hämäläinen, M. S., Lehtinen, M. S. and Haario, H., Inferences about sources of neuromagnetic fields using Bayesian parameter estimation, Technical Report TKK-F-A620, Helsinki University of Technology, 1987.

[52] Hämäläinen, M., Hari, R., Ilmoniemi, R. J., Knuutila, J. and Lounasmaa, O. V., Magnetoencephalography—theory, instrumentation, and applications to noninvasive studies of the working human brain, *Rev. Modern Phys.*, **65**(2), 1993, 413–497.

[53] Hämäläinen, M. S. and Ilmoniemi, R. J., Interpreting magnetic fields of the brain: minimum norm estimates, *Med. Biol. Eng. Comput.*, **32**(1), 1994, 35–42.

[54] Hanke, M., Conjugate Gradient Type Methods for Ill-posed Problems, Longman Scientific & Technical, Harlow, 1995.

[55] Hansen, P. C. and O'Leary, D. P., The use of the L-curve in the regularization of discrete ill-posed problems, *SIAM J. Sci. Comput.*, **14**(6), 1993, 1487–1503.

[56] Hansen, P. C., Rank-deficient and Discrete Ill-posed Problems: Numerical Aspects of Linear Inversion, SIAM, Philadelphia, 1998.

[57] Hastings, W. K., Monte Carlo sampling methods using Markov chains and their applications, *Biometrika*, **57**(1), 1970, 97–109.

[58] Heino, J. and Somersalo, E., Modelling error approach for optical anisotropies for solving the inverse problem in optical tomography, preprint, 2004.

[59] Heino, J. and Somersalo, E., Estimation of optical absorption in anisotropic background, *Inverse Problems*, **18**(3), 2002, 559–573.

[60] Henkin, G. M. and Novikov, R. G., A multidimensional inverse problem in quantum and acoustic scattering, *Inverse Problems*, **4**(1), 1988, 103–121.

[61] Huber, P. J., Robust Statistical Procedures, SIAM, Philadelphia, 1977.

[62] Hyvönen, N., Analysis of optical tomography with non-scattering regions, *Proc. Edinb. Math. Soc.* (2), **45**, 2002, 257–276.

[63] Isaacson, D., Distinguishability of conductivities by electric current computed tomography, *IEEE Trans. Med. Imaging*, **5**(2), 1986, 91–95.

[64] Kaipio, J. P., Kolehmainen, V., Somersalo, E. and Vauhkonen, M., Statistical inversion and Monte Carlo sampling methods in electrical impedance tomography, *Inverse Problems*, **16**(5), 2000, 1487–1522.

[65] Kaipio, J. P. and Somersalo, E., Estimating anomalies from indirect observations, *J. Comput. Phys.*, **181**(2), 2002, 398–406.

[66] Kaipio, J. P., Kolehmainen, V., Vauhkonen, M. and Somersalo, E., Inverse problems with structural prior information, *Inverse Problems*, **15**(3), 1999, 713–729.

[67] Kaipio, J. P., Seppänen, A., Somersalo, E. and Haario, H., Posterior covariance related optimal current patterns in electrical impedance tomography, *Inverse Problems*, **20**(3), 2004, 919–936.

[68] Kaipio, J. P. and Somersalo, E., Nonstationary inverse problems and state estimation, *J. Inverse Ill-Posed Probl.*, **7**(3), 1999, 273–282.

[69] Kalman, R. E. and Bucy, R. S., New results in linear filtering and prediction theory, *Trans. ASME J. Basic Eng.*, **83**, 1961, 95–108.

[70] Kalman, R. E., A new approach to linear filtering and prediction problems, *Trans. ASME J. Basic Eng.*, **82**, 1960, 35–45.

[71] Kolehmainen, V., Arridge, S. R., Lionheart, W. R. B., Vauhkonen, M. and Kaipio, J. P., Recovery of region boundaries of piecewise constant coefficients of an elliptic PDE from boundary data, *Inverse Problems*, **15**(5), 1999, 1375–1391.

[72] Kolehmainen, V., Arridge, S. R., Vauhkonen, M. and Kaipio, J. P., Simultaneous reconstruction of internal tissue region boundaries and coefficients in optical diffusion tomography, *Phys. Med. Biol.*, **45**(11), 2000, 3267–3283.

[73] Kolehmainen, V., Prince, S., Arridge, S. R. and Kaipio, J. P., State-estimation ap-

proach to the nonstationary optical tomography problem, *J. Opt. Soc. Amer. A*, **20**(5), 2003, 876–889.

[74] Kolehmainen, V., Siltanen, S., Järvenpää, S., Kaipio, J. P., Koistinen, P., Lassas, M., Pirttilä, J. and Somersalo, E., Statistical inversion for X-ray tomography with few radiographs: II. Application to dental radiology, *Phys. Med. Biol.*, **48**(10), 2003, 1465–1490.

[75] Kolehmainen, V., Vauhkonen, M., Kaipio, J. P. and Arridge, S. R., Recovery of piecewise constant coefficients in optical diffusion tomography, *Opt. Express*, **7**(13), 2000, 468–480.

[76] Kolehmainen, V., Voutilainen, A. and Kaipio, J. P., Estimation of non-stationary region boundaries in EIT—state estimation approach, *Inverse Problems*, **17**(6), 2001, 1937–1956.

[77] Kurpisz, K. and Nowak, A. J., Inverse Thermal Problems, Computational Mechanics Publications, Southampton, 1995.

[78] Lampinen, J., Vehtari, A. and Leinonen, K., Application of Bayesian neural network in electrical impedance tomography, Proceedings of the International Joint Conference on Neural Networks '99, Vol. 6, 1999, 3942–3947.

[79] Lampinen, J., Vehtari, A. and Leinonen, K., Using Bayesian neural network to solve the inverse problem in electrical impedance tomography, Proceedings of 11th Scandinavian Conference on Image Analysis '99, B. K. Ersboll and P. Johansen (eds.), 1999, 87–93.

[80] Lasanen, S., Discretizations of generalized random variables with applications to inverse problems, *Ann. Acad. Sci. Fenn. Math. Diss.*, **130**, 2002, 1–64.

[81] Lassas, M. and Siltanen, S., Can one use total variation prior for edge-preserving Bayesian inversion? *Inverse Problems*, **20**(5), 2004, 1537–1563.

[82] Lehtinen, M. S., On statistical inversion theory, Theory and Applications of Inverse Problems, H. Haario (ed.), Longman Scientific & Technical, Harlow, 1988.

[83] Lehtinen, M. S., Päivärinta, L. and Somersalo, E., Linear inverse problems for generalized random variables, *Inverse Problems*, **5**(4), 1989, 599–612.

[84] Lindley, D. V., Bayesian Statistics: A Review, SIAM, Philadelphia, 1972.

[85] Liu, J. S., Monte Carlo Strategies in Scientific Computing, Springer-Verlag, New York, 2001.

[86] Mandelbaum, A., Linear estimators and measurable linear transformations on a Hilbert space, *Z. Wahrsch. Verw. Gebiete*, **65**(3), 1984, 385–397.

[87] Matsuura, K. and Okabe, U., Selective minimum-norm solution of the biomagnetic inverse problem, *IEEE Trans. Biomed. Eng.*, **42**(6), 608–615, 1995.

[88] Melsa, J. L. and Cohn, D. L., Decision and Estimation Theory. McGraw-Hill, New York, 1978.

[89] Metropolis, N., Rosenbluth, A. W., Rosenbluth, M. N., Teller, A. H. and Teller, E., Equations of state calculations by fast computing machine, *J. Chem. Phys.*, **21**(6),

1953, 1087–1092.

[90] Mosegaard, K., Resolution analysis of general inverse problems through inverse Monte Carlo sampling, *Inverse Problems*, **14**(3), 1998, 405–426.

[91] Mosegaard, K. and Rygaard-Hjalsted, C., Probabilistic analysis of implicit inverse problems, *Inverse Problems*, **15**(2), 1999, 573–583.

[92] Mosegaard, K. and Tarantola, A., Monte-Carlo sampling of solutions to inverse problems, *J. Geophys. Res.*, **14B**(7), 1995, 12431–12447.

[93] Müller, C., Grundprobleme der Matematischen Theorie Electromagnetischer Schwingungen, Springer-Verlag, Berlin, 1957.

[94] Nachman, A., Reconstructions from boundary measurements, *Ann. of Math.* (2), **128**(3), 1988, 531–576.

[95] Nachman, A., Global uniqueness for a two-dimensional inverse boundary value problem, *Ann. of Math.* (2), **143**(1), 1996, 71–96.

[96] Natterer, F., The Mathematics of Computerised Tomography, John Wiley & Sons, Chichester, 1986.

[97] Nummelin, E., General Irreducible Markov Chains and Non-negative Operators, Cambridge University Press, Cambridge, 1984.

[98] Øsendal, B., Stochastic Differential Equations, Springer-Verlag (Fifth Edition), Berlin, 1998.

[99] Parker, R. L., Geophysical Inverse Theory, Princeton University Press, Princeton, 1994.

[100] Perkkiö, J.-M., Radiative transfer problem on Riemannian manifolds, Master's thesis, Helsinki University of Technology, 2003.

[101] Prince, S., Kolehmainen, V., Kaipio, J. P., Franceschini, M. A., Boas, D. and Arridge, S. R., Time-series estimation of biological factors in optical diffusion tomography, *Phys. Med. Biol.*, **48**(11), 2003, 1491–1504.

[102] Pruessner, A. and O'Leary, D. P., Blind deconvolution using a regularized structured total least norm algorithm, *SIAM J. Matrix Anal. Appl.*, **24**(4), 2003, 1018–1037.

[103] Quinto, T., Singularities of the X-ray transform and limited data tomography in $\mathbb{R}^2$ and $\mathbb{R}^3$, *SIAM J. Math. Anal.*, **24**(5), 1993, 1215–1225.

[104] Radon, J., Über die bestimmung von funktionen durch ihre integralwärte längs gewisser mannichfaltigkeiten, *Ber. Verh. Sächs. Akad.*, **69**, 1917, 262–277.

[105] Ramm, A. G., Multidimensional inverse problems and completeness of the products of solutions to PDE, *J. Math. Anal. Appl.*, **134**(1), 1988, 211–253.

[106] Ramm, A. G. and Katsevich, A. I., The Radon Transform and Local Tomography, CRC Press, Boca Raton, 1996.

[107] Rozanov, Y. A., Markov Random Fields, Springer-Verlag, Berlin, 1982.

[108] Rudin, W., Functional Analysis (Second Edition), McGraw-Hill, New York, 1991.

[109] Saad, Y. and Schultz, M. H., GMRES—A genralized minimal residual algorithm for solving nonsymmetric linear-systems, *SIAM J. Sci. Stat. Comput.*, **7**(3), 1986, 856–

869.

[110] Sarvas, J., Basic mathematical and electromagnetic concepts of the biomagnetic inverse problem, *Phys. Med. Biol.*, **32**(1), 1987, 11–22.

[111] Schmidt, D. M., George, J. S. and Wood, C. C., Bayesian inference applied to the electromagnetic inverse problem, *Hum. Brain Mapp.*, **7**(3), 1999, 195–212.

[112] Seppänen, A., Heikkinen, L., Savolainen, T., Somersalo, E. and Kaipio, J. P., An experimental evaluation of state estimation with fluid dynamical models in process tomography, 3rd World Congress on Industrial Process Tomography, 2003, 541–546.

[113] Seppänen, A., Vauhkonen, M., Somersalo, E. and Kaipio, J. P., State space models in process tomography—approximation of state noise covariance, *Inverse Probl. Sci. Eng.*, **9**(5), 2001, 561–585.

[114] Seppänen, A., Vauhkonen, M., Vauhkonen, P. J., Somersalo, E. and Kaipio, J. P., Fluid dynamical models and state estimation in process tomography: Effect due to inaccuracies in flow fields, *J. Electron. Imaging*, **10**(3), 2001, 630–640.

[115] Seppänen, A., Vauhkonen, M., Vauhkonen, P. J., Somersalo, E. and Kaipio, J. P., State estimation with fluid dynamical evolution models in process tomography—an application to impedance tomography, *Inverse Problems*, **17**(3), 2001, 467–484.

[116] Siltanen, S., Kolehmainen, V., Järvenpää, S., Kaipio, J. P., Koistinen, P., Lassas, M., Pirttilä, J. and Somersalo, E., Statistical inversion for X-ray tomography with few radiographs: I. General theory, *Phys. Med. Biol.*, **48**(10), 2003, 1437–1463.

[117] A.F.M. Smith and G.O. Roberts. Bayesian computation via the Gibbs sampler and related Markov chain Monte Carlo methods, *J. R. Stat. Soc. Ser. B Stat. Methodol.*, **55**(1), 1993, 3–23.

[118] Smith, K. T. and Keinert, F., Mathematical foundations of computed tomography, *Appl. Optics*, **24**(23), 1985, 3950–3857.

[119] Somersalo, E., Cheney, M. and Isaacson, D., Existence and uniqueness for electrode models for electric current computed tomography, *SIAM J. Appl. Math.*, **52**(4), 1992, 1023–1040.

[120] Sorenson, H. W., Parameter Estimation: Principles and Problems, Marcel Dekker, New York, 1980.

[121] Stefanov, P., Inverse problems in transport theory, Inside Out: Inverse Problems and Applications, G. Uhlmann (ed.), Cambridge University Press, Cambridge, 2003, 111–132.

[122] Stigler, S. M., Laplace's 1774 memoir on inverse probability, *Stat. Sci.*, **1**(3), 1986, 359–378.

[123] Sylvester, J. and Uhlmann, G., A global uniqueness theorem for an inverse boundary value problem, *Ann. of Math.* (2), **125**(1), 1987, 153–169.

[124] Tamminen, J., MCMC methods for inverse problems, Geophysical Publications 49, Finnish Meteorological Institute, 1999.

[125] Tarantola, A., Inverse Problem Theory, Elsevier, Amsterdam, 1987.

[126] Tarantola, A. and Valette, B., Inverse problems = quest for information, *J. Geophys.*, **50**, 1982, 159–170.

[127] Thompson, J. R. and Tapia, R. A., Nonparametric Function Estimation, Modeling, and Simulation, SIAM, Philadelphia, 1990.

[128] Tierney, L., Markov chains for exploring posterior distributions, *Ann. Statist.*, **22**(4), 1994, 1701–1762.

[129] Tikhonov, A. N., Solution of incorrectly formulated problems and the regularization method, *Soviet Math. Dokl.*, **4**, 1963, 1035–1038.

[130] Tikhonov, A. N. and Arsenin, V. Y., Solution of Ill-posed Problems, Wiley, New York, 1977.

[131] Uutela, K., Hämäläinen, M. and Somersalo, E., Visualization of magnetoencephalographic data using minimum current estimates, *Neuroimage*, **10**(2), 1999, 173–180.

[132] Vauhkonen, M., Kaipio, J. P., Somersalo, E. and Karjalainen, P. A., Electrical impedance tomography with basis constraints, *Inverse Problems*, **13**(2), 1997, 523–530.

[133] Vauhkonen, M., Karjalainen, P. A. and Kaipio, J. P., A Kalman filter approach applied to the tracking of fast movements of organ boundaries, Proceedings of the 20th Annual International Conference of the IEEE Engineering in Medicine and Biology Society, Vol. 2, 1998, 1048–1051.

[134] Vauhkonen, M., Karjalainen, P. A. and Kaipio, J. P., A Kalman filter approach to track fast impedance changes in electrical impedance tomography, *IEEE Trans. Biomed. Eng.*, **45**(4), 1998, 486–493.

[135] Vauhkonen, M., Vadász, D., Karjalainen, P. A., Somersalo, E. and Kaipio, J. P., Tikhonov regularization and prior information in electrical impedance tomography, *IEEE Trans. Med. Imaging*, **17**(2), 1998, 285–293.

[136] Vauhkonen, P. J., Vauhkonen, M., Mäkinen, T., Karjalainen, P. A. and Kaipio, J. P., Dynamic electrical impedance tomography—phantom studies, *Inverse Probl. Sci. Eng.*, **8**(5), 2000, 495–510.

[137] Vilhunen, T., Heikkinen, L. M., Savolainen, T., Vauhkonen, P. J., Lappalainen, R., Kaipio, J. P. and Vauhkonen, M., Detection of faults in resistive coatings with an impedance-tomography-related approach, *Meas. Sci. Technol.*, **13**(6), 2002, 865–872.

[138] Vilhunen, T., Vauhkonen, M., Kolehmainen, V. and Kaipio, J. P., A source model for diffuse optical tomography, preprint, 2003.

[139] Vogel, C. R., Computational Methods for Inverse Problems, SIAM, Philadelphia, 2002.

[140] Webber, R. L., Horton, R. A., Tyndall, D. A. and Ludlow, J. B., Tuned-aperture computed tomography (TACT). Theory and application for three-dimensional dento-alveolar imaging, *Dentomaxillofac. Radiol.*, **26**(1), 1997, 53–62.

[141] Yagola, A. and Dorofeev, K., Sourcewise representation and a posteriori error estimates for ill-posed problems, *Fields Inst. Commun.*, **25**, 2000, 543–550.

[142] Yosida, K., Functional Analysis, Springer-Verlag, New York, 1965.

《现代数学译丛》已出版书目

(按出版时间排序)

1 椭圆曲线及其在密码学中的应用——导引 2007. 12〔德〕Andreas Enge 著
吴 铤 董军武 王明强 译
2 金融数学引论——从风险管理到期权定价 2008. 1〔美〕Steven Roman 著
邓欣雨 译
3 现代非参数统计 2008. 5〔美〕Larry Wasserman 著 吴喜之 译
4 最优化问题的扰动分析 2008. 6〔法〕J. Frédéric Bonnans〔美〕Alexander Shapiro 著
张立卫 译
5 统计学完全教程 2008. 6〔美〕Larry Wasserman 著 张 波 等 译
6 应用偏微分方程 2008. 7〔英〕John Ockendon, Sam Howison, Andrew Lacey &
Alexander Movchan 著 谭永基 程 晋 蔡志杰 译
7 有向图的理论、算法及其应用 2009. 1〔丹〕J. 邦詹森〔英〕G. 古廷 著
姚 兵 张忠辅 译
8 微分方程的对称与积分方法 2009. 1〔加〕乔治 W. 布卢曼斯蒂芬 C. 安科 著
闫振亚 译
9 动力系统入门教程及最新发展概述 2009.8〔美〕Boris Hasselblatt & Anatole Katok 著
朱玉峻 郑宏文 张金莲 阎欣华 译 胡虎翼 校
10 调和分析基础教程 2009. 10〔德〕Anton Deitmar 著 丁 勇 译
11 应用分支理论基础 2009. 12〔俄〕尤里 · 阿 · 库兹涅佐夫 著 金成桴 译
12 多尺度计算方法——均匀化及平均化 2010. 6
Grigorios A. Pavliotis, Andrew M. Stuart 著 郑健龙 李友云 钱国平 译
13 最优可靠性设计: 基础与应用 2011. 3〔美〕Way Kuo, V. Rajendra Prasad,
Frank A. Tillman, Ching-Lai Hwang 著 郭进利 闫春宁 译 史定华 校
14 非线性最优化基础 2011. 4〔日〕Masao Fukushima 著 林贵华 译
15 图像处理与分析: 变分, PDE, 小波及随机方法 2011. 6
Tony F. Chan, Jianhong (Jackie) Shen 著 陈文斌, 程 晋 译
16 马氏过程 2011. 6〔日〕福岛正俊 竹田雅好 著 何 萍 译 应坚刚 校
17 合作博弈理论模型 2011. 7〔罗〕Rodica Branzei〔德〕Dinko Dimitrov
〔荷〕Stef Tijs 著 刘小冬 刘九强 译

18 变分分析与广义微分 I: 基础理论 2011. 9〔美〕Boris S. Mordukhovich 著
赵亚莉 王炳武 钱伟懿 译
19 随机微分方程导论应用 (第 6 版) 2012. 4〔挪〕Bernt Øksendal 著
刘金山 吴付科 译
20 金融衍生产品的数学模型 2012. 4 郭宇权 (Yue-Kuen Kwok) 著
张寄洲 边保军 徐承龙 等 译
21 欧拉图与相关专题 2012. 4〔英〕Herbert Fleischner 著
孙志人 李 皓 刘桂真 刘振宏 束金龙 译 张 昭 黄晓晖 审校
22 重分形: 理论及应用 2012. 5〔美〕戴维 · 哈特 著 华南理工分形课题组 译
23 组合最优化: 理论与算法 2014. 1〔德〕Bernhard Korte Jens Vygen 著
姚恩瑜 林治勋 越民义 张国川 译
24 变分分析与广义微分Ⅱ: 应用 2014. 1〔美〕Boris S. Mordukhovich 著
李 春 王炳武 赵亚莉 王 东 译
25 算子理论的 Banach 代数方法 (原书第二版) 2014. 3〔美〕Ronald G. Douglas 著
颜 军 徐胜芝 舒永录 蒋卫生 郑德超 孙顺华 译
26 Bäcklund 变换和 Darboux 变换——几何与孤立子理论中的应用 2015. 5
[澳] C. Rogers W. K. Schief 著 周子翔 译
27 凸分析与应用捷径 2015. 9〔美〕Boris S. Mordukhovich, Nguyen Mau Nam 著
赵亚莉 王炳武 译
28 利己主义的数学解析 2017. 8〔奥〕K. Sigmund 著 徐金亚 杨 静 汪 芳 译
29 整数分拆 2017. 9〔美〕George E. Andrews〔瑞典〕Kimmo Eriksson 著
傅士硕 杨子辰 译
30 群的表示和特征标 2017. 9〔英〕Gordon James, Martin Liebeck 著
杨义川 刘瑞珊 任燕梅 庄 晓 译
31 动力系统仿真、分析与动画——XPPAUT 使用指南 2018. 2〔美〕Bard Ermentrout 著
孝鹏程 段利霞 苏建忠 译
32 微积分及其应用 2018. 3〔美〕Peter Lax Maria Terrell 著
林开亮 刘 帅 邵红亮 等 译
33 统计与计算反问题 2018. 8〔芬〕Jari Kaipio, Erkki Somersalo 著
刘逸侃 徐定华 程 晋 译